U0121925

# Photoshop CS3

图像特效制作

实例精讲

雷剑 盛秋 编著

人民邮电出版社

北京

图书在版编目（CIP）数据

Photoshop CS 3 图像特效制作实例精讲/雷剑，盛秋
编著.—北京：人民邮电出版社，2007.9
ISBN 978-7-115-16658-6

Ⅰ.P… Ⅱ.①雷…②盛… Ⅲ.图形软件，Photoshop CS 3
Ⅳ.TP391.41

中国版本图书馆 CIP 数据核字（2007）第 122529 号

## 内 容 提 要

本书主要介绍了 Photoshop CS3 图像特效制作的方法和技巧。

全书共 9 章，第 1 章到第 4 章采用图片示意＋文字解释的方式介绍了 Photoshop CS3 主要的功能和命令，包括图层、通道、蒙版、路径及调整功能模块中的所有命令的使用方法，同时还结合 28 个针对性的实例进行深化训练。第 5 章到第 9 章通过 66 个精彩实例讲述了 Photoshop CS3 数码照片润色、文字特效制作、图像特效制作、网页元素制作以及商业平面设计的应用技法。

本书结构清晰、由浅入深，知识内容全面，版面清晰紧凑，可谓物超所值，为读者提供循序渐进的学习过程。本书注重艺术创意与软件功能相结合，使读者从中领悟到 Photoshop CS3 软件的博大精深。读者通过仔细学习和反复练习可以全面掌握 Photoshop CS3 提供的强大的图像特效制作功能。熟悉操作中的每个细节与技巧，快速提高制作能力。

本书适合 Photoshop 的初、中级读者，以及有志于在平面设计领域有所发展，需要为今后的从业储备更多就业技能的读者阅读。

**Photoshop CS3 图像特效制作实例精讲**

◆ 编　著　雷　剑　盛　秋
　　责任编辑　孟　飞

◆ 人民邮电出版社出版发行　　北京市崇文区夕照寺街 14 号
　　邮编　100061　　电子函件　315@ptpress.com.cn
　　网址　http://www.ptpress.com.cn
　　北京广益印刷有限公司印刷
　　新华书店总店北京发行所经销

◆ 开本：880×1230　1/16
　　印张：30.25
　　字数：1 141 千字　　　　　　2007 年 10 月第 1 版
　　印数：1－7 000 册　　　　　2007 年 10 月北京第 1 次印刷

ISBN 978-7-115-16658-6/TP

定价：78.00 元（附光盘）

读者服务热线：(010)67132692　印装质量热线：(010)67129223

# Adobe Photoshop CS3 图像特效制作实例精讲

## 前 言

Photoshop 在图形图像处理领域是最为强大的软件之一，随着设计要求的不断提高，Photoshop 也在不断升级，新推出的 Photoshop CS3 版本，界面更加优美，操作更加简单合理，功能更加完善。

本书对 Photoshop CS3 的基本功能和使用方法进行了详细的讲解，语言通俗易懂，并配以大量的图例，无论您对 Photoshop 的了解有多少，都可以快速掌握 Photoshop 的重点。本书附带一张光盘，收录了书中所有素材图片及实例效果，还附赠了大量多媒体视频教学录像，希望对您有所帮助。

全书共分 9 章。

第 1 章讲解了 Photoshop CS3 中运用最为频繁的"图层"功能，即图层的具体使用方法和技巧，为了帮助读者理解消化，在本章中穿插配备了 8 个实例制作练习。

第 2 章讲解了 Photoshop CS3 最不易被理解的通道和蒙版，并安排了 10 个针对性较强的实例。

第 3 章讲解了有关 Photoshop CS3 中路径的知识，路径应用频繁，造型变换颇多，功能强大丰富，本章对每种创建路径的方法及应用范围都做了较为详细的评述。相信读者结合本章中举出的 3 个典型实例，一定能够制作出绚丽多彩的图像特效。

第 4 章讲解了有关 Photoshop CS3 中图像调整方面的功能，对照片及图像处理，调整命令起到了关键作用，掌握调整功能也成为学习 Photoshop 不可缺少的课题，本章列举了 7 个精彩实例，结合文字讲解帮助读者掌握命令的应用。

第 5 章到第 9 章属于综合实例篇，分别介绍了 Photoshop CS3 数码照片润色技巧、文字特效制作技法、图像特效制作技法、网页元素制作技法以及商业设计应用技法等内容，并通过 66 个经典案例做了详尽的讲述。案例的安排由浅入深，文字浅显易懂，图片注解详尽到位，具有较强的可操作性，便于学习。

本书知识全面、内容丰富，版面清晰紧凑，书中既包含了 Photoshop CS3 的命令讲解，又包含了 94 个具体的实例教程，以及教学录像。希望本书能够成为您学习的好帮手、工作的好工具。

参与本书编写的还有马小楠、王丽娟、钱磊、张亚非、盛保利、王利君、董浩、马增志、王利华、王群、单墨、孙建兵、王琳、孟扬、许伟、杨刚、冀海燕、赵国庆、王辉、孙宵、赵晨、施强、王巍、罗长根、许虎、于艳玲、马玉兰、宋有海、曲学伟等。

由于编写水平有限，书中难免存在不足或错误之处，敬请广大读者批评指正，同时也欢迎与我们联系。

编 者
2007 年 8 月

Email:tobylei_ps@yahoo.com.cn ■ ■ ■

本书附带一张多媒体教学光盘，内容包括书中所有案例、练习的素材文件和最终文件，以及84集Photoshop CS3多媒体语音视频教学录像。

右图所示的是随书光盘中84集多媒体语音视频教学录像的文件索引，文件的名称即是教程名称。如果您是Photoshop的初学者，建议您先学习该录像。

该84集教学录像由Adobe官方认定的Adobe专家，中国教程网站长，河南电力工业学校的祁连山老师制作，在此表示感谢！

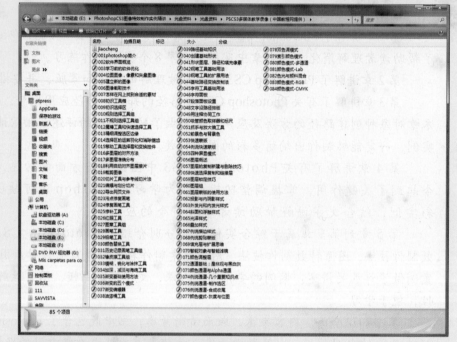

右图所示的是多媒体语音视频教学录像的播放界面，这些录像文件均以Flash文件格式存储。读者在学习过程中如果遇到技术问题可以登录中国教程网 http://bbs.jcwcn.com 向Adobe教育专家寻求帮助。

# 目　录

1

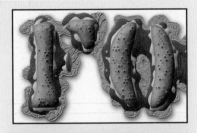

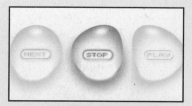

# Chapter

## Photoshop CS3 图层的学习和应用

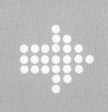

Photoshop CS3 的图层是 Photoshop 的核心功能之一，也是专业人士进行合成创意和特殊效果设计的秘密武器。本章介绍了图层基本概念及其附属面板的相关知识，并独具匠心地总结了典型实例介绍了核心功能——图层。

## 1.1 图层的基本概念

使用 Photoshop CS3 时几乎都会使用到"图层"面板.。无论 Photoshop 的哪个版本,任何操作都不可能脱离"图层"而单独进行。通过学习图层的操作和使用,可以轻松创建很多复杂而又精美的图像效果。

### 1.1.1 图层的功能

Photoshop 的图层和图像编辑有着密切的关系。图层的作用就是把图像中的各个对象放在不同的图层中,利用图层把各个图像对象分割开,对某个图层中的对象编辑和操作时不会影响到其他图层的对象。图层和图层之间可以合并、组合和改变叠放次序。

Photoshop 图层色彩混合模式和透明度的功能极其强大,可以将多层图像融合在一起,从而产生出许多特殊效果,这些特效是手工绘图无法表现的。此外,增加了独立的"图层复合"面板,使用户能够对一幅图的多种组合进行比较。

在所有版本的 Photoshop 图像中,大多看似独立的图像,都是由两个或两个以上的图层组合而成。图层与图层之间又是完全独立的。所以,在选择一个图层进行编辑时,不会影响到另一个图层,可以非常方便地进行修改,这也正是图层功能最大的优点。

举个例子说明,如图 1-1-1 所示为一个 PSD 格式的图像文件,通过"图层"面板可以看出,此图像是由 1 个"背景"图层和 10 个单独图层共同组合而成的。

图 1-1-1

图层不仅可以独立存在,而且易于修改,同时还可以控制透明度、图层混合模式,并且可以为每个图层单独添加图层样式,从而产生出很多特殊效果,如阴影、发光、浮雕,等等。

### 1.1.2 图层的分类

Photoshop CS3 中包括多种类型的图层。包括文字图层、调整图层、背景图层、形状图层和填充图层。不同的图层,其特点和功能都有一定的差别,操作及使用方法也各不相同。

文字图层专门用来放置图像中的文字,在图像中创建文字时,自动在"图层"面板生成文字图层;调整图层用于放置图像的各种调整效果;背景图层用于放置图像的背景,且一幅图像中只允许有一个锁定的背景图层,当然也可以没有;形状图层用来放置矢量图形;填充图层则用于放置图层的填充效果。下面我们将详细讲述这些图层类型的功能及用法。

## 1.2 图层面板和图层菜单

"图层"面板和"图层"菜单是进行图层操作时必不可少的工具,所有的图层操作都要通过它们来实现,所以,要使用好图层,首先必须熟悉"图层"面板和"图层"菜单。

### 1.2.1 "图层"面板

执行【窗口】/【图层】命令,或者按下 F7 键,显示"图层"面板,弹出如图 1-2-1 所示的"图层"面板,在图中可以看出,各个图层在"图层"面板中自下而上排列,图层顺序与图像中显示的图像是相互对应的,按照该顺序叠放。例如，在"图层"面板中最下面"背景"图层上所包含的图像，也就是在图像窗口中显示在最底层的图像；而在"图层"面板上最顶层所在的图像，在图像窗口中被叠放在所有图像最上方。最顶层图层不会被任何图像遮挡，而下方图层中的图像在原始状态下都会被上方的图层所遮挡。

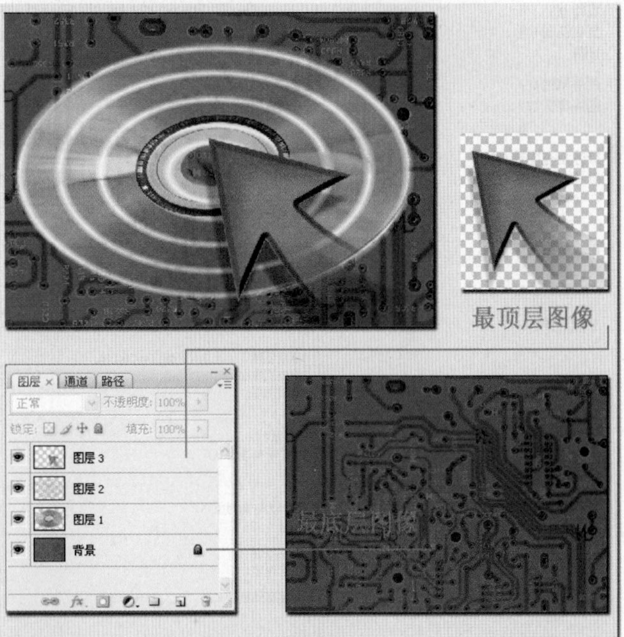

图 1-2-1

下面学习一下"图层"面板的组成结构及各符号项目的意义，如图1-2-2所示的"图层"面板中，我们来对各个组件的名称和功能进行详细介绍。

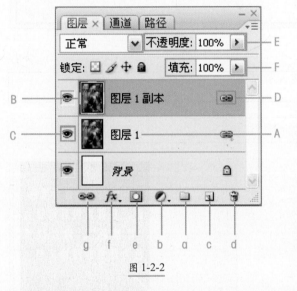

图 1-2-2

◆ A 图层名称：每一个图层都可以定义不同的名称以便于区分，如果在建立图层的时候没有设定图层名称，系统会依次命名。

◆ B 缩览图：在图层名称的左侧有一个缩览图，其中显示的是当前图层图像的缩览图，通过它可以快速识别每一个图层。

◆ C 指示图层可视性按钮：用于显示或者隐藏图层，当不显示指示图层可视性按钮时，表示这一层中的图像被隐藏，反之表示显示这个图层中的图像。

◆ D 图层链接：当图层右侧出现链接图标时，表示这一层与作用图层被链接在一起，因此可以和当前作用层一起进行移动、旋转等操作。

◆ E 不透明度：设置每个图层的主不透明度。当切换作用图层时，不透明度值也会切换到当前选择图层的不透明度值，不透明度的数值设置只针对当前作用图层。

◆ F 填充：设置每个图层的内部不透明度，同样切换图层时，该数值也会切换到当前选取的图层的内部不透明度值。

◆ a 创建图层组：单击创建新组按钮，可以创建一个新的图层集合。

◆ b 创建新填充或调整图层：单击按钮可以弹出菜单，以选择创建一个填充图层或者调整图层。

◆ c 创建新图层：单击按钮可以建立一个新图层。

◆ d 删除当前图层：单击按钮可以将当前选取的图层删除，或者拖曳图层到该按钮上删除图层。

◆ e 添加图层蒙版：单击按钮可以建立一个图层蒙版。

◆ f 添加图层样式：单击按钮可以弹出菜单，从中选择一种图层效果以应用到当前选择的图层。

◆ g 链接图层：在"图层"面板上选择要链接多个图层内容，按下链接图层按钮，即可将所选图层链接在一起。

### 1.2.2　【图层】菜单

如图1-2-3所示为【图层】菜单下的所有选项，通过这些命令可以完成有关图层的所有操作。对图层操作时，用户会使用【图层】菜单中的命令来完成，虽然在"图层"面板的扩展菜单中也可以完成图层的相关操作，如图1-2-4所示，但是该菜单只能完成一些较为常用的功能，如新建、复制和删除图层等。

图 1-2-3

图 1-2-4

为了更加容易识别预览缩图中的内容，可以放大缩览图，方法如下：

1．单击"图层"面板右上方的扩展按钮⊙，在弹出的菜单中选择"调板选项"命令，弹出"图层调板选项"对话框。

2．在"图层调板选项"对话框中可选择缩览图。选择"无"，则"图层"面板中不显示缩览图，只显示图层名称。选择最大的缩略图尺寸，"图层"面板上的缩览图会变大，如图 1-2-5 所示。

3．设置完毕后单击"确定"按钮应用设置。

图 1-2-5

## 1.3　创建图层和图层组

### 1.3.1　背景图层

在执行【文件】/【新建】命令后，弹出"新建"对话框，在这里可以设置"背景内容"，在选项中选择"白色"或者"背景色"建立的图像都是含有背景图层的。

如果选择"透明"选项则建立的图像中不含有背景图层，如图 1-3-1 所示。

"背景"图层具有以下一些性质。

◆"背景"图层是一个不透明的图层，它以白色或者当前背景色为底色。

◆"背景"图层不能进行"图层不透明度"和"图层混合模式"的设定。

◆"背景"图层的图层名称始终是"背景"，始终在"图层"面板的最底层。

◆用户无法移动"背景"图层的叠放次序，无法对"背景"图层进行锁定操作。

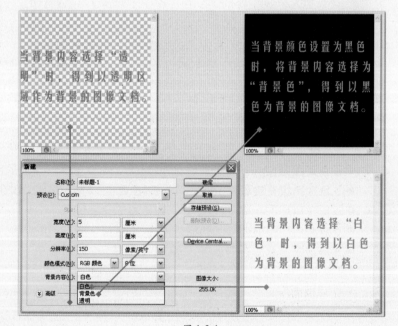

图 1-3-1

如果有需要，一定要更改"背景"图层的不透明度和图层混合模式，可先将"背景"图层转换成普通图层。将"背景"图层转换为普通图层的方法如下。

1．在"图层"面板中双击"背景"图层，或者执行【图层】/【新建】/【背景图层】命令，弹出"新建图层"对话框。

2．在"名称"文本框中输入建立的普通图层名称，默认是"图层 0"。

3．在"颜色"列表框中选择图层的颜色，此颜色仅仅用来标识图层。

4．在"模式"列表框中选择图层的图层混合模式，在"不透明度"选项栏中设定图层的不透明度。

5．单击"确定"按钮即可将原锁定不可编辑的"背景"图层转换为普通图层，如图1-3-2所示。可见原"背景"图层转换为"图层0"，此时的图层已经具有普通图层的特性，可以对该图层所在的图像设置不透明度和图层混合模式。

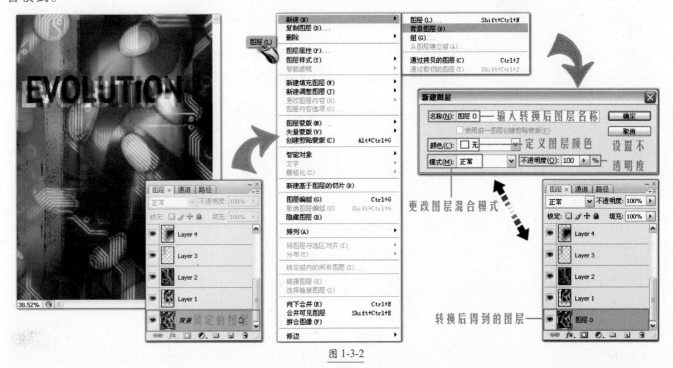

图 1-3-2

在一个没有"背景"图层的图像中，可以将指定的某个普通图层转换为"背景"图层。其转换方法是在"图层"面板中选择要转换的普通图层，执行【图层】/【新建】/【背景图层】命令，其操作步骤如图1-3-3所示。新建立的"背景"图层将出现在"图层"面板的最底部，并且使用当前设置的背景色作为"背景"图层的底色。

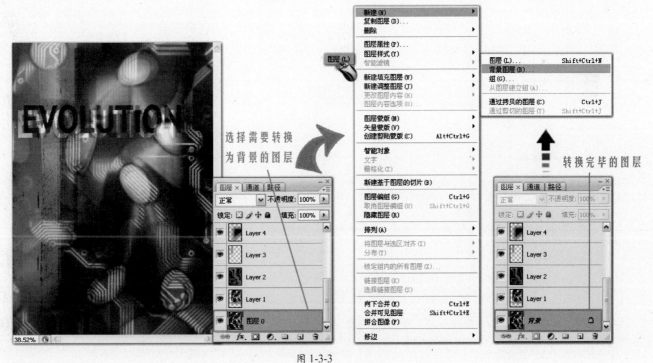

图 1-3-3

| 1.3.2 | 新建图层 |
| --- | --- |

新建图层是指使用一般方法建立一般的图层，这种图层是透明无色的，好像是一张透明胶纸，可以在上面任意绘制和擦除。新建图层的方法有两种。

方法一：使用"图层"面板直接新建图层。

在"图层"面板中单击创建新图层按钮 ⬜ ，就可新建一个普通图层。

方法二：使用【图层】菜单命令新建图层。

1．执行【图层】/【新建】/【图层】命令，弹出"新建图层"对话框。

2．在"新建图层"对话框中的"名称"文本框中设置图层名称。如果不设置，系统默认的图层名称是"图层"面板中未出现过的图层名称。

3．如果勾选"使用前一图层创建剪贴蒙版"复选框，则建立的新图层是其下面的图层的剪贴蒙版。

4．在"颜色"列表框中选择新建图层的颜色，可以设置的颜色有红、橙、黄、绿、蓝、紫和灰色，选择【无】时为无色。

5．在"模式"列表框中设置该图层的图层混合模式。

> 提示：用中性色填充新图层，某些滤镜不能应用于没有像素的图层。在"新图层"对话框中选择填充模式中性色可以解决这个问题，也就是选中对话框最下方的复选框。中性色是根据图层的混合模式指定的，并且是无法看到的。如果不应用效果，用中性色填充对其余图层没有任何影响。

6．在"不透明度"文本框中输入不透明度值或者单击右侧三角形按钮，在弹出的滑杆中拖动设置不透明度。

7．设置完毕后单击"确定"按钮，普通图层新建完成，两种新建图层方法的解析过程如图 1-3-4 所示。

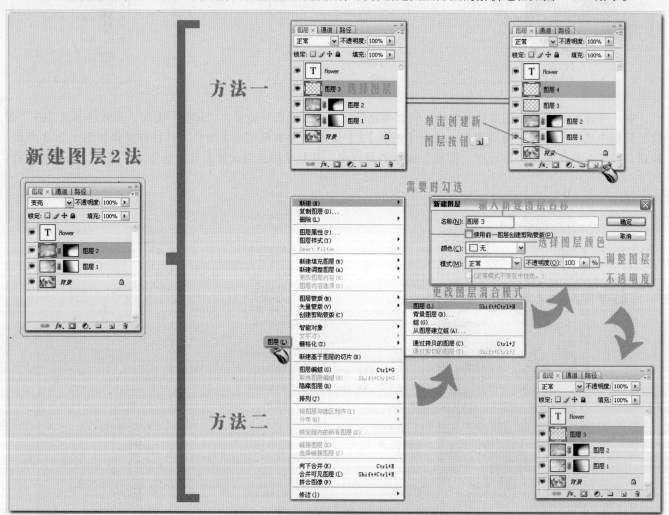

图 1-3-4

---

**1.3.3　选区转换为图层**

使用选区转换为普通图层的步骤如下。

1. 建立选区。

2. 执行【图层】/【新建】/【通过拷贝的图层】命令，将选区中的图像复制到新的图层中；或者执行【图层】/【新建】/【通过剪切的图层】命令，剪切选区中的图像，并将其粘贴到新图层中，如图1-3-5所示。

提示：复制选区中的图像粘贴到新的图层，其快捷应用方式为Ctrl+J；剪切选区中的图像粘贴到新的图层，其快捷方式为Shift+Ctrl+J。

图 1-3-5

### 1.3.4  创建图层组

在特殊情况下，用户需要对不同类型的图层进行分类，以便于修改，易于查找。为此，Photoshop专门提供了分类图层的工具，即图层组。使用图层组，就好比使用Windows的文件夹一样，可以在"图层"面板中创建图层组，以便存放图层。

图层组可以帮助用户组织和管理图层。使用图层组可以很容易地将图层作为一组移动、对图层组应用属性和蒙版，可以减少"图层"面板中的混乱。建立图层组有如下方法。

方法一：使用"图层"面板创建图层组。

在"图层"面板中单击创建新组按钮 ▢ ，就可以新建一个图层组，多次新建图层组，在"图层"面板中按照由下向上的顺序排列组，如图1-3-6所示。

提示：在现有图层组中无法创建新图层组。

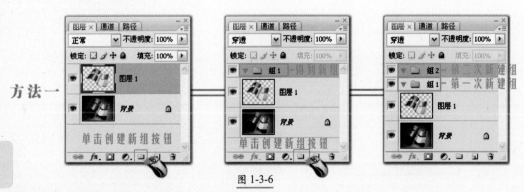

图 1-3-6

方法二：使用【图层】菜单创建图层组。

1. 执行【图层】/【新建】/【组】命令，弹出"新建组"对话框。

2. 在"新建组"对话框中的"名称"文本框中输入图层名称。如果不设置，系统默认的图层名称是"组1"、"组2"，其中"1"、"2"是新建图层组的次序。

3. 在"颜色"列表框中选择新建图层的颜色，可以设置的颜色有红、橙、黄、绿、蓝、紫和灰色，选择【无】时为无色，此颜色只对图层组起到颜色标识的作用。

4．在"模式"列表框中设置该图层的图层混合模式，

5．在"不透明度"文本框中输入不透明度值或者单击右侧三角形按钮，在弹出的滑杆中拖动设置不透明度。

6．设置完毕后单击"确定"按钮，图层组建立完成，如图 1-3-7 所示。

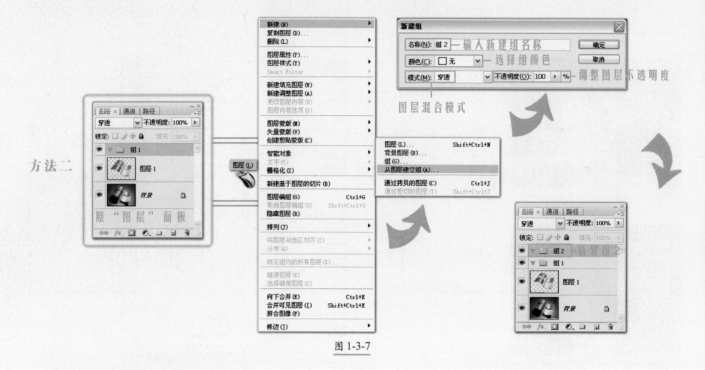

图 1-3-7

方法三：从链接图层创建新图层组。

1．按 Shift 键分别单击图层上需要编入图层组的多个图层，单击"图层"面板上链接图层按钮 ，链接选中的图层。

2．执行【图层】/【新建】/【从图层建立组】命令，弹出"从图层新建组"对话框。

3．在弹出的"从图层新建组"对话框中设置选项，设置方法前面已经介绍过，不再赘述。

4．设置完毕后单击"确定"按钮，即可从链接图层创建新图层组，详尽步骤如图 1-3-8 所示。

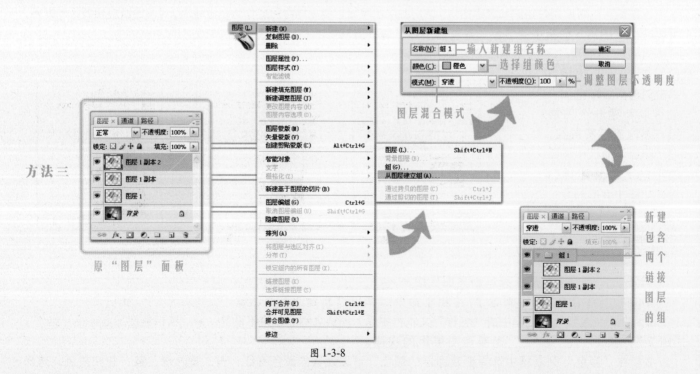

图 1-3-8

## 1.4 图层的编辑

### 1.4.1 移动图层

1．在"图层"面板中选择该图层，并且使用工具箱中的矩形选框工具▣，创建一个要移动的区域，如果要移动整个图层包含的图像内容，则不必设定选区范围。

2．在工具箱中选择移动工具▸⊹，在选区中拖动鼠标移动即可，如图1-4-1所示。

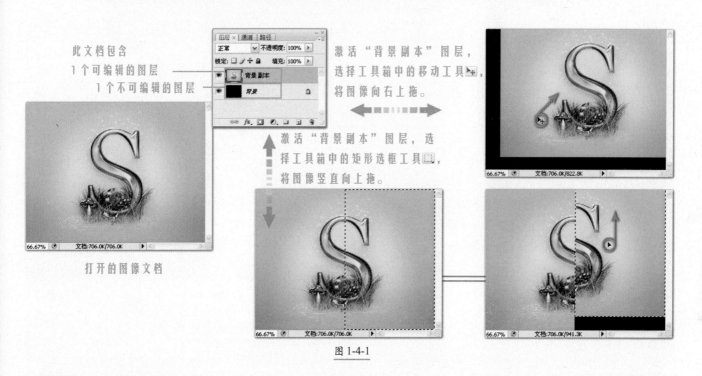

图 1-4-1

### 1.4.2 复制图层

方法一：通过创建新图层按钮复制图层。

选择需要复制的图层，拖动此图层到"图层"面板底部的创建新图层按钮▣，通过这种方法创建的新图层采用的是系统默认的图层名称，如图1-4-2所示。

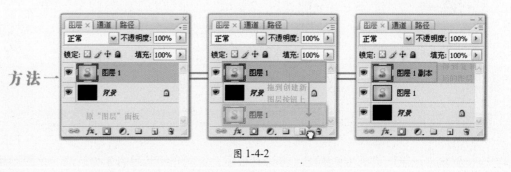

图 1-4-2

方法二：通过【图层】菜单进行复制图层。

1．在"图层"面板中选择需要复制的图层。

2．执行【图层】/【复制图层】命令，弹出"复制图层"对话框。

3．在"为"文本框中输入复制的新图层的名称，默认的名称是原图层名称后加"副本"。例如，在"图层"面板上选择"图层1"，执行【图层】/【复制图层】命令，确认复制后得到默认的图层名称为"图层1副本"。

4．在"目的文档"列表框中选取复制后图层的位置。如果选择了当前要复制的图层所在的图像文件名，则复制后的图层在原图像中。如果选择"新建"，则会将复制的图层作为新的图像打开，并且可以在"名称"中定义该图像文件的名称。

5．设置完毕后单击"确定"按钮，图层复制完成，如图1-4-3所示。

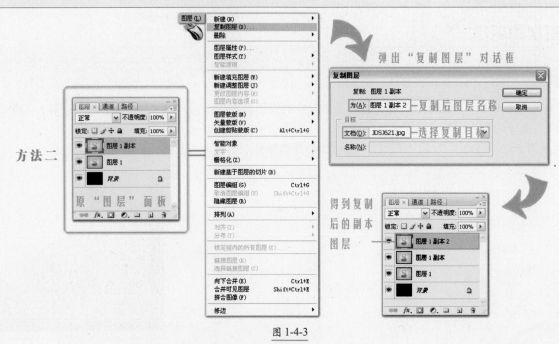

图 1-4-3

方法三："图层"面板的扩展菜单复制图层。

在"图层"面板中，选择要复制的图层，单击"图层"面板右侧的扩展按钮 ，或在图层空白处单击鼠标右键，均可弹出"图层"面板的扩展菜单，选择"复制图层"选项，得到复制图层，如图 1-4-4 所示。

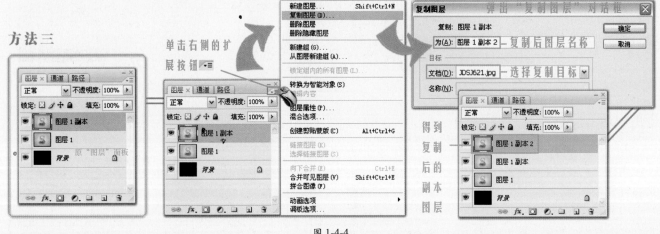

图 1-4-4

### 1.4.3　删除图层

删除"图层"面板中的图层，方法有很多，这里介绍常用的 3 种方法，如图 1-4-5 所示。

方法一：直接删除法。

要删除图像中某个图层，在"图层"面板中选择需要删除的图层，单击"图层"面板底部的删除图层按钮 ，会弹出确认删除对话框，单击"是"按钮删除图层。

方法二：拖曳删除法。

将图层直接拖到"图层"面板上删除图层按钮 ，删除该图层，此时不会弹出确认删除对话框，直接删除图层。

方法三：【图层】菜单删除法。

选择需要删除的图层后，执行【图层】/【删除】/【图层】命令，同样会弹出确认删除对话框，单击"是"按钮删除图层。

总结一下删除图层的 3 种方法，最简单、最快捷的方式为"方法二"，就是直接将要删除图层拖到删除图层按钮上，如图 1-4-5 所示。建议在学习掌握了所有方法后，选择一种最简便的方法进行操作。

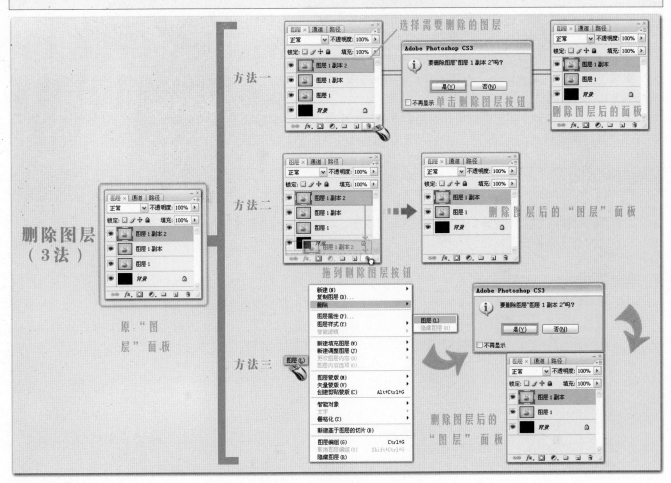

图 1-4-5

## 1.4.4　调整图层顺序

　　图层在"图层"面板上不同的顺序排列对图像最终的效果会产生很大的影响。因为上面图层的不透明区域会遮挡住下面图层中的内容。

　　如图 1-4-6 所示的图像及图层对应来看，更改了图像排放顺序的图像效果和"图层"面板，从中可以清楚地看到图层在"图层"面板中的堆放次序对图像最终的合成效果有多么重要的影响。

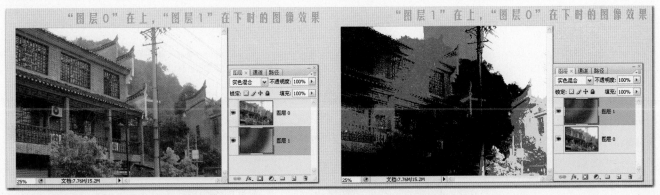

图 1-4-6

　　更改图层顺序的方法。

　　方法一：在"图层"面板中选择该图层，拖动它到想要放置的图层位置，松开鼠标。

　　方法二：要把某个图层移到特定位置时，可以使用【排列】菜单下的子命令。

　　1．在"图层"面板中选择要移动的图层，这是移动图层的第一步。

　　2．执行【图层】/【排列】命令，弹出【排列】的子菜单，该菜单中包含 5 个选项。

◆置为顶层：应用该选项，可将选择的图层移到整个图像的最顶层。

◆前移一层：应用该选项，可将选择的图层向上移动一层。

◆后移一层：应用该选项，可将选择的图层向下移动一层。

◆置为底层：应用该选项，可将选择的图层移到除"背景"图层以外的最底层，即在"背景"图层之上，其他任何图层之下。

◆反向：当选择多个图层进行顺序排列时，应用该选项，可将选择的图层反向排列，例如，原图层顺序为"1…2…3…"，应用【反向】命令后，得到的图层顺序为"3…2…1…"。

### 1.4.5 合并图层

合并图层不但可以节约空间，提高程序的运行速度，还可以整体地修改这几个合并后的图层。

打开【图层】菜单，可以看到 Photoshop 所提供的几种合并图层的方式，下面对所有的合并方式分别进行具体的介绍。

**合并可见图层**

在图像中要合并多个图层时可以使用该命令。使用该命令时，首先确保当需要合并的图层是可见的，或将不需要合并的图层隐藏。执行【图层】/【合并可见图层】命令或选择"图层"面板扩展菜单中的"合并可见图层"选项，将所有可见的图层统统合并到当前的作用层上，如图 1-4-7 所示。

> 提示：如果不是将相邻的图层合并，合并后图像的效果可能会发生改变。

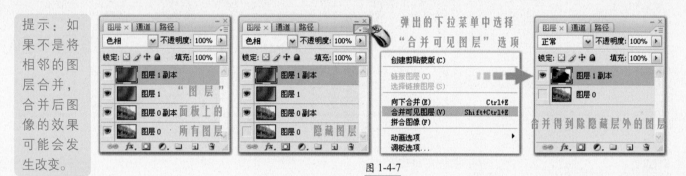

图 1-4-7

**拼合图像**

使用该命令可以将当前图像中包含的所有图层、图层样式及图层组完全拼合成一个"背景"图层。【拼合图层】与【合并可见图层】的主要差别是，使用拼合图层命令会将隐藏图层删除，只留一个"背景"图层，而使用【合并可见图层】命令则可以保留隐藏图层。执行【图层】/【拼合图像】命令，如所有图层中含有隐藏图层，系统会弹出确认删除隐藏图层对话框，警告用户执行此命令将删除隐藏的图层，单击"确定"按钮可在执行拼合命令的同时删除隐藏图层，如图 1-4-8 所示。

**向下合并**

可将当前图层和下面紧邻的一个图层合并。要合并两个图层时可以使用该命令，首先确保这两个图层可见，在"图层"面板中选择两者中上面的一个图层作为当前层，在"图层"面板的扩展菜单或【图层】菜单命令中执行【向下合并】，即可合并这两个图层。

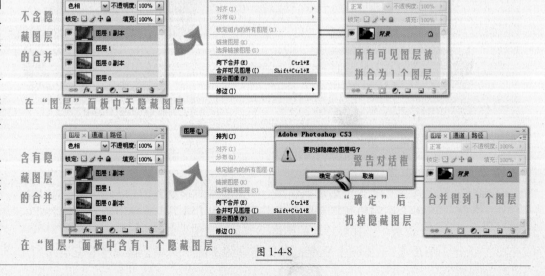

图 1-4-8

**1.4.6　　创建剪贴蒙版**

　　创建剪贴编组图层可以在图层之间组合成特殊效果。Photoshop具有对两个或者多个图层进行剪贴蒙版的功能。当两个图层组成一个剪贴蒙版后，可以看到，图层之间的构图内容发生了很大变化。在剪贴组中，最下面的图层（或基底图层）充当整个组的蒙版。例如，一个图层上可能有某个形状，上层图层上可能有纹理，而最上面的图层上可能有一些文本。如果将3个图层都定义为剪贴组，则纹理和文本只通过基底图层上的形状显示，并具有基底图层的不透明度，下面详细介绍创建剪贴蒙版的方法，如图1-4-9所示。

　　1．打开素材图像，将被嵌入的纹理图层定义为"纹理"，待嵌入纹理的图层命名为"形状"，并使"纹理"图层置于"形状"图层上，执行【图层】/【创建剪贴蒙版】命令，即可将"纹理"图层嵌入"形状"图层。

　　2．另一种较简洁的方法是将鼠标放置在"图层"面板中需要剪贴蒙版的两个图层中间，按下Alt键，当鼠标变成形状时，单击鼠标，"形状"图层上出现了一条表示剪贴组的黑色下划线，这就表明，这两个图层之间已经建立了剪贴蒙版关系。

　　3．要取消剪贴编组，执行【图层】/【释放剪贴蒙版】命令，或按Alt键在剪贴组的两个图层之间单击即可。

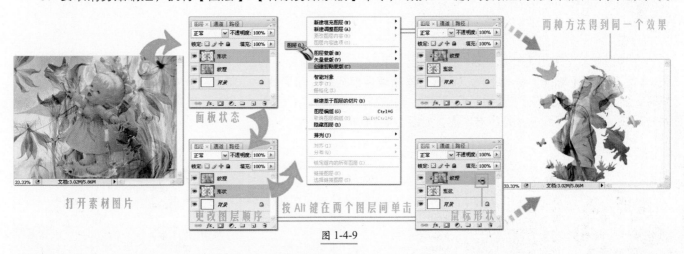

图1-4-9

　　提示：如果一个剪贴编组中含有一个调节层，则该调节层只对这一个剪贴编组中的图层起作用。

**1.4.7　　对齐和分布图层**

　　Photoshop提供的【对齐】命令可以将多个图层的内容与当前图层或者选择区域边框对齐，而【分布】命令可以平均间隔排列多图层中的内容。

　　**对齐**

　　在"图层"面板中将需要进行对齐的图层全部选择，其方法是按住Shift键的同时分别单击需要编辑的图层，将其全部选中，执行【图层】/【对齐】命令，弹出【对齐】命令下的子菜单，应用此命令下的各个子命令后的效果如图1-4-10所示。

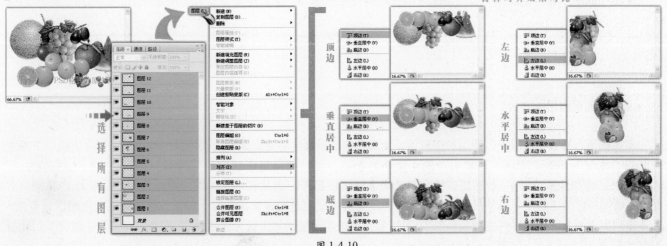

图1-4-10

【对齐】菜单下各个子命令的意义如下。

◆ 顶边：使所选图层的最顶端对齐。

◆ 垂直居中：使所选图层的垂直方向的中心像素垂直方向的中心点对齐。

◆ 底边：使所选图层的最大底端边界对齐。

◆ 左边：使所选图层最左端的像素对齐。

◆ 水平居中：使所选图层水平方向的中心像素与水平方向的中心点对齐。

◆ 右边：使所选图层最右端的像素对齐。

通过图层的排列也可以使图层与选取边框对齐。如在图像中建立选区，【图层】菜单下的【对齐】命令，就被更换为【将图层与选区对齐】命令。执行此命令可使当前所选图层与选区对齐，【将图层与选区对齐】命令包含的6个子命令与【对齐】命令下的6个子命令意义相同，只是对齐的相对位置变成了选区边界而不是当前作用图层。

提示：以选区来排列图层时，既可以是链接图层也可以是单独的图层。也就是说，不需要事先建立链接图层才能排列图层。

### 分布

在选择了多个图层（3个以上）的基础上，可以执行菜单命令【图层】/【分布】对这些所选图层进行分布排列。【分布】与【对齐】命令不同，它的工作原理是根据每个图层的中心点进行分布排列的。【分布】命令下同样有6个子命令，产生的分布效果也是不同的。对这样原理相同但不好理解的内容，下面进行两个子命令的详细讲解，举一反三，其他的子命令也是不难掌握，如图1-4-11所示。

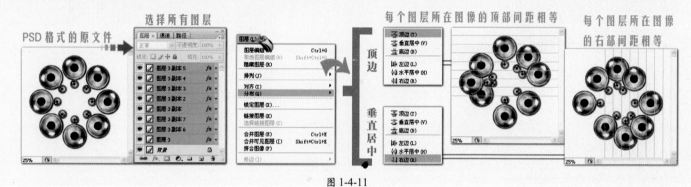

图 1-4-11

◆ 顶边：使得所选图层的顶端间隔的距离相同。也就是说，以上部顶端边界为标准，均匀分布各个所选层的位置。

◆ 垂直居中：使所选图层的垂直中心线间隔的距离相同，从而均匀分布图层。

◆ 底边：使所选图层下边界的像素间隔的距离相同，从而均匀分布各个图层。

◆ 左边：使所选图层最左端的像素间隔的距离相同。

◆ 右边：使所选图层最右端的像素间隔的距离相同。

◆ 水平居中：使所选图层中心方向的中心线间隔的距离相同，从而均匀分布各个所选图层。

提示：【对齐链接图层】和【分布链接图层】子菜单中的命令，与工具箱中移动工具的工具栏参数选项中按钮功能相同。

### 1.4.8    锁定图层内容

锁定图层，可以锁定某一个图层和图层组，使其在编辑图像时不受影响，从而可以给编辑图像带来方便。下面主要介绍"图层"面板"锁定"选项组中的4个功能按钮，虽然都是用于锁定图层内容，但还是有一定区别的。

◆ 锁定透明像素（ 🔲 ）：选中该按钮会将透明区域保护起来。因此在使用绘图工具绘图时（以及填充和描边），只对不透明的部分（即有颜色的像素）起作用。当没有选中锁定透明像素按钮时，编辑此图层可以在透明区域着色；当选择锁定透明像素按钮后再编辑图形内容，可以看到在透明区域画笔工具无法着色。如图1-4-12所示中就会看到明显的对比效果。

提示：在【编辑】菜单中的【填充】和【描边】命令中，存在"保留透明区域"复选项，其功能和"图层"面板中的"锁定透明区域"复选框是相同的，也是用来保护透明区域的，以免在填充和描边时透明区域受影响。

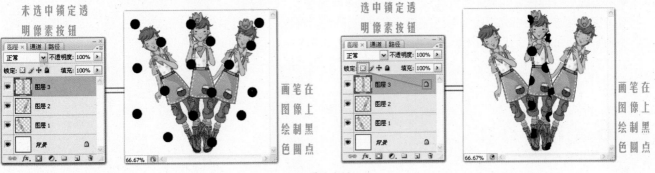

图 1-4-12

◆锁定图像像素（　）：选中该选项可以将当前图层保护起来，不受任何填充、描边及其他绘图操作的影响。所以，此时在这一图层上无法使用绘图工具，绘图工具在图像窗口中显示为不可用的图标。

◆锁定位置（　）：选中后，不能够对选定的图层进行移动、旋转、翻转和自由变换等操作。但是可以对图层进行填充、描边和其他绘图的操作。

提示：用户即使选中锁定透明区域、锁定图层和透明区域以及锁定编辑动作复选框，仍然可以调整当前图层的不透明度和图层混合模式。

◆锁定全部（　）：将完全锁定这一图层，此时任何绘图操作、编辑操作（包括删除图层、图层混合模式、不透明度、滤镜功能和色彩、色调调节等功能）都不能在当前图层使用。而只能在"图层"面板中调整这一层的次序。锁定全部图层后，在当前图层右侧出现一个锁定的图标。如果锁定图层组，那么，该图层组中的全部图层都被锁定。

使用【图层】菜单中的【锁定图层】命令也可以锁定图层，使用方法如图 1-4-13 所示。

1．选择需要锁定的图层。

2．执行【图层】/【锁定图层】命令，弹出"锁定图层"对话框，在对话框中选择需要锁定的方式，这里包含 4 种锁定方式，与"图层"面板上的 4 种锁定方式是一一对应的。

3．选择完毕后单击"确定"按钮完成锁定。

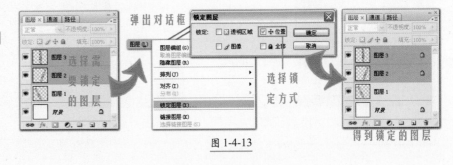

图 1-4-13

## 1.4.9　栅格化图层

对于包含矢量数据（如文字图层、形状图层和矢量蒙版）和生成的数据（如填充图层）的图层，不能使用绘图工具或滤镜。但是，用户可以栅格化这些图层，将其内容转换为平面的光栅图像，并使图层变为普通图层，之后就可以使用这些工具进行编辑了。

栅格化图层方法如下。

1．选择要栅格化的图层。

2．执行【图层】/【栅格化】命令，弹出栅格化命令下的子菜单，并从子菜单中选择各个选项。子菜单中各项意义如下。

◆文字：栅格化文字图层。

◆形状：栅格化形状图层。

◆填充内容：栅格化填充图层。

◆矢量蒙版：栅格化矢量蒙版。

◆图层：栅格化当前编辑的图层。

◆链接图层：栅格化链接的图层。

◆所有图层：栅格化包含矢量数据和生成数据的所有图层。

对文字图层进行栅格化，图像转为矢量，可进行滤镜等操作，如图 1-4-14 所示。

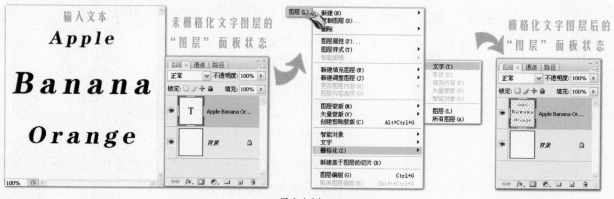

图 1-4-14

## Example 1 　利用剪贴蒙版制作文字镶图效果

●融会本节所讲知识点进行实例应用　　　　●移动图层

●选区转换图层（通过拷贝的图层）　　　　●创建图层剪贴蒙版

**1** 执行【文件】/【打开】命令（Ctrl+O），在弹出的"打开"对话框中选择素材图片打开图像，选择工具箱中的矩形选框工具，在图像中创建选区，执行【选择】/【修改】/【羽化】命令，弹出"羽化选区"对话框，将羽化半径设置为 50 像素，单击"确定"按钮应用，如图 1-4-15 所示。

图 1-4-15

**2** 执行【图层】/【新建】/【通过拷贝的图层】命令,复制选区中的内容到新的图层,得到复制后的"图层1",如图1-4-16所示。

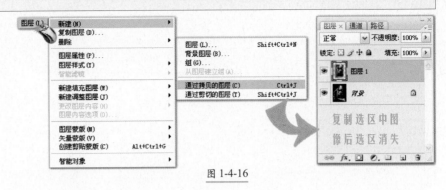

图 1-4-16

**3** 执行【文件】/【新建】命令（Ctrl+N）,弹出"新建"对话框,设置大小为15cm × 10cm,分辨率为150像素/英寸的文件,在新建名称处输入文件名称"文字镶图文件",便于保存。将刚才编辑的文档中的"图层1",拖到"文字镶图文件"文档中,执行【编辑】/【自由变换】命令（Ctrl+T）,弹出自由变换框,调节图片大小直到合适为止,如图1-4-17所示。

图 1-4-17

**4** 将前景色设置为黑色,选择"背景"图层,执行【编辑】/【填充】命令,弹出"填充"对话框,设置填充颜色为前景色,单击"确定"按钮,如图1-4-18所示。

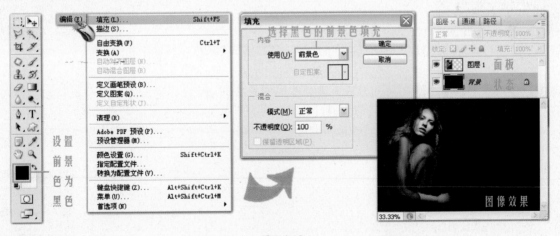

图 1-4-18

**5** 执行【文件】/【新建】命令（Ctrl+N）,弹出"新建"对话框,设置大小为10像素 × 10像素,分辨率为150像素/英寸的文档,设置完毕后单击"确定"按钮新建文档。选择工具箱中的铅笔工具,将铅笔的笔刷大小设置为1像素,用白色在新建的文档中绘制图案。执行【编辑】/【定义图案】命令,弹出"图案名称"对话框,输入定义图案的名称,单击"确定"按钮。单击"图层"面板上的创建新图层按钮,新建"图层2",选择工具箱中的油漆桶工具,在其属性栏中选择"条纹图案"进行填充,在"图层2"上单击,得到填充后的图像,如图1-4-19所示。

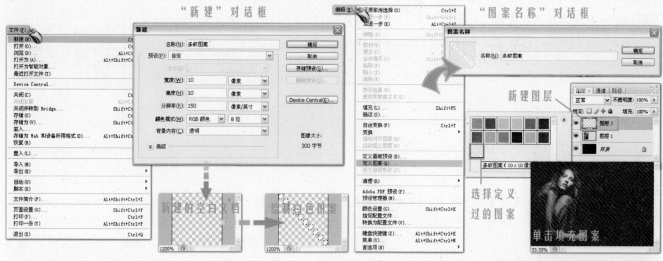

图 1-4-19

**6** 在"图层"面板中将"图层 2"的不透明度的数值设置为 50%，或调节控制不透明度的滑块，更改不透明度后得到的图像效果如图 1-4-20 所示。

图 1-4-20

**7** 选择工具箱中的横排文字工具 T.，在图像中分别输入字母"N"、"E"、"X"、"T"，选择圆滑较粗的文字字体，输入文字后执行【编辑】/【自由变换】命令，利用自由变换调节文字大小及位置，如图 1-4-21 所示。

图 1-4-21

**8** 选择"N"图层，单击"图层"面板上添加图层样式按钮 fx.，在弹出的下拉菜单中选择"内阴影"，弹出"图层样式"对话框，设置"内阴影"参数，设置完毕后不关闭对话框，继续勾选"外发光"复选框，设置各项参数，设置完毕后单击"确定"按钮应用图层样式。将其余 3 个文字图层都添加同样的图层样式，得到的图像效果如图 1-4-22 所示。

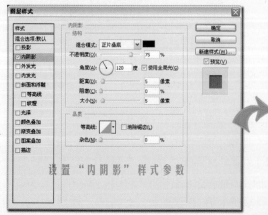
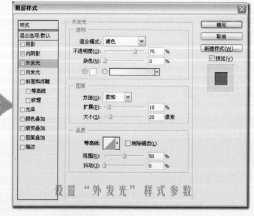

图 1-4-22

9 执行【文件】/【打开】命令（Ctrl+O），打开素材库中的4张素材图像。选择工具箱中的移动工具，将打开的图片拖到"文字镶图文件"文档中，执行【编辑】/【自由变换】命令（Ctrl+T），拖动变换框旋转缩放图片使每张图片对应一个字母放置，因为图片需要作为纹理嵌入字母所在的形状中，所以图片的大小要大过字母的大小，如图1-4-23所示。

图1-4-23

10 将每两个需要创建剪贴蒙版的图层进行图层顺序排列，用到1.4.4小节"调整图层顺序"中的知识，8个图层共分为4组，每组的规律都是代表"纹理"的图片图层在上，代表"形状"的文字图层在下，此例中将文本图层作为"形状"。执行【图层】/【创建剪贴蒙版】命令，或按住Alt键将鼠标放置在每组的"纹理"与"形状"图层中间，发现鼠标指针的形态变化为，单击左键，所谓的"纹理"便会嵌入"形状"内显示出来。嵌入后的两个剪贴蒙版图层是可以进行单独编辑的，为了配合整体效果，可以进行适当的引动修改，如图1-4-24所示。

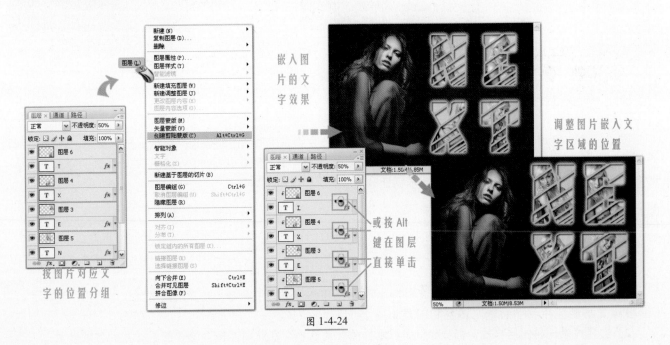

图1-4-24

11 单击"图层"面板上创建新的填充或调整图层按钮，在弹出的下拉菜单中选择"渐变"选项，弹出"渐变填充"对话框，进行渐变填充设置，设置完毕后单击"确定"按钮，此时"图层"面板上生成渐变调整图层，得到填充黑色向透明渐变后的图像效果，如图1-4-25所示。

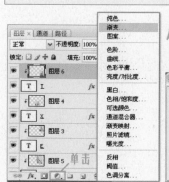

图 1-4-25

**12** 选择工具箱中的横排文字工具 ![T]，在图像中输入 "BEAUTIFUL GIRL"；单击"图层"面板上添加图层样式按钮 ![fx]，在弹出的下拉菜单中选择"外发光"选项，弹出"图层样式"对话框，设置"外发光"样式参数，设置完毕后单击"确定"按钮应用图层样式。在"图层"面板上将文本图层的图层填充值设置为0%，得到如图1-4-26所示的最终图像效果。

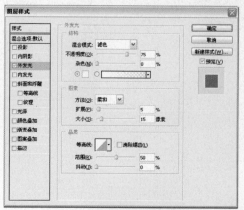

图 1-4-26

## 1.5 图层样式和样式面板

图层样式是 Photoshop 最具魅力的功能之一，它能够产生很多生动的图像效果，包括阴影、发光、斜面和浮雕，等等。Photoshop CS3 提供了许多图层样式，使用界面也相当明确，可视化操作强，对图层样式做的修改，均会实时显示在"图层"面板中。图层样式使艺术创作拥有了更加广阔的空间。

### 1.5.1 使用图层样式

图层样式的使用非常简单，其大致步骤如下：

方法一：

1. 选中要添加应用图层样式的图层，执行【图层】/【图层样式】命令，在弹出的子菜单中选中一种样式效果（图层样式不能应用到"背景"图层和图层组中）。

2. 选择任意一种图层样式，都会弹出"图层样式"对话框，在此对话框中设置图层样式的各项参数。

3. 完成设置各项参数，单击"确定"按钮即可完成图层样式的添加。

提示：当为一个图层添加了图层样式后，在"图层"面板中将显示代表图层样式的图标 ![fx]。图层样式与一般图层一样具有可以修改的特点，因此使用起来非常方便，可以反复修改图层样式设置，只要双击"图层"面板上图层样式的图标，就可以打开"图层样式"对话框重新编辑图层样式。

方法二：

1. 选中要添加应用图层样式的图层，单击"图层"面板上添加图层样式按钮 [fx]，在弹出的下拉菜单种选择需要的样式，弹出"图层样式"对话框，在此对话框中设置图层样式的各项参数。

2. 完成设置各项参数，单击"确定"按钮即可完成图层样式的添加。

两种使用方法详细介绍如图 1-5-1 所示。

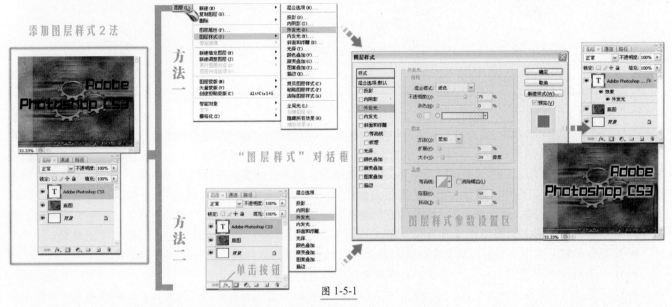

图 1-5-1

如果要在同一图层中应用多个图层样式，可在打开"图层样式"对话框后，在对话框左侧的复选框列表中勾选需要的样式，选中某个效果时，在对话框右侧将显示与其图层样式相关的选项设置，设置完毕单击"确定"按钮。图层样式在制作特效文字和各种形状的按钮时非常有用。

> 提示：在"图层样式"对话框中，如果按下 Alt 键，则【取消】按钮会变成【复位】按钮，单击"复位"按钮可以将图层样式恢复至刚打开"图层样式"对话框时的设置。

**1.5.2　投影和内阴影样式**

无论是文字、按钮、边框还是一个物体，如果加上一个投影，都会产生立体感，并且制作投影和阴影效果的步骤简单而快速。因此，投影制作在任何时候都使用的非常频繁，不管是在图书封面上还是报刊杂志上，经常会看到带有投影的文字及图像。

在 Photoshop CS3 中制作阴影效果，只需使用其图层样式进行编辑即可。"图层样式"提供了两种阴影效果的制作，分别是"投影"和"内阴影"。这两种阴影效果的区别在于，"投影"是在图层对象背后产生阴影，从而产生投影的视觉；而"内阴影"则是内投影，即在图层边缘以内区域产生一个图像阴影。如图 1-5-2 所示为添加"投影"样式后的图像效果，如图 1-5-3 所示为添加"内阴影"样式后的图像效果，可将两种阴影效果放在一起进行对比。

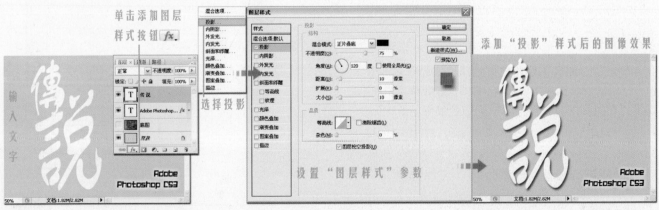

图 1-5-2

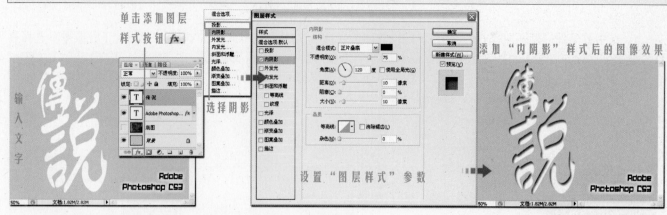

图 1-5-3

在图层样式的各个选项中，混合模式和不透明度是每个图层样式必备的选项，图层样式以指定的不透明度和混合模式与下层图像混合。虽然 Photoshop CS3 默认的投影不透明度为75%，但多数情况下，这个数值对于创建逼真的投影效果来说有些偏高，所以在图像处理时，需要适当地降低投影的不透明度。在颜色选项中用户可以指定特殊的阴影颜色。在 Photoshop CS3 中，默认为黑色的图层混合模式，一般被指定为"正片叠底"，正如默认为浅色的图层样式被指定为滤色模式一样。通常情况下，默认模式都会有很好的效果。这两种图层样式只是产生的图像效果不同，而参数选项是基本一样的，对照如图 1-5-4 所示的"图层样式"对话框，学习"图层样式"各选项的意义。

◆ A 混合模式：选定投影的色彩混合模式，混合模式选项右侧的颜色框，单击可打开对话框选择阴影颜色。

◆ B 不透明度：设置阴影的不透明度，数值越大阴影颜色越深。

◆ C 角度：用于设置光线照明角度，即阴影的方向会随着角度的变化而发生相应的变化。如果指定某一角度为全局光，那么在这个图像文件中，所有使用全局光的图层效果均使用这一角度，很多用户往往都忽略了此选项，其实，全局光统一光源方向的作用是很重要的。

◆ D 使用全局光：可以为同一图像中的所有图层效果设置相同的光线照明角度。

◆ E 距离：设置阴影距离，变化范围是 0~30000 像素，这个数值越大，那么投影离对象就越远。可以在图像窗口用鼠标拖移投影，直接改变它的位置。在拖移的同时，投影距离和角度都会发生改变。

◆ F 扩展：模糊之前扩大边缘范围，变化值是 0%~100%，值越大投影效果越强烈。在"内阴影"的设置对话框中，此选项的名称为【阻塞】，其功能是调整内阴影边界的清晰度。

◆ G 大小：指定模糊的数量或暗调大小，变化范围是 0~250 像素，值越大柔化程度越大。

◆ H 品质：在此选项组中，可以通过设置【等高线】和【杂色】选项来改变阴影质量。

在【等高线】选项中可以选择一个已有的轮廓应用于阴影，或者编辑一个轮廓。要选择一个已有轮廓，单击【等高线】列表框中的下拉按钮，可以打开等高线选框，在其中选择即可。如要编辑一个轮廓，则可以单击【等高线】列表框的轮廓图案，打开"等高线编辑器"对话框，在其中编辑一个轮廓。如果勾选"消除锯齿"复选框，则可以使得轮廓更加平顺，不会产生锯齿。

提示：编辑轮廓曲线的操作与在【曲线】对话框中编辑曲线的方法相同。

◆ 杂色：通过调整杂色百分比向投影中添加杂色，相当于图层混合模式中的溶解。也可将其理解为添加杂色滤镜，在阴影区域中产生随机的颗粒效果。

提示：利用"图层样式"对话框做投影效果和内阴影效果时，阴影颜色、混合模式、不透明度、角度和距离的设置是否合理，将对产生的图像效果起着决定性的影响。所以，虽然 Photoshop 提供了方便的功能，怎样用好它，还要不断练习。

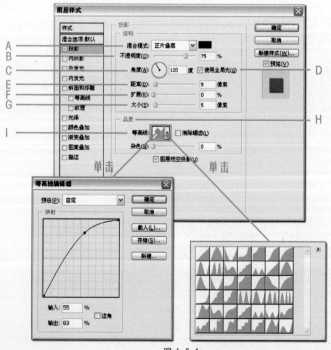

图 1-5-4

### 1.5.3    外发光和内发光样式

"外发光"选项主要包括了"结构"、"图素"和"品质"3个选项组。"结构"主要用于控制发光的混合模式、不透明度、杂色和颜色。可以使用单色或是渐变色，默认的渐变色是从前景色到透明的渐变。用户也可以自己编辑渐变色，或者使用预设的渐变。很多时候，夸张的渐变色使发光变得很有特色。首先要确定的是发光方法，较柔软的方法会创建柔和的发光边缘，但在发光值较大的时侯不能很好地保留对象边缘细节。在一些需要精巧边缘的对象，如文字，精确的方法比较合适。"扩展"和"大小"与前面所介绍的作用相同。"品质"部分多出了"范围"和"抖动"两个选项，"范围"是确定等高线作用范围的选项，范围越大，等高线处理的区域就越大。

"内发光"效果和"外发光"效果的选项基本相同，除了将"扩展"变为"阻塞"外，只是在"图素"部分多了对光源位置的选择。如果选择"居中"单选按钮，那么发光就从图层内容的中心开始，直到距离对象边缘设定的数值为止；选择"边缘"单选按钮，就是沿对象边缘向内进行光照扩散。

执行【图层】/【图层样式】/【外发光】命令或者【图层】/【图层样式】/【内发光】命令，可以为当前图层的图像创建一种类似于发光的亮边效果。其中"外发光"产生图像边缘外部的发光效果；而"内发光"产生图像边缘内部的发光效果。如图1-5-5所示分别为原始图像和添加"外发光"和"内发光"样式后得到的图像对比效果。

图 1-5-5

执行【图层】/【图层样式】/【外发光】命令，弹出"图层样式"对话框，在其中设置发光效果的各项参数，具体选项意义如下所述。

◆结构：设置【混合模式】、【不透明度】、【杂色】和设置发光颜色。如图1-5-6所示为变换【结构】设置后图像的变化规律。

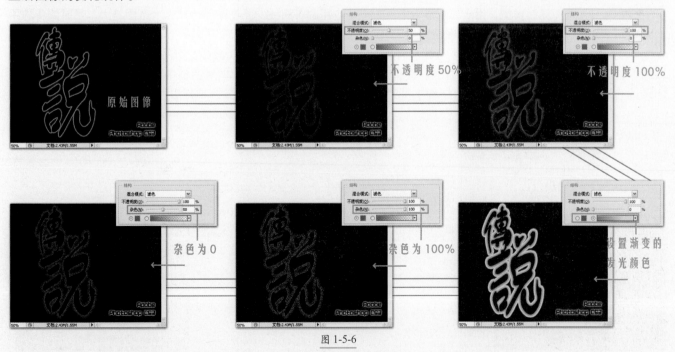

图 1-5-6

◆图素：设置发光元素的属性，包括【方法】、【扩展】，如图1-5-7所示。

◆方法：设置发光方式。"柔和"方式应用模糊技术，它可用于所有类型的边缘，不论是柔边还是硬边；"精确"方式使用距离测量技术创造发光效果，主要用于消除锯齿形状（如文字）硬边的杂边。

◆品质：设置【等高线】、【范围】和【抖动】，如图1-5-8所示。

◆抖动：在使用渐变颜色时，使光颗粒化。

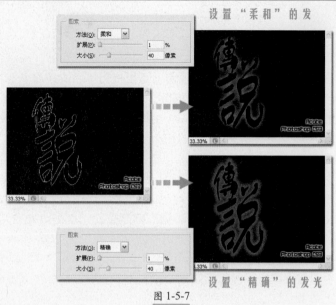

图 1-5-7

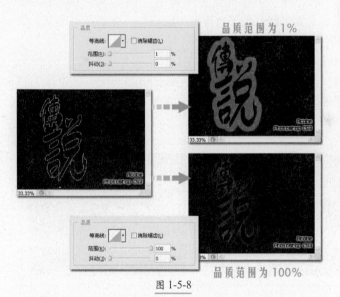

图 1-5-8

【内发光】和【外发光】的选项设置基本相同，只是【内发光】多了两个单选按钮。

◆居中：从当前图层图像的中心位置向外发光。

◆边缘：从当前图层图像的边缘向内发光。

---

**1.5.4    斜面和浮雕样式**

【斜面和浮雕】有【等高线】和【纹理】两个子选项，它们的作用是分别对图层效果应用等高线和透明纹理效果。【斜面和浮雕】可以制作出立体感的图像，这个功能在图像处理中使用的相当频繁。【等高线】子选项包括了当前所有可用的等高线类型，用于控制混合图层效果所应用的等高线的亮度或颜色范围。范围越大，等高线所施用的区域越大。【纹理】子选项可以为图层内容添加透明纹理。

执行【图层】/【图层样式】/【斜面和浮雕】命令，或单击"图层"面板上添加图层样式按钮 fx，在弹出的下拉菜单中选择"斜面和浮雕"样式，会弹出"图层样式"对话框，根据对话框中各个选项，按照如图1-5-9所示的步骤进行操作。首先在右侧【结构】框架中的"样式"列表框中选择一种浮雕样式。

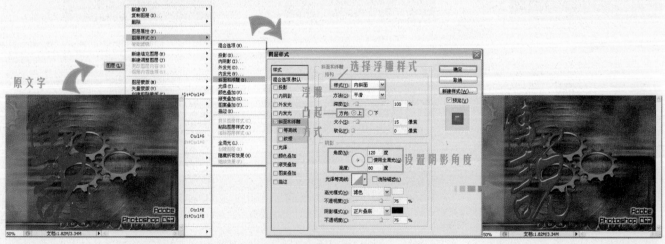

图 1-5-9

斜面和浮雕主要包括以下5种样式，首先介绍一下"外斜面"和"内斜面"，如图1-5-10所示。

◆外斜面：可以在图层中图像外部边缘产生一种斜面的光线照明效果。此效果类似于投影效果，只不过在图像两侧都有光线照明效果。

◆内斜面：可以在图层中图像内部边缘产生一种斜面的光线照明效果。此效果和内部阴影效果相似。

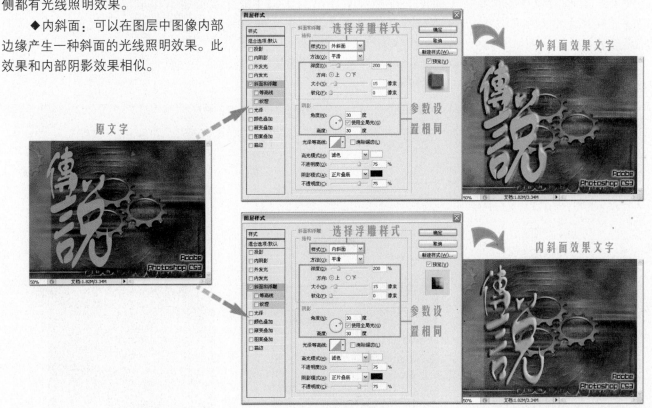

图 1-5-10

另外，在样式下拉列表中还包括"浮雕效果"、"枕状浮雕"和"描边浮雕"3种浮雕样式，对照3种样式的概述及如图1-5-11所示的图解效果具体学习。

◆浮雕效果：创建当前图层内容向下方图层凸出的效果。

◆枕状浮雕：创建图层中图像边缘陷入下方图层的效果。

◆描边浮雕：类似浮雕效果，但只在当前图层图像有"描边"图层样式时才会起作用，如当前图层图像没有"描边"样式，选择此浮雕样式，则不起作用。

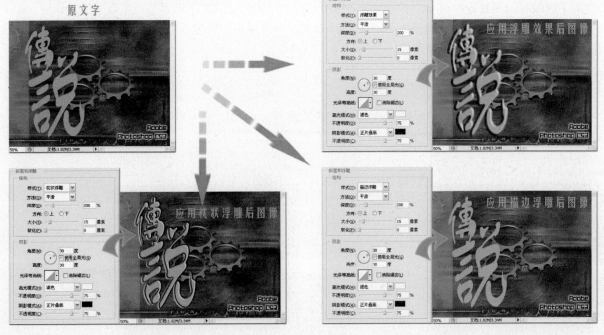

图 1-5-11

在【方法】列表框中包含 3 种斜面方式，"平滑"、"雕刻清晰"、"雕刻柔和"。

◆平滑：光滑斜面。　　　◆雕刻清晰：产生比较生硬的平面。　　　◆雕刻柔和：柔和的平面。

此外，结构框架中还包括了【深度】、【大小】、【方向】和【软化】编辑，可根据需要调节选项。

在【阴影】框架中可以设置浮雕阴影的【角度】、【高度】、【光泽等高线】以及斜面亮部和暗部的不透明度和混合模式。

如要为斜面和浮雕效果添加轮廓或者底纹，以产生更多地效果，可在对话框左侧勾选"等高线"和"纹理"，在对话框右侧设置相应参数，如图 1-5-12 所示。

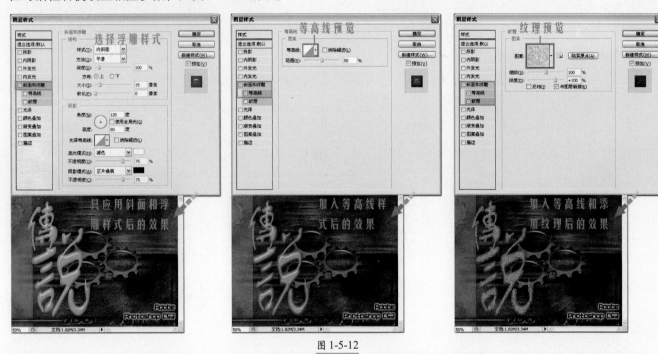

图 1-5-12

【纹理】子选项所用图案库和后面"图案叠加"复选框所用的图案库，与图案文件夹中所储存的文件一致。不过，【纹理】中的图案都以灰度模式显示，也就是说纹理不包括色彩，所采用的只是图案文件的亮度信息。就像投影效果一样，也可以在图像文件中拖动鼠标改变纹理位置，对改变的位置不满意时，可以用"贴紧原点"来恢复图案原点与文档原点的对齐状态，如果选中了"与图层链接"，则控制图案原点与图层左上角对齐，如图 1-5-9 所示图例说明。

【缩放】选项可改变纹理的大小，其范围从 -1000％到 1000％。【深度】可调节图案雕刻的立体感。如果选择"反相"，图像呈现出与当前选择图案明暗相反的纹理效果，举例来说，深度为 200％的纹理效果在选择了反相后，看起来如同深度设为 -200％时的纹理效果。

## 1.5.5　光泽

"光泽"图层样式主要用于创建光滑的磨光或金属效果。在其调节选项中，"距离"、"角度"和"大小"是控制光泽的主要选项，如图 1-5-13 所示。

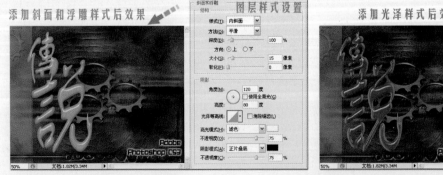

图 1-5-13

"距离"用于控制光泽与图像边缘的距离，"角度"控制光泽高光与阴影部分分布的位置关系，"大小"顾名思义就是控制光泽分布的大小。另外，光泽也有"等高线"调节选项，此选项与"斜面和浮雕"中的等高线选项基本相同，值得注意的是，系统会默认勾选"反相"复选项，如果实际操作中不需要可将其省去。

## 1.5.6 颜色叠加

"颜色叠加"是相对简单的图层样式，通过"颜色叠加"可为图层叠加某种颜色。系统默认的叠加颜色为红色，如果需要叠加其他颜色，可以单击面板中"混合模式"旁的色彩预览框，在弹出的"拾色器"对话框中选择个人需要的颜色，然后单击"确定"按钮完成颜色叠加。

如图1-5-14所示，选择文字图层，打开"图层样式"对话框，选择"颜色叠加"复选项，设置具体参数叠加颜色。

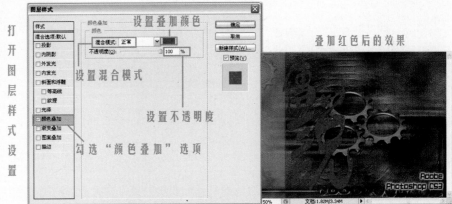

图 1-5-14

## 1.5.7 渐变叠加

使用"渐变叠加"图层样式可以为图层添加渐变效果。这里添加的渐变和工具箱中的渐变工具一样，使用的也是同一个渐变库。在"渐变叠加"图层样式中，单击"渐变颜色"选项，弹出"渐变编辑器"对话框，可以选择系统自带的渐变类型，也可根据自己需要自行编辑。"样式"选项选择的是渐变的样式，在下拉菜单中共有5种渐变类型可供选择：线性、径向、角度、对称的和菱形。如图1-5-15所示填充的是线性渐变，设置完毕后单击"确定"按钮，填充渐变后，颜色会按照设置的角度进行填充。

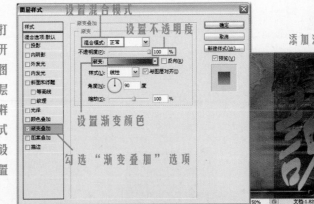

图 1-5-15

> 提示：此图层样式与在图层中填充渐变颜色的功能相同，与创建渐变填充图层的功能相似，应用【渐变叠加】图层样式时，关键要选择适当的渐变类型和渐变颜色。

如图1-5-16所示为分别应用5种渐变类型后的对比效果。

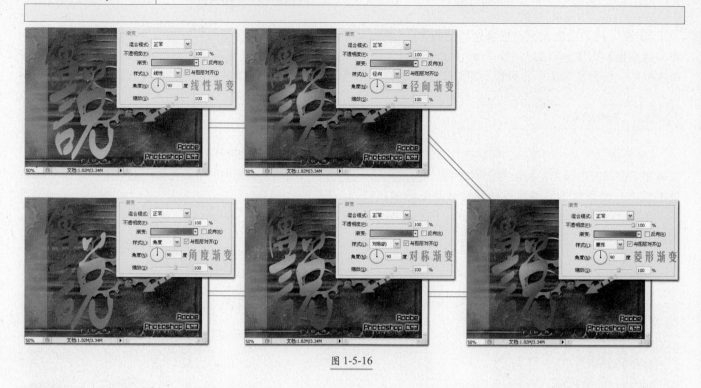

图 1-5-16

### 1.5.8 图案叠加

使用"图案叠加"图层样式可以为图层添加图案效果，这里添加的图案和使用工具箱中油漆桶添加图案一样，使用的也是同一个图案库。在"图案叠加"图层样式中，单击"图案"选项就会弹出现有的图案库，可以根据自身需要进行选择，所涉及的图案可在系统的图案库中调出，也可自行进行定义图案。下面我们就进行详细的介绍，首先来了解一下添加"图案叠加"样式的方法，操作步骤如图 1-5-17 所示。

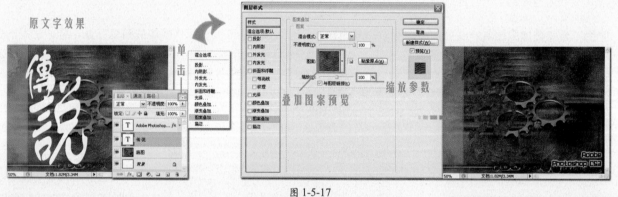

图 1-5-17

"缩放"选项选择的是图案的相对大小。将上个例子继续，在打开的"图层样式"对话框中，分别将缩放参数设置为 100%、50% 和 200%，观察缩放设置变化后的图像效果，如图 1-5-18 所示。

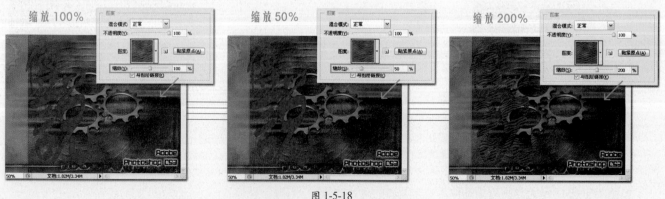

图 1-5-18

"图案叠加"样式中的"不透明度"参数设置与"缩放"参数的原理一样，区别在于，缩放参数用来调整叠加图案的大小，而不透明度参数是用来调整叠加图案的深浅变化，当不透明度为40％和80％时与不透明度为100％时的变化对比如图1-5-19所示。

提示：以上几种图层样式只对图层中内容起作用，产生填充效果，而对图层中的透明部分不起作用，仍然是透明的。

图 1-5-19

### 1.5.9 描边

"描边"图层样式就是沿图像边缘进行描边。首先选择需要描边的图层，打开"图层样式"对话框，勾选"描边"复选框，在描边参数设置中选择描边颜色和描边大小，如图1-5-20所示，设置完毕后单击"确定"按钮完成描边。

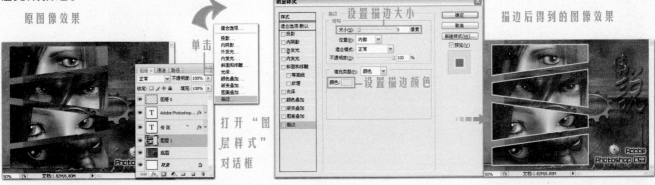

图 1-5-20

其中，"大小"用于控制描边的宽度。另外，有3种不同的描边类型可供选择："颜色"、"渐变"和"图案"。具体调节方法和"颜色叠加"、"渐变叠加"和"图案叠加"图层样式调节方法基本一致。

### 1.5.10 编辑图层样式

图层样式制作完毕后，可以对其做各种编辑操作，这些编辑操作主要包括清除和隐藏图层样式、拷贝和粘贴图层样式、分离图层样式、缩放图层样式和给各个图层样式设置统一的光线照明角度（即全局光）。这些命令在添加图层样式后，右键单击"图层"面板上图层样式的下拉预览，即可打开图层样式编辑菜单，直接在菜单中单击即可应用命令，如图1-5-21所示。

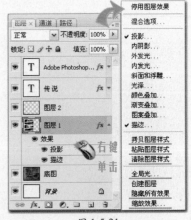

图 1-5-21

**1.5.11　清除和隐藏图层样式**

在"图层"面板中将要删除的图层效果拖动到"图层"面板底部的删除所有图层按钮 。删除图层样式也可以在"图层"面板中图层样式预览列表中单击鼠标右键，在弹出的菜单中选择【清除图层样式】命令，同样也可以清除图层样式，如图1-5-22所示。

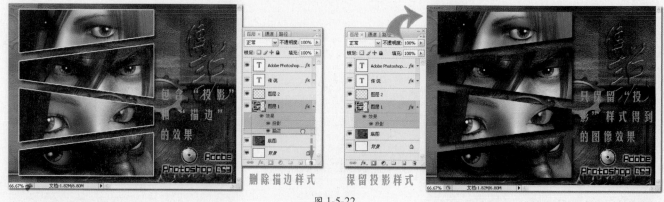

图 1-5-22

当需要将图层样式进行隐藏处理时，可以应用"隐藏图层效果"命令。隐藏图层样式操作比较简单，单击图层样式左侧的切换单一图层效果可视性按钮 ，即可隐藏单一图层样式，若需要将添加的图层样式全部隐藏，单击图层样式左侧的切换所有图层效果可视性按钮 即可，如图1-5-23所示。

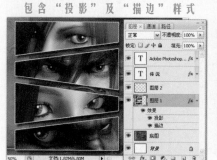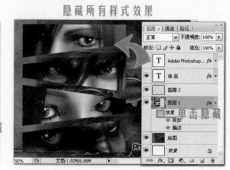

图 1-5-23

**1.5.12　拷贝和粘贴图层样式**

当几个图层需要添加同样的图层样式时，可以将在某一个图层中设置的图层效果复制到另一个图层中，加快了编辑速度，复制和粘贴图层效果的方法如下。

1. 打开原图像，如图1-5-24所示在"图层"面板中已添加图层样式的预览菜单中单击鼠标右键，弹出下拉菜单，选择"拷贝图层样式"选项。也可以选中包含图层样式的图层后，执行【图层】/【图层样式】/【拷贝图层样式】命令，同样可以拷贝图层样式。

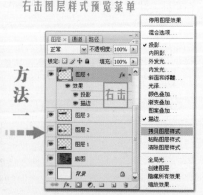

图 1-5-24

2. 选中要粘贴图层样式的目的图层，可以是本图像中的另一个图层，也可以是另一个图像中的图层，执行【图层】/【图层样式】/【粘贴图层样式】命令，或在该图层上单击鼠标右键，在弹出的菜单中选择"粘贴图层样式"，如图 1-5-25 所示。

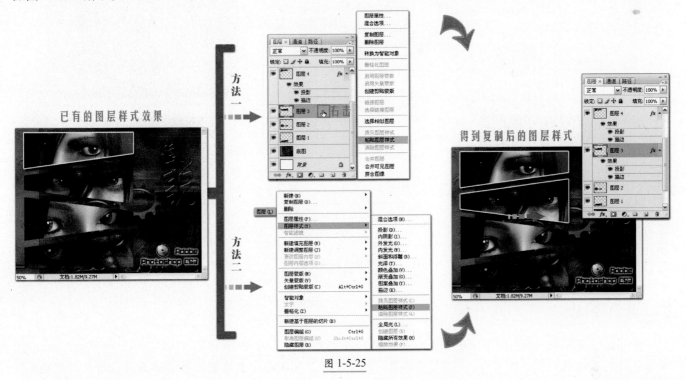

图 1-5-25

### 1.5.13 分离图层样式

下面举例说明分离图层样式的方法。

选择包含"投影"和"描边"两个图层样式的"图层 1"，执行【图层】/【图层样式】/【创建图层】命令，"图层"面板上出现 3 个新的图层，其中【样式】图层消失，被分离成了单独的图层，包括 1 个不含图层样式的原图层和 2 个分离后的"投影"和"描边"图层。如果将分离的样式图层隐藏，图像就会恢复到未添加图层样式前的原始效果，如图 1-5-26 所示。

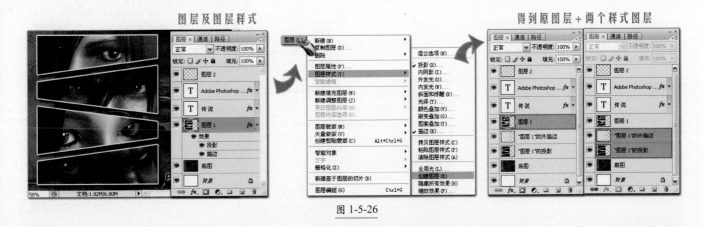

图 1-5-26

### 1.5.14 缩放效果

选择含有图层样式的图层后，执行【图层】/【图层样式】/【缩放效果】命令，弹出"缩放图层效果"对话框，从中可设置图层得到分离后图层效果的强度，可以直接在"缩放"文本框中输入数值，其范围是 0%~100%，或单击右侧的三角形按钮，在弹出的滑杆中拖拉滑块进行设置，操作步骤如图 1-5-27 所示。

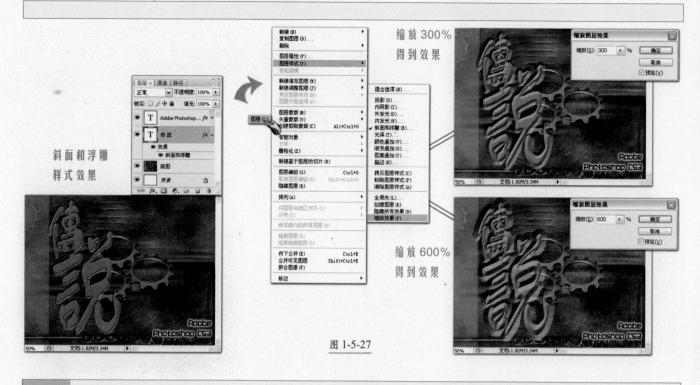

图 1-5-27

### 1.5.15　全局光

全局光即设置统一光线照明角度。执行【图层】/【图层样式】/【全局光】命令，弹出"全局光"对话框，设置光线的"角度"和"高度"。可以在"角度"和"高度"文本框中直接输入数值来设置，也可以用鼠标拖拉转轴来调整角度和高度，完成全局光设置，如图 1-5-28 所示。

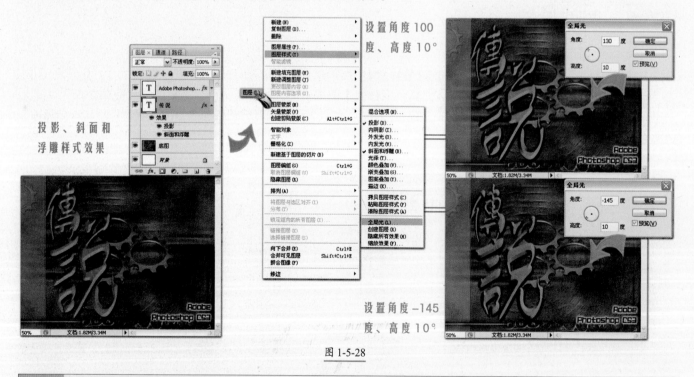

图 1-5-28

## 1.6　样式面板

图层效果和样式的出现，是 Photoshop 一个划时代的进步。在 Photoshop CS3 中，用图层样式和"样式"面板创造特殊图像效果，其方便程度甚至比特效本身更令人惊讶。你对图层效果和样式的了解有多少？如果对它的了解仅限于添加个简单的投影或浮雕效果什么的，那么你就有必要坐下来，好好研究一下了，这些都是在创作图像中最实用的技巧。了解这些后会发现，原以为简单的命令中，隐藏着一个如此宽广而神秘的天地。"样式"面板实际上是使用载入 Photoshop CS3 的样式文件为图像添加图层样式效果，也就是说，"样式"是使用软件已经做好的图层样式效果，是一种添加图层样式的快捷方法。

### 1.6.1　打开和使用"样式"面板

　　初次打开 Photoshop CS3 软件界面，"样式"面板是隐藏的，执行【窗口】/【样式】命令，即可打开"样式"面板，系统默认"样式"面板和"颜色"面板、"色板"面板在一起，在本节只进行"样式"面板的详细详解，如图 1-6-1 所示。

　　使用已载入 Photoshop CS3 的软件其实很简单，只需在"样式"面板中找到合适的样式，选择需要加载图层样式的图层，在"样式"面板中单击需要加载的样式即可。

　　添加"样式"实际上就是快速的添加预设好的"图层样式"组合。所以，在添加"样式"完毕后，该层会自动生成该"样式"内所包括的图层样式，如图 1-6-2 所示在"图层"面板中选择图层，确定对该图层需要应用样式效果，移动鼠标到"样式"面板中单击需要应用的样式；也可以在"样式"面板中按住某个样式缩览图，然后拖动缩览图到图像预览区中，使"图层"面板中的指定图层达到应用样式的目的。注意，应用样式后在"图层"面板中出现了若干图层样式。

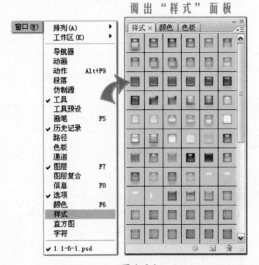

图 1-6-1

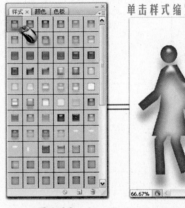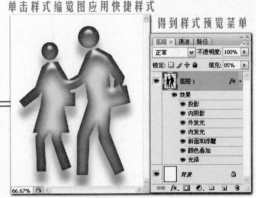

图 1-6-2

提示：如果对已经存在图层样式的图层再次应用样式，新样式的效果将覆盖原来样式效果。而如果按下Shift键将新样式拖动到已经应用样式的图层中，则可以在保留原来图层效果样式下，增加新的样式效果。

### 1.6.2　修改样式

　　"样式"面板中的图层样式设置是固定的，所以并不适用于所有图像，若要更改其图层样式设置，方法如下。

　　第一，如果只是图层样式中的的数值设置过大或过小，可以执行【图层】/【图层样式】/【缩放效果】命令，在弹出的"缩放图层效果"对话框内对图层样式进行缩放修改，如图 1-6-3 所示。

　　第二，如果需要改变图层样式中细节设置，如角度、距离、颜色、图层混合模式等参数，可在"图层"面板中选择该图层，双击样式图标 fx，打开"图层样式"面板，对参数进行具体设置，确认即可。

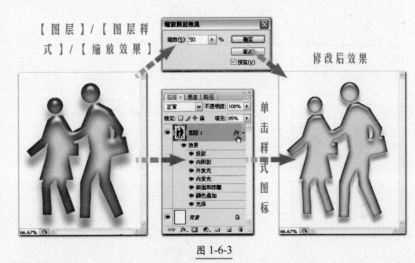

图 1-6-3

### 1.6.3　新建样式

一个漂亮的图层效果制作是很不容易的，所以在制作出好的图层效果后，可以将它定义为一个样式，以备日后使用。为了方便用户操作和简化操作步骤，可以将这种图层样式组合创建为样式，使用时直接应用。但是如果重新安装 Photoshop，新建的样式就会被丢失。为了在重新安装 Photoshop 后还可以使用定义过的样式，应该将样式保存为文件。

选择一个具有图层样式的图层，单击"样式"面板右上角的扩展按钮▾≡，在弹出的下拉菜单中选择"新建样式"选项，选择完毕后，会弹出"新建样式"对话框，在此对话框中可以对即将新建的样式进行命名，设置完毕后单击"确定"按钮后即可在"样式"面板中找到新建的样式，如图 1-6-4 所示。

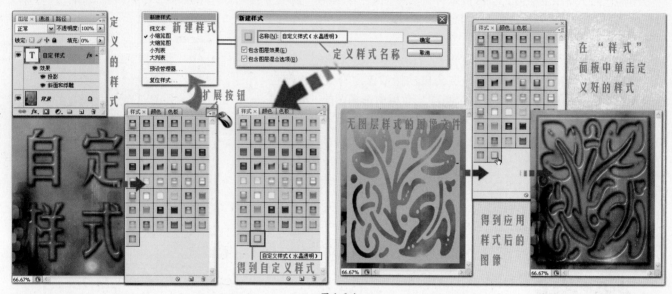

图 1-6-4

新建样式，还可以在选择有图层样式图层的前提下，单击"样式"面板下的创建新样式按钮▣，弹出"新建样式"对话框，单击"确定"按钮也可新建样式。

### 1.6.4　载入样式

如果是初次使用"样式"面板，可以发现"样式"面板中只有几个预设的样式。其实，Photoshop CS3 中自带了很多的样式文件。想要将其他的样式加载入"样式"面板，可单击"样式"面板上扩展按钮▾≡，在弹出的下拉菜单中选择"载入样式"选项，弹出"载入"对话框，寻找路径"Photoshop CS3/ 预设 / 样式"文件夹，选择需要载入的样式名称，单击"确定"按钮，即可将样式载入道"样式"面板中，如图 1-6-5 所示。

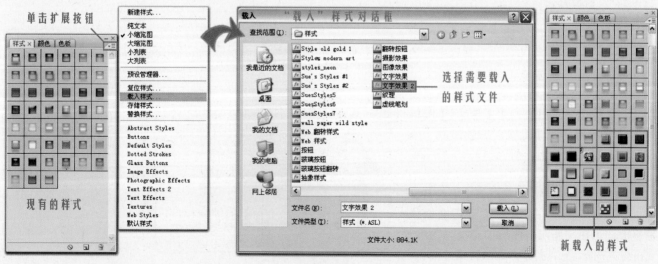

图 1-6-5

在应用载入样式的"确定"按钮后，会弹出系统对话框，如图1-6-6所示。

◆ A选择"确定"按钮，那么当前所选的样式类型会替代"样式"面板中的所有样式。

◆ B选择"追加"按钮，则是在当前"样式"面板中所有样式后面加入所选择的样式类型。

◆ C选择"取消"按钮，则放弃载入当前所选样式。

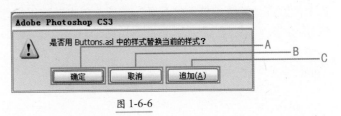

图1-6-6

## 1.6.5 添加样式

除了Photoshop CS3自带的样式以外，还可以在网上下载一些其他的样式以方便我们设计使用。将样式下载以后，可以直接将其复制在"Photoshop CS3/预设/样式"文件夹下。具体添加方法如下：

找到下载后样式文件所在的路径，将需要的样式选中，按Ctrl+C复制所选文件。找到Photoshop CS3软件的安装文件，按照"Photoshop CS3/预设/样式"的路径打开"样式"文件夹，按快捷键Ctrl+V粘贴所复制的样式文件，粘贴后可以发现"样式"文件夹中加入了新增的样式，如图1-6-7所示。

打开Photoshop CS3，单击"样式"面板右上角的扩展按钮 ，可以发现软件中已经加入了新的样式文件。

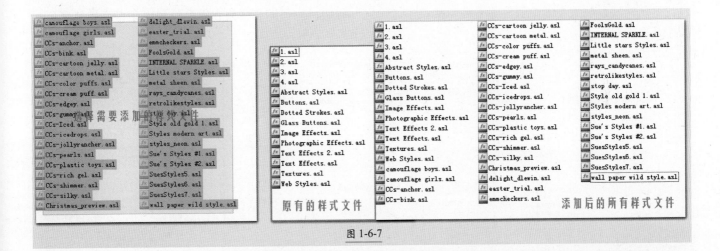

图1-6-7

# Example 2 利用图层样式制作LOGO眼球效果

● 融汇本节"图层样式"的知识点进行实例应用

● 打开"图层样式"对话框

● 为图层添加单一的图层样式

● 在一个图层上添加多个图层样式

● 将现有图层样式的图层分离成多个独立的图层

● 不改变图像大小的情况下缩放图层样式

● 在"样式"面板中直接应用图层样式

**1** 执行【文件】/【新建】命令（Ctrl+N），弹出"新建"对话框，新建一个文件，将前景色设置为白色，背景色设置为黑色。单击"图层"面板上创建新图层按钮 ，新建"图层1"，选择工具箱中的椭圆选框工具 ，按Shift键在"图层1"上绘制圆形选区，按快捷键Alt+Delete将选区填充为前景色，如图1-6-8所示。

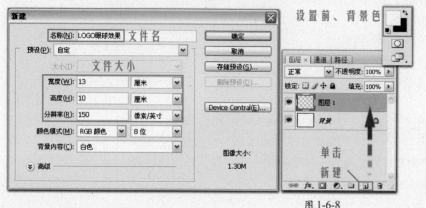

图 1-6-8

**2** 按快捷键Ctrl+D取消选择，执行【图层】/【图层样式】/【内阴影】命令，弹出"图层样式"对话框，进行内阴影样式参数设置，设置完毕后单击"确定"按钮，应用图层样式，得到添加内阴影后的效果，如图1-6-9所示。

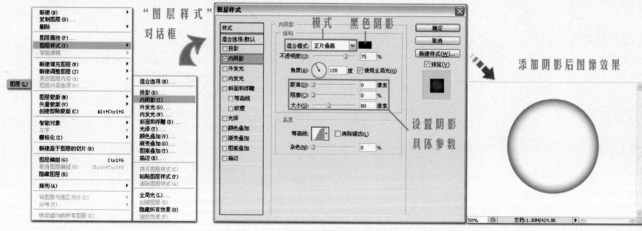

图 1-6-9

**3** 执行【图层】/【图层样式】/【内发光】命令，弹出"图层样式"对话框，进行内发光样式参数设置，设置完毕后单击"确定"按钮，应用图层样式，得到添加内发光的图像效果，如图1-6-10所示。

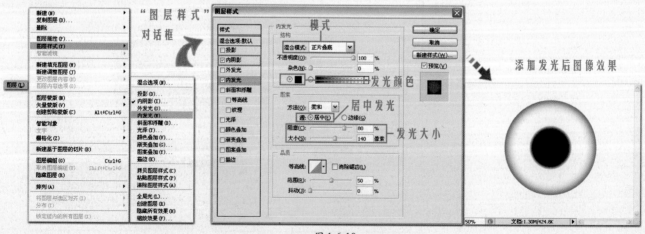

图 1-6-10

**4** 单击"图层"面板上添加图层样式按钮 fx，在弹出的下拉菜单中选择"斜面和浮雕"选项，弹出"图层样式"对话框，进行斜面和浮雕样式参数设置，设置完毕后单击"确定"按钮，应用图层样式后得到添加浮雕效果图像，如图1-6-11所示。

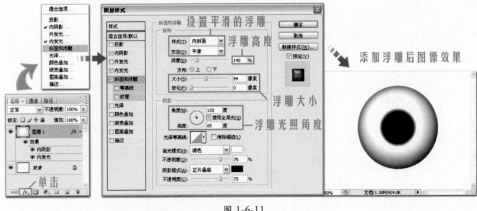

图 1-6-11

**5** 单击"图层"面板上添加图层样式按钮 fx，在弹出的下拉菜单中选择"光泽"选项，弹出"图层样式"对话框，设置光泽样式参数，设置完毕后单击"确定"按钮，应用图层样式后得到添加光泽样式的图像效果，如图1-6-12所示。

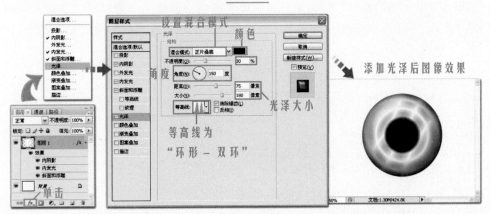

图 1-6-12

**6** 单击"图层"面板上添加图层样式按钮 fx，在弹出的下拉菜单中选择"渐变叠加"选项，弹出"图层样式"对话框，设置渐变叠加样式参数，设置完毕后单击"确定"按钮应用图层样式，得到添加渐变叠加样式后的图像效果，如图1-6-13所示。

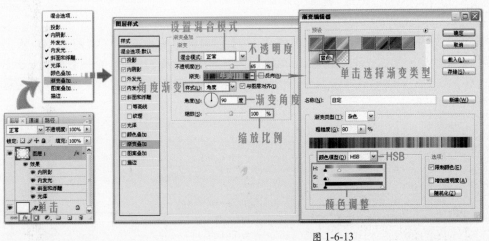

图 1-6-13

**7** 单击"图层"面板上添加图层样式按钮 fx，在弹出的下拉菜单中选择"颜色叠加"选项，弹出"图层样式"对话框，设置颜色叠加样式参数，设置完毕后单击"确定"按钮应用图层样式，得到添加颜色叠加样式后的图像效果，如图1-6-14所示。

图 1-6-14

**8** 在"图层"面板上单击"图层1"缩览图前的指示图层可视性按钮，将其隐藏。选择"背景"图层，单击创建新图层按钮，新建"图层2"，选择工具箱中的椭圆选框工具，按 Shift 键在"图层2"上绘制圆形选区，将选区填充为白色，如图1-6-15所示。

图 1-6-15

**9** 按快捷键 Ctrl+D 取消选择。单击"图层"面板上添加图层样式按钮 *fx*，在弹出的下拉菜单中选择"投影"选项，弹出"图层样式"对话框，设置投影参数，设置完毕后勾选"斜面和浮雕"复选框，设置斜面和浮雕参数，单击"确定"按钮应用图层样式，得到添加图层样式后的图像效果，如图1-6-16所示。

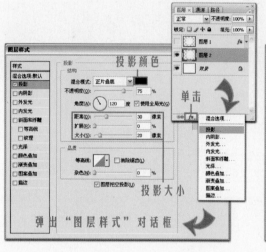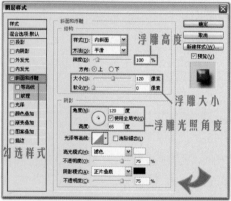

图 1-6-16

**10** 选择包含图层样式的"图层2"，执行【图层】/【图层样式】/【创建图层】命令，在"图层"面板上得到4个分离后的图层，分别是1个不包含图层样式的"图层2"、2个斜面浮雕样式分离图层和1个投影样式分离图层，选择"内斜面阴影"图层，将其拖到创建新图层按钮，得到其副本图层，图像中阴影区域会相对加深，达到复制图层的目的，如图1-6-17所示。

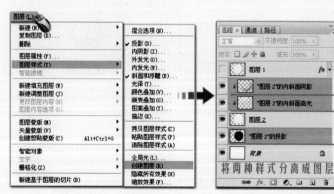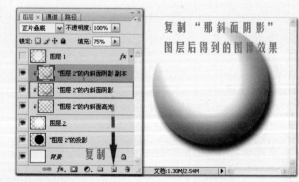

图 1-6-17

**11** 在"图层"面板上选择"图层2"的投影图层，执行【编辑】/【自由变换】命令（Ctrl+T），弹出自由变换框，向下拖动变换框 a 点，压扁阴影；在自由变换框中单击鼠标右键，在弹出的菜单中选择"斜切"选项，向右拖动变换框 a 点，使投影倾斜，变换完毕后单击 Enter 键确认变换操作，得到立体的投影效果，如图1-6-18所示。

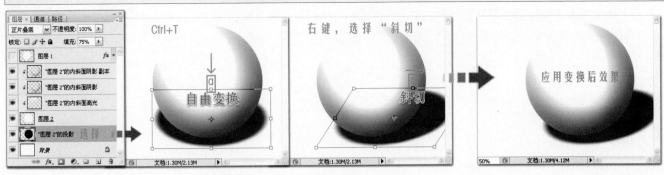

图 1-6-18

**12** 在"图层"面板上单击"图层1"缩览图前的指示图层可视性按钮，显示"图层1"。执行【编辑】/【自由变换】命令（Ctrl+T），按住Shift键等比例缩小图像，调整完毕后按Enter键确认变换，如图1-6-19所示。

图 1-6-19

**13** 执行【图层】/【图层样式】/【缩放效果】命令，弹出"缩放图层效果"对话框，将缩放比例降低到80%，单击"确定"按钮，得到缩放后的图像效果，如图1-6-20所示。

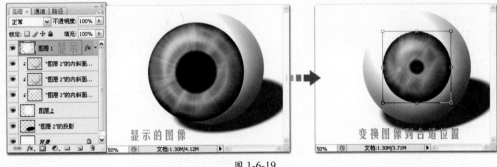

图 1-6-20

**14** 选择工具箱中的横排文字工具T，在图像中输入文字本，执行【窗口】/【样式】命令，调出"样式"面板，在"样式"面板中单击其中一种已有的样式，文字直接应用样式，如图1-6-21所示。

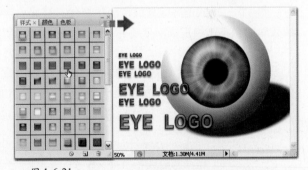

图 1-6-21

## 1.7 图层混合模式

图层混合模式是Photoshop中一项很有特色的功能，它是通过色彩的混合而获得一些特殊的效果。色彩混合模式是将当前绘制的颜色与图像原有的底色，以某种模式进行混合。使用图层混合模式可以创建各种图层特效，实现充满创意的平面设计作品，只有牢牢把握图层的基础操作，才能掌握Photoshop CS3中图层混合模式的精髓。

### 1.7.1 "正常"模式

在Photoshop CS3中提供了多种混合方式。当两个图层重叠时，图层的混合模式默认状态下为"正常"。在

"图层"面板中单击图层混合模式扩展按钮，在弹出的下拉列表中选择需要的模式，根据需要更改图层的混合模式，达到多重效果，如图 1-7-1 所示。

图 1-7-1

"正常"模式是 Photoshop CS3 的默认模式。在此模式下，可以通过调节"不透明度"不同程度地显示下一层的内容。打开一幅素材图像，在"图层"面板中选择"正常"的图层混合模式，并将"不透明度"数值设置为50%，图像叠加的效果产生改变，如图 1-7-2 所示。

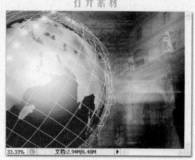 

图 1-7-2

## 1.7.2    "溶解"模式

"溶解"模式是将结果颜色随机取代具有底色或混合颜色的像素，取代的程度取决于像素位置的不透明度，下一层较暗的像素被当前图层中较亮的像素所取代，达到与底色融解在一起的效果。但是，根据任何像素位置的不透明度，"结果色"由"基色"或"混合色"的像素随机替换。因此，"溶解"模式最好是同 Photoshop 中的一些着色工具一同使用效果比较好，如画笔工具、仿制图章工具、橡皮擦工具等，也可以使用文字，用文字创建的"混合色"，同"基色"交替，可创建一种类似扩散抖动的效果，执行后图像效果如图 1-7-3 所示。

图 1-7-3

提示：当"混合色"没有羽化边缘，而且具有一定的透明度时，"混合色"将溶入到"基色"内。如果"混合色"没有羽化边缘，并且"不透明度"为100%，那么"溶解"模式不起任何作用。

### 1.7.3 "变暗"模式

"变暗"模式是在混合时将绘制的颜色与底色之间的亮度进行比较，亮于底色的颜色都被替换，暗于底色的颜色保持不变。

在"变暗"模式中，查看每个通道中的颜色信息，并选择"基色"或"混合色"中较暗的颜色作为"结果色"。"变暗"模式将导致比背景色更淡的颜色从"结果色"中被去掉，如图1-7-4所示可以看到，浅色的图像从"结果色"被去掉，即被比它颜色深的背景颜色替换掉。

图 1-7-4

### 1.7.4 "正片叠底"模式

"正片叠底"模式用于查看每个通道中的颜色信息，利用它可以形成一种光线穿透图层的幻灯片效果。其实就是将"基色"颜色与"混合色"颜色的数值相乘，然后再除以255，便得到了"结果色"的颜色值，"结果色"总是比原来的颜色更暗。当任何颜色与黑色进行"正片叠底"模式操作时，得到的颜色仍为黑色，因为黑色的像素值为0；任何颜色与白色进行"正片叠底"模式操作时，颜色保持不变，因为白色的像素值为255，如图1-7-5所示就是一组很明显的对比效果。

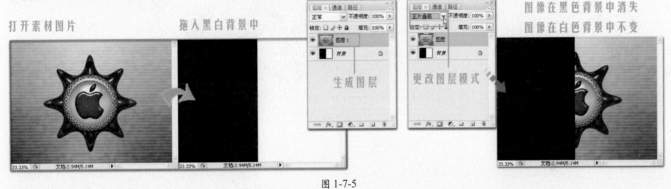

图 1-7-5

其实"正片叠底"模式就是从"基色"中减去"混合色"的亮度值，得到最终的"结果色"。如果在"正片叠底"模式中使用较淡的颜色对图像的"结果色"是没有影响的。例如，红色与黄色的"结果色"是橙色，红色与绿色的"结果色"是褐色，红色与蓝色的"结果色"是紫色等。当用黑色或白色以外的颜色操作时，图像产生逐渐变暗的过渡色，如图1-7-6所示。

图 1-7-6

### 1.7.5 "颜色加深"模式

　　"颜色加深"模式用于查看每个通道的颜色信息，通过像素对比度，使背景颜色变暗，从而显示当前图层绘图色。在"颜色加深"模式中，查看每个通道中的颜色信息，在与黑色和白色混合的情况下，图像不会产生变化，如图 1-7-7 所示除了背景上的较淡区域消失，且图像区域呈现尖锐的边缘特性。"颜色加深"模式创建的效果和【正片叠底】模式创建的效果比较类似。

图 1-7-7

### 1.7.6 "线性加深"模式

　　"线性加深"模式同样是用于查看每个通道的颜色信息，不同的是，它是通过降低其亮度使底色变暗来反映当前图层颜色，如图 1-7-8 所示，如果"混合色"与"基色"上的白色混合后将不会产生变化。

图 1-7-8

### 1.7.7 "变亮"模式

　　"变亮"模式与"变暗"模式正好相反，混合时取"混合色"与"基色"中较亮的颜色作为"结果色"。比"混合色"暗的像素被替换，比"混合色"亮的像素保持不变。在这种模式下，较淡的颜色区域在最终的"合成色"中占主要地位。较暗区域并不出现在最终"合成色"中，如图 1-7-9 所示。

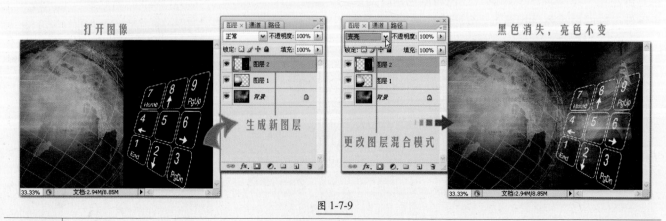

图 1-7-9

## 1.7.8 "滤色"模式

"滤色"模式与"正片叠底"模式正好相反，它将图像的"基色"颜色与"混合色"颜色结合起来产生比两种颜色都浅的第三种颜色，可以理解为将绘制的颜色与底色的互补色相乘，然后除以255得到的混合效果，通过该模式转换后的颜色通常很浅，像是被漂白一样，"结果色"总是较亮的颜色。无论在"滤色"模式下用着色工具采用一种颜色，还是对"滤色"模式指定一个层，合并的"结果色"始终是相同的合成颜色或一种更淡的颜色，此效果类似多张幻灯片在彼此之上投影产生的效果，如图1-7-10所示经过"滤色"模式后，"混合色"中较暗的颜色被背景色取代，"混合色"中的亮色保持不变。

图1-7-10

提示：用黑色过滤时颜色保持不变；用白色过滤将产生白色。

由于"滤色"模式的工作原理是保留图像中的亮色，利用这个特点，通常在处理婚纱抠图时采用"滤色"模式，如果在图层上围绕背景对象的边缘添加了白色或任何浅色调，然后指定层为"滤色"模式，通过调节层的"不透明度"设置就能获得饱满或稀薄的效果。下面通过具体实例进行深入地学习。

## Example 3　利用"滤色"模式制作透明婚纱

● 利用"滤色"模式将图像中的较亮区域过滤为白色

● 添加图层蒙版遮挡不需要的图像效果

● 为文字图层添加图层样式，调整图层不透明度及图层填充值

**1** 执行【文件】/【打开】命令（Ctrl+O），弹出"打开"对话框，打开两张素材图片。选择工具箱中的多边形套索工具 ，将人物勾选得到选区，选择工具箱中的移动工具 ，拖动选区中的图像到背景图像文档中，生成"图层1"，如图 1-7-11 所示。

图 1-7-11

**2** 在"图层"面板上将"图层1"拖到创建新图层按钮 ，得到"图层1副本"图层，单击"图层1"缩览图前的指示图层可视性按钮 ，将其隐藏。选择"图层1副本"图层，将其图层混合模式设置为"滤色"，得到更改图层混合模式后的图像效果，发现婚纱和人物部分都已经进行滤色处理。单击"图层1"缩览图前的指示图层可视性按钮 ，将图层显示，如图 1-7-12 所示。

图 1-7-12

**3** 在"图层"面板上选择"图层1"，单击添加图层蒙版按钮 ，将前景色和背景色设置为黑色和白色，选择工具箱中的画笔工具 ，在图像中人物周围的婚纱区域进行涂抹，目的是将"图层1"上的婚纱图像被图层蒙版蒙住。选择"图层1副本"图层，在"图层"面板上将其图层不透明度更改为60%，得到稀薄的婚纱效果，如图1-7-13所示。

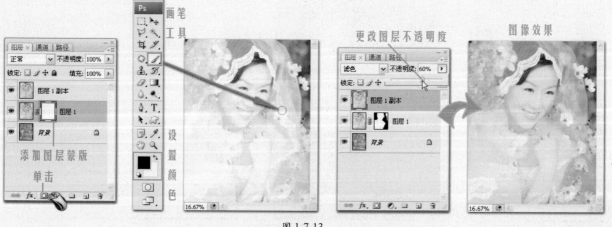

图 1-7-13

提示：利用画笔工具进行蒙版时，难免因为失误蒙住了不必要的区域，此时只需将前景色设置为白色，再利用画笔工具在图像中涂抹，即可回复未曾蒙版前的图像效果。前景色与背景色互换的快捷键为英文状态下的"X"键。

**4** 选择工具箱中的横排文字工具 **T.**，在图像中输入文字，单击"图层"面板上添加图层样式按钮 **fx.**，在弹出的下拉菜单中选择"外发光"样式，弹出"图层样式"对话框，设置其发光颜色和发光大小，设置完毕后单击"确定"按钮应用图层样式。在"图层"面板上将文字图层的图层填充值设置为0%，制作中空的发光文字效果，如图1-7-14所示。

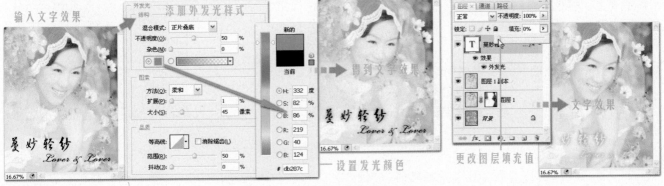

图 1-7-14

## 1.7.9　"颜色减淡"模式

"颜色减淡"模式主要用于查看每个通道的颜色信息，通过降低对比度使底色变亮从而反映当前图层颜色，除了指定在这个模式的层上边缘区域更尖锐，以及在这个模式下着色的笔划之外，"颜色减淡"模式类似于"滤色"模式创建的效果。另外，不管何时定义"颜色减淡"模式混合"混合色"与"基色"像素，"基色"上的暗区域都将会消失，如图1-7-15所示。

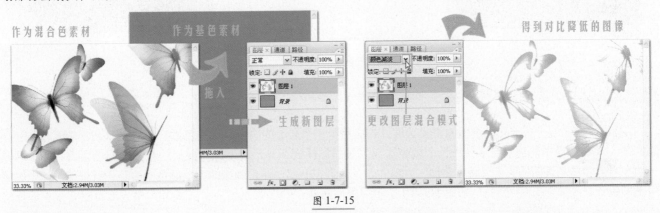

图 1-7-15

提示：若当前图层为白色，下一层变为白色，若当前图层为黑色，则图像没有变化。

## 1.7.10　"线性减淡"模式

"线性减淡"模式与"颜色减淡"模式相同，都是用于查看每个通道的颜色信息，然后通过增加亮度使基色变亮以反映混合色，执行后图像效果如图1-7-16所示。与白色混合时，使图像中的色彩信息降至最低；与黑色混合，不会发生任何变化。

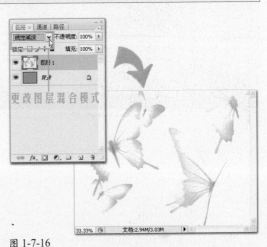

图 1-7-16

### 1.7.11 "叠加"模式

该模式是将绘制的颜色与底色相互叠加，也就是说把图像的"基色"颜色与"混合色"颜色相混合，提取基色的高光和阴影部分，产生一种中间色。基色不会被取代，而是和混合色相互混合来显示图像的亮度和暗度，如图 1-7-17 所示。

图 1-7-17

当"基色"颜色比"混合色"颜色暗时，"混合色"颜色信息倍增；反之，"混合色"颜色被遮盖，而图像内的高亮部分和阴影部分保持不变，如图 1-7-18 所示为设定黑色和白色作为混合色操作时的对比效果。

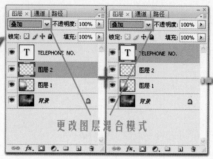

图 1-7-18

提示：当基色为黑色或白色时，任何图像应用"叠加"模式均不起作用。

"叠加"模式以一种非艺术逻辑的方式把放置或应用到一个层上的颜色同背景色进行混合，然而，却能得到有趣的效果。背景图像中的纯黑色或纯白色区域无法在"叠加"模式下显示层上的"叠加"着色或图像区域。背景区域上落在黑色和白色之间的亮度值同"叠加"材料的颜色混合在一起，产生最终的合成颜色。为了使背景图像看上去好像是同设计或文本一起拍摄的。 如图 1-7-19 所示中的网格和"@"都是利用了"叠加"模式溶解到背景中的，仅作参考，还需要用户不断尝试。

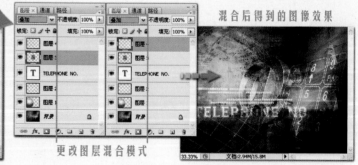

图 1-7-19

# Example 4　利用"叠加"模式处理灰暗照片

● 利用"叠加"模式的特性,在原图像的基础上叠加多个图层　● 在几个叠加图层中添加"高斯模糊"滤镜效果,使原本生硬的色块边缘柔和化,经过柔和的图像会随着颜色的叠加显示在画面中

**1** 执行【文件】/【打开】命令(Ctrl+O),弹出"打开"对话框,选择素材图片打开文件。在"图层"面板中选择"背景"图层,将其拖到创建新图层按钮 ,得到"背景副本"图层,将其图层混合模式更改为"叠加",得到颜色信息增加后的图像,如图1-7-20所示。

图 1-7-20

**2** 在"图层"面板上将"背景副本"图层拖到创建新图层按钮 ,得到"背景副本2"图层。执行【滤镜】/【模糊】/【高斯模糊】命令,弹出"高斯模糊"对话框,模糊半径设置为10像素,应用滤镜后得到柔和的图像效果,如图1-7-21所示。

图 1-7-21

**3** 在"图层"面板上将"背景副本2"图层拖到创建新图层按钮 ,得到"背景副本3",加强色彩对比,充分利用"叠加"模式的特性,补充图像的对比效果,从而达到理想的效果,如图1-7-22所示。

图 1-7-22

**1.7.12**　　　"柔光"模式

　　"柔光"模式会产生柔光照射的效果。该模式是根据绘图色的明暗来决定图像的最终效果是变亮还是变暗。如果"混合色"颜色比"基色"颜色更亮一些，那么"结果色"将更亮；如果"混合色"颜色比"基色"颜色的像素更暗一些，那么"结果色"颜色将更暗，使图像的亮度反差增大。如图1-7-23所示分别是将"混合色"设置为白色和黑色时得到的不同效果。用纯黑色或纯白色绘画会产生明显较暗或较亮的区域，但不会产生纯黑色或纯白色。

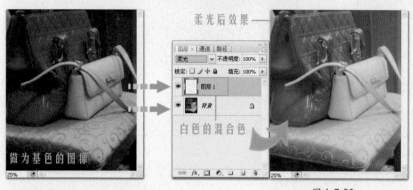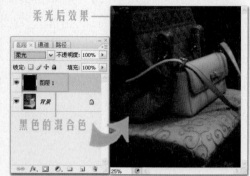

图 1-7-23

　　其实使颜色变亮或变暗，取决于"混合色"。此效果与发散的聚光灯照在图像上相似。 如果"混合色"比50%黑色亮，则图像变亮，就像被减淡了一样。如果"混合色"比50%黑色暗，则图像变暗，就像被加深了一样。

# Example 5　利用"柔光"模式制作浮雕效果

● 通过【色彩范围】命令将白色区域所在选区调出

● 得到选区后分别创建1个黑色图层和1个白色图层

● 将2个图层形成交错的视觉效果

● 分别将黑色和白色图层的图层混合模式设置为柔光，得到深、浅两条线性的图像，从而形成视觉上的浮雕效果

　　**1**　执行【文件】/【打开】命令（Ctrl+O），弹出"打开"对话框，选择素材图片打开文件，单击"打开"按钮打开素材。将"背景"图层拖到创建新图层按钮 🔲 ，得到"背景副本"图层。再次选择"背景"图层，将前景色设置为R114、G113、B113，按快捷键填充前景色，如图1-7-24所示。

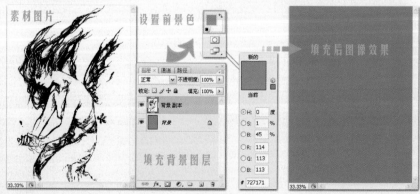

图 1-7-24

**2** 在"图层"面板中选择"背景副本"图层，执行【选择】/【色彩范围】命令，弹出"色彩范围"对话框，将色彩容差设置为200，并单击吸取图像中的白色区域，单击"确定"按钮得到白色图像所在的选区，按下Delete键删除选区中图像，如图1-7-25所示。

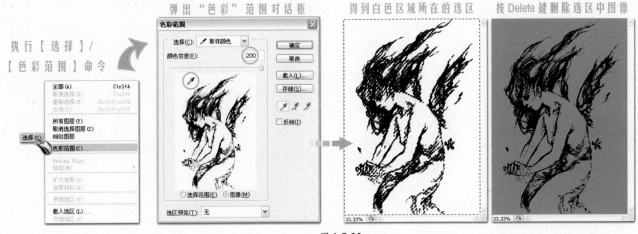

图 1-7-25

**3** 执行【选择】/【反向】命令（Ctrl+Shift+I），将选区反向，单击"图层"面板上创建新图层按钮 ，新建"图层1"，将前景色设置为白色，按快捷键Alt+Delete填充前景色，按Ctrl+D取消选择。在"图层"面板上选择"图层1"，选择工具箱中的移动工具 ，按2次下方向键↓和1次右方向键→，将"图层1"所在图像与"背景副本"所在图像错位，如图1-7-26所示。

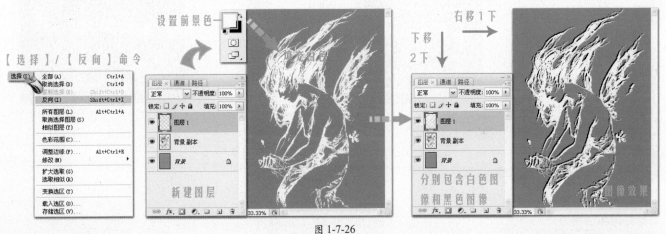

图 1-7-26

**4** 在"图层"面板上分别将"图层1"和"背景副本"图层的图层混合模式更改为"柔光"，得到最终的图像效果，如图1-7-27所示。

提示：此例中将灰色做为基色，分别将白色和黑色做为混合色。当白色的混合色应用"柔光"混合模式后产生变亮的效果；当黑色的混合色应用"柔光"混合模式后产生变暗的效果。两种效果交错后形成视觉偏差，从而得到需要的浮雕效果。

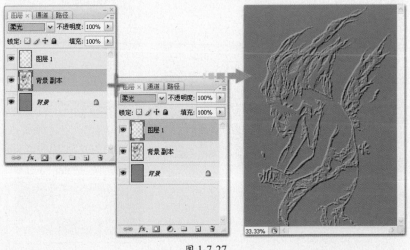

图 1-7-27

### 1.7.13    "强光"模式

"强光"模式将产生一种强光照射的效果，是根据当前层颜色的明暗程度来决定最终的效果变亮还是变暗。如果"混合色"颜色比"基色"颜色的像素更亮一些，那么"结果色"颜色将更亮；如果"混合色"颜色比"基色"颜色的像素更暗一些，那么"结果色"将更暗。这种模式实质上同"柔光"模式是相似，区别在于它的效果要比"柔光"模式更强烈一些。若当前层颜色比50%的灰亮，就可以增加图像的高光；若当前层颜色比50%的灰暗，则图像的暗部会更暗。可以产生耀眼的聚光灯照在图像上的效果，图像效果如图1-7-28所示。

图 1-7-28

如图1-7-28所示的图解中，做为"混合色"的背景明显比"基色"亮很多，故得到的效果也更亮，这对于向图像中添加高光非常有用；但做为"混合色"中的图案部分较"基色"偏暗，故得到的效果相对暗了些，这对于向图像添加暗调非常有用。用纯黑色或纯白色绘画会产生纯黑色或纯白色，上图中介绍了白色"混合色"应用"强光"模式后的效果，如图1-7-29所示为黑的"混合色"应用"强光"模式后的效果。

图 1-7-29

### 1.7.14    "亮光"模式

"亮光"模式根据绘图色增加或减小对比度来加深或减淡颜色，具体取决于混合色。若当前图层颜色比50%的灰亮，则图像通过降低对比度而变亮；若当前图层颜色比50%的灰暗，则图像通过增加对比度而变暗，图像效果如图1-7-30所示。

图 1-7-30

### 1.7.15　"线性光"模式

该模式是通过增加或降低当前层颜色亮度来加深或减淡颜色。若当前图层颜色比50％的灰亮，图像通过增加亮度使整体变亮。若当前图层颜色比50％的灰暗，图像会降低亮度使整体图像变暗。

### 1.7.16　"点光"模式

"点光"模式其实就是根据当前图层颜色来替换颜色。若当前图层颜色比50％的灰亮，则当前图层颜色被替换，而比当前层颜色亮的像素不变；若当前图层颜色比50％的灰暗，比当前图层颜色亮的像素被替换，而比当前层颜色暗的像素不变，这对于向图像添加特殊效果非常有用，如图1-7-31所示。

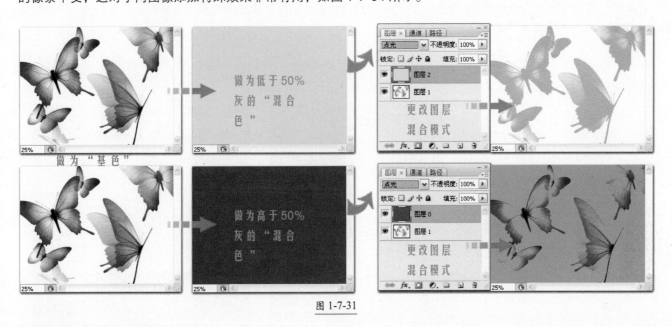

图1-7-31

### 1.7.17　"实色混合"模式

"实色混合"模式将两个图层叠加后，当前层产生很强的硬性边缘，将原本逼真的图像以色块的方式表现。应用"实色混合"模式后图像效果如图1-1-32所示。

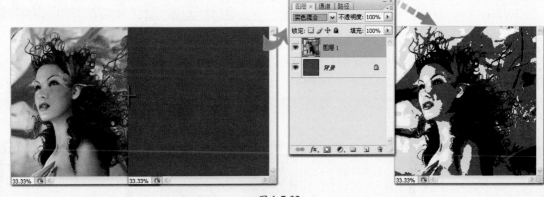

图1-7-32

### 1.7.18　"差值"模式

此模式将当前图层的颜色与其下方图层的颜色的亮度进行对比，用较亮颜色的像素值减去较暗颜色的像素值，所得差值就是最后效果的像素值。由于白色的亮度值为255，故当前图层颜色为白色时，可以使下方图层的颜色反相；由于黑色的亮度值为0，故当前图层颜色为黑色时，则原图没有变化，如图1-7-33所示为白色做为当前图层颜色时应用该模式后的图像效果。

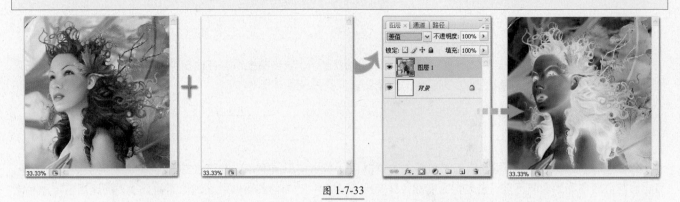

图 1-7-33

"差值"模式创建背景颜色的相反色彩,适用于模拟原始设计的底片效果,尤其可用来在其背景颜色从一个区域到另一区域发生变化的图像中生成突出效果。

# Example 6 利用"差值"模式制作底片效果

● 接触到"打开"文件时的另一种快捷方式

● 利用【差值】图层混合模式制作底片效果

● 添加图层样式实现底片的真实效果

1 执行【文件】/【打开】命令(Ctrl+O),弹出"打开"对话框,选择胶片模板素材文件,单击"打开"按钮。双击 Photoshop CS3 界面中的空白区域,同样可弹出"打开"对话框,选择人物素材图像,单击"打开"按钮,选择工具箱中的移动工具 ,将人物素材拖到"胶片模板"文档中,生成新的图层,调整图层顺序,如图 1-7-34 所示。

图 1-7-34

提示：打开图像的方法有 3 种。一是执行【文件】/【打开】命令；二是按快捷键 Ctrl+O；三是双击 Photoshop
界面的空白处。以上 3 种方法均可调出"打开"对话框。

2 选择"图层"面板上的"图层2"，并将其图层混合模式为"差值"。选择工具箱中的魔棒工具，在其
工具选项栏中将选区类型设置为"添加到选区"，在"图层1"所在图像中的胶片格连续载入选区，在"图层"面
板上选择"图层2"，按 Delete 键删除选区中图像，按 Ctrl+D 取消选择，如图 1-7-35 所示。

图 1-7-35

3 选择"图层1"，单击"图层"面板下添加图层样式按钮 *fx.*，在弹出的下拉菜单中选择"投影"样式，弹
出"图层样式"对话框，"投影"参数设置完毕后单击"确定"按钮应用图层样式。在"图层"面板上选择"图
层1"，并将其图层不透明度设置为 50％，得到最终的底片效果，如图 1-7-36 所示。

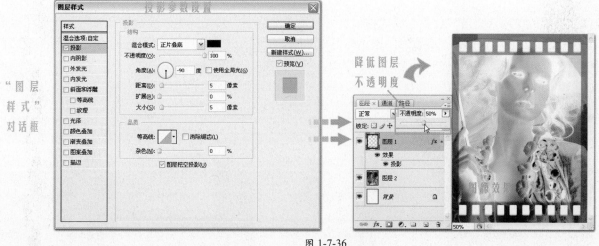

图 1-7-36

### 1.7.19　"排除"模式

　　"排除"模式与"差值"模式相似，但是具有高对比度和低饱和度的特点，比"差值"模式的效果要柔和、
明亮一些。建议用户在处理图像时，首先选择"差值"模式，若效果不够理想，可以选择"排除"模式来试试。
其中与白色混合将反转"基色"值，而与黑色混合则不发生变化。其实无论是"差值"模式还是"排除"模式，
都能使人物或自然景色图像产生更真实或更吸引人的视觉冲击。

### 1.7.20　"色相"模式

　　"色相"模式是选择下方图层颜色亮度和饱和度值与当前层的色相值进行混合创建的效果，混合后的亮度及饱和度
取决于基色，但色相则取决于当前层的颜色。简单地说，"色相"模式的目的就是引用"混合色"的颜色和"基
色"的图像，共同完成的作品，图像效果如图 1-7-37 所示。

提示：【色相】模式不能用于灰度模式的图像。

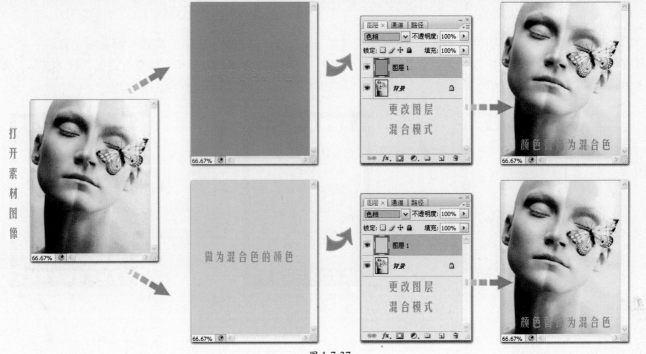

图 1-7-37

## 1.7.21 　 "饱和度"模式

　　"饱和度"模式的作用方式与"色相"模式相似，它只用"混合色"颜色的饱和度值进行着色，而使色相值和亮度值保持不变。"基色"颜色与"混合色"颜色的饱和度值不同时，才能使用描绘颜色进行着色处理，在饱和度为 0 的情况下，选择此模式绘画将不发生变化，如图 1-7-38 所示。

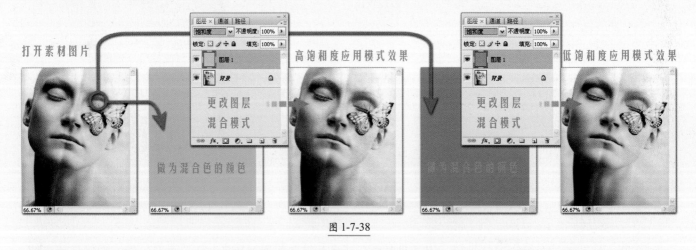

图 1-7-38

提示：在无饱和度的区域上（也就是灰色区域中）用"饱和度"模式是不会产生任何效果的。

## 1.7.22 　 "颜色"模式

　　"颜色"模式使用基色的明度以及混合色的色相和饱和度创建结果，能够使用"混合色"颜色的饱和度值和色相值同时进行着色，这样可以保护图像的灰色色调，但混合后的整体颜色由当前混合色决定。"颜色"模式模式可以看成是"饱合度"模式和"色相"模式的综合效果。该模式能够使灰色图像的阴影或轮廓透过着色的颜色显示出来，产生某种色彩化的效果。这样可以保留图像中的灰阶，并且对于给单色图像上色和给彩色图像着色都会非常有用。图解效果如图 1-7-39 所示。

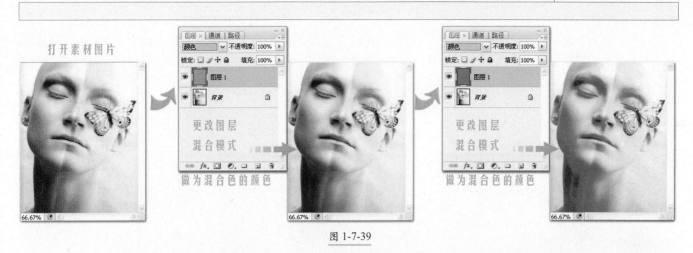

图 1-7-39

# Example 7　利用"颜色"模式制作变彩效果

- 将图层填充为纯色，改变图层混合模式为"颜色"，得到图像整体色调的变化

- 学会利用工具的工具选项栏中的辅助参数设置，加强工具的可用价值

- 羽化选区与多边形套索工具的组合应用，绘制柔和的选区效果

**1** 执行【文件】/【打开】命令（Ctrl+O），弹出"打开"对话框，选择黑白的素材文件，单击"打开"按钮。在"图层"面板上单击创建新图层按钮，新建"图层1"，将前景色色值设置为R27、G58、B121，按快捷键Alt+Delete填充前景色，在"图层"面板上将"图层1"的图层混合模式设置为"颜色"，整个画面效果如图1-7-40所示。

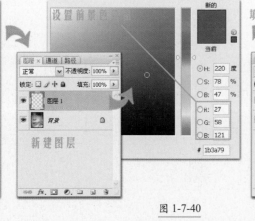

图 1-7-40

**2** 在"图层"面板上单击创建新图层按钮 ，新建"图层2"，选择工具箱种的多边形套索工具 ，在其工具选项栏中将选区羽化值设置为10像素，在图像中人物的上嘴唇处勾选，得到经过10像素羽化的选区。将前景色色值设置为R255、G216、B0，按快捷键Alt+Delete填充前景色，按Ctrl+D取消选择。在"图层"面板上将"图层2"的图层混合模式设置为"颜色"，整个画面效果如图1-7-41所示。

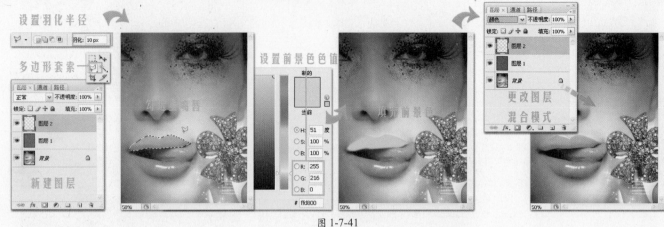

图 1-7-41

**3** 在"图层"面板上单击创建新图层按钮 ，新建"图层3"，选择工具箱种的多边形套索工具 ，工具选项栏中的选区羽化值不变，在图像中人物的下嘴唇处勾选，得到经过羽化后的选区。将前景色色值设置为R144、G0、B255，按快捷键Alt+Delete填充前景色，按Ctrl+D取消选择。在"图层"面板上将"图层3"的图层混合模式设置为"颜色"，整个画面效果如图1-7-42所示。

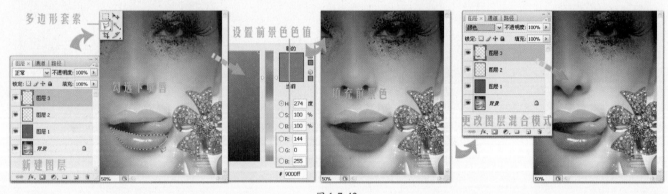

图 1-7-42

**4** 在"图层"面板上单击创建新图层按钮 ，新建"图层4"，选择工具箱种的多边形套索工具 ，工具选项栏中的选区羽化值不变，在图像中人物舌头处勾选，得到经过羽化后的选区。将前景色色值设置为R230、G124、B124，按快捷键Alt+Delete填充前景色，按Ctrl+D取消选择。在"图层"面板上将"图层4"的图层混合模式设置为"颜色"，整个画面效果如图1-7-43所示。

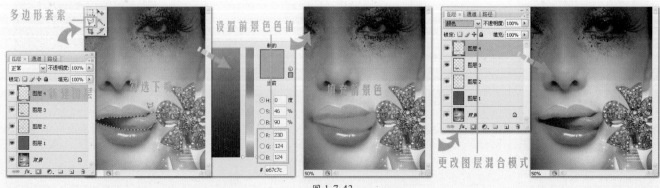

图 1-7-43

| 1.7.23 | "亮度"模式 |

"亮度"模式能够使用"混合色"颜色的亮度值进行着色，而保持"基色"颜色的饱和度和色相数值不变。其实就是用"基色"中的"色相"和"饱和度"以及"混合色"的亮度对比度来创建"结果色"。此模式创建的效果与"颜色"模式创建的效果相反，如图1-7-44所示。

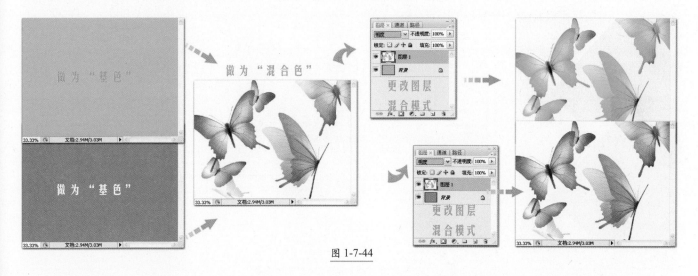

图 1-7-44

到这图层混合模式就介绍完了，其实图层混合模式中还不只这些，后面就需要大家多多上机操作了，这样才能对图层混合模式有一个真正了解。

# 1.8 调整图层

对一个图像进行编辑前，我们一般都会复制一个副本图层，目的是为了保留图像原始效果。这是个很不错的习惯，这也是Photoshop工作者在设计中不可缺少的一个步骤，尽量保留最大的可编辑性。因为在利用Photoshop进行编辑的实际操作过程中，很多工具都对图层中的像素有所破坏，色彩调整类的命令也是如此。我们可以通过一个简单的实验来证明色彩调整对原始图像的破坏。举个例子来说明这个问题，打开一张原始图像，然后执行【图像】/【调整】/【曲线】命令，将输入和输出分别设置为128、191，确定后图像效果如图A。再次执行【图像】/【调整】/【曲线】命令，将输入和输出分别设置为191、128，确定后图像效果如图B。如图1-8-1所示，两个看似可以互相抵消的增减操作并没有使图像还原回原始的状态。

图 A

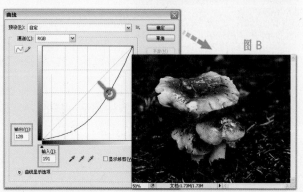

图 B

图 1-8-1

很明显，这是因为当第一次的操作确认后，图像中的像素就已经发生了改变，而第二次的操作是基于在改变后的图像上的，所以原始图像中已经丢失的细节是无法找回的。为了保持图像的原始状态，Photoshop研发了针对这一问题的"调整图层"，下面我们进行具体学习。

在"图层"面板上包含创建新的填充或调整图层按钮 ，单击会弹出调整图层的下拉菜单，在菜单中可选择调整图层的类型，Photoshop CS3包括17种调整类型，应用任何一个调整选项，均可在所应用的图层上方新加一个调整图层，此图层是可进行二次编辑的，不论在调整图层中怎样调整参数，都不会改变原始图像的像素，应用调整图层命令后的"图层"面板状态如图1-8-2所示。

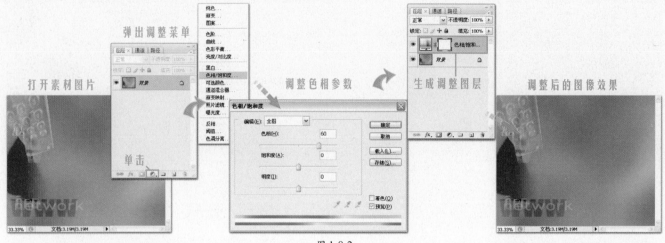

图 1-8-2

如果图像中含有多个图层，添加调整图层的位置应当有所选择，如图1-8-3所示的图解中，将图像中的部分图层应用调整图层，需要将图层的顺序排列好，首先选择最上面需要添加调整图层的图层，再按下添加新的填充或调整图层按钮，选择调整图层类型，在弹出的对话框中调整参数，应用后可在"图层"面板中发现，位于调整图层下的所有图层都应用上了效果，而位于调整图层上的图层不在调整范围内。

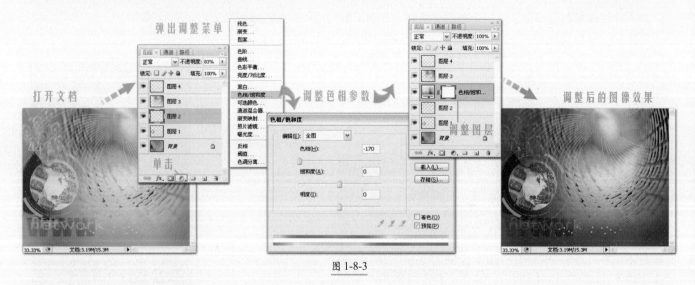

图 1-8-3

所有调整图层类型的使用方法都是一样的，得到的效果与执行【图像】/【调整】命令下拉菜单下的子菜单命令得到的效果也是相同的，区别就在于，使用调整图层是在不改变图层像素本身的情况下进行的操作，在第四章关于图像调整中会进行详细的讲解。

# Example 8 利用调整图层为黑白照片上色

- 利用"图层"面板上创建新的添加或调整图层功能在图像上添加调整图层，再通过改变调整图层混合模式来实现颜色与图像的叠加效果

- 利用填充选区图层的方法直接制定需要添加颜色的选区，通过更改图层混合模式来事先颜色与图像的叠加效果

- 利用调整图层中的蒙版遮蔽不需要的图像

**1** 执行【文件】/【打开】命令（Ctrl+O），弹出"打开"对话框，选择黑白的素材文件，单击"打开"按钮。单击"图层"面板上创建新的填充或调整图层按钮 ，在弹出的下拉菜单中选择"图案"选项，弹出"图案填充"对话框，在对话框中可选择Photoshop CS3自带的图案样式进行填充，设置完毕后单击"确定"按钮，图案即可填充在图像内，如图1-8-4所示。

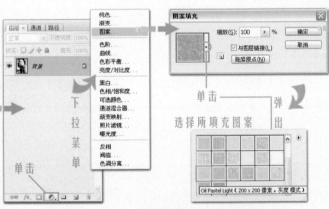

图 1-8-4

**2** 添加调整图层后，在"图层"面板上生成"图案填充"调整图层，将其图层混合模式设置为"正片叠底"，得到图案与人物叠加的效果。将前景色和背景色设置为黑色和白色，选择工具箱中的画笔工具，设置适当的笔刷大小，在调整图层上的蒙版编辑框中对除背景以外的区域进行涂抹，可见，涂抹区域中的图案被隐藏起来，如图1-8-5所示。

图 1-8-5

3　在"图层"面板上选择"图案填充"调整图层，单击创建新的填充或调整图层按钮 ，在弹出的下拉菜单中选择"渐变"选项，弹出"渐变填充"对话框，单击渐变色条可在弹出的"渐变编辑器"对话框中设置渐变颜色，设置完毕后单击"确定"按钮，填充渐变后的图像效果如图 1-8-6 所示。

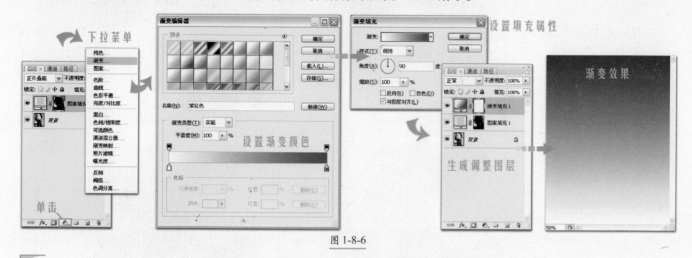

图 1-8-6

4　在"图层"面板上选择"图案填充"调整图层，单击鼠标右键，在弹出的下来菜单中选择"添加图层蒙版到选区"选项，将蒙版转换为选区载入，执行【选择】/【反向】命令（Ctrl+Shift+I），将选区反选，在"图层"面板上选择"渐变填充"调整图层的蒙版编辑框，将前景色设置为黑色，按快捷键 Alt+Delete 填充前景色，取消选择，得到如图 1-8-7 所示的图像效果。

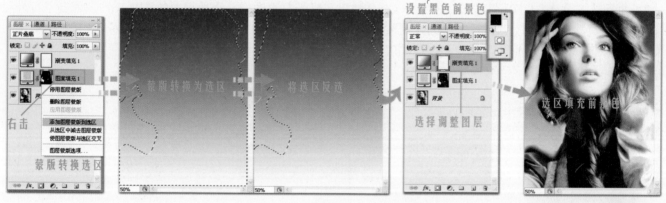

图 1-8-7

5　在"图层"面板上选择"渐变填充"调整图层，将其图层混合模式设置为"柔光"，得到背景图案与渐变颜色叠加的效果，如图 1-8-8 所示。

图 1-8-8

6　在"图层"面板上选择"渐变填充"调整图层，单击创建新的填充或调整图层按钮 ，在弹出的下拉菜单中选择"渐变"选项，弹出"渐变填充"对话框，单击渐变色条可在弹出的"渐变编辑器"对话框中设置渐变颜色，也可以直接在编辑器中选择一种渐变类型，调节填充角度，设置完毕后单击"确定"按钮，填充渐变后的图像效果如图 1-8-9 所示。

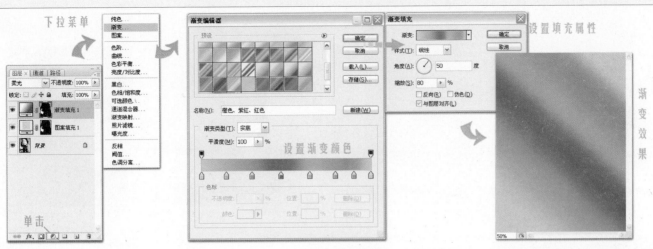

图 1-8-9

7 添加调整图层后，在"图层"面板上生成新的"渐变填充"调整图层，将其图层混合模式设置为"柔光"，得到渐变颜色与人物叠加的效果。将前景色和背景色设置为默认的黑色和白色，选择工具箱中的画笔工具，设置适当的笔刷大小，选择调整图层上的蒙版编辑框，对除人物头发以外的区域进行涂抹，可见，涂抹区域中的颜色被隐藏起来，如图1-8-10所示。

图 1-8-10

8 在"图层"面板上选择"渐变填充"调整图层，单击创建新的填充或调整图层按钮 ，在弹出的下拉菜单中选择"纯色"选项，弹出"拾取实色"对话框，设置颜色参数，单击"确定"按钮。添加调整图层后，在"图层"面板上生成"颜色填充1"调整图层，将其图层混合模式设置为"柔光"，得到颜色与人物叠加的效果。将前景色和背景色设置为默认的黑色和白色，选择工具箱中的画笔工具，设置适当的笔刷大小，选择调整图层上的蒙版编辑框，对除人物衣服以外的区域进行涂抹，可见，涂抹区域中的颜色被隐藏起来，如图1-8-11所示。

图 1-8-11

9 在"图层"面板上选择"颜色填充"调整图层，单击创建新的填充或调整图层按钮 ，在弹出的下拉菜单中选择"纯色"选项，弹出"拾取实色"对话框，设置颜色参数，单击"确定"按钮。添加调整图层后，在"图层"面板上生成新的"颜色填充2"调整图层，将其图层混合模式设置为"柔光"，得到颜色与人物叠加的效果。将前景色和背景色设置为默认的黑色和白色，选择工具箱中的画笔工具，设置适当的笔刷大小，选择调整图层上的蒙版编辑框，对除人物皮肤以外的区域进行涂抹，可见，涂抹区域中的颜色被隐藏起来，如图1-8-12所示。

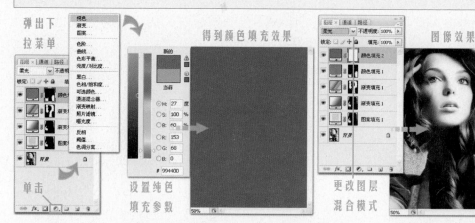

图 1-8-12

**10** 在"图层"面板上选择"颜色填充 2"调整图层的蒙版编辑框，选择工具箱中的画笔工具 ，将前景色设置为黑色，在图像上将人物眼睛、嘴唇、眉毛处进行涂抹，将人物五官部分进行蒙版，恢复图像本色，图像效果如图 1-8-13 所示。

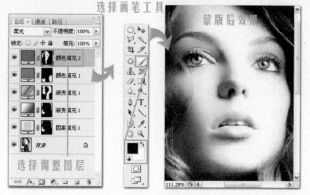

图 1-8-13

**11** 单击"图层"面板上创建新图层按钮 ，新建"图层 1"，选择工具箱中的多边形套索工具 ，在其工具选项栏中设置选区羽化值，在图像中将眼球区域勾选出来，单击前景色设置图标，设置前景色为 R12、G81、B170，设置完毕后按快捷键 Alt+Delete 填充前景色，在"图层"面板上将其图层混合模式设置为"柔光"，得到颜色与人物眼球叠加的效果，如图 1-8-14 所示。

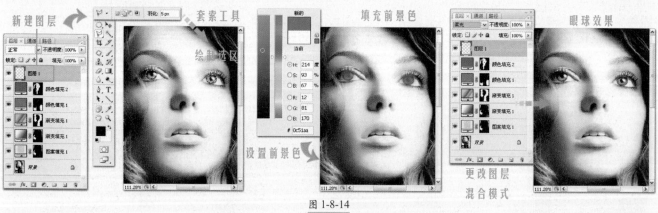

图 1-8-14

**12** 单击"图层"面板上创建新图层按钮 ，新建"图层 2"，选择工具箱中的多边形套索工具 ，在其工具选项栏中设置选区羽化值，在图像中将嘴唇区域勾选出来，如图 1-8-15 所示。

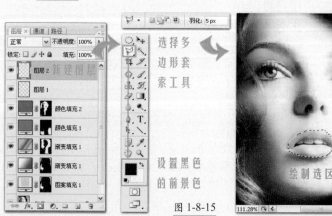

图 1-8-15

**13** 单击前景色设置图标，设置前景色为R255、G0、B52，设置完毕后按快捷键Alt+Delete填充前景色，在"图层"面板上将其图层混合模式设置为"柔光"，得到颜色与人物嘴唇叠加的效果。单击"图层"面板上添加图层蒙版按钮 ，将前景色设置为黑色，选择工具箱中的画笔工具 ，在人物牙齿区域进行涂抹，如图1-8-16所示。

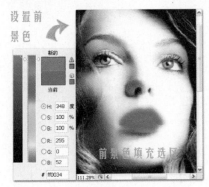

图 1-8-16

**14** 单击"图层"面板上创建新图层按钮 ，新建"图层3"，选择工具箱中的多边形套索工具 ，在其工具选项栏中设置选区羽化值，在图像中将上眼皮处勾选载入选区，单击前景色设置图标，设置前景色为R0、G120、B255，设置完毕后按快捷键Alt+Delete填充前景色，在"图层"面板上将其图层混合模式设置为"柔光"，得到颜色与人物眼皮叠加的效果，如图1-8-17所示。

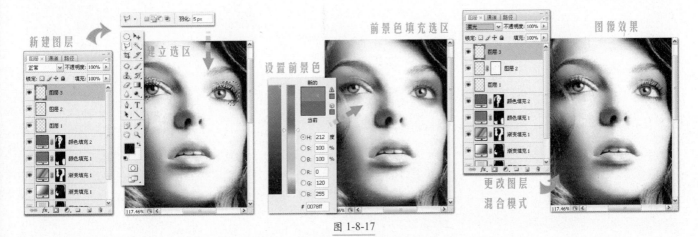

图 1-8-17

**15** 单击"图层"面板上创建新图层按钮 ，新建"图层4"，选择工具箱中的多边形套索工具 ，在其工具选项栏中设置选区羽化值，在图像中在如图1-8-18所示的区域中勾选载入选区，单击前景色设置图标，设置前景色为R127、G232、B255，设置完毕后按快捷键Alt+Delete将选区填充为前景色，此步骤目的在于使人物眼睛看起来更有立体感。在"图层"面板上将"图层4"的图层填充值设置为30%，得到颜色与人物眼皮柔和的叠加效果。

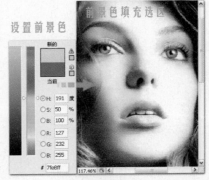

图 1-8-18

读书笔记

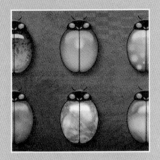

# Chapter

## Photoshop CS3 通道与蒙版

**02**

Photoshop CS3的通道和蒙版是学习Photoshop时较难理解的部分，也是进行图像特效制作时不可缺少的重要环节。本章介绍了通道与蒙版的基本概念及其相关知识，并归纳总结了10个具有代表性的实例进行介绍。配套光盘中提供了所有案例的素材和源文件，读者可以调用相关的案例进行跟踪学习。

## 2.1　通道的基本概念

通道主要用于存储不同类型信息的灰度图像。当打开新图像时，自动创建颜色信息通道。图像的颜色模式确定所创建的颜色通道数目。可以创建"Alpha"通道，将选区存储为 8 位灰度图像，也可以使用"Alpha"通道创建并存储蒙版，这些蒙版使用户可以处理、隔离和保护图像的特定部分。

### 2.1.1　通道的作用

在 Photoshop CS3 中，通道的主要功能是用来保存图像的颜色数据，例如，RGB 模式下的图像，包括 RGB 和分离出来的 R、G、B 原色通道。在对通道操作时，我们可以对各原色通道（R、G、B）分别进行明暗度、对比度的调整等操作，甚至可以对原色通道单独执行色彩调整及滤镜功能，这样可以制作出许多特殊效果。

R、G、B 原色通道合成后就是原图像，即主通道 RGB；而 CMYK 模式图像的"通道"面板是由青色（C）、洋红（M）、黄色（Y）和黑色（K）4 个原色通道组成。这 4 个通道也相当于 4 色印刷时的 4 张胶片，印刷过程中 4 色胶片相互重叠即可得到颜色丰富的彩色图像。在以上两种模式下，改变任何一个原色通道的颜色数据，主通道的颜色都会随之改变。"通道"面板如图 2-1-1 所示。

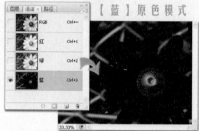

图 2-1-1

此外，通道还用于保存蒙版，这类通道通常被称为"Alpha"通道，其作用是让被屏蔽的区域不受任何编辑操作的影响，从而增强图像的可编辑性。

如图 2-1-2 所示，将图层中的选区转入通道，并在通道中建立蒙版，这样会在"通道"面板中生成一个"Alpha"通道，此通道是由选区转换而成的，在之后编辑的任何一个步骤中，都能通过此通道将选区调出，方便了在设计中的操作，从而体现了通道的作用。

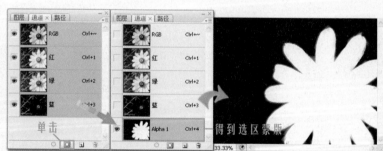

图 2-1-2

### 2.1.2　"通道"面板

与图层相同，要使用通道，也要熟悉"通道"面板。用户可以创建并管理通道，以及监视编辑效果。该面板列出了图像中的所有通道，首先是复合通道（对于 RGB、CMYK 和 Lab 图像），然后是专色通道，最后是"Alpha"通道。

在"通道"面板中可以完成所有通道操作，包括通道的新建、复制、删除、拆分、合并等。执行菜单【窗口】/【通道】命令，可显示"通道"面板，如图 2-1-3 所示。通道内容的缩览图显示在通道名称的左侧，缩览图在编辑通道时自动更新。面板中各项的意义如下。

◆ A 通道缩览图：用于预览通道中包含图像的内容，可以方便地识别每一个通道。当通道中的内容进行编辑修改后，缩览图中的内容随之变化。

◆ B 指示通道可视性按钮（👁）：单击该按钮，可以显示或隐藏当前通道。当隐藏某一原色通道时，RGB 主通道也会随之隐藏；显示主通道时，各原色通道会一起显示，RGB 主通道是不能做为隐藏通道显示的。当隐藏任意原色通道时，图像效果都会有所变化，例如图2-1-4 所示的效果。

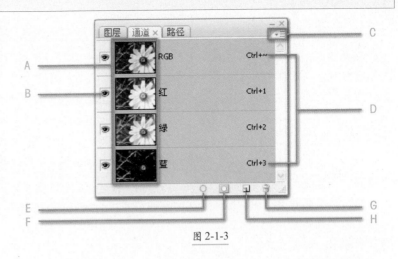

图 2-1-3

图 2-1-4

◆ C 面板扩展按钮（✎）：单击可以打开面板菜单，其中包括可对通道执行的各项命令。

◆ D 快捷作用通道：当单击选择某一通道时，该通道会呈现选中状态，即被称为作用通道。在"通道"面板中通道缩览图右侧显示通道快捷方式，每一个通道都有相应的快捷键，可以不用打开"通道"面板而直接将某一通道选中，使其成为作用通道。

◆ E 将通道作为选区载入按钮（◯）：单击可以将当前通道中的亮度信息转换为选区范围，将某一通道拖曳到该按钮上也可以载入该通道的选区范围。将通道做为选区载入按钮的功能与【选择】菜单下的【载入选区】命令相同。

图 2-1-5

提示：按下Ctrl键单击通道缩览图，可以载入该通道的选取范围；如果同时按下Ctrl+Shift组合键再单击该通道缩览图，可以将通道中的选区增加到原有的选区中。

◆ F 将选区存储为通道（▢）：只有图像中存在选区时，该按钮才可以使用。单击将选区存储为通道按钮，可以将选区作为蒙版保存到新增的 Alpha 通道中，该按钮的功能和【选择】菜单下的【存储选区】命令相同。

◆ G 删除当前通道（🗑）：单击该按钮，在弹出对话框中单击【是】按钮，或将通道拖曳到该按钮上，可以将当前作用通道删除，但主通道不能进行删除操作。

◆ H 新建通道（▣）：单击该按钮可以新建一个 Alpha 通道，Photoshop CS3 中主通道和原色通道内最多允许新建 52 个通道。

### 2.1.3 通道的基本操作

在通道中，默认情况下是对主通道进行编辑，但也可以针对某一原色通道执行滤镜效果，重新排列通道，在图像内部或图像之间复制通道，将一个通道分离为单独的图像，将单独图像中的通道合并为新图像，还可以调整原色通道的亮度、对比度，达到不同的艺术效果，以及在完成这些操作后删除【Alpha】通道和专色通道。

### 2.1.4 新建 Alpha 通道

创建新通道，单击"通道"面板上的扩展按钮 ，在弹出的下拉菜单中选择"新建通道"选项，此时 Photoshop 将打开"新建通道"对话框，设置通道名称；或在按下 Alt 键的同时单击"通道"面板上的创建新通道按钮 ，也可弹出"新建通道"对话框；若在新建通道时没有按住 Alt 键直接单击"通道"面板上的创建新通道按钮 ，同样也可以新建通道，但不会弹出"新建通道"对话框，而是直接在"通道"面板上生成新通道。三种新建通道的方法如图 2-1-6 所示。

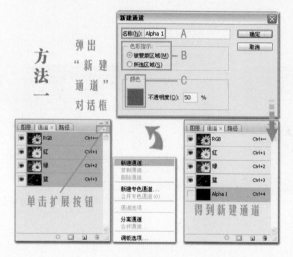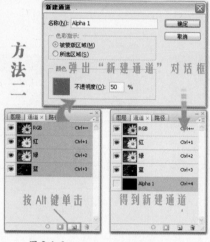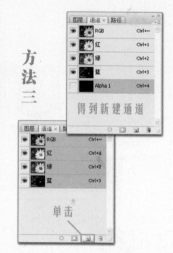

图 2-1-6

◆ A 名称：设置新通道的名称。

◆ B 色彩指示：若选择【被蒙版区域】，则表示新通道中有颜色的区域代表被遮蔽的区域，没有颜色的区域代表选择区；如果选择【所选区域】，意义则与此相反。

◆ C 颜色：用于设置遮蔽图像的颜色。设置的颜色会呈现在新建的 Alpha 通道中，形成颜色蒙版。需要调整颜色可按如下步骤进行操作。

1．单击"通道"面板右上角的扩展按钮 ，打开通道面板菜单，选择"新建通道"选项。

2．弹出"新建通道"对话框，将"颜色"设置为绿色，设置完毕后单击"确定"按钮，在"通道"面板上生成新通道。

3．单击通道调板中"Alpha1"通道左侧的指示图层可视性按钮 ，显示通道，此时图像上蒙上了一层绿色，将颜色不透明度设置为 50%，图像则被 50% 的颜色信息遮蔽，图像效果如图 2-1-7 所示。

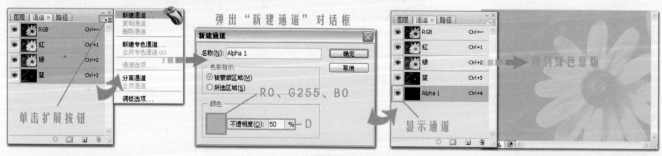

图 2-1-7

> 提示：在以上的操作中，用户在对话框中指定的颜色只是用来帮助显示图像，以区别遮罩区和非遮罩区，它对图像本身没有任何影响。而不透明度的设置，则是为了更好地观察图像。

◆ D 不透明度：遮蔽图像时的不透明度。

创建通道时，也可以先在图像中建立选区，然后单击"通道"面板上的将选区存储为通道按钮 ，即可将选区变为通道。

## 2.1.5 修改 Alpha 通道

建立 Alpha 通道的主要目的在于将图像中部分选区以蒙版的形式表现在"通道"面板中，这也是平面设计中不可或缺的一个部分，在如图 2-1-7 所示的图解中，通过新建 Alpha 通道得到一个包含绿色蒙版的通道，在此基础上，介绍一下 Alpha 通道的修改方法。

选择橡皮擦工具，在图像中涂抹自己需要的区域，在"通道"面板中，按 Ctrl 键单击"Alpha1"通道缩览图，将前一步中擦除的部分转换为选区，如图 2-1-8 所示，得到转换为选区后的图像效果。

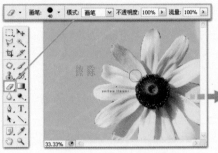
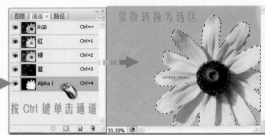

图 2-1-8

## 2.1.6 复制和删除通道

### 复制通道

在编辑通道之前，可以复制图像的通道来创建一个备份，或者可以将 Alpha 通道复制到新图像中，创建一个选区库，将选区逐个载入当前图像，这样既能保存操作过程中的步骤，文件也不至于过大。在"通道"面板中，可以复制颜色通道，也可以复制 Alpha 通道，复制通道的方法如下。

方法一：通过面板菜单复制。

单击选中该通道，打开"通道"面板的扩展菜单，或者在通道上右键单击，在弹出的下拉菜单中选择"复制通道"选项，打开"复制通道"对话框，单击"确定"按钮即可复制通道。

方法二：通过快捷按钮复制。

将需要进行复制的通道拖到"通道"面板上的创建新通道按钮 ，也可以复制通道，如果在拖动时按下 Alt 键，则可弹出与"方法一"中相同的"复制通道"对话框，对复制的通道进行设置。

如图 2-1-9 所示的图解为复制通道两种方法的过程，在"复制通道"对话框中各项的意义如下。

提示：主通道不能进行复制操作。

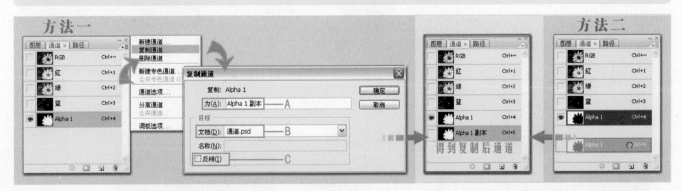

图 2-1-9

◆ A 为：设置通道的名称（即复制后的通道名称）。

◆ B 文档：在下拉菜单中选择复制后的通道要存放的目标文件，如果在"文档"下拉列表中选择"新建"选项，复制的通道会放在一个新建的通道中，此时下面的"名称"选项被激活，可以为新通道命名。

◆ C 反相：勾选该复选框，复制得到通道的颜色与原通道中的颜色相反。

### 删除通道

为了节省文件存储空间和提高图像处理速度，还可以删除一些不再使用的通道。有三种方法可以删除通道：

方法一：通过快捷按钮删除通道。

要将不需要的通道删除，可以直接选择需要删除的通道，将其拖曳到删除当前通道按钮 🗑 ，直接删除通道。

方法二：通过面板扩展菜单删除通道。

选中要删除的通道后，单击"通道"面板上的扩展按钮 ⋅≡ ，在弹出的下拉菜单中选择"删除通道"命令，删除通道。

方法三：在需要删除的通道上单击鼠标右键，在弹出的快捷菜单中选择"删除通道"命令即可删除通道。如图 2-1-10 所示。

图 2-1-10

> 提示：删除红、绿、蓝任意一个原色通道，系统会弹出【要删除通道"绿"（"红"、"蓝"）吗？】对话框，单击"是"删除通道，单击"否"取消删除。在删除原色通道时应慎重考虑，因为删除任何一个原色通道，图像模式就会变为多通道颜色模式，该模式在每个通道中使用128位灰度，但不支持图层，主要用于某些专业打印领域。

### 2.1.7　　分离和合并通道

#### 分离通道

使用分离通道命令可以使图像中的通道分离成为单独的文件,分别对每个通道进行操作,该命令只适用于只有一个背景层的图像,分离图层必须先进行合并图层才可使用。要注意的是，如果"通道"面板中包含 Alpha 通道和专色通道，也会被单独地分离出来。单击"通道"面板扩展菜单下的"分离通道"命令，分离后的各个文件都将以单独的窗口显示在屏幕上，且均为灰度图像。其文件名为"原文件夹名"加上通道原色模式的字母缩写，如图 2-1-11 所示。

图 2-1-11

分离后通道形成独立的图像文件，同时关闭源文件。分离通道后图像都是灰度图像，且可分别进行加工和编辑。

提示：分离后的通道文件标题栏上显示的文件名都是原文件名加上当前通道的英文缩写，如图2-1-11所示的图解中，分离后得到红色通道文件名为"二_R"（其中"二"是原文件名），因为通道分离出来的图像分别属于不同的文件，所以不能利用历史记录将它们还原。

### 合并通道

分离后的通道不能利用历史记录将其还原，如果要恢复为原来的图像，只能将它们重新合并起来。进行编辑修改后，还可以得到一些特殊效果的图像。进行通道分离后，合并通道命令被激活，合并通道的具体步骤如下：

1．单击"通道"面板上的扩展按钮 ⋅≡，在弹出的下拉菜单中选择"合并通道"命令，弹出"合并通道"对话框。

2．用户可以在对话框中选择合并模式，"通道"文本框中填入的是合并通道的数目。可选模式有【RGB 颜色】、【CMYK 颜色】、【Lab 颜色】和【多通道】。

3．选择好后，单击"确定"按钮，如果选择的是"RGB 颜色"模式，将打开"合并 RGB 通道"对话框。若想更换模式，单击模式按钮 模式(M)，可以返回"合并通道"对话框，重新选择合并模式。

4．在对话框中分别选择各原色通道的源文件，选定源文件的不同会直接影响到合并后图像的效果，注意3者之间不能有相同的选择，单击"确定"按钮即可将分离的通道合并成一幅新图像，如图2-1-12所示。

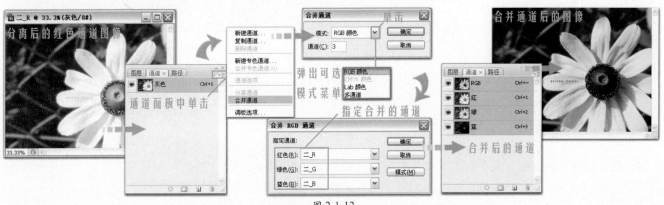

图 2-1-12

提示：如果输入的通道数量与选中模式不兼容，则将自动选中【多通道】模式，这将创建一个具有两个或更多通道的多通道图像。

### 2.1.8　颜色通道

在 Photoshop CS3 中编辑图像，实际上就是在编辑颜色通道。这些通道把图像分解成一个或多个色彩成分，图像的模式决定了颜色通道的数量，RGB 模式有 3 个颜色通道，CMYK 图像有 4 个颜色通道，而灰度图像只有一个颜色通道，它们包含了所有将被打印或显示的颜色。

颜色通道包括一个将所有通道复合在一起的复合通道和若干个单色通道,这些单色通道用于保存图像中该色彩的颜色信息，若改动图像色彩，通道中的一个或若干个单色通道将一起发生变化。

用专业的词汇来表达通道可能很难理解，下面我们就通过一个小例子来进一步地了解图像颜色通道。

**1** 首先，打开一张素材图片，切换至"通道"面板，选择"红"通道，按住Ctrl键单击"红"通道缩览图调出其选区，切换回"图层"面板，选区效果如图2-1-13所示。

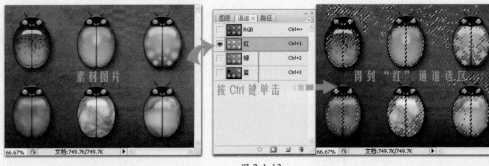

图 2-1-13

**2** 单击"图层"面板上创建新图层按钮 ▣，新建"图层1"，将前景色设置为红色，参数 R255、G0、B0，按 Alt+Delete 填充选区，取消选区后的图像效果如图 2-1-14 所示。

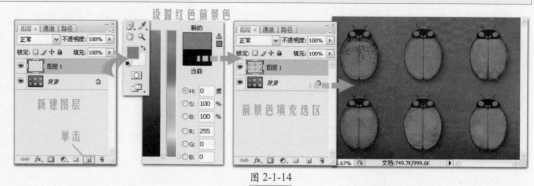

图 2-1-14

**3** 单击"图层"面板中"图层1"前的指示图层可视性按钮 ◉，将其隐藏，切换到"通道"面板选择"绿"通道，按住 Ctrl 键单击"绿"通道缩览图调出其选区，切换回"图层"面板，单击"图层"面板下的创建新图层按钮 ▣，新建"图层2"，将前景色设置为绿色，参数 R0、G255、B0，设置完毕后按快捷键 Alt+Delete 填充选区，取消选区后得到的图像效果如图 2-1-15 所示。

图 2-1-15

**4** 用同样的方法隐藏"图层2"，并选取"蓝"通道，调出其选区，回到"图层"面板填充 R0、G0、B255，需要注意的是在填充蓝色前需要新建图层，即"图层3"。填充蓝色后取消选择，图像效果如图 2-1-16 所示。

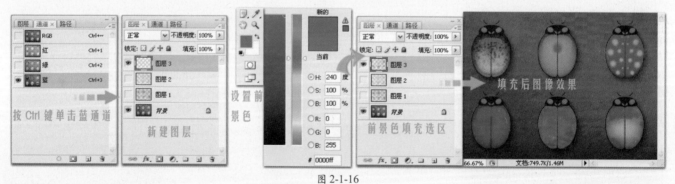

图 2-1-16

**5** 在"图层"面板上选择"背景"图层，单击创建新图层按钮 ▣，新建"图层4"，将前景色设置为黑色，参数为 R0、G0、B0，按 Alt+Delete 填充前景色，分别将"图层1"、"图层2"和"图层3"显示并将3个图层的图层混合模式设置为"滤色"，图像效果如图 2-1-17 所示。这时我们发现，叠加后的图层与原图像在视觉上一致，颜色通道起到非常重要的作用。

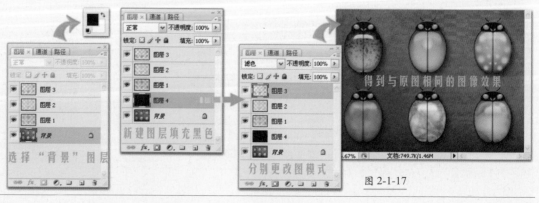

图 2-1-17

### 2.1.9　Alpha 通道转换选区

　　Alpha 通道最主要的功能就是用于存储选区，而 Alpha 通道存在于"通道"面板中，不能够直接作选区使用，必须使用一定的方法把选区从 Alpha 通道中调出来，下面就来介绍如何从 Alpha 通道中调取选区。

　　从 Alpha 通道中调取选区的方法有很多，最简单的方法就是选择 Alpha 通道，单击"通道"面板下的将通道作为选区载入按钮 ◯，这样就可以从 Alpha 通道中调取选区了；或者按住 Ctrl 键单击 Alpha1 通道缩览图，也可调出通道所在选区，与单击将通道作为选区载入按钮 ◯，效果是一样的。

　　提示：从 Alpha 通道中调取选区的方法也同样适用于从其他单色通道内调取选区。

### 2.1.10　在 Alpha 通道中应用滤镜效果

　　在 Alpha 通道中应用滤镜效果也是 Alpha 通道主要的用途之一，这是因为在 Alpha 通道中使用滤镜不会影响图像效果，且修改相对容易，在 Alpha 通道中使用滤镜能创作出许多在图层中使用滤镜得不到的效果。

　　下面，我们就通过实例来了解一下在 Alpha 通道中使用滤镜的妙处。

## Example 1　　　在 Alpha 通道中添加滤镜

- "通道"面板中单色通道移动单色通道使之错位以得到色域交叉特效

- 注意"通道"面板中移动同动通道的位置，直接影响最终效果

- 利用工具箱中文字工具输入文字

- 更改图层混合模式叠加文字效果

　　**1** 打开两张素材图片，将做为背景的图像拖到另一个文档中，生成"图层1"，选择工具箱中的移动工具 ➤，将素材的位置摆放适当，如图 2-1-18 所示。

图 2-1-18

　　**2** 切换到"通道"面板，单击创建新通道按钮 ◻，新建"Alpha1"通道。选择工具箱中的横排文字工具 T，设置合适的文字字体和大小，将前景色设置为白色，在"Alpha1"通道中输入文字效果。执行【滤镜】/【纹理】/【龟裂缝】命令，弹出"龟裂缝"对话框，设置参数，单击"确定"按钮应用滤镜，如图 2-1-19 所示。

图 2-1-19

3 执行【图像】/【调整】/【色阶】命令（Ctrl+L），弹出"色阶"对话框，设置具体参数，设置完毕后单击"确定"按钮，得到更加清晰的文字肌理，如图 2-1-20 所示。

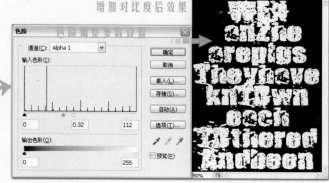

图 2-1-20

4 按住 Ctrl 键单击"Alpha1"通道以调出其选区。切换回"图层"面板，选择"图层 1"，按 Delete 键删除选区内图像，再按 Ctrl+D 取消选择，得到的最终效果如图 2-1-21 所示。

图 2-1-21

除了上述方法外，对 Alpha 通道使用光照效果也是最常用的方法，使用这种方法可以很好地模拟突起或凹陷的效果。接下来我们做一个模拟陨石的效果，以便更好地理解通道的意义。

## Example 2　为通道添加滤镜模拟陨石表面效果

● 图像复制到新建 Alpha 通道
● 在通道中应用【高斯模糊】滤镜
● 在通道中应用【最大值】滤镜
● 在通道中应用【中间值】滤镜
● 在通道中应用【USM 锐化】滤镜
● 利用【光照效果】滤镜将通道中的纹理在图层中表现出来
● 添加调整图层丰富画面效果
● 为文字添加图层样式，并适当降低填充值，融合画面整体效果

**1** 执行【文件】/【新建】命令（Ctrl+N），弹出"新建"对话框，设置具体参数，单击"确定"按钮新建文档。将前景色和背景色设置为默认的黑色和白色，执行【滤镜】/【渲染】/【云彩】命令，得到应用滤镜后的云彩效果，如图2-1-22所示。

图2-1-22

**2** 按快捷键Ctrl+A，将图像全部选中，按Ctrl+C复制选区中图像，切换到"通道"面板，单击创建新通道按钮，新建"Alpha1"通道，按Ctrl+V粘贴图像。执行【滤镜】/【模糊】/【高斯模糊】命令，弹出"高斯模糊"对话框，将模糊半径设置为5像素，单击"确定"按钮应用高斯模糊滤镜，得到的效果如图2-1-23所示。

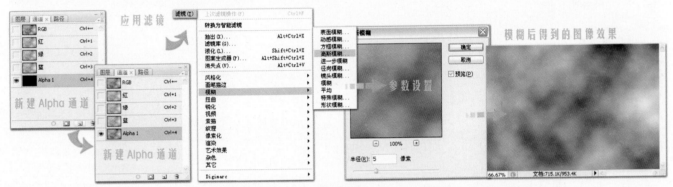

图2-1-23

**3** 执行【滤镜】/【其它】/【最大值】命令，弹出"最大值"对话框，将最大值半径设置为7像素，设置完毕后单击"确定"按钮应用滤镜，应用后得到的图像效果如图2-1-24所示。

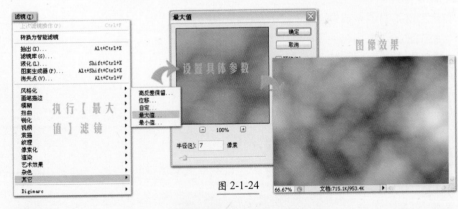

图2-1-24

**4** 执行【滤镜】/【杂色】/【中间值】命令，弹出"中间值"对话框，将中间值半径设置为8像素，设置完毕后单击"确定"按钮，应用滤镜后得到的图像效果如图2-1-25所示。

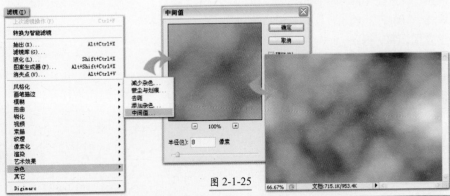

图2-1-25

**5** 执行【滤镜】/【锐化】/【USM锐化】命令，弹出"USM锐化"对话框，设置具体参数，设置完毕后单击"确定"按钮，得到如图2-1-26所示的图像效果。

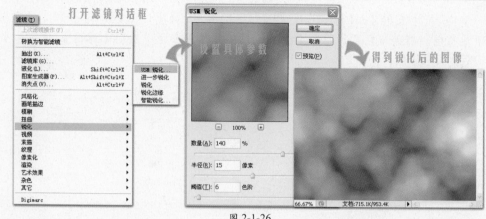

图 2-1-26

**6** 切换回"图层"面板，选择"背景"图层，并将其拖到创建新图层按钮 ，得到"背景副本"图层，执行【滤镜】/【渲染】/【光照效果】命令，弹出"光照效果"对话框，具体设置如图2-1-27所示，设置完毕后单击"确定"按钮，得到添加光照后的图像效果。

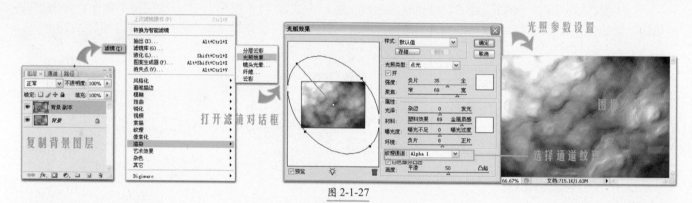

图 2-1-27

**7** 在"图层"面板上选择"背景副本"图层，单击创建新的填充或调整图层按钮 ，在弹出的下拉菜单中选择"色相/饱和度"，弹出"色相/饱和度"对话框，如图2-1-28所示进行设置。

图 2-1-28

**8** 单击"图层"面板上的创建新的填充或调整图层按钮 ，在弹出的下拉菜单中选择"曲线"，弹出"曲线"对话框，进行曲线调整，设置完毕后单击"确定"按钮应用调整，得到更强烈的对比效果，如图2-1-29所示。

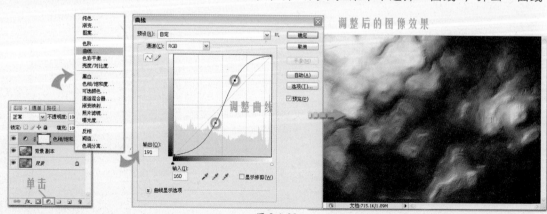

图 2-1-29

**9** 将前景色设置为黑色，选择工具箱中的横排文字工具 T.，在图像中输入文字，文字大小位置无限制，可自行设定。在"图层"面板上双击文字图层，弹出"图层样式"对话框，勾选"描边"复选框，进行描边参数设置，设置完毕后单击"确定"按钮应用样式。在"图层"面板上将文字图层的图层填充值调至为50％的位置，降低原本的图层填充值，得到如图2-1-30所示的图像效果。

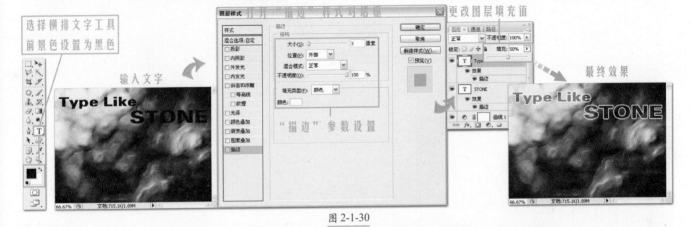

图 2-1-30

# Example 3 利用通道制作图像穿插效果

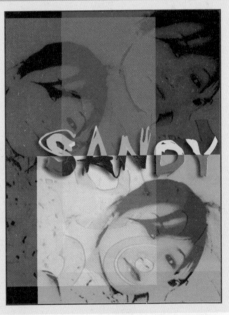

- "通道"面板中单色通道移动单色通道使之错位以得到色域交叉特效

- 注意"通道"面板中移动同动通道的位置，直接影响最终效果

- 利用工具箱中文字工具输入文字

- 更改图层混合模式叠加文字效果

**1** 执行【文件】/【打开】命令（Ctrl+O），弹出"打开"对话框，选择需要的素材文件，单击"打开"按钮，打开图片文件。切换到"通道"面板，选择工具箱中的移动工具 ，选择"红"通道，并保持其他通道也处于显示状态，移动"红"通道所在的图像，图像效果也会随着通道的移动产生变化，如图2-1-31所示。

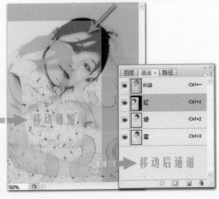

图 2-1-31

**2** 利用工具箱中的移动工具 ，选择"绿"通道，并保持其他通道也处于显示状态，移动"绿"通道所在图像的位置，图像效果也会随着通道的移动产生变化，如图2-1-32所示。

选择"绿"通道

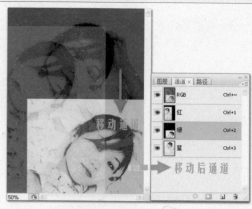

移动后通道

图2-1-32

选择"蓝"通道

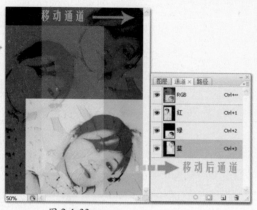

移动后通道

图2-1-33

**3** 利用工具箱中的移动工具 ，选择"蓝"通道，并保持其他通道也处于显示状态，移动"蓝"通道所在的图像，图像效果也会随着通道的移动产生变化，如图2-1-33所示。

**4** 切换回"图层"面板，发现移动通道后的图像呈现在"背景"图层中。选择工具箱中的横排文字工具 ，在图像中输入白色文字，打开"图层样式"对话框，选择"投影"样式进行设置，得到立体文字效果，如图2-1-34所示。

选择文字工具

回到图层面板

打开投影样式对话框

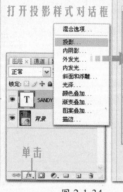

输入文字

单击

投影参数设置

图2-1-34

**5** 将文本图层的混合模式设置为"排除"，"排除"图层混合模式在Chapter 01有关图层混合模式的内容中讲解过，本例正是利用"排除"模式的特性，完成最终效果的，更改图层混合模式后的图像效果如图2-1-35所示。

得到图像效果

更改图层模式

图2-1-35

下面通过实例来了解计算通道的具体应用。

# Example 5　通道计算为复杂的图像抠图

- 观察通道中图像的对比效果

- 【计算】命令将对比度最低与对比度最高通道中的差值计算出来

- 调出通道选区，修整边缘，完成抠图

1　执行【文件】/【打开】命令（Ctrl+O），在弹出的"打开"对话框中选择需要打开的文件，单击"打开"按钮。切换到"通道"面板，选择"红"通道，由于图像背景是一张白纸，外部光线照射在纸上时，红色被全部反射，而红色图案部分也全部反射红光，所以在"红"通道中基本看不到龙凤的图案；选择"绿"通道观察，由于白纸部分全部反射绿光，而龙图案部分则只反射红光，绿光被吸收，所以图案相对较明显，如图2-1-46所示。

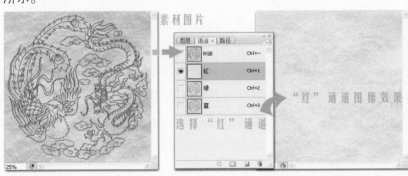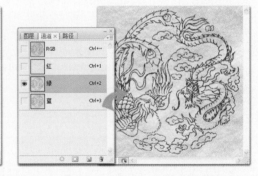

图 2-1-46

2　执行【图像】/【计算】命令，弹出"计算"对话框，红色通道与绿色通道之间的差别就体现在了图案上，设置"差值"混合模式，使红通道和绿通道之间有差别之处显示为白色，即我们要的选区，如图2-1-47所示。

图 2-1-47

**3** 按住 Ctrl 键单击"专色 1"通道，调出其选区，切换到"图层"面板，选择"背景"图层，按 Ctrl+J 复制选区中图像到新图层，生成"图层 1"。在"背景"图层与"图层 1"之间新建"图层 2"，填充白色，完成最终抠图，如图 2-1-48 所示。

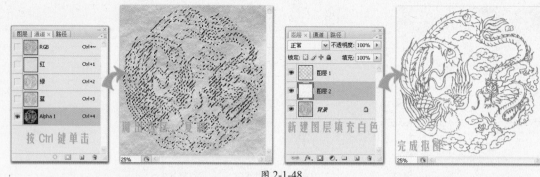

图 2-1-48

# Example 6　通道计算应用于制作透视光效果

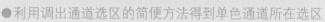

● 利用调出通道选区的简便方法得到单色通道所在选区　　● 利用快捷键复制选区中图像
● 利用快捷键粘贴所复制图像到新建 Alpha 通道　　● 通道计算得到计算后的通道

**1** 执行【文件】/【打开】命令（Ctrl+O），在弹出的"打开"对话框中选择需要的文件，单击"打开"按钮。切换到"通道"面板，按 Ctrl 键单击"红"通道，调出其选区，按快捷键 Ctrl+C 复制选区中图像，单击"通道"面板上创建新通道按钮 ，新建"Alpha1"通道，按 Ctrl+V 键粘贴图像到通道中，如图 2-1-49 所示。

图 2-1-49

**2** 选择"Alpha1"通道，将其拖到创建新通道按钮 ，得到"Alpha1 副本"通道。再次选择"Alpha1"通道，执行【滤镜】/【模糊】/【高斯模糊】命令，弹出"高斯模糊"对话框，将模糊半径设置为 10 像素，设置完毕后单击"确定"按钮，将"Alpha1"通道所在的图像进行模糊处理，如图 2-1-50 所示。

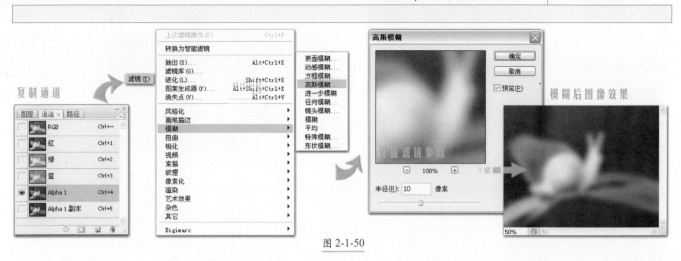

图 2-1-50

**3** 在"通道"面板中选择"Alpha1 副本"通道，执行【图像】/【计算】命令，弹出"计算"对话框，分别将源1与源2的通道设置为"Alpha1 副本"和"Alpha1"，混合模式设置为"叠加"，设置完毕后单击"确定"按钮应用计算，在"通道"面板上生成"Alpha2"通道，如图 2-1-51 所示。

图 2-1-51

**4** 在"通道"面板中选择"Alpha2"通道，执行【图像】/【计算】命令，弹出"计算"对话框，分别将源1与源2的通道设置为"Alpha1"和"Alpha1 副本"，混合模式设置为"柔光"，设置完毕后单击"确定"按钮应用计算，在"通道"面板上生成"Alpha3"通道，如图 2-1-52 所示。

图 2-1-52

**5** 在"通道"面板中选择"Alpha3"通道，执行【图像】/【计算】命令，弹出"计算"对话框，分别将源1与源2的通道设置为"Alpha2"和"Alpha3"，混合模式设置为"排除"，设置完毕后单击"确定"按钮应用计算，在"通道"面板上生成"Alpha4"通道，如图 2-1-53 所示。

图 2-1-53

**6** 选择"通道"面板中的"Alpha4"，按快捷键 Ctrl+A 将图像全部选中，按下 Ctrl+C 键复制选区中图像，切换到"图层"面板，单击创建新图层按钮 ，新建"图层 1"，按下 Ctrl+V 键粘贴图像。单击"图层"面板上的创建新的填充或调整图层按钮 ，在弹出的下拉菜单中选择"曲线"命令，调整曲线数值，确定调整后在"图层"面板上生成"曲线 1"调整图层，加强图像对比，图像效果如图 2-1-54 所示。

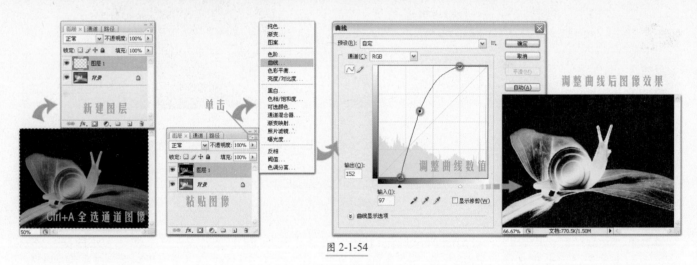

图 2-1-54

**7** 在"图层"面板上选择"图层 1"，单击创建新的填充或调整图层按钮 ，在弹出的下拉菜单中选择"渐变"命令，弹出"渐变填充"对话框，单击渐变色条设置渐变颜色，设置完毕后单击"确定"按钮应用渐变填充，得到如图 2-1-55 所示的图像效果。

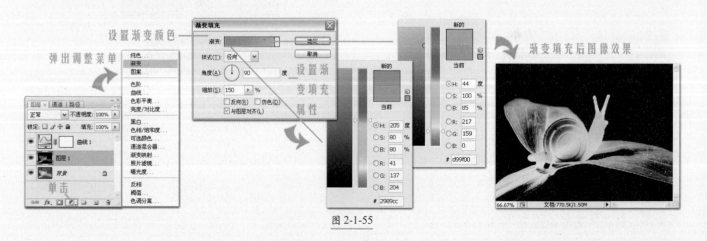

图 2-1-55

## 2.2　蒙版的基本概念

利用蒙版可以保护被遮蔽的区域不受任何编辑操作的影响，它与选区的功能类似，但它们有本质上的区别。

蒙版和选取范围的功能是一样的，两者可相互转换。但是，蒙版和选取范围之间有着本质的区别：选取范围是一个无色透明的边框，在图像中只能看到其形状，而不能看出羽化边缘等效果；蒙版是一个实实在在地出现在"通道"面板中的灰色图像，用户可以对它进行编辑和修改（如执行滤镜、旋转和变形等），然后转换为一个选择区应用到图像中。

### 2.2.1　创建蒙版

只能在普通图层中创建蒙版，如果要在背景层创建蒙版，必须先将背景层转换为普通层。概括起来，创建蒙版的方法有以下几种。

方法一：在图像中绘制一个选区，在选择了一个区域后，单击【选择】/【存储选区】命令，弹出"存储选区"对话框，单击"确定"按钮即可在"通道"面板中创建蒙版。

方法二：若图像中包含选区，单击"通道"面板中的将选区存储为通道按钮 ▣ ，也可以将现有选区保存为通道蒙版。

方法三：在"图层"面板中单击添加图层蒙版按钮 ▣ ，可在此图层后生成图层蒙版，同时在"通道"面板中产生新添加的通道蒙版。

方法四：在"通道"面板中新建 Alpha 通道并将其选中，使用绘图工具或其他工具在图像中进行编辑，也可以产生一个自定义属性的蒙版。

方法五：利用工具箱中的以快速蒙版模式编辑按钮 ▣ ，产生快速蒙版。

### 2.2.2　快速蒙版

【快速蒙版】模式可以将任何选区作为蒙版进行编辑，而无需使用"通道"面板，且在查看图像时也可如此。将选区作为蒙版来编辑的优点是几乎可以使用任何Photoshop工具或滤镜修改蒙版。

从选中区域开始，使用快速蒙版模式在该区域中进行添加或删减，以创建蒙版。另外，也可完全在快速蒙版模式中创建蒙版。受保护区域和未受保护区域以不同颜色进行区分。当离开快速蒙版模式时，未受保护区域转换成为选区。

当在快速蒙版模式中工作时，"通道"面板中出现一个临时快速蒙版通道。但是，所有的蒙版编辑是在图像窗口中完成的，可以将其转换为一个精确的选取范围。

创建快速蒙版的具体操作步骤如下。

1. 打开素材图像，选择工具箱中的多边形套索工具 ▽ ，沿图像周围创建选区，完成选区后单击工具箱中的以快速蒙版模式编辑按钮 ▣ ，将图像转入蒙版编辑，如图 2-2-1 所示。

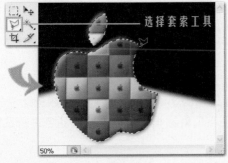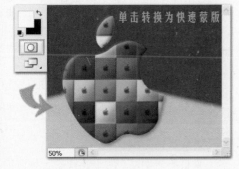

图 2-2-1

2. 切换到"通道"面板，在在面板中生成快速蒙版，将前景色设置为白色，选择工具箱中的画笔工具 ✐ ，选择一种笔刷模式，在图像中单击绘制图案，所绘制的图案会添加在通道蒙版中的白色区域，如图 2-2-2 所示。

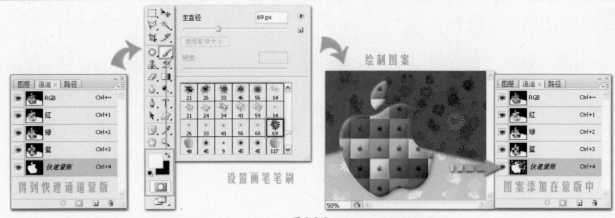

图 2-2-2

3. 单击工具箱中的以标准模式编辑按钮 ，将蒙版所在图像转换为选区，单击"图层"面板上创建新图层按钮 ，新建"图层1"，将前景色设置为R160、G160、B160，背景色设置为R255、G255、B255，选择"图层1"，按Alt+Delete填充前景色，按快捷键Ctrl+D取消选择。在"图层"面板上选择"背景"图层，单击创建新图层按钮 ，新建"图层2"，按快捷键Ctrl+Delete填充背景色，完成整个快速蒙版转换，此时"通道"面板中的通道蒙版消失，如图2-2-3所示。

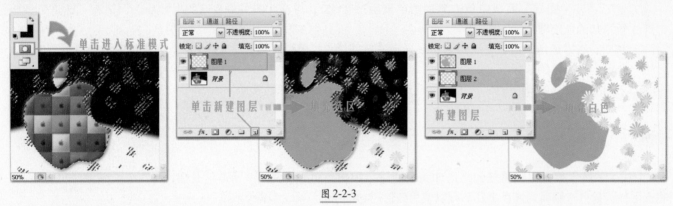

图 2-2-3

在转换为快速蒙版模式之前，双击工具箱中的以快速蒙版模式编辑按钮 ，打开"快速蒙版选项"对话框，在对话框中可对蒙版颜色及蒙版区域进行设置，如图2-2-4所示。

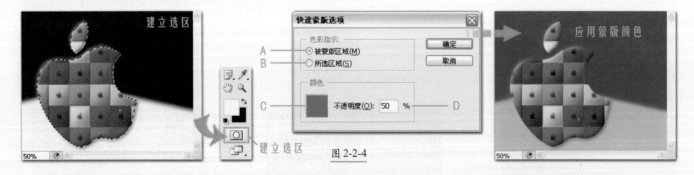

图 2-2-4

◆ A 被蒙版区域：该选项为默认选项，选择后，被遮盖的区域为选取范围以外的区域。

◆ B 所选区域：选择该选项，选取范围内的区域为被遮盖的区域。

◆ C 颜色：单击颜色块，打开"拾色器"对话框，可以对蒙版颜色进行设置，选择不同蒙版颜色，会在图像中改变蒙版色彩标识显示。

◆ D 不透明度：用于设置蒙版颜色的不透明度，数值越大蒙版颜色显示越深，数值越小应用于蒙版的颜色越透明。

提示：当选择工具箱中的以快速蒙版模式编辑按钮 时，图像进入蒙版状态，同时会在"通道"面板中形成通道蒙版，蒙版编辑结束单击工具箱中的以标准模式编辑按钮 后，"通道"面板中的蒙版层消失。若要永久地保存快速蒙版为普通的蒙版，可以将快速蒙版复制一个。

### 2.2.3　将蒙版存储在 Alpha 通道中

将现有的选区转换为通道蒙版，可以将任意选区存储为蒙版。用默认选项将选区存储到新通道中的方法如下：

打开素材图片，选择需要隔离图像的一个或多个区域，切换到"通道"面板，单击将选区存储为通道按钮，即可生成新的通道蒙版，并按照创建的顺序而命名，如图 2-2-5 所示。

将选区存储到新的通道，方法如下。

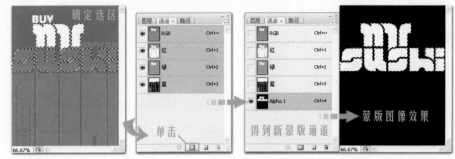

图 2-2-5

打开素材图片，选择需要隔离图像的一个或多个区域，执行【选择】/【存储选区】命令，弹出"存储选区"对话框，设置存储为通道蒙版的名称，单击"确定"按钮生成新蒙版，如图 2-2-6 所示。

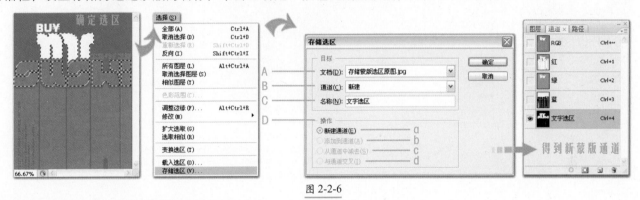

图 2-2-6

◆ A 文档：为选区选取目标图像。默认情况下，选区放在现用图像的通道内。可以选取"新建"将选区存储到新建的且具有相同像素尺寸图像的通道中，或直接存储到当前图像中。

◆ B 通道：为选区选取目标通道。默认情况下，选区存储在"新建"通道中。如图像中包含现有的通道，可以进行选取，将选区存储到图层蒙版中。

◆ C 名称：如果要将选区存储为新通道，在"名称"文本框中为该通道输入一个名称。如图 2-2-6 所示，目标名称为"文字选区"，即确定存储后，在"通道"面板上形成的蒙版通道会被命名为"文字选区"。

◆ D 操作：如果要将选区存储到现有通道中，需要在"操作"选项中选择组合选区的方式：

◆ a 新通道：将当前选区存储在通道中。　　　◆ b 添加到通道：将选区添加到当前通道的内容中。

◆ c 从通道中减去：从通道内容中删除选区部分。　　　◆ d 与通道交叉：保存通道内容与选区交叉的区域。

### 2.2.4　选区载入图像

通过将选区载入图像可以重新使用之前存储过的选区。在 Photoshop CS3 中，当 Alpha 通道的修改完成后，也可将选区载入图像。使用快捷方式载入已存储选区，如图 2-2-7 所示有 3 种方法可操作。

方法一：在"通道"面板中选择已有的 Alpha 通道，单击将通道作为选区载入按钮，将通道蒙版直接转换为选区。

方法二：将包含要载入选区的通道拖移到将通道作为选区载入按钮上，也可得到选区效果。

方法三：按住 Ctrl 键的同时，单击需要载入选区的通道。

图 2-2-7

提示：若要将蒙版添加到现有选区，按 Ctrl+Shift 键并单击被添加通道；若要从现有选区中减去蒙版，按 Ctrl+Alt 键并单击通道；若要载入存储的选区和现有的选区的交集，请按 Ctrl+Alt+Shift 键并单击通道。

将存储的选区载入图像，方法如下。

1．执行【选择】/【载入选区】命令，弹出"载入选区"对话框。

2．在"文档"选项中，单击下拉扩展按钮选取已存储选区的文件名。

3．在"通道"选项中，选取包含要载入选区的通道。

4．勾选"反相"复选框，以反选选中区域或反选未选中区域。具体操作如图 2-2-8 所示。

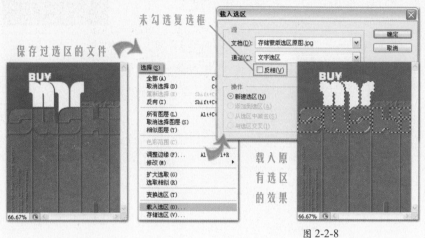

图 2-2-8

提示：如果目标图像已经有一个选区，需要在【操作】中指明如何组合该选区。设置方法与【存储选区】对话框中相同。

### 2.2.5 使用图层蒙版

图层蒙版实际上就是对某一图层起遮盖效果的在实际中并不显示的一个遮罩，它在 Photoshop CS3 中表示为一个通道，用来控制图层的显示区域与不显示区域及透明区域，蒙版中出现的黑色就表现在被操作图层中的这块区域不显示，白色就表示在图层中这块区域显示，介于黑白之间的灰色则决定图象中的这一部分以一种半透明的方式显示，透明的程度则由灰度来决定。灰度为百分之多少，这块区域将以百分之多少的透明度来显示。

如图 2-2-9 所示，在蒙版中黑色部分在应用后将图层的这部分给隐藏，白色部分则显示了出来。

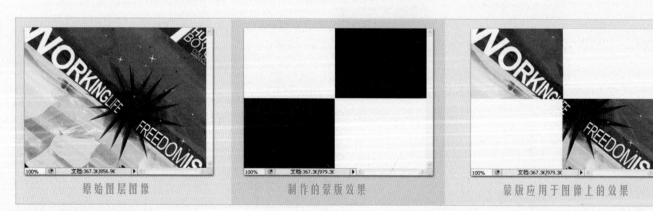

图 2-2-9

下面我们来看看使用图层蒙版的具体操作过程。

**为图层添加图层蒙版**

先选定需要添加图层蒙版的图层，执行【图层】/【图层蒙版】命令，在这个菜单下面有两个可选命令，一个是"显示全部"。一个是"隐藏全部","显示全部"指的是当使用此命令时，系统会直接把整个图层显示出来，即把图层蒙版全部填上白色；"隐藏全部"则相反，它会先把图层蒙版填上黑色，这个选择根据自己的需要确定，我们先选择"显示全部"。或直接在"图层"面板上单击添加图层蒙版按钮 ，也可为图层添加图层蒙版。

### 描绘图层蒙版

如图 2-2-10 所示，"图层 1"已经存在一个图层蒙版，在图层缩览图右侧出现方形的白色区域，在白色的区域周围则有一圈细黑的边框，表示现在正在对图层蒙版进行操作，当选择图层缩览图时，周围的细黑框会自动转入图层缩览图，表示此时图层正处于编辑状态，若需要对图层蒙版进行编辑描绘，单击选择图层蒙版上的白色区域，即可使用各种工具描绘图层蒙版。

图 2-2-10

下面我们使用黑到白色的渐变工具在图像上做一个垂直的渐变，因为目前正在对图层蒙版操作，所以图像本身不会受到影响，只是在图层蒙版上出现了一个渐变，如图 2-2-11 所示。现在所看到的图像就是按这个渐变来显示的蒙版，蒙版上方从黑色渐变到下方的透明色，使图像从不显示到慢慢透明显示再到完全显示。

图 2-2-11

### 图层蒙版的其他操作

右键单击图层蒙版，则弹出下拉菜单，其中都是关于图层蒙版的操作。

A 停用图层蒙版：选择此选项，会在图层蒙版上出现红色的"叉"，指暂时关闭图层蒙版，但并不删除。

B 删除图层蒙版：表示取消对图层蒙版的编辑，并将图层蒙版删除。

C 应用图层蒙版：选择此选项，在图层蒙版消失的同时，应用图层蒙版效果，应用后图像将就按图层蒙版的效果生成。

D 添加图层蒙版到选区：选择此命令，会将图层蒙版中的白色区域载入选区。

E 从选区中减去图层蒙版：如果将图像全部载入选区，执行此命令，将得到图层蒙版中黑色区域所在的选区。

F 使图层蒙版与选区交叉：如利用选框工具在图像中绘制局部选区，执行此命令，得到的选区将为图层蒙版中的白色区域与当前选区相交得到的部分。

G 图层蒙版选项：用来控制图层蒙版以什么颜色和透明度来显示的命令。

图 2-2-12

# Example 7　　　图层蒙版制作图像边缘的虚化效果

● 利用选框工具确定图像中最精彩区域

● 添加图层蒙版遮挡精彩区域以外的部分图像

● 应用高斯模糊滤镜为图像添加虚化效果

**1** 执行【文件】/【打开】命令（Ctrl+O），弹出"打开"对话框，选择需要的素材文件，单击"打开"按钮。选择"图层"面板上的"背景"图层，将其拖到创建新图层按钮，得到"背景副本"图层。将前景色设置为白色，选择"背景"图层，按快捷键Alt+Delete填充前景色，选择"背景副本"图层，单击"图层"面板上添加图层蒙版按钮，为图层添加蒙版，如图2-2-13所示。

图 2-2-13

**2** 选择工具箱中的椭圆选框工具，在图像中绘制圆形选区，大小不要超出整个图像。执行【选择】/【反向】命令（Ctrl+Shift+I），将选区反选。将前景色设置为黑色，选择"背景副本"图层上的图层蒙版，按快捷键Alt+Delete填充前景色，按Ctrl+D取消选择，应用图层蒙版后的图像效果如图2-2-14所示。

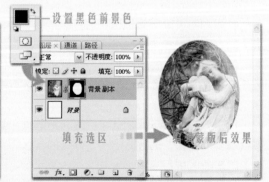

图 2-2-14

提示：由于图层蒙版对图层所起的遮盖作用，图像中只显示出步骤1中所选定的椭圆形区域。

**3** 对图层蒙版执行【滤镜】/【模糊】/【高斯模糊】命令，弹出"高斯模糊"对话框，调整模糊半径，图像边缘的虚化效果就会出现，直到调整到自己满意为止，单击"确定"按钮应用滤镜，得到调整后的虚化效果，如图2-2-15所示。

 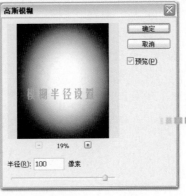 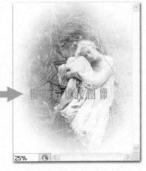

图2-2-15

# Example 8　蒙版结合应用命令打造人物美白

● 载入RGB通道所在选区

● 在"图层"面板上填充白色图层

● 添加曲线调整图层调整图像整体亮度

● 利用【应用图像】命令制作出图像融合效果

● 调整图层不透明度降低色彩效果

**1** 执行【文件】/【打开】命令（Ctrl+O），弹出"打开"对话框，选择需要的素材文件，单击"打开"按钮。切换到"通道"面板，按Ctrl键单击RGB混合通道，调出其选区，切换回"图层"面板，单击创建新图层按钮，新建"图层1"。将前景色设置为白色，按快捷键Alt+Delete填充前景色，完成后不取消选择，如图2-2-16所示。

打开素材图片

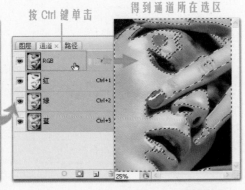
按Ctrl键单击　　得到通道所在选区

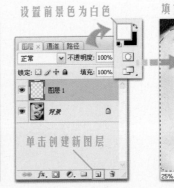
设置前景色为白色　　填充前景色后图像效果

图2-2-16

**2** 保存图 2-2-16 中的选区效果，选择"图层 1"，单击"图层"面板上添加图层蒙版按钮，为图层添加蒙版。选择"背景"图层，拖到创建新图层按钮，得到"背景副本"图层，选择"图层 1"，按快捷键 Ctrl+E 向下合并图层，"图层 1"合并到"背景副本"图层中，如图 2-2-17 所示。

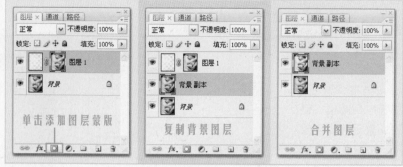

图 2-2-17

**3** 执行【图像】/【应用图像】命令，弹出"应用图像"对话框，设置应用于图像的图层和通道，调整混合模式，设置完毕后单击"确定"按钮，得到与原图像相融合的图像效果，如图 2-2-18 所示。

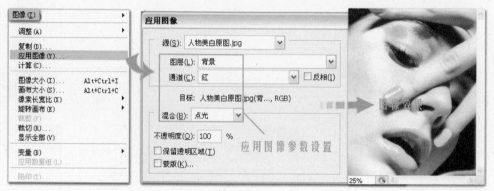

图 2-2-18

**4** 选择"图层"面板中的"背景副本"图层，单击创建新的填充或调整图层按钮，在弹出的下拉菜单中选择"曲线"选项，弹出"曲线"对话框，将输出设置为 150，输入设置为 100，设置完毕后单击"确定"按钮，适当调亮图像，得到如图 2-2-19 所示的效果。

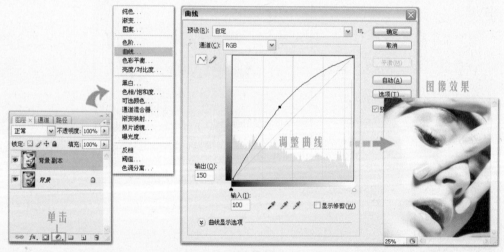

图 2-2-19

**5** 选择"图层"面板中的"背景副本"图层，将其图层不透明度设置为 50%，设置完毕后得到最终的美白效果，如图 2-2-20 所示。

图 2-2-20

# Example 9　　图层蒙版和调整图层玩转数码照

● 添加多层调整图层丰富图像色彩　　　　　● 更改图层混合模式叠加颜色效果

● 画笔遮盖蒙版　　　　　　　　　　　　　● 为图层蒙版添加渐变

**1** 执行【文件】/【打开】命令（Ctrl+O），弹出"打开"对话框，选择需要的素材文件，单击"打开"按钮。单击"图层"面板上创建新的填充或调整图层按钮 ，在弹出的下拉菜单中选择"色阶"选项，弹出"色阶"对话框，进行色阶参数设置，将画面整体调亮，设置完毕后单击"确定"按钮，得到如图2-2-21所示的图像效果。

打开素材图片

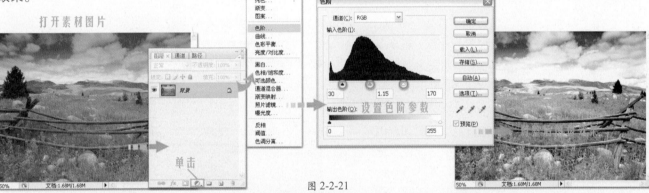

图 2-2-21

**2** 选择工具箱中的渐变工具 ，将前景色设置为黑色，背景色设置为白色，在其工具选项栏中设置由前景色到背景色的渐变颜色类型，在图像中由上向下拖动鼠标填充渐变，降低云层的明度，由于在操作前选择的是"色阶1"的蒙版，所以渐变效果应用于图层蒙版，如图2-2-22所示。

图 2-2-22

**3** 单击"图层"面板上创建新的填充或调整图层按钮 ，在弹出的下拉菜单中选择"色相/饱和度"选项，弹出"色相/饱和度"对话框，拖动滑块将饱和度增加到50，单击"确定"按钮应用调整，得到饱和度增加后相对艳丽的图像效果，同时在"图层"面板上生成调整图层，如图2-2-23所示。

图 2-2-23

4 单击"图层"面板上创建新的填充或调整图层按钮 ⊙，在弹出的下拉菜单中选择"纯色"选项，弹出"纯色"对话框，将色值设置为R255、G0、B0，设置完毕后单击"确定"按钮。在"图层"面板上将"颜色填充1"调整图层的混合设置为"叠加"，得到色相偏红的图像，如图2-2-24所示。

图 2-2-24

5 选择"颜色填充1"调整图层的图层蒙版，将前景色设置为黑色，背景色设置为白色，选择工具箱中的画笔工具 ∕，在图像中进行局部涂抹，隐藏一部分较艳丽的红色，如图2-2-25所示。

6 单击"图层"面板上创建新的填充或调整图层按钮 ⊙，在弹出的下拉菜单中选择"纯色"选项，弹出"纯色"对话框，将色值设置为R54、G255、B0，设置完毕后单击"确定"按钮。在"图层"面板上将"颜色填充2"调整图层的混合设置为"柔光"，得到色相偏绿的图像。选择

图 2-2-25

"颜色填充2"调整图层的图层蒙版，将前景色设置为黑色，背景色设置为白色，选择工具箱中的画笔工具 ∕，在图像中进行局部涂抹，隐藏一部分较艳丽的绿色，得到最终图像效果，如图2-2-26所示。

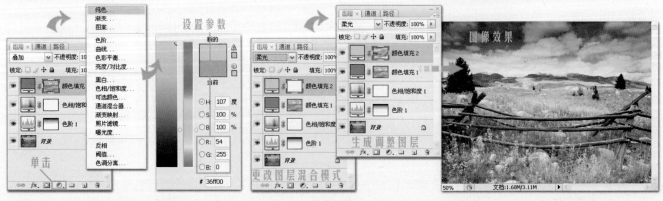

图 2-2-26

# Example 10  利用图层蒙版制作朦胧写真画册

● 添加多层调整图层丰富图像色彩
● 画笔遮盖蒙版

● 更改图层混合模式叠加颜色效果
● 为图层蒙版添加渐变

**1** 执行【文件】/【打开】命令（Ctrl+O），弹出"打开"对话框，分别选择素材1和素材2，单击"打开"按钮。选择工具箱中的椭圆选框工具，在如图2-2-27所示的素材2图片中建立圆形选区。

图 2-2-27

**2** 执行【选择】/【修改】/【羽化】命令（Ctrl+Alt+D），弹出"羽化选区"对话框，将羽化半径设置为10 像素，单击"确定"按钮。选择工具箱中的移动工具，将选区中的图像拖到"素材 1"文档中，生成"图层 1"。执行【编辑】/【自由变换】命令（Ctrl+T），弹出自由变换框，按 Shift 键拖动变换框一角，缩放图像到合适位置，按 Enter 键确认操作。在"图层"面板上将"图层 1"的图层填充值设置为 60%，如图 2-2-28 所示。

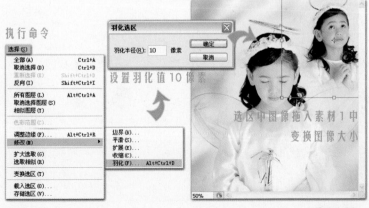

图 2-2-28

3　执行【文件】/【打开】命令（Ctrl+O），弹出"打开"对话框，选择"素材3"，单击"打开"按钮打开图片。选择工具箱中的矩形选框工具□，在主题图像周围绘制矩形选区，如图2-2-29所示。

图 2-2-29

4　执行【选择】/【修改】/【羽化】命令，弹出"羽化选区"对话框，将羽化半径设置为30像素，单击"确定"按钮。选择工具箱中的移动工具▶♦，将选区中的图像拖到"素材1"文档中，生成"图层2"。按Ctrl+T调出自由变换框，按Shift键缩小图像并移动到合适位置，按Enter键确认操作。在"图层"面板上将"图层2"的图层填充值设置为60％，如图2-2-30所示。

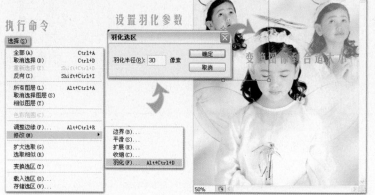

图 2-2-30

5　执行【文件】/【打开】命令（Ctrl+O），弹出"打开"对话框，选择"素材4"，单击"打开"按钮打开图片。选择工具箱中的椭圆选框工具○，在主题图像周围绘制矩形选区，如图2-2-31所示。

6　执行【选择】/【修改】/【羽化】命令，弹出"羽化选区"对话框，将羽化半径设置为10像素，单击"确定"按钮。选择工具箱中的移动工具▶♦，将选区中的图像拖到"素材

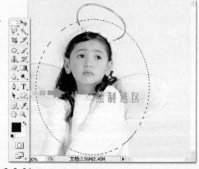

图 2-2-31

1"文档中，生成"图层3"。按Ctrl+T调出自由变换框，按Shift键缩小图像并移动到合适位置，按Enter键确认操作。在"图层"面板上将"图层3"的图层填充值设置为60％，如图2-2-32所示。

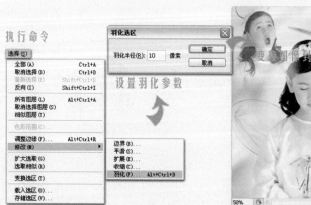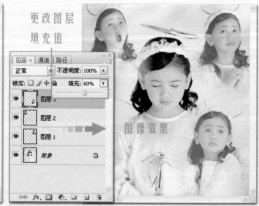

图 2-2-32

**7** 单击"图层"面板上创建新图层按钮 □，新建"图层4"，将前景色和背景色设置为默认的黑色和白色，执行【滤镜】/【渲染】/【云彩】命令，为图片添加黑白相间的云彩效果，如图2-2-33所示。

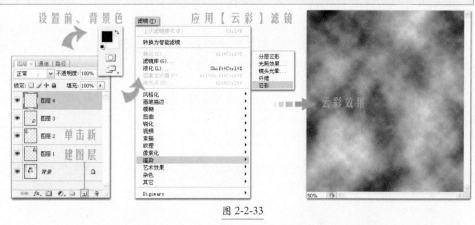

图 2-2-33

**8** 选择"图层4"，执行【滤镜】/【模糊】/【动感模糊】命令，弹出"动感模糊"对话框，将模糊角度设置为45°，距离设置为250像素，设置完毕后单击"确定"按钮应用滤镜。执行【图像】/【调整】/【色相/饱和度】命令，弹出"色相/饱和度"对话框，勾选"着色"复选框，如图2-2-34所示进行具体设置，设置完毕后单击"确定"按钮，得到添加色彩后的图像。

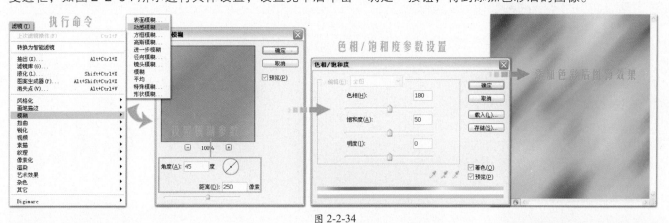

图 2-2-34

**9** 在"图层"面板上将"图层4"的图层不透明度设置为70%，单击添加图层蒙版按钮 □，为图层添加蒙版，将前景色设置为黑色，选择工具箱中的画笔工具 ✐，在图像中有人物图像的区域进行涂抹，将遮盖人物的图像遮蔽，如图2-2-35所示。

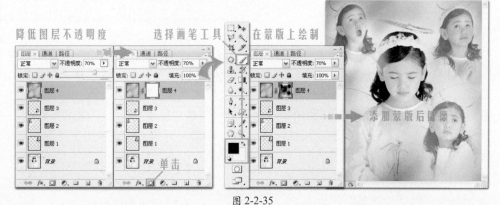

图 2-2-35

**10** 执行【文件】/【新建】命令（Ctrl+N），弹出"新建"对话框，文档大小设置为16像素×16像素，背景内容设置为"透明"，单击"确定"按钮新建文件。选择工具箱中的矩形选框工具 □，按Shift键绘制矩形选区，填充为白色。执行【编辑】/【定义图案】命令，弹出"图案名称"对话框，输入"网格图案"做为图案名称，单击"确定"按钮保存图案，如图2-2-36所示。

图 2-2-36

**11** 单击"图层"面板上创建新图层按钮 ⊞ ，新建"图层5"，将前景色设置为白色，选择工具箱中的油漆桶工具 ◇ ，在其工具选项栏中选择刚刚定义的图案，单击图像填充图案。在"图层"面板上将"图层5"的图层混合模式设置为"柔光"，叠加图像，如图2-2-37所示。

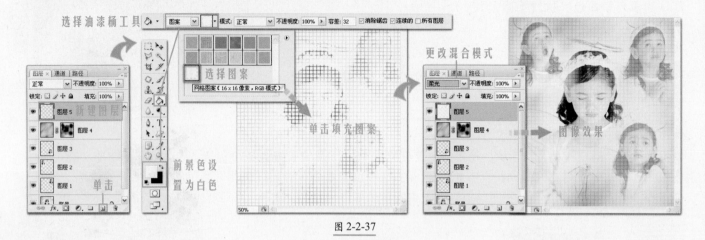

图 2-2-37

**12** 单击"图层"面板上添加图层蒙版按钮 ◻ ，为"图层5"添加蒙版，将前景色设置为黑色，选择工具箱中的画笔工具 ✐ ，在图像中有人物图像的区域进行涂抹，将遮盖人物的图像遮蔽，如图2-2-38所示。

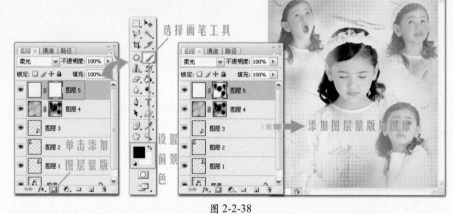

图 2-2-38

**13** 将前景色设置为黑色，并选择工具箱中的横排文字工具 T ，在图像中单击输入文字。单击"图层"面板上的添加图层样式按钮 fx ，在弹出的下拉菜单中选择"内阴影"选项，弹出"图层样式"对话框，如图2-2-39所示进行具体设置，设置完毕后不关闭对话框，分别勾选"外发光"和"描边"复选项，依照图中所示进行设置，设置完毕后单击"确定"按钮应用图层样式。在"图层"面板上将文字图层的图层填充值调整为0%，得到只包含图层样式的零色值效果。

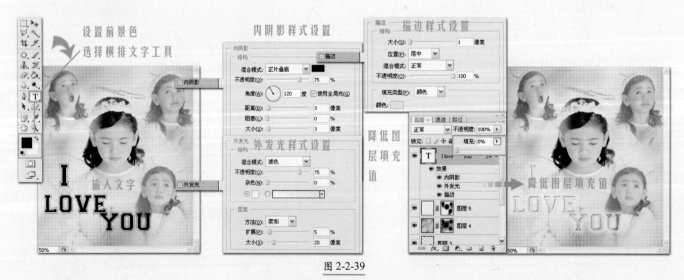

图 2-2-39

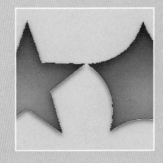
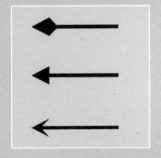

# Chapter

## Photoshop CS3 路径的学习和应用

**03**

路径是Photoshop CS3中最重要的工具之一。本章将对这个重要概念进行详细地讲解。结合 3个具有代表性的实例，讲解各种路径工具的设置及使用方法，包括"路径"面板中的所有功能命令。

## 3.1 路径的概述

路径这个概念相对来说较容易理解，路径在屏幕上表现为一些不可打印、不活动的矢量形状。路径可以使用钢笔工具创建，可以使用与钢笔工具同级的其他工具进行修改。路径由定位点和连接定位点的线段（曲线）构成；每一个定位点还包含了两个控制手柄，用以精确调整定位点及前后线段的曲度，从而匹配想要选择的边界。

路径是矢量图，也可称为贝塞尔曲线。贝塞尔曲线是由3点组合定义成的，其中的一个点在曲线上，另外两个点在控制手柄上，拖动这3个点可以改变曲度和方向。贝塞尔曲线可以是直线，也可以是曲线。路径是作为选择的辅助工具而设的。路径可以是封闭的，也可以是开放的，都可填充颜色。路径可由多条互相独立的子路径组成。

### 3.1.1 路径及其功能

路径可由多条互相独立的子路径组成，在 Photoshop CS3 中，路径可以是一个点、一条直线或是一条曲线。用户可以沿着这些线段或是曲线填充颜色、进行描边，从而绘制出图像。

编辑好的路径可以保存在图像中（保存为 *.PSD 或是 *.TIF 格式文件）。使用路径中的剪贴路径功能，能将 Photoshop 的图像插入到其他图像软件或是排版软件中，从而去除其路径外图像的背景，路径内的图像被贴入。概括起来，Photoshop 引入路径的作用在于。

◆使用路径的功能，可以将一些不够精确的选区范围转换为路径后再进行编辑和微调，完成一个精确的选区范围后再转换为选区使用。

◆更方便地绘制复杂的图像，如卡通造型等。

◆利用【填充路径】、【描边路径】命令，可以创作出特殊的效果。

◆路径可以单独作为矢量图输入到其他的矢量图程序中。

### 3.1.2 "路径" 面板

"路径" 面板中列出了每条存储的路径、当前工作路径和当前矢量蒙版的名称和缩览图像。与通道和图层一样，利用 "路径" 面板，可以执行所有涉及路径的操作，"路径" 面板如图 3-1-1 所示。

"路径" 面板中的各项意义如下：

◆ A "路径" 面板：和 "图层"、"通道" 面板一样，"路径" 面板中列出了当前图像中的所有路径。

◆ B "路径" 面板菜单：单击面板右上角的扩展按钮 ≡，将弹出路径菜单，不同的状态下弹出的菜单有所不同。菜单中提供相应的操作命令。

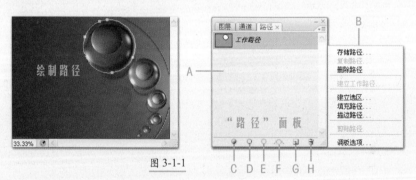

图 3-1-1

◆ C 填充按钮：单击用前景色填充路径按钮 ○，将以当前的前景色、背景色或图案等内容填充路径所包围的区域。

◆ D 描边按钮：单击用画笔描边按钮 ○，将以当前选定的前景色对路径进行描边操作。

◆ E 路径转换为选区：单击将路径作为选区载入按钮 ○，可将当前选中的路径转换为选择范围。

◆ F 选区转换为路径：单击从选区生成工作路径按钮 ◇，可将当前选区转换为路径。

◆ G 创建新路径按钮：每次要创建新路径时，需要单击创建新路径按钮 ▫。

◆ H 删除路径：单击删除当前路径按钮 ▥，可删除当前选中的路径。

下面介绍一下 "路径" 面板的简单操作。

执行【窗口】/【路径】命令，即可显示 "路径" 面板。如果要选择路径，单击 "路径" 面板中相应的路径名，一次只能选择一条路径。如果要取消选择路径，单击 "路径" 面板中的空白区域或按 Esc 键即可。

若要更改路径缩览图大小，可单击"路径"面板上的扩展按钮 ，在弹出的菜单中选择"调板选项"命令，弹出"路径调板选项"对话框，选择不同大小的缩览图，会对应得到不同的缩览图效果，如图 3-1-2 所示。

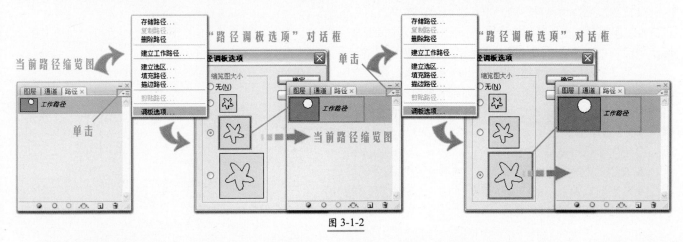

图 3-1-2

更改路径排列顺序的方法与图层和通道更改顺序的方法相同。首先在"路径"面板中选择路径，然后在"路径"面板中上下拖移路径，当鼠标移动到所需要的位置时，松开鼠标，即可改变路径顺序。

提示："路径"面板中矢量蒙版的顺序不可变更。

## 3.2　绘制路径

说到路径，首先认识一下绘制路径最主要的工具——钢笔工具。钢笔工具的快捷键是"P"，在英文状态下按"P"键，即可激活工具箱中的钢笔工具 ，用鼠标按住钢笔工具即可弹出隐藏的钢笔附属工具，如图 3-2-1 所示。其中包括钢笔工具、自由钢笔工具、添加锚点工具、删除锚点工具和转换点工具 5 种。在以下的内容中我们会逐一讲解。

图 3-2-1

### 3.2.1　钢笔工具

钢笔工具 的具体设置基本在其工具选项栏中完成,工具选项栏是对该工具参数设置最有利的工具,选择工具箱内的绝大多数工具时，都会在界面上方出现工具选项栏设置，这里对钢笔工具的选项栏进行详细介绍，如图 3-2-2 所示。

图 3-2-2

◆ A 形状图层：绘制的路径会以前景色为填充色填充路径，并在"图层"面板中生成一个"形状 1"的新图层。
◆ B 路径：这是使用钢笔工具最常使用的选项，选择此选项只在图像中绘制工作路径而不生成其他。
◆ C 钢笔工具：选择此选项，在绘制路径时会遵循钢笔工具的原则进行绘制。
◆ D 自由钢笔工具：运用自由钢笔工具进行绘制时，画笔不会随着任何原则的变换而变化，完全由用户控制。
◆ E 形状路径：包括 6 种直接应用路径工具，选择任意一种形状，使用钢笔工具绘制时，直接以所选形状出现。
◆ F 自动添加 / 删除：选择此选项可以直接使用钢笔工具添加或删除锚点。
◆ G 添加到路径区域：选择此选项则新添加的路径与原先存在的路径相加，从而建立一个新的路径。
◆ H 从路径区域减去：选择此选项则新添加的路径与原先存在的路径相减，从而建立一个新的路径。
◆ I 交叉路径区域：选择此选项则保存新添加的路径与原先存在的路径相叠加的区域，从而建立一个新的路径。
◆ J 重叠路径区域除外：选择此选项则保存新添加的路径与原先存在的路径相叠加以外的区域并建立一个新的路径。

### 绘制直线路径

钢笔工具画出来的矢量图形称为路径，由于路径具有特殊的矢量特性，可作为不封闭的开放状态呈现，如果把起点与终点重合绘制就可以得到封闭的路径，钢笔工具可以满足绘制各种形式路径的要求，下面通过简单的方法讲解绘制路径的过程。

如图3-2-3所示为直线路径。选择钢笔工具，在画面中连续自由单击，会看到在单击的点之间有距离最短的线段相连，当按住Shift键进行单击操作时，可以使所绘制的点与上一个点保持45°整数倍夹角（比如0°、45°、90°……），这样可以绘制水平或者是垂直的线段。

◆ A为绘制路径的起始点。　　◆ B为绘制路径的终点。

◆ C点到D点之间的线段在绘制时按下了Shift键，得到锚点间的线段呈垂直和45°角。

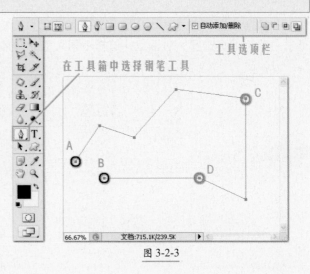

图 3-2-3

> 提示：钢笔工具并非直接绘制线段，而是定义了各个点的位置，软件则在点间连线成型，控制线段形态（方向、距离）的，并不是线段本身，而是线段中的各个点的位置。

### 绘制曲线路径

钢笔工具属于矢量绘图工具，其优点是可以勾画平滑的曲线，在缩放或者变形之后仍能保持平滑效果，刚才绘制的那些锚点，由于它们之间的线段都是直线，所以又称为直线型锚点。而平滑的曲线路径上产生的锚点被称为曲线型锚点，绘制曲线路径时，可根据具体需要控制曲线的形态。与直线路径相比，曲线不但具有直线的方向和距离，而且多了一个弯曲度的形态。如图3-2-4所示为绘制圆滑的曲线路径时的操作步骤，在绘制出A锚点时，不接着松开鼠标，而是按照图例中的方向拖动鼠标，曲线的形态也随之改变，当绘制B点时，同样按照图例指示拖动鼠标，曲线形态随之改变。

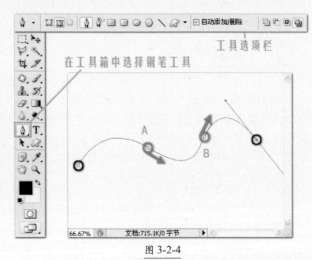

图 3-2-4

### 查看曲线路径方向

如图3-2-5所示，分别将绘制曲线路径的4个锚点命名为A、B、C、D，在工具箱中选择直接选择工具，单击位于B处的锚点，会看到刚才绘制B锚点时候定义的方向线；如果单击位于C处的锚点，会看到刚才绘制C锚点时候定义的方向线。

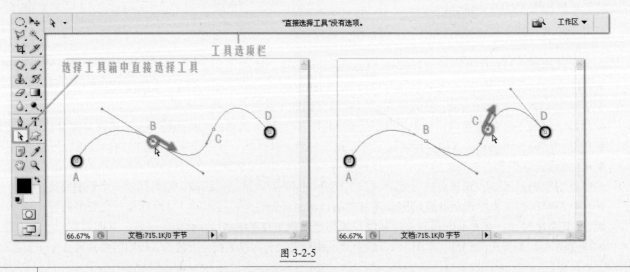

图 3-2-5

**修改曲线路径方向线**

选择工具箱中的转换点工具，如图 3-2-6 所示改变 B、C 锚点上的方向线，将会看到曲线弯曲度的改变。注意方向线末端有一个小圆点，这个圆点称为"手柄"，要单击手柄位置才可以改变方向线。修改 B 锚点方向线为上，再修改 C 锚点方向线为上，相交的两锚点的方向线被改变后，曲线路径的形状也会随之改变。

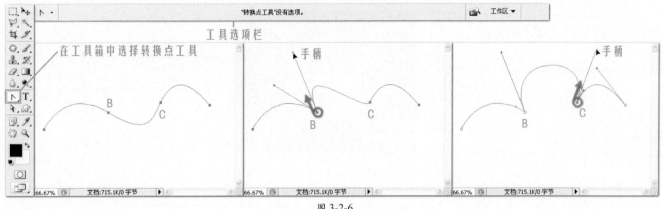

图 3-2-6

### 3.2.2 自由钢笔工具

自由钢笔工具的功能和钢笔工具的功能基本上是一样的，两者的主要区别在于建立路径的操作不同。自由钢笔工具的设置多在工具选项栏的下拉菜单中完成。"磁性的"复选项是一个非常重要的功能，选择此选项则自由钢笔工具会变成磁性钢笔工具，此工具与磁性套索工具相仿，都是根据图像色彩对比度自动产生路径或选区的。

用自由钢笔工具绘图的步骤如下：

选择自由钢笔工具，在其工具选项栏中设置自由钢笔工具的属性。单击选项栏中形状按钮旁边的几何选项按钮，弹出下拉选项表，将"曲线拟合"输入 0.5 ~ 10.0 像素之间的值。此值越高，创建的路径锚点越少，路径越简单平滑，如图 3-2-7 所示。在图像中拖移指针。在用户拖移时，会有一条路径尾随指针，释放鼠标，工作路径即创建完毕。

图 3-2-7

磁性钢笔是自由钢笔工具的选项，它可以绘制与图像中定义区域的边缘对齐的路径。要完成路径，释放鼠标。要创建闭合路径，单击路径的初始点（当它对齐时在指针旁会出现一个圆圈）。

◆ A 宽度：输入介于 1 到 256 之间的像素值，此参数设置用于定义磁性钢笔工具探测的宽度，数值越大探测的宽度也就越大。在实际应用中，如果图像的对比度较高，此数值的大小不会对最终产生的路径精确度产生太大的影响，而如果图像对比度较低，则此数值最好设置得小一些，这样可以最大程度地排除图像其他区域对路径产生的影响。

◆ B 对比：输入介于 1 到 100 之间的百分比，用于制定像素之间被认为是边缘所需的对比度，图像的对比度越低则此设置的数值应该越大。

◆ C 频率：输入介于 5 到 40 之间的值，此设置用于定义绘制路径时锚点的密度，数值设置得越大则路径上的锚点越多。

◆如果使用的是光笔绘图板，选择或取消选择"钢笔压力"复选框。

如果要动态修改磁性钢笔的属性，执行下列任一操作：

◆按住 Alt 键并拖移，可绘制手绘路径。

◆按住 Alt 键并单击，可绘制直线段。

### 3.2.3 矩形工具

使用矩形工具可以绘制出矩形、正方形的路径或形状。绘制的步骤如下：

1. 选择工具箱中的矩形工具 ▭，将鼠标移到图像窗口中，按下鼠标不放并拖动，随着鼠标的移动将出现矩形框，当对矩形的大小满意后释放鼠标。

2. 路径绘制完毕，在"路径"面板中自动生成了一个矢量蒙版，同时在"图层"面板中自动生成一个形状图层，如图3-2-8所示。

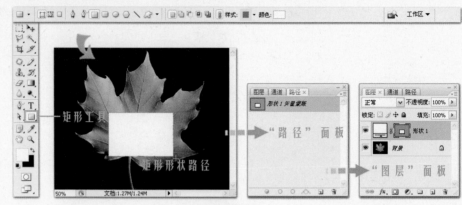

图 3-2-8

下面介绍矩形工具的选项栏。

1. 选择工具箱中的矩形工具 ▭，在界面上方出现矩形工具选项栏，如果选择选项栏上的形状图层按钮 ▭，在使用形状工具绘制形状时，不但可以建立一个路径，还可以建立一个形状图层，而且路径形状内将填充前景色颜色。此时的选项栏如图3-2-9所示，同时在"路径"面板中的名称为"形状矢量蒙版"。

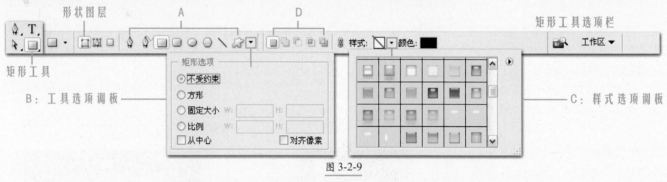

图 3-2-9

◆ A 工具类按钮：（ ✎ ▭ ▭ ○ ○ ＼ ✎ ）这些按钮和工具箱中的形状工具的作用相同。

◆ B 工具选项调板：在工具类按钮的右边，存在一个扩展按钮 ▾，单击后弹出一个选项调板，可设置矩形路径的固定大小。

◆ C 样式选项调板：单击样式右侧下拉扩展按钮 ▾ 可打开样式调板，从中可以选择一种样式，以便在绘制形状时，应用于生成的形状之中。

◆ D 可以在一个图层中创建多个图形，用户可以通过指定图形之间关系按钮 ▭▭▭▭▭，进行设定，具体应用图解如图3-2-10所示。

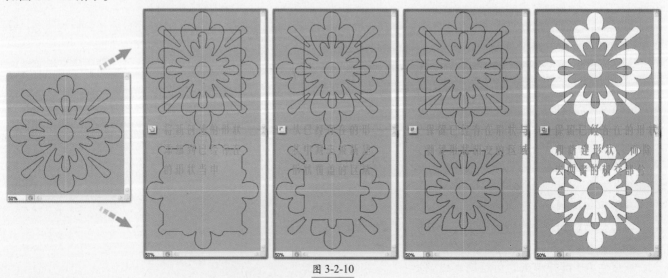

图 3-2-10

2. 选择工具箱中的矩形工具，在界面上方出现矩形工具选项栏，如果选择选项栏上的路径按钮，使用形状工具绘制形状时，会在"路径"面板上生成路径，命名为"工作路径"。此时"图层"面板也不存在填充选项，如图3-2-11所示。

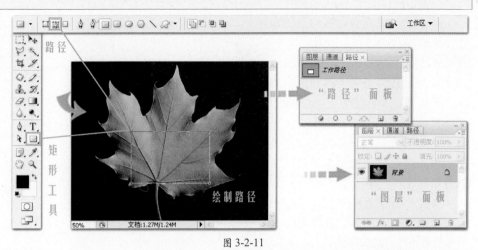

图 3-2-11

3. 如果选择选项栏上的填充像素按钮，在当前图层中绘制出一个由前景色填充的形状，此时的选项栏可以设置填充色的不透明度，如图3-2-12所示。

◆ A模式：设置绘图形状的色彩混合模式，功能与绘图工具介绍的相同。

◆ B 不透明度：设置绘制形状的不透明度。不同不透明度值的设置，将产生不同的效果。数值越低，绘制的形状越透明。

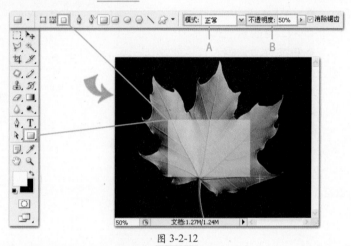

图 3-2-12

### 3.2.4 圆角矩形工具和椭圆工具

圆角矩形工具的操作方式和矩形工具完全相同，不同的只是在选项栏上多了一个"半径"文本框，这个文本框用于控制圆角矩形四个角的圆滑程度。在默认情况下，半径的数值为10像素。如图3-2-13所示为不同半径下，圆角矩形按钮的形状变化。

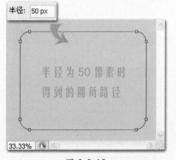
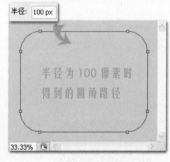

图 3-2-13

椭圆工具与工具箱中的椭圆选框工具类似，当按住Shift键使用椭圆工具绘制时，路径呈圆形，按住Alt+Shift键绘制路径时，路径是由落笔点向周围按照等半径扩大的方式进行的，绘制完毕后在"路径"面板上生成工作路径，但不会在"图层"面板上生成填充图层。

### 3.2.5 多边形工具

使用多边形工具可以绘制等边多边形状的路径，操作方法如下：。

1. 设置前景色颜色，然后在工具箱中选择多边形工具。

2. 在多边形工具的工具箱选项栏中，设置多边形工具的参数，如可设置图层【样式】、【颜色】、以及【边】。如图3-2-14所示为使用多边形工具在文档中绘制路径的过程。

◆A边：决定绘制多边形的边数，默认状态下为5。

◆B参数调板：用户可以通过设置多边形工具的选项，得到更多的多边形效果，单击形状工具右侧的扩展按钮，打开参数调板。

◆C半径：用于指定多边形半径。指定半径后，绘制的多边形将以一个固定的大小绘制。

◆D平滑拐角：选中此复选框，可以模糊多边形的角，使绘制出来的多边形的角更加平顺。

◆E星形：选中此复选框可以画出带有内凹角的多边形，即星形。

◆F缩进边依据：选中此复选框，则绘制后的多边形的角往内凹，其凹进程度由其右侧的文本框来设置，50%即为凹进一半。

◆G平滑缩进：选中此复选框，可以模糊凹角，即选中"缩进边依据"复选框，而产生的凹角。如图3-2-15所示为向内凹陷的路径形状。

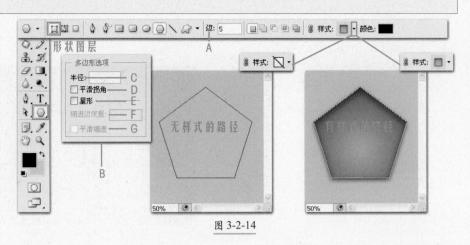

图 3-2-14

图 3-2-15

## 3.2.6 直线工具

使用直线工具可以绘制出直线、箭头的形状和路径。直线工具的选项栏与其他选项栏基本一样，只是多了【粗细】文本框，用于设置线条的宽度，此值设置范围为1像素到1000像素。

使用直线工具还可以绘制出各种各样的箭头，在工具选项栏中打开直线工具的选项调板，如图3-2-16所示，各选项的设置如下。

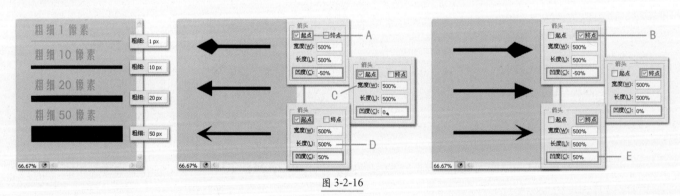

图 3-2-16

◆A起点：可以在起点位置绘制出箭头。

◆B终点：可以在终点位置绘制出箭头。

◆C宽度：设置箭头宽度，其值在10%到1000%之间。

◆D长度：设置箭头长度，范围在10%到5000%之间。

◆E凹度：设置箭头凹度，范围在-50%到50%之间。

### 3.2.7　自定形状工具

　　使用自定形状工具，可绘制各种预设形状，如箭头、月牙形、心形等形状，操作如下。

　　1．首先设置一种前景色。

　　2．在工具箱中选择自定形状工具，在其工具选项栏中单击形状列表的扩展按钮，打开下拉调板，其中显示多个预设的形状，在其中单击选择。

　　3．在样式下拉调板中选择一种图层样式，并设置【不透明度】和【模式】等数值。

　　4．移动光标至图像窗口中拖动画出形状，效果如图3-2-17 所示。

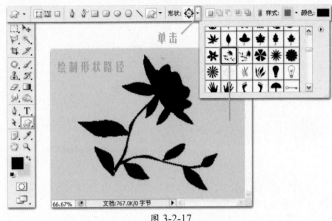

图 3-2-17

### 3.2.8　保存自定形状

　　如果用户在工作中绘制了新的矢量造型，可以把它保存起来。如图 3-2-18 所示，绘制蝴蝶形的路径，执行【编辑】/【定义自定形状】命令，弹出"形状名称"对话框，将需要定义的名称输入文本框，定义形状完成。接下来设置前景色，选择工具箱中的自定形状工具，单击其工具选项栏中的形状扩展按钮，弹出"自定形状"拾色器，找到定义的图案，单击选中，将鼠标移动到文档中，拖动绘制形状路径，这样就可以使用到自定义的形状，极大地方便了以后的操作过程。

　　新形状定义在形状弹出式调板，可以单击自由形状工具栏的扩展按钮，在弹出的下拉菜单中选择"存储形状"选项，将形状保存在 Photoshop 形状目录下即可。

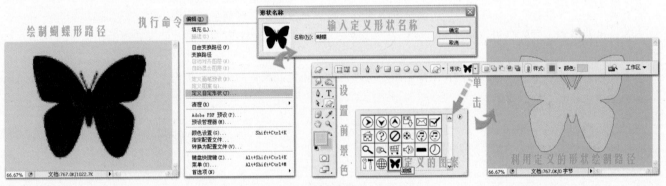

图 3-2-18

## 3.3　编辑路径

　　工作路径就是没有保存起来的路径。在未创建新路径时，使用钢笔工具绘制路径，路径存在的默认方式就是工作路径。工作路径是不稳定的，当工作路径未处于激活状态而再次使用钢笔工具创建路径时，之前的工作路径就会被新的路径所取代。

### 3.3.1　描边路径

　　第二节中讲到的工具都是用来绘制路径的，如果用户需要对路径应用描边路径操作，可以单击"路径"面板上用画笔描边路径按钮，系统会将当前画笔设置与前景色颜色应用路径，对路径描边。若想使用其他工具对路径进行描边，如：铅笔工具、背景橡皮擦工具等，可以单击"路径"面板右上角的扩展按钮，在弹出的下拉菜单中选择"描边路径"选项，弹出的"描边路径"对话框，单击弹出下拉菜单按钮，在列表中选择路径描边的工具，当选择"铅笔"对路径进行描边后，得到前景色与铅笔工具共同描边后的结果，如图3-3-1 所示。

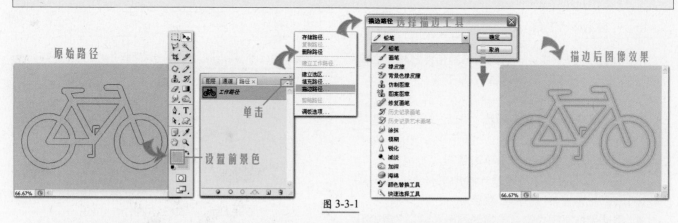

图 3-3-1

当对原始路径进行背景橡皮擦工具进行描边时，基于背景橡皮擦工具的特点，将沿着路径对背景图像进行擦除操作，如图 3-3-2 所示。

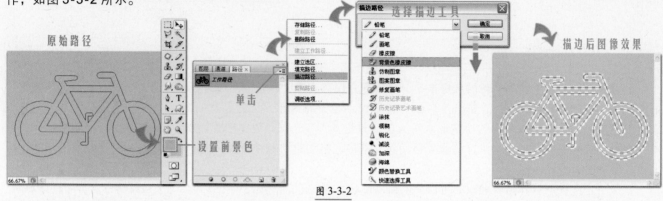

图 3-3-2

选用不同的绘图工具，将得到不同的勾勒效果。同时勾勒效果也受选择工具原始笔刷类型的影响。很明显，使用铅笔工具与使用背景橡皮擦工具进行描边的轮廓将完全不同。不仅如此，即使是使用同一个工具，但笔刷和前景色设置不同，也将得到不同的描边效果。除了进行描边以外，其中提供的涂抹等工具，也可以完成沿路径进行涂抹、模糊等操作。

若使用画笔或铅笔工具描边路径，则描边路径的颜色为前景色。画笔的大小、类型、硬度等属性也需要在描边路径之前设置好。

提示：在绘制路径时，最常用的操作还是像素单线条的绘制，但此时会出现问题，即有锯齿存在，影响使用效果，此时不妨先将路径转换为选区，然后对选区进行描边处理，同样可以得到原路径的线条，这样就可以消除锯齿。

## 3.3.2 填充路径

填充路径，可单击"路径"面板底部的用前景色填充路径按钮 ●，单击该按钮将以当前的前景色内容填充路径所包围的区域。若想对"填充路径"对话框进行设置，如：填充内容、填充色彩的混合模式和羽化等，可以单击"路径"面板右上角的扩展按钮 ≡，在弹出的菜单中选择"填充路径"命令，在弹出的"填充路径"对话框中进行设置，如图 3-3-3 所示。

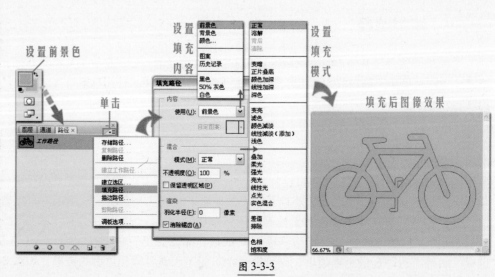

图 3-3-3

如果只选中了一条路径的局部或者选中了一条未闭合的路径填充,系统则在填充前将不闭合路径的首尾以直线连接,之后再进行填充操作。选择图3-3-4所示的图像,在图像中绘制一条3/4的圆弧形路径,设置前景色,单击"路径"面板上用前景色填充路径按钮,得到的填充的区域为将3/4圆弧首尾连接后的形状。

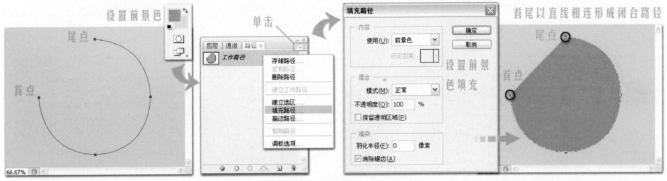

图 3-3-4

下面通过举例来讲解如何使用填充路径。

## Example 1　路径描边制作简单招贴画

● 利用添加调整图层命令在"图层"面板上添加"色调分离"调整图层

● 利用魔棒工具在图像中将高亮区域载入选区

● 将选区转换为工作路径后进行填充

● 输入文字,添加图层样式,丰富图像效果

**1** 执行【文件】/【打开】命令(Ctrl+O),弹出"打开"对话框,选择需要的素材文件,单击"打开"按钮,打开图片文件。单击"图层"面板上创建新的填充或调整图层按钮,在弹出下拉菜单中选择"色调分离"命令,弹出"色调分离"对话框,将色阶设置为2,单击"确定"按钮,得到分离后的图像,如图3-3-5所示。

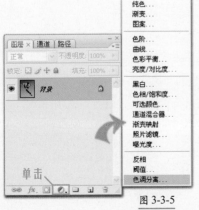

图 3-3-5

**2** 选择工具箱中的魔棒工具，按Shift键在图像中颜色较亮的区域单击，连续单击后图像中生成许多选区，单击"图层"面板上创建新图层按钮，新建"图层1"，切换到"路径"面板，单击从选区生成工作路径按钮，将所有选区转换为闭合的路径。单击"路径"面板上的扩展按钮，在弹出的下拉菜单中选择"填充路径"命令，弹出"填充路径"对话框，将填充内容设置为白色，其余数值不变，单击"确定"按钮，路径填充完毕，如图3-3-6所示。

图 3-3-6

提示：为了操作的简便，本例选用魔棒工具对高亮区域进行选取，再转换为路径进行填充。也可以直接选择工具箱中的钢笔工具，在图像中将高亮区域勾出路径。选区转换为路径是有必要的，由于选区像素较低，利用魔棒工具载入的选区周边参差不齐，而转换为路径后，填充的图像会变得平滑。

**3** 将前景色设置为黑色，在"图层"面板中选择"背景"图层，单击创建新图层按钮，新建"图层2"，按快捷键Alt+Delete填充前景色，得到只有黑色背景和白色图像的效果，如图3-3-7所示。

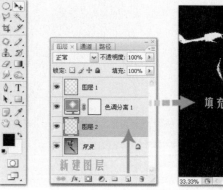

提示：新建"图层2"，实际上是为了保存原图的完整性，如果不需要保存原图，直接在"背景"图层上进行填充即可。或在打开原始素材后复制"背景"图层，直接填充"背景副本"图层即可。

图 3-3-7

**4** 将前景色设置为白色，选择工具箱中的横排文字工具，设置合适的字体，单击在图像中输入文字。单击"图层"面板上添加图层样式按钮，选择"内阴影"样式，在其对话框中进行设置，设置完毕后不关闭对话框，勾选"描边"复选项，对描边参数进行设置，设置完毕后单击"确定"按钮应用图层样式，得到立体的文字效果，案例制作完成，如图3-3-8所示。

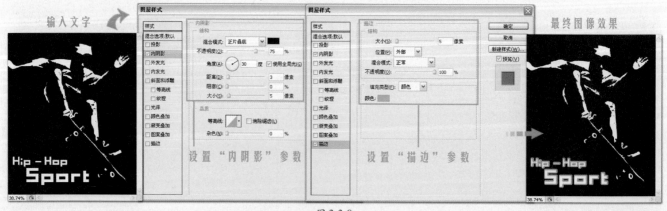

图 3-3-8

### 3.3.3 移动路径

在图像中绘制路径后，如需移动其位置，可在"路径"面板中选择路径名，选择工具箱中的路径选择工具，在图像中选择路径，直接移动即可，如图3-3-9所示。

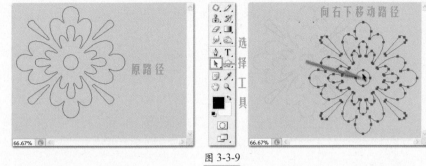

图 3-3-9

当选择形状工具绘制路径时，在其工具选项栏中设置"形状图层"的绘制模式，则得到的路径是伴随着前景色出现的。对于这样的路径，其移动方法与单独路径的移动方法是相同的，只要在工具箱中选择路径选择工具，在图像中选择路径进行移动即可，如图3-3-10所示。

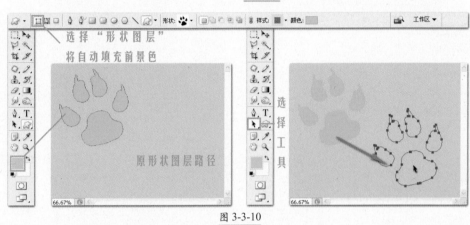

图 3-3-10

### 3.3.4 变形路径

在"路径"面板中选择路径名，并使用直接选择工具选择路径中的锚点，将该点或其手柄拖移到新位置。如图3-3-11所示的图解中，我们对已有的路径进行变形，选择工具箱中的直接选择工具，在图像中单击需要移动的每个锚点，将锚点向中央一点汇聚，并拖动手柄适当调节，改变路径形状。

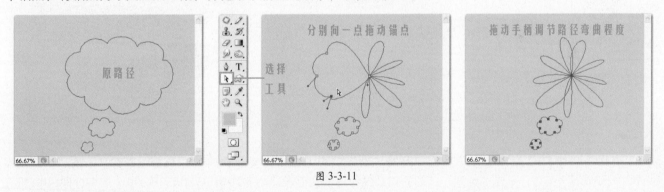

图 3-3-11

如果对已有的路径进行整体变换就能满足需要，则在选中路径后，执行【编辑】/【自由变换】命令，或【编辑】菜单中【变换】菜单项，只需根据选择调节自由变换框，即可对路径进行整体变形，如图3-3-12所示。

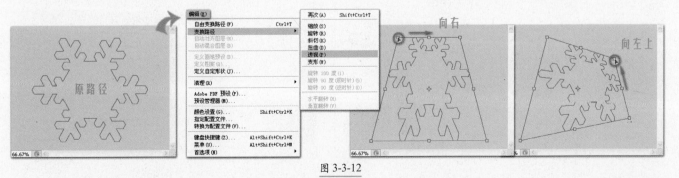

图 3-3-12

### 3.3.5 合并重叠的路径

所谓重叠的路径，即将两条分别闭合的路径融合为一条闭合的路径，除了相交的区域，大致形状与两条路径完全相同。

首先绘制一个路径形状，选择工具箱中的路径选择工具，在其工具选项栏中选择重叠形状区域除外按钮，再次利用形状工具绘制另一个路径形状，注意两条路径必须有相交的区域，否则此命令无意义，两条路径绘制完毕后，单击路径选择工具选项栏中的【组合】按钮，这时，两条路径相交的区域被融合于路径中，形成一个完整的闭合路径，如图3-3-13所示。

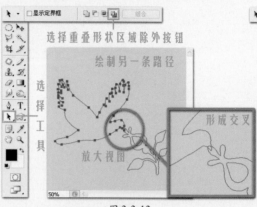

图 3-3-13

## Example 2　合并重叠路径的方法制作简单标志

- 利用椭圆工具、矩形工具、钢笔工具制作路径元素
- 利用直接选择工具为路径添加锚点，并将直线路径转换为曲线路径
- 通过合并重叠路径的方法添加、减去多余路径，使图像更完美

**1** 执行【文件】/【新建】命令，在弹出的"新建"对话框中，将文档的宽和高都设置为10厘米，分辨率设置为150像素/英寸，单击"确定"按钮新建文件，将前景色设置为R200、G200、B200，按Alt+Delete填充前景色，在图像中建立辅助线，方便操作。选择工具箱中的椭圆工具，按住Shift键在图像中绘制圆形路径，如图3-3-14所示。

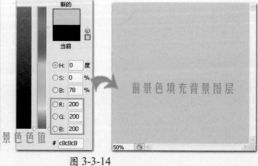

图 3-3-14

**2** 选择工具箱中的矩形工具▢，在图像中两条辅助线中绘制矩形路径，选择工具箱中的路径选择工具▶，单击路径将其选中，在垂直辅助线与横向路径交点处单击鼠标右键，弹出快捷菜单，选择"添加锚点"命令，此时路径中添加上了1个锚点。同法，将其余垂直辅助线及路径的交点处都添加上锚点，如图3-3-15所示。为了能够清楚表达，这里将4个锚点分别定义为A、B、C、D。

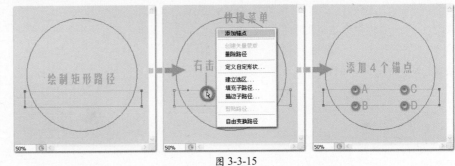

图3-3-15

**3** 选择工具箱中的直接选择工具▶，将A、B两个锚点向上拖动，直到辅助线交点处。同法，将C、D两个锚点向下拖动，直至辅助线交点处为止，"S"形路径就形成了。选择工具箱中的路径选择工具▶，选择"S"形路径，在其工具选项栏中单击从形状区域减去按钮⬚，按下【组合】键执行操作，得到两个分离的不规则的半圆。切换到"路径"面板，单击面板上的扩展按钮≡，在弹出的下拉菜单中选择"存储路径"命令，弹出"存储路径"对话框，输入路径名称，单击"确定"按钮保存路径，如图3-3-16所示。

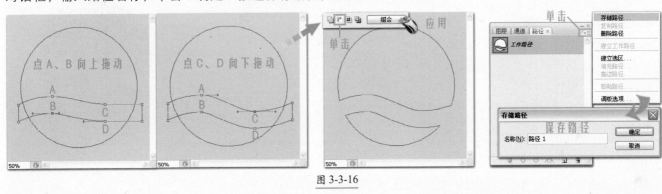

图3-3-16

**4** 选择工具箱中的横排文字工具T，在图像中输入两个字母——"X"和"D"，按住Ctrl键单击文本图层在"图层"面板上的缩览图，调出其选区，切换到"路径"面板，单击从选区生成工作路径按钮，将图像中的选区转换为工作路径。选择工具箱中的矩形工具▢，在字母"X"与"D"的下沿绘制矩形路径，如图3-3-17所示。选择工具箱中的路径选择工具▶，在其工具选项栏中单击添加形状区域按钮⬚，按下【组合】键执行操作，得到完整的闭合路径。

图3-3-17

**5** 选择工具箱中的矩形工具▢，在如图3-3-18所示的位置绘制矩形路径。选择工具箱中的路径选择工具▶，在其工具选项栏中单击从形状区域减去按钮⬚，按下【组合】键执行操作，得到修剪后的路径。

图3-3-18

6　选择工具箱中的钢笔工具 ✎，在如图3-3-19所示的位置绘制三角形路径。选择工具箱中的路径选择工具 ▸，在其工具选项栏中单击从形状区域减去按钮 ▯，按下【组合】键执行操作，修剪后得到两个闭合的路径。

图 3-3-19

7　在"图层"面板上单击文本图层缩览图前的指示图层可视性按钮，将其隐藏。单击创建新图层按钮 ▭，新建"图层1"，切换到"路径"面板，选择"路径1"，单击"路径"面板上的扩展按钮 ▾≣，在弹出的下拉菜单中选择"填充路径"命令，弹出"填充路径"对话框，选择黑色进行填充，单击"确定"按钮填充路径，如图 3-3-20 所示。

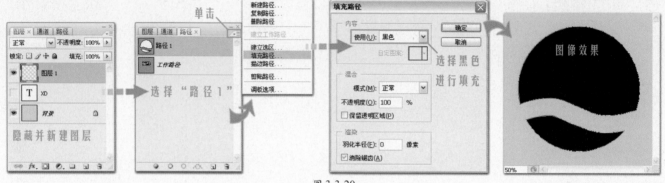

图 3-3-20

8　在"图层"面板上单击创建新图层按钮 ▭，新建"图层2"，切换到"路径"面板，选择"工作路径"，单击"路径"面板上的扩展按钮 ▾≣，在弹出的下拉菜单中选择"填充路径"命令，弹出"填充路径"对话框，选择50%灰色进行填充，单击"确定"按钮填充路径，如图 3-3-21 所示。

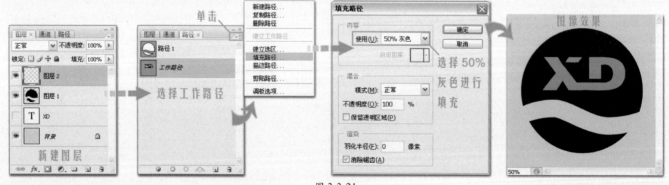

图 3-3-21

9　切换回"图层"面板，选择"图层2"，单击添加图层样式按钮 ƒx，在弹出的下拉菜单中选择"描边"选项，弹出"图层样式"对话框，设置描边参数及描边颜色，设置完毕后单击"确定"按钮，得到最终图像效果，如图 3-3-22 所示。

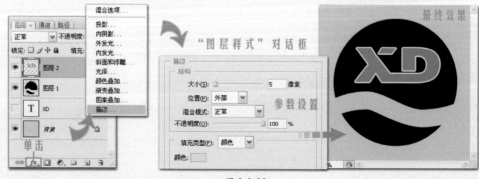

图 3-3-22

### 3.3.6 路径的复制、粘贴和删除

路径可以看作是一个图层中的图像，因此可以对它进行复制、粘贴、删除等操作。方法如下：

方法一：利用快捷方式操作。

选择需要复制路径，执行【编辑】/【拷贝】命令，或者按下Ctrl+C将路径复制到剪切板上，然后单击创建新路径按钮 ，新建路径，进行粘贴。

方法二：通过工具箱中的工具进行复制。

如果要在移动时复制路径，需要在"路径"面板中选择路径名，并用路径选择工具 ，单击路径，按住Alt键并移动所选路径即可复制路径。

方法三：也可以通过"路径"面板进行复制。

选择需要复制的路径，在"路径"面板的扩展菜单下选择"复制路径"命令，如图3-3-23所示。随后，弹出"复制路径"对话框，在对话框中输入路径名称，单击"确定"按钮即可。

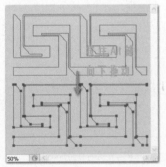

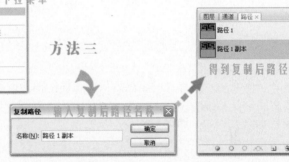

图 3-3-23

要删除路径，可将路径拖到删除当前路径按钮 ，或者在选择路径后，单击"路径"面板上的扩展按钮 ，在弹出的下拉菜单中选择"删除路径"命令即可，如图3-3-24所示。

提示：【工作路径】无法被复制，如果需要对工作路径中的内容进行复制须将工作路径保存为普通路径。在"路径"面板中双击工作路径，弹出"存储路径"对话框，输入路径名称，单击"确定"按钮，此时即可对工作路径进行复制操作。

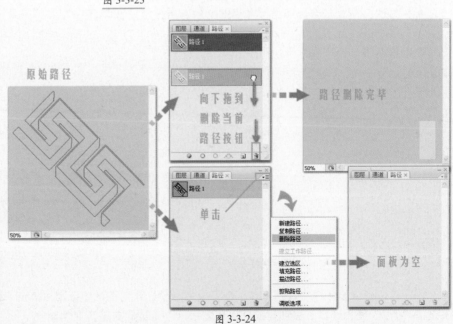

图 3-3-24

## 3.4　路径和选区的相互转换

任何闭合路径都可以定义为选区边框。与所选区域重叠的闭合路径可以添加到当前选区、从当前选区中减去，或与当前选区组合。

### 3.4.1　路径转换为选区边框

路径的一个功能就是可以将其转换为选择范围，其操作方法如下。

1. 在"路径"面板中选择路径。

2. 按住 Alt 键单击"路径"面板底部的将路径作为选区载入按钮 ，或按住 Alt 键将路径拖到将路径作为选区载入按钮 上；也可单击"路径"面板上的扩展按钮 ，在弹出的下拉菜单中选择"建立选区"命令，弹出"建立选区"对话框，设置"渲染"和"操作"选项，单击"确定"按钮，即可将路径转换为选区。如图 3-4-1 所示，"建立选区"对话框中的各项参数意义如下。

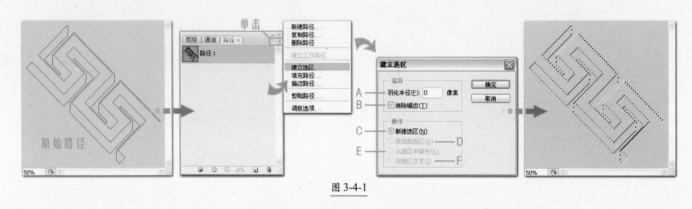

图 3-4-1

◆ A 羽化半径：定义羽化边缘在选区边框内外的伸展距离，可以控制选取范围转换后的边缘羽化程度，输入以像素为单位的值。

◆ B 消除锯齿：勾选"消除锯齿"复选框，则转换后的选取范围具有消除锯齿的功能，即在选区中的像素与周围像素之间创建精细的过渡，使用此功能应首先确保"羽化半径"设置为 0 像素。

◆ C 新选区：可只选择路径定义的区域。

◆ D 添加到选区：可将由路径定义的区域添加到原选区。

◆ E 从选区中减去：可从原选区中删除由路径定义的区域。

◆ F 与选区交叉：可选择路径和原选区的共有区域。如果路径和选区没有重叠，则不会选择任何内容。

如果是不闭合的开放路径，则在转换为选区范围后，其起点和终点会以直线连接成为闭合的选区范围。若在选中路径后，单击将路径作为选区载入按钮 ，则直接将路径转换为选区，如图 3-4-2 所示。

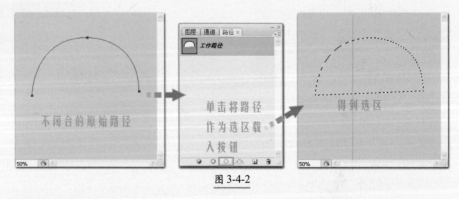

图 3-4-2

### 3.4.2　将选区转换为路径

用户可以将当前图像中任何选择范围转换为路径，只需在选中范围后单击"路径"面板中的从选区生成工作路径按钮 即可。使用选择工具创建的任何选区都可以通过此方法定义为路径。

# Example 3　路径综合实例绘制"郁郁猪"

- 利用椭圆工具、矩形工具、自定形状工具、钢笔工具制作各种路径形状
- 利用路径选择工具为路径添加锚点
- 利用直接选择工具通过锚点变换路径，调整路径弯曲程度
- 通过"路径"扩展菜单中的"存储路径"将绘制的工作路径转换成可编辑的普通路径，并在存储时更改路径名称，以便查找
- 通过"路径"扩展菜单中的"填充路径"命令，选择颜色对路径进行填充
- 通过"路径"扩展菜单中的"描边路径"命令，选择铅笔工具对路径进行描边
- 利用横排文字工具在图像中输入相应文字，丰富画面

**1**　执行【文件】/【新建】命令（Ctrl+N），弹出"新建"对话框，设置等边文档尺寸，150 像素／英寸，单击"确定"按钮新建文档。选择工具箱中的椭圆工具，按 Shift 键在图像中绘制圆形路径，圆形路径包含 4 个锚点，将整个路径分成 4 等分，在下部路径上单击鼠标右键，在弹出的快捷菜单中选择"添加锚点"命令 6 次，分别添加 6 个锚点，如图 3-4-3 所示。

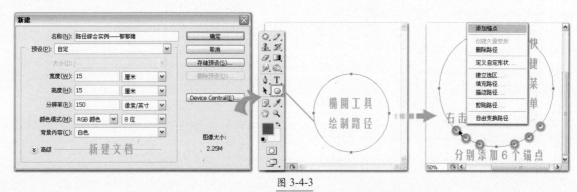

图 3-4-3

**2**　选择工具箱中的直接选择工具，在新添加的 6 个锚点上调整锚点位置和扭曲程度，如图 3-4-4 所示。切换到"路径"面板，单击面板上的扩展按钮，在弹出的下拉菜单中选择"存储路径"命令，弹出"存储路径"对话框，输入路径名称为"身体"，单击"确定"按钮保存路径，"路径"面板上的路径名称被更改为"身体"，同时将工作路径转换为普通路径。

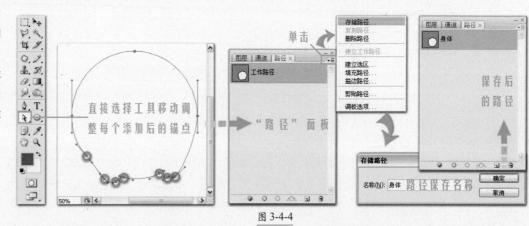

图 3-4-4

**3** 单击工具箱中的前景色设置框，弹出"拾色器"对话框，将前景色色值设置为R252、G241、B228，单击"确定"按钮，在"图层"面板中单击创建新图层按钮 ，新建"图层 1"，切换到"路径"面板，单击面板上的扩展按钮 ，在弹出的下拉菜单中选择"填充路径"命令，弹出"填充路径"对话框，设置使用"前景色"进行填充，单击"确定"按钮填充路径，得到前景色填充后的图像效果，如图 3-4-5 所示。

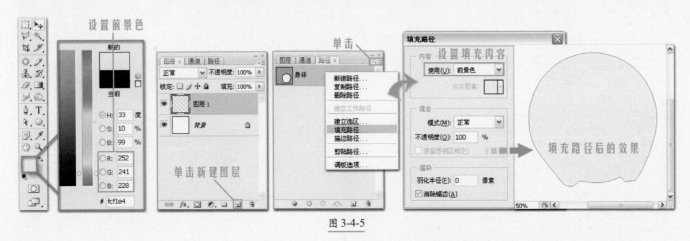

图 3-4-5

**4** 单击工具箱中的前景色设置框，弹出"拾色器"对话框，将前景色色值设置为R178、G176、B168，单击"确定"按钮保存颜色。单击"路径"面板上的扩展按钮 ，在弹出的下拉菜单中选择"描边路径"命令，弹出"描边路径"对话框，设置使用"铅笔"进行填充，单击"确定"按钮对路径描边，如图 3-4-6 所示。

图 3-4-6

**5** 在"图层"面板上选择"背景"图层，单击创建新图层按钮 ，新建"图层 2"，选择工具箱中的钢笔工具 ，在图像中绘制路径，如图 3-4-7 所示。切换到"路径"面板，通过"存储路径"命令将路径保存为"侧腿"，按照步骤 3 和步骤 4 的操作将"侧腿"路径进行填充、描边操作。

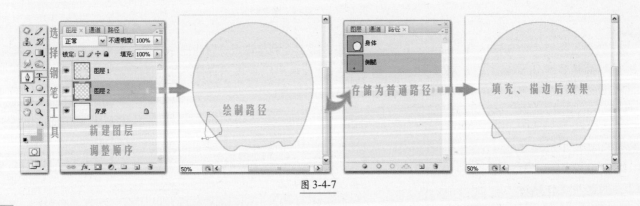

图 3-4-7

**6** 单击"图层"面板上创建新图层按钮 ，新建"图层 3"，将"图层 3"置于"图层 1"上方，选择工具箱中的椭圆工具 ，在图像中绘制圆形路径制作眼睛，选择工具箱中的直接选择工具 ，变换路径中的锚点，变形路径。将前景色设置为白色，切换到"路径"面板，单击面板上的扩展按钮 ，在弹出的下拉菜单中选择"填充路径"命令，弹出"填充路径"对话框，选择前景色进行填充，单击"确定"按钮填充路径，如图 3-4-8 所示。

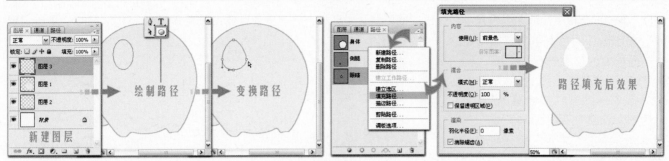

图 3-4-8

7　单击工具箱中的前景色设置框，弹出"拾色器"对话框，将前景色色值设置为R178、G176、B168，单击"确定"按钮保存颜色。切换到"路径"面板，将新的工作路径存储为"眼睛"，单击面板上的扩展按钮，在弹出的下拉菜单中选择"描边路径"命令，弹出"描边路径"对话框，设置使用"铅笔"进行填充，单击"确定"按钮对路径描边，图像效果如图3-4-9所示。

图 3-4-9

8　选择工具箱中的椭圆工具，在图像中绘制圆形路径制作眼珠，选择工具箱中的路径选择工具，更改路径角度。单击"图层"面板上创建新图层按钮，新建"图层4"，将前景色设置为R109、G109、B95，切换到"路径"面板，单击面板上的扩展按钮，在弹出的下拉菜单中选择"填充路径"命令，弹出"填充路径"对话框，选择前景色进行填充，单击"确定"按钮填充路径，描边后图像如图3-4-10所示。

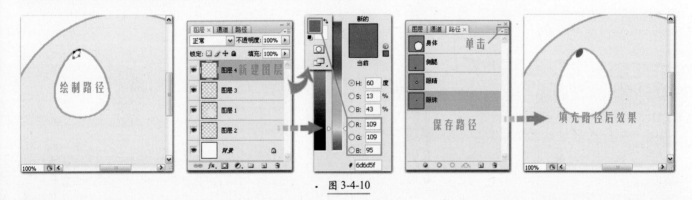

图 3-4-10

9　选择工具箱中的钢笔工具，在图像中绘制路径制作鼻子，单击"图层"面板上创建新图层按钮，新建"图层5"。单击工具箱中的前景色设置框，弹出"拾色器"对话框，将前景色色值设置为R217、G143、B129，单击"确定"按钮保存颜色。切换到"路径"面板，通过"存储路径"命令将路径保存为"鼻子"，单击面板上的扩展按钮，在弹出的下拉菜单中选择"填充路径"命令，选择前景色填充，图像效果如图3-4-11所示。

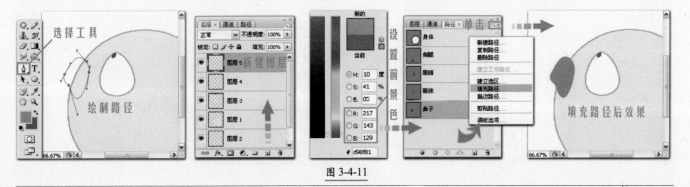

图 3-4-11

**10** 单击工具箱中的前景色设置框，弹出"拾色器"对话框，将前景色色值设置为 R164、G97、B82，单击"确定"按钮保存颜色。单击"路径"面板上的扩展按钮 ，在弹出的下拉菜单中选择"描边路径"命令，弹出"描边路径"对话框，设置使用"铅笔"进行填充，单击"确定"按钮对路径描边，如图 3-4-12 所示。

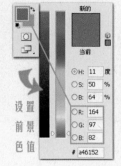
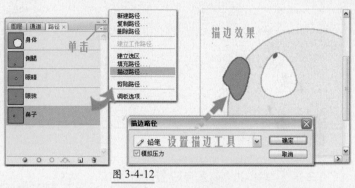

图 3-4-12

**11** 选择工具箱中的钢笔工具 ，在图像中绘制路径制作鼻孔，单击"图层"面板上创建新图层按钮 ，新建"图层 6"。分别设置前景色和背景色，确保颜色有明暗变化。切换到"路径"面板，通过"存储路径"命令将路径保存为"鼻孔"，单击面板上的扩展按钮 ，分别对路径进行填充、描边，得到的效果如图 3-4-13 所示。

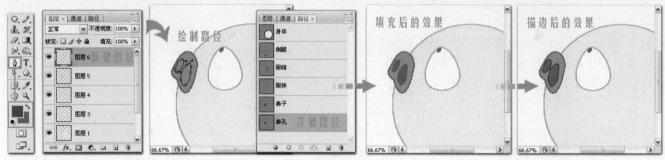

图 3-4-13

**12** 单击"图层"面板上创建新图层按钮 ，新建"图层 7"。选择工具箱中的钢笔工具 ，在图像中绘制路径制作嘴巴，设置前景色为 R178、G176、B168，切换到"路径"面板，通过"存储路径"命令将路径保存为"嘴巴"，对路径进行描边，得到的效果如图 3-4-14 所示。

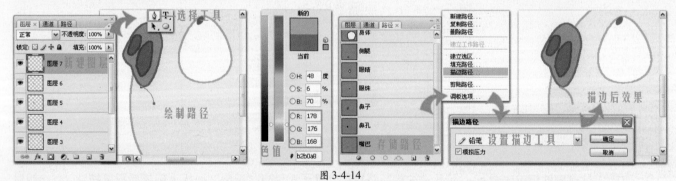

图 3-4-14

**13** 选择工具箱中的钢笔工具 ，在图像中绘制路径制作眉毛，单击"图层"面板上创建新图层按钮 ，新建"图层 8"。设置前景色为 R131、G106、B82，背景色为 R84、G58、B36，在"路径"面板的扩展命令中对路径进行描边、填充，得到的效果如图 3-4-15 所示。

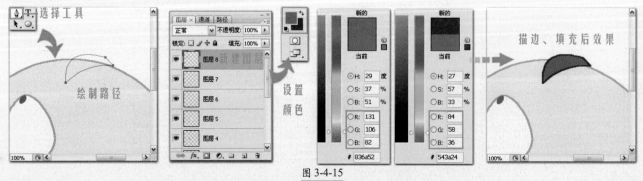

图 3-4-15

**14** 在"图层"面板上选择"背景"图层，单击创建新图层按钮 ，新建"图层9"。选择工具箱中的钢笔工具 ，在图像中绘制路径，切换到"路径"面板，通过"存储路径"命令将路径转换为普通路径，并对路径进行描边，得到的效果如图3-4-16所示。

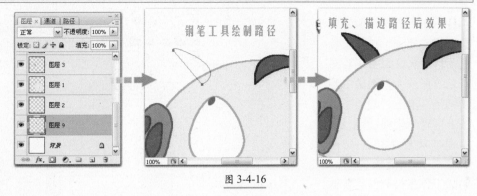

图 3-4-16

**15** 选择工具箱中的椭圆工具 ，在图像中绘制路径，变换角度。单击工具箱中的前景色设置框，弹出"拾色器"对话框，将前景色色值设置为R250、G188、B176，单击"确定"按钮保存颜色，在"图层"面板中单击创建新图层按钮 ，新建"图层10"，切换到"路径"面板，将工作路径存储为"腮红"，单击扩展按钮 ，在弹出的下拉菜单中选择"填充路径"命令，弹出"填充路径"对话框，设置使用"前景色"进行填充，单击"确定"按钮填充路径，得到前景色填充后的图像效果，如图3-4-17所示。

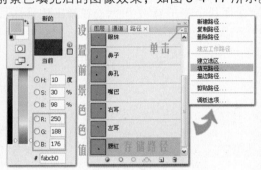
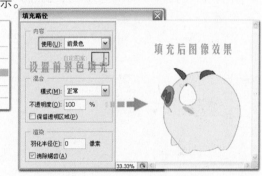

图 3-4-17

**16** 选择工具箱中的钢笔工具 ，在图像中绘制路径制作尾巴，单击"图层"面板上创建新图层按钮 ，新建"图层11"。设置前景色为R69、G67、B52，切换到"路径"面板，通过"存储路径"命令将路径保存为"尾巴"，利用前景色对路径进行描边，得到的效果如图3-4-18所示。

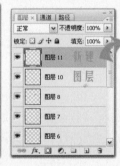

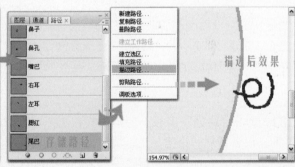

图 3-4-18

**17** 选择工具箱中的自定形状工具 ，在其工具选项栏中选择如图3-4-19所示的形状，在图像中绘制路径。将前景色色值设置为R89、G86、B73，单击"确定"按钮。在"图层"面板中选择"背景"图层，单击创建新图层按钮 ，新建"图层12"，切换到"路径"面板，使用前景色进行填充。

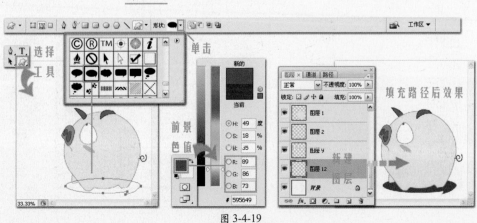

图 3-4-19

**18** 选择工具箱中的自定形状工具 ，在其工具选项栏中选择如图3-4-20所示的形状，在图像中绘制路径。单击"图层"面板上创建新图层按钮 ，新建"图层13"，切换到"路径"面板，将绘制的工作路径存储为普通路径。

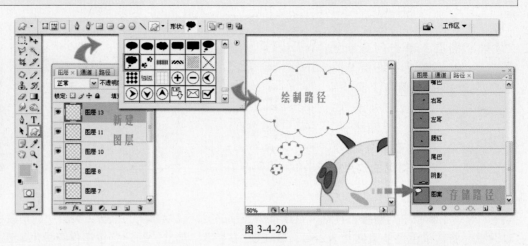

图 3-4-20

**19** 单击工具箱中的前景色、背景色设置框，弹出"拾色器"对话框，将前景色色值设置为R137、G203、B199，背景色色值设置为R165、G255、B216，单击"确定"按钮保存前景色和背景色。切换到"路径"面板，通过"存储路径"命令将路径保存为"图案"，单击面板上的扩展按钮 ，在弹出的下拉菜单中选择"填充路径"命令，选择背景色填充，图像效果如图3-4-21所示。

图 3-4-21

提示：为了操作简便，事先将前景色和背景色设置好。由于在"路径填充"对话框中可以选择"前景色"或"背景色"来进行填充，而"路径描边"对话框中，只默认为前景色进行填充，所以我们直接将前景色设置为描边的颜色，背景色设置为填充颜色，这样缩减了操作过程。

**20** 单击"路径"面板上的扩展按钮 ，在弹出的下拉菜单中选择"描边路径"命令，弹出"描边路径"对话框，设置使用"铅笔"进行填充，单击"确定"按钮对路径描边。将前景色设置为黑色，选择工具箱中的横排文字工具 ，在图像中单击，输入文字，完成效果如图3-4-22所示。

图 3-4-22

# Chapter

## Photoshop CS3 图像的色彩与色调

**04**

本章将对"图像 /调整"中的所有菜单命令进行逐个讲解，并以 7 个典型实例，通过分析比较，对 Photoshop CS3 的图像色彩处理知识做了系统的介绍。本章还对色彩调整进行了由浅入深、从简单到复杂的完整论述，通过对本章的学习，读者将能全面掌握色彩基础知识、图像调整命令以及图像色彩校正的规律、技巧。

## 4.1　图像的色彩控制

色彩和色调的调整主要是对图像的明暗度、对比度、饱和度以及色相的调整，图像色彩调整主要用于调整图像的色相、饱和度、亮度、对比度、去除图像的颜色和替换颜色。通过这些命令可以创作出色彩更加丰富的图像效果。

首先了解一下【调整】菜单，运行 Photoshop CS3 后，打开一张素材图片，执行菜单中【图像】/【调整】命令，弹出命令下的子菜单，包含可用于色彩与色调调整的子命令，每个命令都有其独特的性能，调整的图像也会随着不同命令，不同参数的变化而变化，这就是我们常说的【调整】菜单，如图 4-1-1 所示。

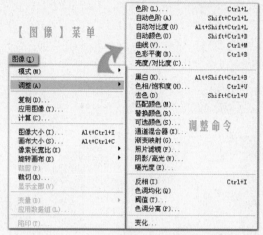

图 4-1-1

【亮度 / 对比度】命令是用来调整图像的亮度和对比度的，此命令不但能够实现对亮度和对比度的调整，而且更加方便、直观。此命令可以简单地对图像的亮度和对比度进行粗略调整，不像【色阶】和【曲线】命令那样可以对图像的细部进行调整。如果我们对图像的亮度、对比度不满意，可以利用此命令来控制亮度和对比度，方法如下：

打开需要调整的图像，执行【图像】/【调整】/【亮度 / 对比度】命令，弹出"亮度 / 对比度"对话框，对话框中包含亮度和对比度参数设置框，拖动各参数框下的三角形滑块就可以对"亮度"和"对比度"进行调整；向左拖动时图像亮度和对比度降低，向右拖动时亮度和对比度加强，各参数具体意义如图 4-1-2 所示。

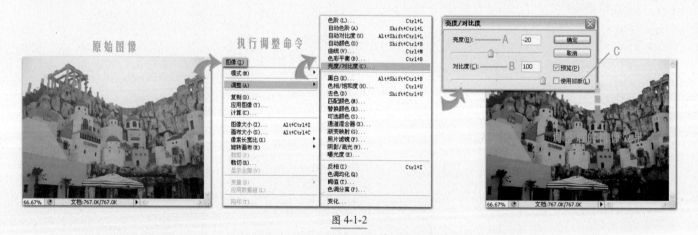

图 4-1-2

◆ A 亮度：通过拖动滑块或在文本框中输入数值，可以调整图像的亮度。向左拖动滑块，数值显示为负值可以降低亮度；向右拖动滑块，数值显示为正值可以增加亮度。

提示：当对图像进行亮度调整时可以使图像整体变暗或变亮，而在色阶上没有明显的变化。

◆ B 对比度：通过拖动滑块或在文本框中输入数值，可以调整图像的对比度。向左拖动滑块显示为负值可以减弱图像的对比效果，向右拖动滑块显示为正值可以加强对比效果。

◆ C "使用旧版"复选框：Photoshop CS3 之前版本中，"亮度 / 对比度"对话框中"亮度"和"对比度"文本框的取值范围是"-100 ~ +100"；而 Photoshop CS3 中，"亮度"的取值范围是"-150 ~ +150"，"对比度"的取值范围是"-50 ~ +100"，对话框中相应出现了"使用旧版"复选框，勾选此复选框，取值范围将回到以前版本的取值范围；取消勾选复选框，则还是以 Photoshop CS3 中的取值范围进行调整，这也是之前版本与 Photoshop CS3 的区别之一。

## 4.1.2　【色相/饱和度】调整命令

【色相/饱和度】命令可以让用户调整整个图像或图像中单个颜色成分的色相、饱和度和明度。调整色相表现为在色轮的圆周上移动如图4-1-3所示中的A；调整饱和度表现为在半径上移动，如图4-1-3所示中的B，此命令还可以为灰度图像上色，或创建单色调效果。

执行【图像】/【调整】/【色相/饱和度】命令，弹出"色相/饱和度"对话框，通过拖动滑块或分别输入数值可以改变图像的色相、饱和度和明度参数。"色相"范围"-180～+180"，"饱和度"范围"-100～+100"，"亮度或明度"范围"-100～100"。"色相/饱和度"对话框如图4-1-4所示。

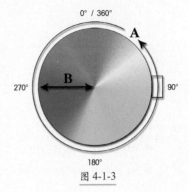

图 4-1-3

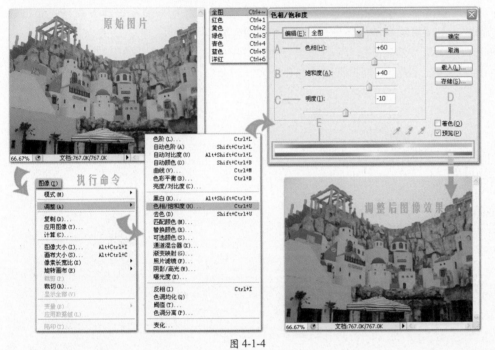

图 4-1-4

在"色相/饱和度"对话框中，可以通过拖动滑块来调整图像的色调饱和度和亮度值。

◆A色相：调整的是整个图像各个色值的色相，拖动滑块或直接输入数值，颜色会随本身颜色的变化进行变化。

◆B饱和度：调整的是图像中颜色的饱和度，数值越低颜色越浅；数值越高颜色越浓。

◆C明度：拖动滑块或直接输入数值调整明度，数值越高，图像越亮；数值越低，图像越暗。

◆D着色：勾选此复选框，可以将黑白或彩色图像上的多色元素消除，整体渲染成单色效果，如图4-1-5所示。但并不能将黑白颜色的位图模式和灰度模式的图像变成彩色图像，而是指RGB、CMYK或其他颜色模式下的黑白图像和灰度图像，所以位图或灰度模式的图像不能使用【色相/饱和度】命令，要对这些模式的图像应用该命令，必须先将其转换为RGB模式或其他的颜色模式。当勾选"着色"复选框后，"编辑"列表框中只能以"全图"模式进行编辑。

原始素材图像

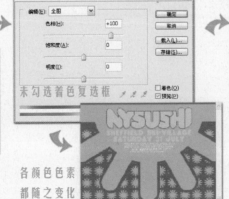

各颜色色素都随之变化

以单色模式渲染图像

图 4-1-5

◆ E 在对话框底部的两个颜色条，上面的一条颜色固定不变，它可以帮助用户识别当前选择的色彩变化范围；下面一条在更改"色相"、"饱和度"和"明度"参数时，也随着改变。

◆ F 编辑选项：用于选取调整的色彩通道，颜色选项用于向由灰度模式转化而来的 RGB 模式图像中填加颜色。当在"编辑"列表框中选择除了"全图"之外的其他选项时，对话框中的可调节选项如图 4-1-6 所示。比原来多了两组数值显示和4个滑块，且这两组数值分别对应于其下方颜色条上的 4 个滑块，拖动滑块可以改变图像的色彩范围。

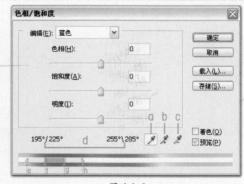

图 4-1-6

◆ a 吸管工具（　）：单击可以选中一种颜色作为色彩变化的范围。

◆ b 添加到取样按钮（　）：单击可在原有色彩变化范围上加上当前选中的颜色范围。

◆ c 从取样中减去按钮（　）：单击可在原有色彩变化范围上减去当前选中的颜色范围。　　　　◆ d 色相滑块值

◆ e 调整衰减而不影响范围。◆ f 调整范围而不影响衰减。◆ g 移动整个滑块。◆ h 调整颜色成分的范围。

拖移白色三角形滑块"e"，调整颜色衰减量（羽化调整）不会影响范围；拖移三角形滑块"e"和竖条滑块"f"之间的区域，调整的范围不影响衰减量；拖移中心区域"f"与"g"，以移动整个调整滑块（包括三角形和垂直条），从而选择另一个颜色区域；通过拖移其中的竖条滑块"g"来调整颜色分量的范围，从调整滑块的中心向外移动垂直条，并使其靠近三角形，从而增加颜色范围并减少衰减。将竖条滑块移近调整滑块的中心并使其远离三角形滑块，从而缩小颜色范围并增加衰减。如图 4-1-7 所示为分别调整"色相"、"饱和度"和"明度"参数时的不同效果，可进行对比理解。

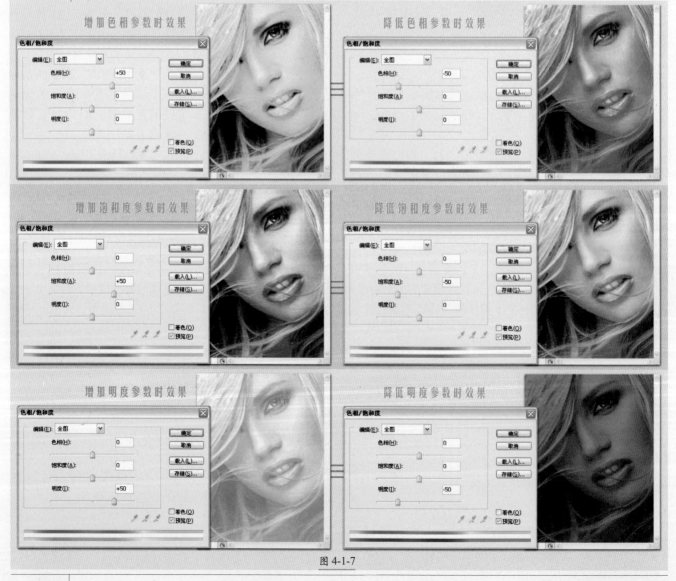

图 4-1-7

### 4.1.3　【色彩平衡】调整命令

使用【色彩平衡】命令可以对图像进行一般的色彩调整，可以使图像的各种色彩达到平衡，常用于局部偏色的图像。此命令只作用于复合颜色通道，可以在彩色图像中改变颜色的混合。

执行【图像】/【调整】/【色彩平衡】命令（或按快捷键 Ctrl+B），弹出"色彩平衡"对话框，如图 4-1-8 所示为降低青色和蓝色色值和原始图像的对比效果。

◆ A 保持明度：可保持图像中的色调平衡。通常，调整 RGB 色彩模式的图像时，为了保持图像的整体亮度，都要勾选此复选框。

◆ B 色阶：这是"色彩平衡"对话框的主要部分，"色彩校正"就通过在这里的数值框输入数值或拖动三角滑块实现。三角形滑块移向需要增加的颜色，或是拖离想要减少的颜色，就可以改变图像中的颜色组成，增加滑块接近的颜色，减少远离的颜色。

◆ C 颜色条：包含 3 个数据框，数值会在"-100~+100"之间不断变化出现相应数值，3 个数值框分别表示 R、G、B 通道的颜色变化。

◆ D 色调平衡：在此区域中可以选择想要进行更改的色调范围，其中包括暗调、中间调、高光。

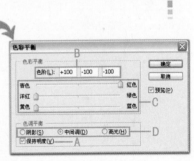

图 4-1-8

### 4.1.4　【可选颜色】调整命令

可选颜色校正是高端扫描仪和分色程序使用的一项技术，在图像中的每个原色中增加或减少CMYK印刷色的量。可选颜色校正基于这样一个表，该表显示用来创建每个原色的各种印刷色的数量。通过增加和减少相关的印刷油墨的数量，可以有选择地修改某个原色中印刷色 C、M、Y 或 K 的数量，而不会影响任何其他原色。【可选颜色】命令可以调整颜色的平衡，可对 RGB、CMYK 等色彩模式的图像进行分通道调整色彩，通过调整选定颜色的 C、M、Y、K 的比例，以达到修正颜色的网点增益和色偏的目的。

执行【图像】/【调整】/【可选颜色】命令，弹出"可选颜色"对话框，如图 4-1-9 所示。

◆ A 颜色列表框：可选定需要调整的颜色区域，颜色列表框中列出了 9 种颜色，按照从上到下的顺序依次是红、黄、绿、青、蓝、洋红、白、中性和黑，选择任意颜色，表示接下来的调整只调整此种色域中的色素程度。

◆ B 色值参数调节区域："青色"、"洋红"、"黄色"和"黑色"4 根滑杆是针对选定的颜色，用来调整其 C、M、Y 和 K 的比例，使之达到修正颜色的网点增益和色偏的目的。

◆ C 相对：按照总量的相对百分比更改现有的青色、洋红、黄色或黑色的量。比如说从 50% 洋红的像素开始添加 10%，则 5% 将添加到洋红，结果为 55% 的洋红。该选项不能调整纯白，因为白色不包含颜色成分。

◆ D 绝对：是以绝对值的形式调整颜色。比如从 50% 洋红的像素开始，添加 10%，结果色中洋红将以 60% 的油墨呈现。

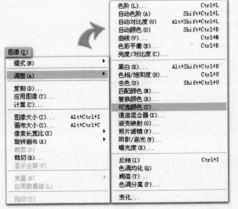
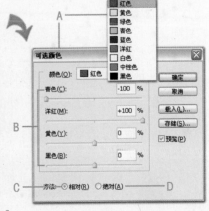

图 4-1-9

打开素材图片，原图像如图4-1-10所示，在"可选颜色"对话框中调整【红色】色域中的色素参数，降低青色色值并增加洋红色值，突出图像中鲜艳的花色。此调整我们选择在【红色】色域中进行，所以并不影响图像中原有【绿色】和【青色】的色值，即在保证叶子色值不变的情况下调整了花的颜色，这就是【可选颜色】命令的精华所在。

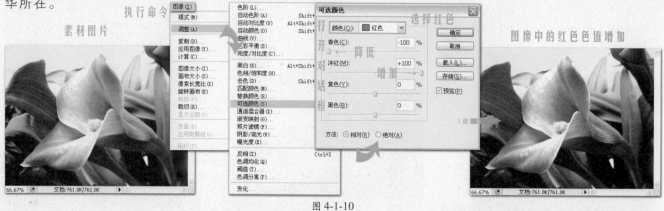

图 4-1-10

# Example 1　　利用【可选颜色】命令制作局部变色

● 复制图层，保存原始图片的完整效果
● 利用【可选颜色】命令分别对"红、黄、绿、白、中性色和黑色"进行具体色值调整
● 为图层添加蒙版，遮蔽调整后变色的人物图像，恢复原有的人物效果

**1** 执行【文件】/【打开】命令（Ctrl+O），弹出"打开"对话框，选择需要的素材文件，单击"打开"按钮打开图片文件。在"图层"面板上选择"背景"图层，将其拖到创建新图层按钮，得到"背景副本"图层，对"背景副本"执行【图像】/【调整】/【可选颜色】命令，弹出"可选颜色"对话框，选择"颜色"为"红色"，分别对其CMYK值进行调整，设置完毕后单击"确定"按钮，如图4-1-11所示。

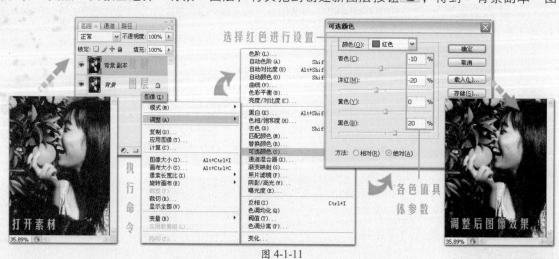

图 4-1-11

130

**2**　在"可选颜色"对话框中，选择"黄色"进行此色域中颜色的调整，设置完毕后单击"确定"按钮，得到调整后的效果；再选择"绿色"进行此色域中颜色的调整，设置完毕后单击"确定"按钮，得到调整后的效果，如图 4-1-12 所示。

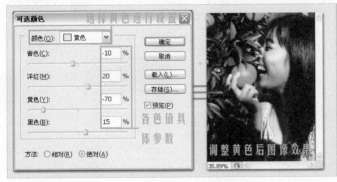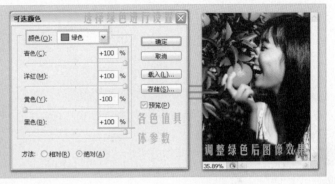

图 4-1-12

**3**　执行【图像】/【调整】/【可选颜色】命令，弹出"可选颜色"对话框，选择"白色"进行此色域中颜色的调整，设置完毕后单击"确定"按钮，得到调整后的效果；也可以不关闭"可选颜色"对话框，直接在"颜色"下拉列表中选择"中性色"进行色值调整，如图 4-1-13 所示。

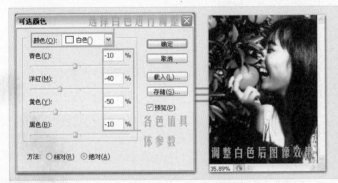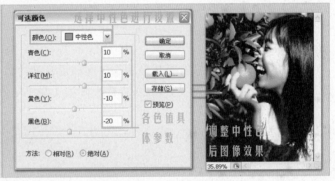

图 4-1-13

**4**　执行【图像】/【调整】/【可选颜色】命令，弹出"可选颜色"对话框，选择"黑色"进行此色域中颜色的调整，设置完毕后单击"确定"按钮，调整图像完毕；单击"图层"面板上添加图层蒙版按钮 ⬜，在"背景副本"图层上添加图层蒙版，选择工具箱中的画笔工具 ✎，将前景色设置为黑色，在图像中人物区域进行涂抹，恢复人物原有的面貌，图像效果如图 4-1-14 所示。

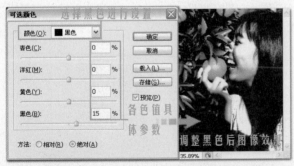

图 4-1-14

> 提示：1. 注意调整图形时候的幅度，随时查看各色颜色的数据，不要对不希望改变的颜色有影响。
> 　　　2. 调节图像往往不是一次就能达到目的，需要多次调节。
> 　　　3. 为了不使图像变化过大往往采用相对值。
> 　　　4. 注意选则矫正的颜色。

### 4.1.5 　【替换颜色】调整命令

　　使用【替换颜色】命令可以替换图像中某个特定范围的颜色，将所选颜色替换为其他颜色。该命令可以围绕要替换的颜色创建一个暂时的蒙版，并用其他颜色替换所选的颜色，还可以设置替换颜色区域内图像的色相、饱和度以及亮度。还能在图像中基于某特定颜色来调整色相、饱和度和亮度值。同时具备了与【色彩范围】命令和【色相/饱和度】命令相同的功能。替换颜色的方法如下。

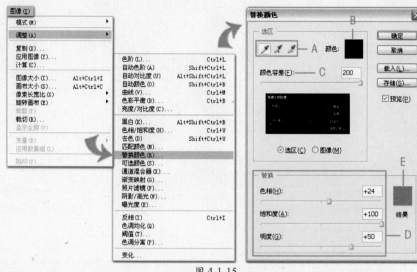

　　执行【图像】/【调整】/【替换颜色】命令，弹出如图4-1-15所示的"替换颜色"对话框，进行设置。

图 4-1-15

　　◆ A 颜色吸取：用吸管工具 🖉 单击图像中需要替换的颜色；添加到取样工具 🖉 连续取色用以增加选区；从取样中减去工具 🖉 连续取色用以减少选区，这样得到所要进行修改的选区。调整图像的随意性比较大，可以由个人支配。

　　◆ B 颜色：颜色框显示当前选中的颜色。单击颜色框可以打开"拾色器"进行取色。

　　◆ C 颜色容差：设置颜色的差值，与魔术棒的差值一样。数值越大所取样的颜色范围越大，调整图像颜色的效果越明显。

　　◆ D 替换：设定好需要替换的颜色区域后，在【替换】栏中移动三角形滑块对选取区域的"色相"、"饱和度"和"明度"进行调节，类似前面所说的【色相/饱和度】命令。

> 提示：按住键盘上的 Alt 键，"替换颜色"对话框中的【取消】按钮变为【复位】按钮状态，单击【复位】按钮，即可恢复替换颜色的初始状态，这样就可以进行重新设置，不需要重新打开"替换颜色"对话框。

　　◆ E 结果色：颜色框显示经过调整色相、饱和度、明度后的颜色，也就是用来替换选取色的颜色。

　　举个例子来说，打开素材图像，弹出"替换颜色"对话框，观察素材图像，背景呈蓝色，执行【图像】/【调整】/【替换颜色】命令，选择吸管工具 🖉，在预览区中单击选取蓝色背景区域，将蓝色作为需要替换的颜色，将容差设置为200，将替换区域中的色相参数设置为180，结果色变换为黄色，单击"确定"按钮，图像中的蓝色背景被替换为黄色，如图4-1-16所示。

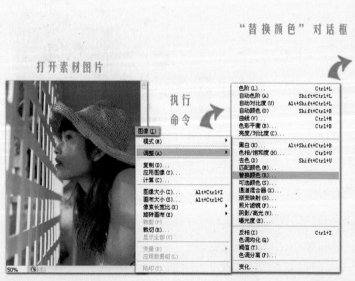

图 4-1-16

## 4.1.6　【匹配颜色】命令

使用【匹配颜色】命令可以在多个图像、图层或色彩选区之间进行颜色匹配。执行【图像】/【调整】/【色彩匹配】命令，弹出"匹配颜色"对话框，在"图像选项"选项组中可以设置图像的"明亮度"、"颜色强度"及"渐隐"。

## 4.1.7　【通道混合器】调整命令

【通道混合器】可以混合当前通道颜色像素与其他通道的颜色像素，从而改变主通道的颜色。可以进行创造性的颜色调整，创建高质量的灰度图像或其他色调的图像；可以将图像转换到一些可选色彩空间或从中转换图像、交换或复制通道。

执行【图像】/【调整】/【通道混和器】命令，弹出"通道混和器"对话框，如图4-1-17所示是对RGB模式图像作用时出现的对话框，在输出通道列表框中包含有红、绿和蓝三个选项；如果对CMYK模式的图像作用，则在输出通道列表框中包含有青色、洋红、黄色和黑色四个选项。

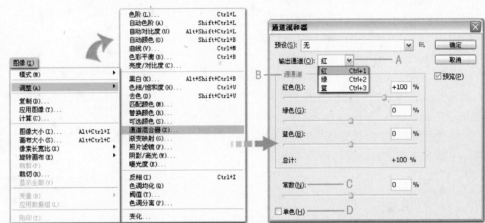

图 4-1-17

◆ A 输出通道：列表框中选择要设置的颜色通道。

◆ B 源通道：可以调整各个原色的值。不论是 RGB 或者 CMYK 模式的图像，其调整方法都是一样的。拖动滑块或者直接在文本框中输入数值均可。

◆ C 常数：拖动滑块或者在文本框中输入数值（范围是 -200~+200），可以改变当前输出通道列表框中指定的通道的不透明度，即增加了该通道的互补颜色成份，负值相当于增加了该通道的互补色，正值相当于减少了互补色。

◆ D 单色：勾选"单色"复选框，可以将彩色图像变成灰度图像，但图像的色彩模式不变。对所有的色彩通道都使用相同的设置，这时图像只包含灰度值，所有的色彩通道将使用相同的设置，如图4-1-18 所示为应用【通道混合器】命令中单色后的图像效果。

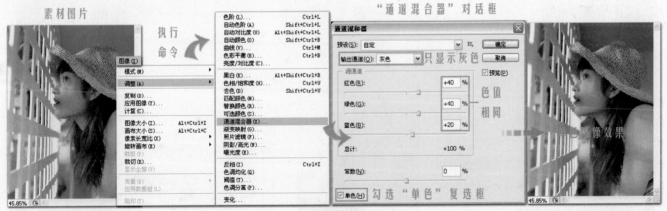

图 4-1-18

提示：【通道混合器】命令只能作用于 RGB 和 CMYK 颜色模式，并且在执行此命令之前在"通道"面板中必须先选中主通道，而不能先选中 RGB 和 CMYK 中的单一原色通道。

## 4.1.8　　【照片滤镜】命令

使用【照片滤镜】命令可以选择色彩预置，对图像应用色相调整，相当于把有颜色的滤镜放在照相机镜头前方来调整穿过镜头曝光光线的色彩平衡和色彩温度的技术。

执行【图像】/【调整】/【照片滤镜】命令，弹出"照片滤镜"对话框如图4-1-19所示。

◆A 滤镜：只包含"蓝色"滤镜，点选此选项，使用默认的蓝色为照片添加滤镜，即【照片滤镜】命令提供的冷色系滤镜。

◆B 颜色：当"滤镜"选项中默认的蓝色滤镜不能满足需要时，可点选颜色选项，并单击右侧的"自定滤镜颜色"图标打开"拾色器"对话框，自行选择需要的滤镜颜色，系统默认下显示橙色的滤镜颜色，即【照片滤镜】命令提供的暖色系滤镜。

◆C 浓度：在对话框中通过拖动滑块或直接在浓度文本框中输入数值百分比，可以调整图像中的色彩量，值越高色彩越浓。

◆D 保留亮度：勾选该复选框可以使图像在添加色彩滤镜后保持明度不变。

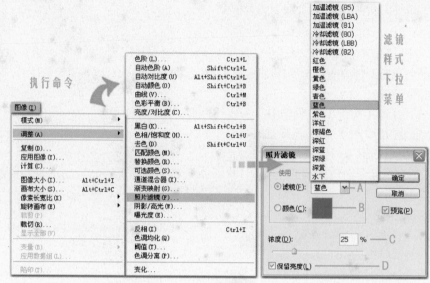

图 4-1-19

打开素材图片，执行【图像】/【调整】/【照片滤镜】命令，在弹出的"照片滤镜"对话框中点选"滤镜"选项，照片添加上了25%的蓝色滤镜，25%为系统默认的浓度百分比，当向右拖动浓度滑块，浓度值增加，滤镜应用图片的颜色也会随之增加，如图4-1-20所示为当浓度设置为25%和80%时的效果对比。

图 4-1-20

仍以此素材做比较，不直接选择"滤镜"选项，而是选择"颜色"选项，并单击右侧的颜色框，在弹出的"拾色器"对话框中设置R255、G114、B0的色值，并将浓度值设置为50%，此时的图像被添加上暖色的滤镜，图像效果如图4-1-21所示。

图 4-1-21

了解【照片滤镜】的功能，下面我们通过具体实例对此命令的功能加深理解。

# Example 2 【照片滤镜】命令的创意效果

- 复制背景图层，保存原始图片的完整效果。
- 利用【照片滤镜】将暖色图像转换成冷色图像
- 利用【色相/饱和度】命令降低图像饱和度
- 分层添加照片滤镜效果，达到不同区域不同色彩的效果
- 利用画笔预设的功能设置画笔形态
- 使用画笔描边路径，刻画图像边缘
- 添加文字效果，添加图层样式，丰富画面

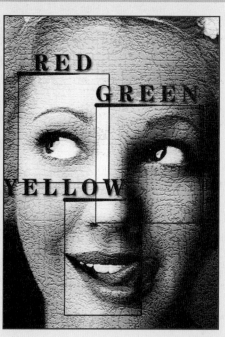

1 执行【文件】/【打开】命令（Ctrl+O），弹出"打开"对话框，选择需要的素材文件，单击"打开"按钮打开图片文件。在"图层"面板上选择"背景"图层，将其拖到创建新图层按钮 ，得到"背景副本"图层。执行【图像】/【调整】/【照片滤镜】命令，弹出"照片滤镜"对话框，选择"颜色"并单击自定滤镜颜色图标，在弹出的"拾色器"对话框中设置滤镜颜色色值，将浓度设置为80%，单击"确定"按钮应用照片滤镜效果，得到冷色调的图像，如图4-1-22所示。

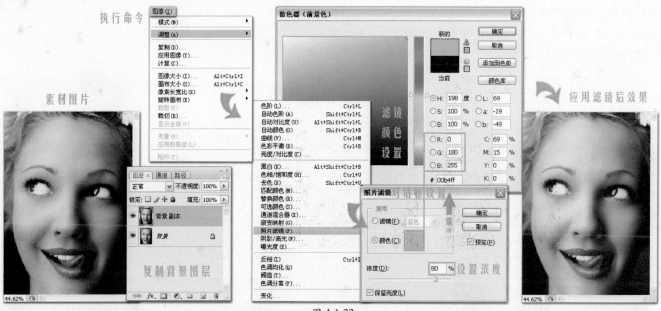

图 4-1-22

提示：添加冷色滤镜，目的是为了隐藏图像中的跳跃色素，更好地烘托在以后步骤中的主体图像。

2 执行【图像】/【调整】/【色相/饱和度】命令，弹出"色相/饱和度"对话框，将图像饱和度参数设置为"-40"，设置完毕后单击"确定"按钮应用调整，降低图像饱和度后的图像效果如图4-1-23所示。

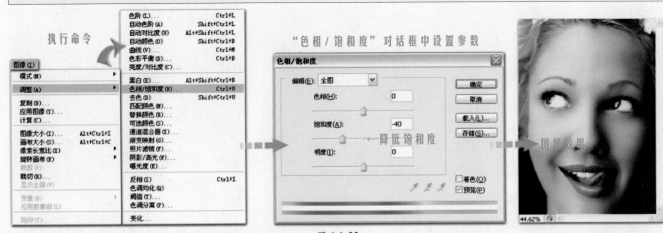

图 4-1-23

3 执行【滤镜】/【纹理】/【龟裂缝】命令，弹出"龟裂缝"对话框，将裂缝纹理的间距、深度及亮度分别设置为 15、6、9，如图 4-1-24 所示。设置完毕后单击"确定"按钮应用滤镜，得到添加龟裂缝后的图像效果。

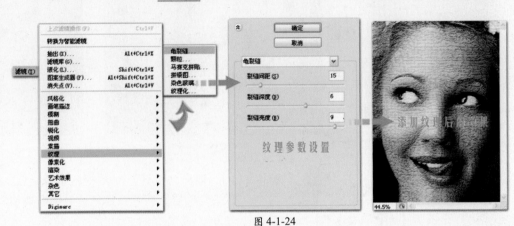

图 4-1-24

4 在"图层"面板上将"背景"图层拖到创建新图层按钮，得到"背景副本 2"图层，并将其拖到所有图层最上方。选择工具箱中的矩形选框工具，在图像中绘制矩形选区，按快捷键 Ctrl+Shift+I 将选区反向，按 Delete 键删除选区中的图像，按 Ctrl+D 取消选择。执行【图像】/【调整】/【照片滤镜】命令，弹出"照片滤镜"对话框，选择"颜色"选项，并设置其滤镜颜色为 R255、G0、B100，设置完毕后单击"确定"按钮添加照片滤镜效果，如图 4-1-25 所示。

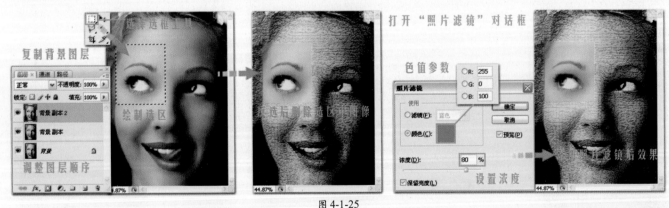

图 4-1-25

提示：Ctrl+Shift+I 为将选区反向的快捷键，执行【选择】/【反向】命令，也可将选区反向；Ctrl+D 为取消图像中选区范围的快捷键，执行【选择】/【取消选择】命令，也可实现。

5 在"图层"面板上将"背景"图层拖到创建新图层按钮，得到"背景副本 3"图层，并将其拖到"背景副本"图层上方。选择工具箱中的矩形选框工具，在图像中绘制矩形选区，按快捷键 Ctrl+Shift+I 将选区反向，按 Delete 键删除选区中的图像，按 Ctrl+D 取消选择。执行【图像】/【调整】/【照片滤镜】命令，弹出"照片滤镜"对话框，将"颜色"中的滤镜色值设置为 R0、G240、B0，图像效果如图 4-1-26 所示。

图 4-1-26

**6** 在"图层"面板上将"背景"图层拖到创建新图层按钮 ，得到"背景副本 4"图层，并将其拖到"背景副本"图层上方。选择工具箱中的矩形选框工具 ，在图像中绘制矩形选区，按快捷键 Ctrl+Shift+I 将选区反向，按 Delete 键删除选区中的图像，按 Ctrl+D 取消选择。执行【图像】/【调整】/【照片滤镜】命令，弹出"照片滤镜"对话框，将"颜色"中的滤镜色值设置为 R220、G220、B0，图像效果如图 4-1-27 所示。

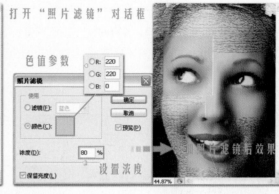

图 4-1-27

**7** 在"图层"面板中依次将"背景副本 2"、"背景副本 3"和"背景副本 4"的图层混合模式均设置为"叠加"，更改图层混合模式后，在色块上出现叠加着的龟裂纹理，如图 4-1-28 所示。

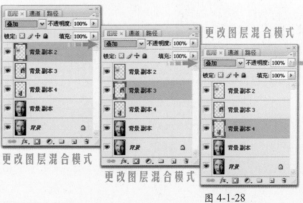

图 4-1-28

**8** 单击"图层"面板上创建新图层按钮 ，新建"图层 1"，按 Ctrl 键单击"背景副本 4"图层缩览图，调出其选区，选择"图层 1"。切换到"路径"面板，单击从选区生成工作路径按钮 ，将选区转换成路径，如图 4-1-29 所示。

图 4-1-29

137

**9** 将前景色设置为黑色，选择工具箱中的画笔工具 ✏️，执行【窗口】/【画笔】命令，调出画笔预设器，选择"画笔笔尖形状"选项，设置画笔大小。勾选"形状动态"复选框，设置渐隐的画笔动态，调整渐隐参数，

如图4-1-30所示。设置完毕后关闭画笔预设器，切换到"路径"面板，选择之前转换的工作路径，单击面板上用画笔描边路径按钮 ⭕️，对路径进行描边，得到描边后的图像效果。

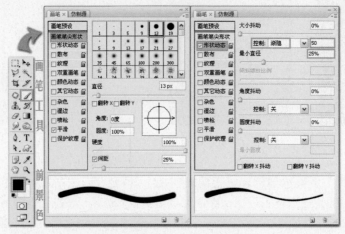

图 4-1-30

**10** 按照同样的方法为"背景副本2"和"背景副本3"图层添加描边框，画笔参数不变，但在进行路径描边之前，一定要在"图层"面板上新建一个图层，否则描边后的图像就与图像混在一起了。选择工具箱中的横排文字工具 T，在图像中输入文字，并单击"图层"面板上的添加图层样式按钮 fx，打开投影样式对话框，如图4-1-31所示进行参数设置，设置完毕后单击"确定"按钮应用图层样式，得到最终图像效果。

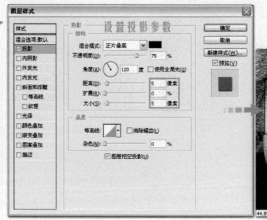

图 4-1-31

### 4.1.9 【阴影/高光】命令

　　【暗调/高光】命令适合用来处理那些由于强烈逆光或距离闪光灯太近而导致物体发暗的照片。也可以对一张曝光很好，只是阴影部分太暗的图片进行调整，只增加阴影部分的亮度。这个命令不是简单的变亮或变暗，而是基于阴影或高光周围的像素。它可以对阴影和高光独立调节，还能调整画面整体的对比度。

　　执行【图像】/【调整】/【阴影/高光】命令，弹出"阴影/高光"对话框，如图4-1-32所示。

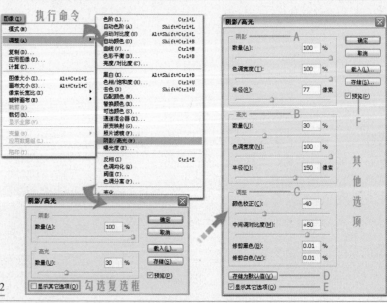

图 4-1-32

◆ A 阴影：调整滑块或在文本框中输入数值可以改变阴影的亮度。其取值范围 0~100，取值为 0 时，图像中的阴影是原始亮度，增大取值可以使阴影变亮。

a 数量：可以通过拖动对应的滑块或直接在文本框中输入百分比值来调整光线的校正量。数值越大，阴影越亮高光越暗；反之阴影越暗高光越亮。

b 色调宽度：用于控制所要修改的阴影或高光中的色调范围。调整阴影时，数值越小，所做的调整会限定在较暗的区域中；调整高光时，数值越小，所做的调整会限定在较亮的区域中。

c 半径：此选项是用来控制应用阴影和高光效果的范围，从而决定某一像素是属于阴影还是属于高光。向左移动滑块可以指定一个更小的区域，向右移动滑块可以指定一个更大的区域。

◆ B 高光：调整滑块或在文本框中输入数值可以改变高光的亮度。其取值范围 0~100，取值为 0 时，图像中的高光是原始亮度，增大取值可以高光变暗。

a 色调宽度：用来控制所调整的阴影和高光区域的范围，向左或向右移动滑块可以减少或增加色调带宽值。取值小时，只调整较暗的阴影区域和较亮的高光区域，相应的调整面积也较小；取值越大，调节的色调范围就越大。

b 半径：控制在某象素周围取样的半径。通过取样像素判定该像素是在阴影区还是高光区，左移滑块减小值，右移滑块增大值，调整其值，以便找出图像亮度与对比度间最恰当的平衡点。

◆ C 调整：此区域可以进行颜色校正和对比度的调整。

a 颜色校正：可以微调彩色图像中已被改变区域的颜色，只用于调整彩色图像。增加阴影数量值，会使图像中原来比较暗的地方显示出颜色。如果想使这些颜色更加鲜亮或更加黯淡些，就可以调整色彩效正值，可以细调改变区域的颜色。增大其值可以增加改变的阴影或高光区域的色彩饱和度，反之亦然。

b 亮度：当图片为灰度模式时，【色彩校正】会变成【亮度】，用来调整灰度图像的亮度。

c 中间调对比度：调整中间色调的对比度，可以拖动滑杆进行调整或在文本框输入数值。

d 修剪黑色、修剪白色：用来指定有多少阴影和高光会被剪辑到图像中新的极端阴影（0 色阶）和极端高光（255 色阶）颜色中，数值越大产生的对比度越强，由于数值过大导致密度值被略去，而变为纯黑或纯白时，相应的阴影或高光中的细节就会减少。取值较大时，可以增加图像的对比度，但可能会损失高光和阴影处的细节。

◆ D 存储为默认值：可以将设置保存起来，方便下次继续使用。单击该按钮，可以将当前设置存储为【阴影 / 高光】命令的默认状态。若想恢复原始默认值，按住 Shift 键，此时"存储为默认值"按钮会变成"恢复默认值"按钮，若要恢复单击即可。

◆ E 显示其它选项：勾选"显示其他选项"复选框，可以显示更多的阴影和高光等信息。

◆ F 预览：选中此复选框，随着用户的调整，图像也会实时地改变，方便用户看到调整后的效果。

举个例子说明，如图中的图像暗部区域的像素已经基本损失，执行【图像】/【调整】/【阴影 / 高光】命令，弹出"阴影 / 高光"对话框，勾选"显示其他选项"复选框，在以上讲解的功能参数下进行调整，将暗部区域提亮，降低亮部饱和度，如图 4-1-33 所示。

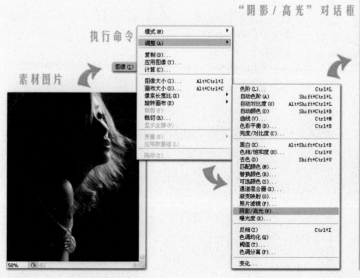
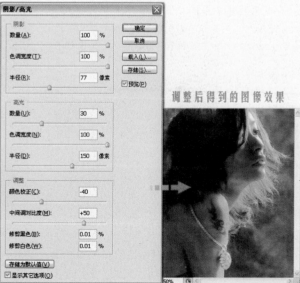

图 4-1-33

### 4.1.10 【变化】命令

【变化】命令可以通过图像或选区调整前和调整后的缩略图，很直观地调整色调平衡、对比度和饱和度。使图像调整更为精确、方便。

打开图像，可以选取整个图像，也可以选取图像的一部分或者某个图层中的内容。执行命令【图像】/【调整】/【变化】命令，弹出如图4-1-34所示的"变化"对话框进行设置。

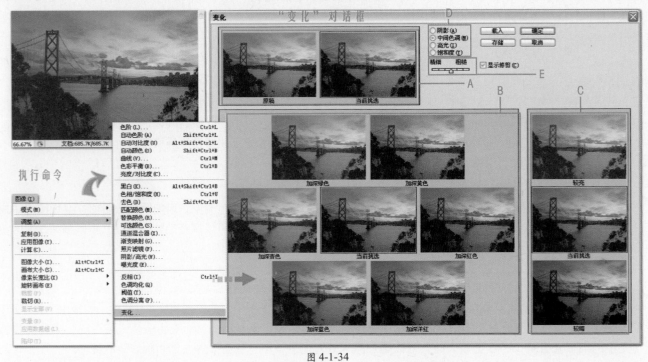

图 4-1-34

◆ A 对比缩览图：原稿缩览图显示的是原始的图像效果，当前挑选缩览图显示调整后的图像效果。可以通过这两幅图像的对比很直观的看出调整前后的变化，单击原稿缩览图可以将当前挑选缩览图中的图像还原到原始图像状态。

◆ B 调节色值：中间的当前挑选缩览图与左上角中的当前挑选缩览图相同。其他6幅图像可以改变图像的红色、绿色、蓝色、青色、洋红和黄色6种颜色，单击任意一幅图就可以增加与该图对应的颜色。如图3-1-35所示为调节色值后的图像效果。

◆ C 调节明暗：单击较亮缩览图图像变亮；单击较暗缩览图图像变暗；当前挑选缩览图用来显示调整后的效果。

◆ D 可选色调按钮：【暗调】、【中间色调】和【高光】分别用来调整图像的暗色调、中间色调和亮色调；【饱和度】按钮用来控制图像的饱和度。

◆ E 精细/粗糙：滑杆是用来控制调整色彩幅度的工具。滑块越靠近左端则每次单击缩略图进行调整的变化越细微；滑块越靠近右端，则每次单击缩略进行调整的图像变化越明显。

图 4-1-35

# Example 3　　调整命令制作保留图像中一种颜色

●使用【色相/饱和度】命令分别降低通道的颜色饱和度　●使用【替换颜色】命令去掉图像中多余颜色

**1**　执行【文件】/【打开】命令（Ctrl+O），在弹出的"打开"对话框中，选择需要的照片文件，单击"打开"按钮。在"图层"面板上将"背景"图层拖到创建新图层按钮，得到"背景副本"图层。选择"背景副本"图层，执行【图像】/【调整】/【色相/饱和度】命令，弹出"色相/饱和度"对话框，选择编辑"黄色"色彩通道，将色彩通道下的饱和度降至最低，即将黄色通道下的图像转换为灰色图像，设置完毕后单击"确定"按钮，如图4-1-36所示。

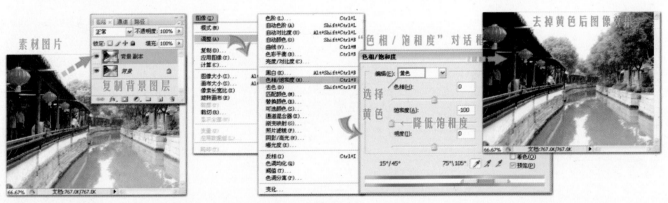

图4-1-36

**2**　不关闭对话框，在"编辑"选项中选择"绿色"通道，将"绿色"通道的饱和度参数降至最低，去掉"绿色"通道中的色彩因素。接下来分别选择"青色"和"蓝色"色彩通道，将两个色彩通道的饱和度都降至最低，单击"确定"按钮应用调整，得到除红色外基本黑白的图像效果，如图4-1-37所示。

图4-1-37

**3** 执行【图像】/【调整】/【替换颜色】命令，弹出"替换颜色"对话框，利用吸管工具在图像预览区中单击吸取多余的红色，将颜色容差设置为 200，将饱和度降至最低，单击"确定"按钮应用调整，得到只保留一种颜色的效果，如图 4-1-38 所示。

图 4-1-38

**4** 选择工具箱中的矩形选框工具，在图像中绘制矩形选区，执行【选择】/【修改】/【羽化】命令，弹出"羽化选区"对话框，将羽化半径设置为 30 像素，单击"确定"按钮，按 Ctrl+Shift+I 将选区反向，单击"图层"面板上创建新图层按钮，新建"图层 1"，将前景色设置为白色，按 Alt+Delete 填充，如图 4-1-39 所示。

图 4-1-39

**5** 选择工具箱中的横排文字工具，将前景色设置为黑色，在图像中输入文字，双击文本图层，打开"图层样式"对话框，勾选"内发光"复选项，设置样式参数，设置完毕后单击"确定"按钮应用图层样式，得到最终图像效果，如图 4-1-40 所示。

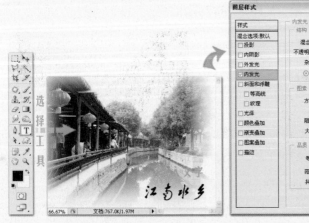
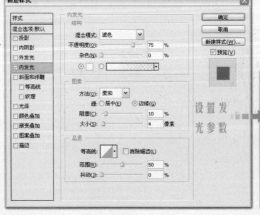

图 4-1-40

## 4.2 图像的色调控制

图像的色调控制是对图像明暗度的调整，调整图像的色调可以使用色阶、自动色阶、曲线、自动对比度和直方图命令。

### 4.2.1 【色阶】调整命令

【色阶】命令是通过调整图像的明暗度，调整图像的色调范围和色彩平衡的方法来加强图像的反差效果。Photoshop CS3可以对整个图像、某个选取范围、某个图层或者某个颜色通道进行色调调整。【色阶】命令的快捷应用方式为Ctrl+L。

打开一个图像文件，并显示"通道"面板。执行【图像】/【调整】/【色阶】命令（Ctrl+L），打开"色阶"对话框，如图4-2-1所示。

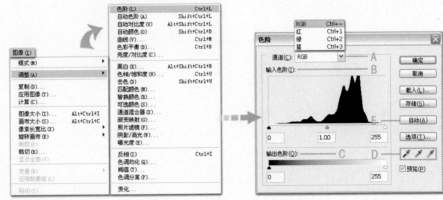

图 4-2-1

◆ A 通道：在"通道"下拉列表中选定要进行色调调整的通道，如果选中RGB通道，调整对所有通道都起作用，在处理照片时通常只调整RGB复合通道。若选中R、G、B通道中的任意单一通道，那么只对当前所选通道起作用。此外，【色阶】命令还对活动的图层或当前所选取的范围中的图像起作用。

◆ B 输入色阶：使用"输入色阶"直方图两端的三角滑块可以设置图像中的高光和暗调。每个通道中的最暗和最亮像素分别映射为黑色和白色，从而扩大了图像的色调范围。其他通道中的相应像素也会按比例调整以避免改变色彩平衡。使用中间滑块可以更改灰色调的中间范围的亮度值，而不会显著改变高光和暗调。在移动滑块时，色阶图上方"输入色阶"文本框中的三个数值会相应变化，实际上我们利用色阶图的三角滑块进行控制与直接在"输入色阶"输入框中输入数值的作用是相同。左侧文本框的取值范围是~253，控制图像暗部色调；中间文本框控制中间色调，取值范围是0.10~9.99；右侧文本框控制亮部色调，范围2~255，拖动滑块的效果更直观些。

◆ C 输出色阶："输出色阶"和"输入色阶"的功能恰好相反。在其左文本框中输入0~255之间的数值可以调整亮部色调；在右文本框中输入0~255之间数值可以调整暗部色调。同样也可以拖动文本框下方的两个三角形滑块来进行调整。

◆ D 吸管工具：使用3个吸管工具在"色阶"对话框中有黑、灰、白三个吸管，单击其中一个吸管后将鼠标移动图像窗口内，在目标颜色处单击鼠标即可完成色调调整。也可以双击吸管打开拾色器来拾取目标颜色。

a 设置黑场：单击按钮 ✔，Photoshop将图像中所有像素的亮度值减去吸管单击处的像素亮度值，使图像变暗。

b 设置灰点：单击按钮 ✔，Photoshop用该吸管所点中的像素中的亮度值调整图像的色彩分布。

c 设置白场：单击按钮 ✔，Photoshop将图像中所有像素的亮度值加上吸管单击处的像素亮度值，使图像变亮。

◆ E 【自动】按钮：单击【自动】按钮后，Photoshop将以0.5%的比例调整图像的亮度，图像中最亮的像素向白色变换，最暗的像素向黑色变换。这样图像的亮度分布更加均匀，但是较大的调整会造成色偏。

如图4-2-2所示为对图像进行色阶调整后的图像对比效果。

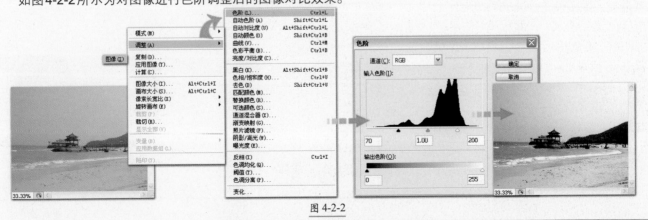

图 4-2-2

# Example 4　【色阶】命令制作古典风格的肖像画

● 利用【添加杂色】命令使图像粗糙化

● 在图像中添加【成角的线条】滤镜制作油画纹

● 【光照效果】滤镜中为"绿"通道打光，调出其纹理

● 通过"色阶"中通道设置的变化，以及古典的浓厚色调和对比，把原图加工成具有油画风格的肖像画

**1** 执行【文件】/【打开】命令（Ctrl+O），弹出"打开"对话框，选择素材图像，单击"打开"按钮打开图像。单击"图层"面板上创建新图层按钮 ，新建"图层1"，将前景色设置为R158、G158、B158，填充"图层1"。选择"背景"图层，并将其拖到创建新图层按钮 ，得到"背景副本"图层，改变图层顺序到所有图层最上方，将其图层混合模式设置为"叠加"，如图4-2-3所示。

  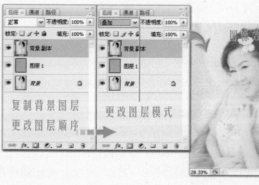

图 4-2-3

**2** 在"图层"面板上选择"图层1"，执行【滤镜】/【杂色】/【添加杂色】命令，弹出"添加杂色"对话框，数量设定为15%，选择"高斯分布"，并取消"单色"复选项的勾选，设置完毕后单击"确定"按钮，这样，经过叠加的"图层1"上就显现出了白色杂点的效果，如图4-2-4所示。

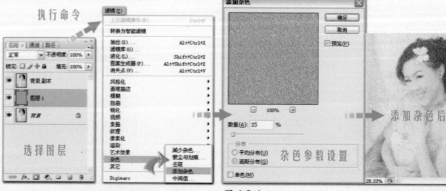

图 4-2-4

**3** 执行【编辑】/【自由变换】命令（Ctrl+T），弹出自由变换框，在其工具选项栏中将设置水平缩放和设置垂直缩放都设定为300%，按Enter键确认变换。按住Shift键分别在"图层"面板上单击"图层1"和"背景副本"图层，同时选中两个图层，按快捷键Ctrl+E合并所选图层，得到合并后的"背景副本"图层，如图4-2-5所示。

图4-2-5

**4** 对"背景副本"图层执行【滤镜】/【画笔描边】/【成角的线条】命令，弹出"成角的线条"对话框，设定方向平衡为50，描边长度设置为20，锐化程度设置为3，设置完毕后单击"确定"按钮应用滤镜。这时，需要预览图片，以确保素材本身未受到明显的破坏，必要时"描边长度"可以设置得稍微小一点，如图4-2-6所示。

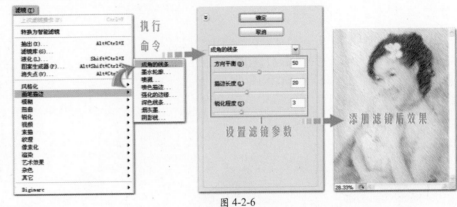

图4-2-6

**5** 执行【滤镜】/【扭曲】/【海洋波纹】命令，弹出"海洋波纹"对话框，将波纹大小设置为15，波纹幅度设置为5，设置完毕后"确定"按钮应用滤镜，图像效果如图4-2-7所示。

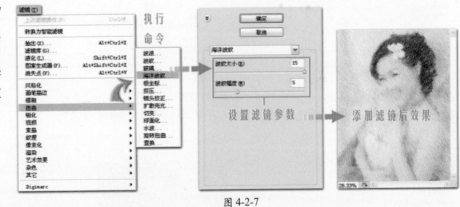

图4-2-7

**6** 执行【滤镜】/【渲染】/【光照效果】命令，弹出"光照效果"对话框，将纹理通道设置为"绿"，勾选"白色部分凸出"复选框，并设置凸出高度为25，设置完毕后单击"确定"按钮应用滤镜，得到的图像效果如图4-2-8所示。

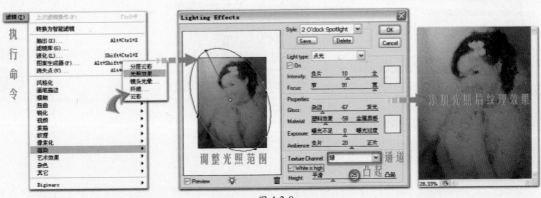

图4-2-8

**7** 执行【图像】/【调整】/【色相/饱和度】命令（Ctrl+U），弹出"色相/饱和度"对话框，拖动滑块，将饱和度设置为-25，降低图像饱和度，设置完毕后单击"确定"按钮，图像效果如图4-2-9所示。

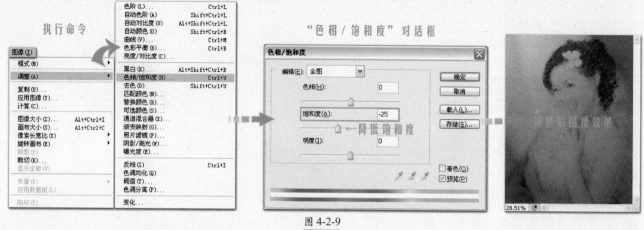

图4-2-9

**8** 执行【图像】/【调整】/【色阶】命令（Ctrl+L），弹出"色阶"对话框，在"通道"选项中选择"红"通道，输入色阶参数"60/1.00/255"；选择"绿"通道，输入色阶设置为"60/1.00/255"；选择"蓝"通道，输入色阶设置为"80/1.00/255"，单击"确定"按钮应用调整，如图4-2-10所示。

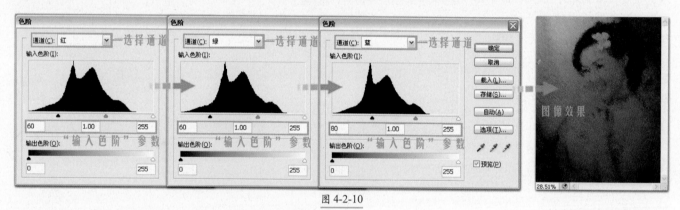

图4-2-10

**8** 再次执行【图像】/【调整】/【色阶】命令（Ctrl+L），弹出"色阶"对话框，在"通道"选项中选择RGB通道，输入色阶参数"0/0.80/230"，设置完毕后单击"确定"按钮应用调整。在"图层"面板上将"背景副本"图层的图层混合模式设置为"强光"，更改图层混合模式后得到层叠加效果，如图4-2-11所示。

图4-2-11

### 4.2.2 【自动色阶】调整命令

执行【图像】/【调整】/【自动色阶】命令，可以自动调整图像的明暗度，其快捷键为Ctrl+Shift+L。此命

令可以很方便地对图像
中不正常的高光或阴影
区域进行初步处理，这
样的调整方法并不是很
精确，有时会导致调整
后的图像色调不平衡。
如图4-2-12所示为应用
【自动色阶】调整后的
效果图。

图 4-2-12

【自动色阶】的应用范围可以在单独使用【色阶】对话框时应用这些设置，也可以将这些设置存储起来以备将来用于【自动色阶】、【自动对比度】和【自动颜色】命令，设置方法如下。

1. 执行【图像】/【调整】/【色阶】命令（Ctrl+L），弹出"色阶"对话框，单击"选项"按钮，弹出"自动颜色校正选项"对话框，进行设置，如图4-2-13所示。

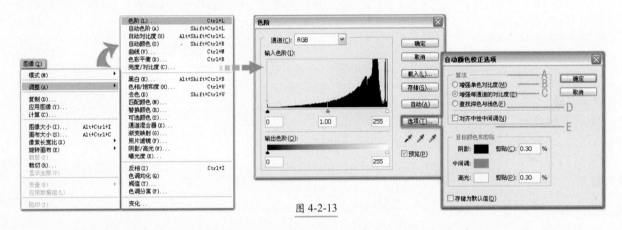

图 4-2-13

在【算法】中指定 Photoshop 用来调整图像整体色调范围的算法。

◆A增强单色对比度：能统一剪切所有通道。这样可以在使高光显得更亮而暗调显得更暗的同时保留整体色调关系。

◆B增强每通道的对比度：可最大化每个通道中的色调范围以产生更显著的校正效果。因为各通道是单独调整的，所以增强每通道的对比度可能会消除或引入色偏。

◆C查找深色与浅色：查找图像中平均最亮和最暗的像素，并用它们在最小化剪切的同时最大化对比度。

◆D对齐中性中间调：选择该项后，Photoshop CS3会自动查找图像中的中性色，然后调整灰度系数值使该颜色成为中间调。

◆E目标颜色与剪贴：若要指定要剪切黑色和白色像素的量，在文本框中输入百分比。建议输入0.5%到1%之间的一个值。默认情况下，Photoshop 剪切白色和黑色像素的0.1%，即在标识图像中的最亮和最暗像素时忽略两个极端像素值的前0.1%。这种颜色值剪切可保证白色和黑色值基于的是代表性像素值，而不是极端像素值。若要向图像的最暗区域、中性区域和最亮区域指定颜色值，单击颜色框。

2. 存储用于当前色阶或曲线对话框的设置，单击"确定"按钮即可。若要将设置存储为默认值，勾选"存储为默认值"复选项，单击"确定"按钮，自动色阶、自动对比度和自动颜色命令就会使用这些默认的剪贴百分比。

**4.2.3　【自动对比度】调整命令**

执行【图像】/【调整】/【自动对比度】命令，可以自动调整图像亮部和暗部的对比度，还可以将图像中最暗的像素转换成黑色，最亮的像素转换成白色，使得较暗的部分变得更暗，较亮的部分变得更亮，从而增大图像的对比度。

打开素材图像，执行【自动对比度】命令，或按快捷键 Alt+Ctrl+Shift+L，应用【自动对比度】命令，图像效果如图 4-2-14 所示。

图 4-2-14

## 4.2.4 【自动颜色】调整命令

【自动颜色】命令通过搜索实际图像（而不是用显示暗调、中间调和高光的直方图）来调整图像的对比度和颜色。它根据在自动校正选项对话框中设置的值来中和中间调并剪切白色和黑色像素。

执行【图像】/【调整】/【自动颜色】命令，或使用快捷键 Ctrl+Shift+B 就可以自动地校正颜色。此命令的原图像与应用【自动颜色】命令后的效果对比如图 4-2-15 所示。

自动颜色校正选项能够自动调整图像的整体色调范围，指定剪贴百分比，并向暗调、中间调和高光指定颜色值。

图 4-2-15

## 4.2.5 【曲线】调整命令

【曲线】调整命令的功能非常强大，常用作调整图像的整个色调范围。它不但可以调整图像的亮度，图像的对比度和控制色彩等，还可以调整灰阶曲线中的任何一点。【曲线】命令比【色阶】命令的功能更多更全面，因此它使用非常广泛。执行【图像】/【调整】/【曲线】命令，弹出"曲线"对话框，也可以使用快捷键 Ctrl+M 打开"曲线"对话框，在对话框中可以调整图像的色调和其他效果。在对话框右下角有一个自定曲线选项按钮，单击可以放大对话框显示，再次单击可以缩小对话框显示，从而更方便地进行曲线显示方法的调整。如图 4-2-16 所示为放大前后的对话框。

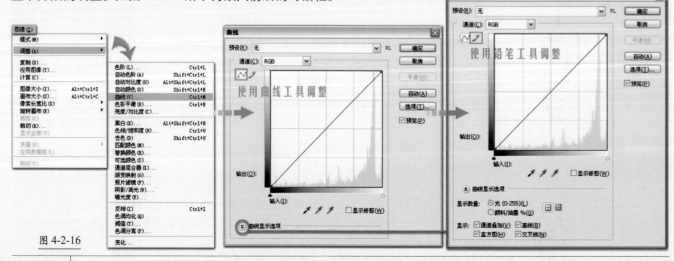

图 4-2-16

改变对话框中曲线表格中的线条形状就可以调整图像的亮度、对比度和色彩平衡等。表格的横坐标表示原图像的色调，对应值显示在【输入】文本框中；纵坐标表示新图像的色调，应值显示在【输出】文本框中，变化范围为0~255。将鼠标放在坐标区域内，【输入】和【输出】文本框就会显示当前鼠标所在处的坐标值。调整曲线形状有两种方法。

方法一：选中曲线工具 ，光标移到曲线表格中变成"＋"形状时，单击可产生一个节点，曲线形状也会随之变化。在对话框左下角的【输入】和【输出】文本框中将显示节点的【输入】和【输出】值。用鼠标可以拖动节点改变曲线形状，如图4-2-17所示。

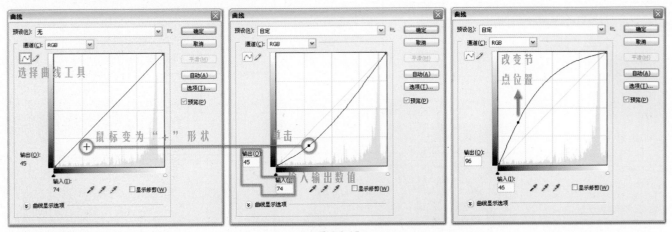

图 4-2-17

曲线向右上角弯曲，色调变亮；曲线向左下角弯曲，色调变暗。如图4-2-18所示对话框中的曲线形状下的对比效果。

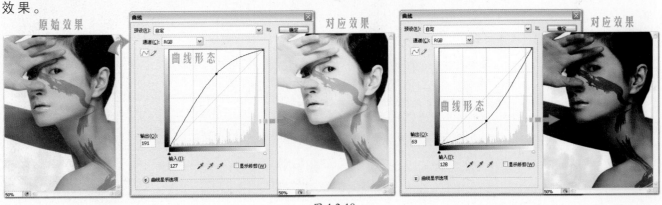

图 4-2-18

删除节点有多种方法，可以将节点拖到坐标区域以外即可；也可以按下Ctrl键单击要删除的节点；还可以单击选中节点后按下Delete键删除。

方法二：选择铅笔工具 ，在曲线表格内移动鼠标就可以绘制曲线，调整曲线的形状。这种方法绘制的曲线往往很不平滑，在"曲线"对话框中单击【平滑】按钮即可解决。如图4-2-19所示为单击【平滑】按钮前后的对话框及其图像效果的对比效果。

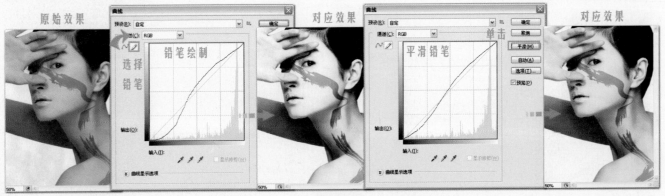

图 4-2-19

在曲线表格下方有一个明亮度控制杆,它表示曲线图中明暗度的分布方向,单击这个滑块可以切换明亮度和墨水浓度两种明暗度方式。在默认状态下亮度杆代表的颜色是从黑到白,即从左到右输入值逐渐增加,从下到上输出值逐渐增加;而当切换成墨水浓度时,变化与默认状态相反。曲线越向上弯曲,图像越暗;曲线越向下弯曲,图像越亮。明度值方式及墨水浓度值方式如图4-2-20所示。

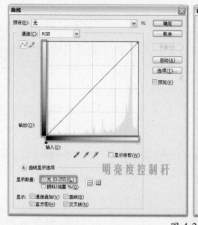
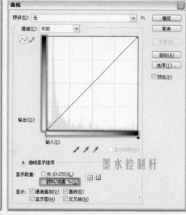

图 4-2-20

# Example 5  【曲线】调整制作仿旧摄影效果

● 通过在"曲线"对话框中调整各通道的对比以得到逆向光照效果
● 使用【添加杂色】滤镜制作杂点效果
● 使用【云彩】滤镜制作图像黑白云彩效果
● 更改图层混合模式以融合图像

**1** 执行【文件】/【打开】命令(Ctrl+O),弹出"打开"对话框,单击需要打开的素材图片,单击"打开"按钮打开素材。在"图层"面板上将"背景"图层拖到创建新图层按钮 □,得到"背景副本"图层,执行【图像】/【调整】/【曲线】命令,弹出"曲线"对话框,如图4-2-21所示。

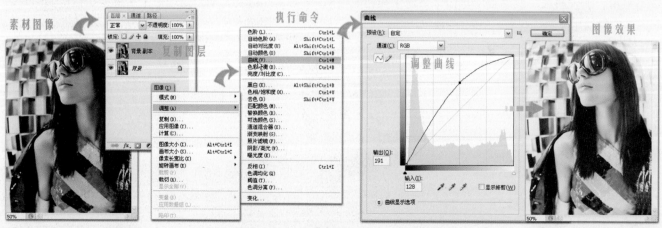

图 4-2-21

2　执行【图像】/【调整】/【曲线】命令，弹出"曲线"对话框，分别选择"红"、"绿"、"蓝"通道，对其曲线形态进行调整，设置完毕后单击"确定"按钮确定调整，得到对比度变换后的图像效果，如图4-2-22所示。

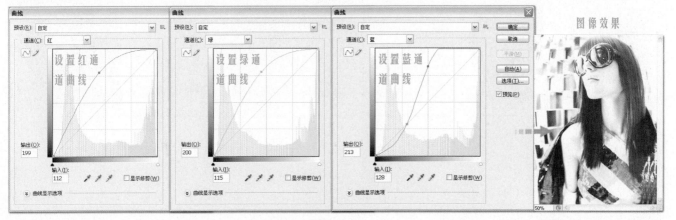

图 4-2-22

3　单击"图层"面板上创建新图层按钮　，新建"图层1"，将前景色设置为黑色，按Alt+Delete填充前景色。执行【滤镜】/【杂色】/【添加杂色】命令，弹出"添加杂色"对话框，将杂色数量设置为70％，选择"高斯分布"，设置完毕后单击"确定"按钮添加杂色，如图4-2-23所示。

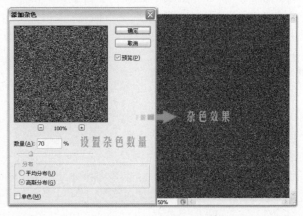

图 4-2-23

4　在"图层"面板上将"图层1"的图层混合模式设置为"叠加"。单击"图层"面板上创建新图层按钮　，新建"图层2"，将前景色设置为黑色，背景色设置为白色，执行【滤镜】/【渲染】/【云彩】命令，应用滤镜后得到黑白相间的云彩效果，如图4-2-24所示。

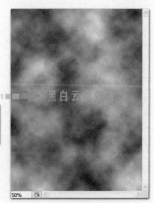

图 4-2-24

5　在"图层"面板上将"图层2"的图层混合模式设置为"颜色减淡"，单击创建新图层按钮　，新建"图层3"，将前景色设置为R168、G128、B96，按快捷键Alt+Delete填充前景色。在"图层"面板上将图层混合模式设置为"正片叠底"，得到最终图像效果，如图4-2-25所示。

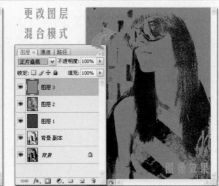

图 4-2-25

## 4.3 特殊色调控制

【去色】、【反相】、【色调均化】、【阈值】、【色调分离】以及【渐变映射】等命令也可以更改图像中的颜色或亮度值，但它们通常用于增强颜色和产生特殊效果，而不用于校正颜色。下面就分别介绍这些命令的使用。

### 4.3.1 【去色】调整命令

执行【图像】/【调整】/【去色】命令（Ctrl+Shift+U），可以去除图像中的色彩饱和度，表面上图像变成灰度图像，但它与【图像】菜单下的【模式】/【灰度】命令不同，【去色】命令不会改变图像的色彩模式。【去色】命令可以只针对某个选区进行转化；而【灰度】命令不但改变了图像的色彩模式，而且对整个图像不加选取的进行颜色转换。此命令与在【色相/饱和度】对话框中将"饱和度"设置为 0 时，有相同的效果。

执行【图像】/【调整】/【去色】命令或按快捷键 Ctrl+Shift+U，【去色】命令不带有参数设置对话框，执行此命令后直接应用效果，如图4-3-1所示。

图 4-3-1

## Example 6　　　【去色】命令制作素描效果

● 通过在"通道"面板中调整各通道的对比以得到颗粒效果

● 使用【扩散亮光】滤镜制作朦胧特效

● 更改图层混合模式以融合图像

● 灵活应用滤镜特效打造素描动感线条

**1** 执行【文件】/【打开】命令（Ctrl+O），弹出"打开"对话框，单击需要打开的素材图片，单击"打开"按钮打开素材。在"图层"面板上将 背景"图层拖到创建新图层按钮 ，得到"背景副本"图层，执行【图像】/【调整】/【去色】命令（Ctrl+Shift+U），如图4-3-2所示。

图 4-3-2

**2** 在"图层"面板上将"背景副本"图层拖到创建新图层按钮 ，得到"背景副本2"，将图层隐藏并选择"背景副本"图层，执行【滤镜】/【艺术效果】/【胶片颗粒】命令，弹出"胶片颗粒"对话框，进行参数设置，如图4-3-3所示。

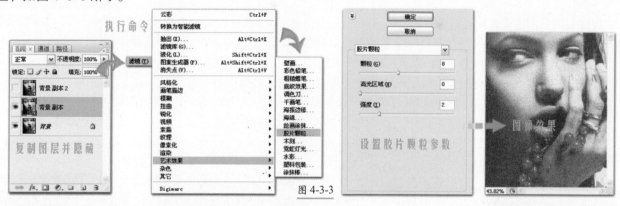

图 4-3-3

**3** 执行【滤镜】/【艺术效果】/【粗糙蜡笔】命令，弹出"粗糙蜡笔"对话框，进行具体参数设置，设置完毕后单击"确定"按钮，应用滤镜后得到蜡笔绘制效果，如图4-3-4所示。

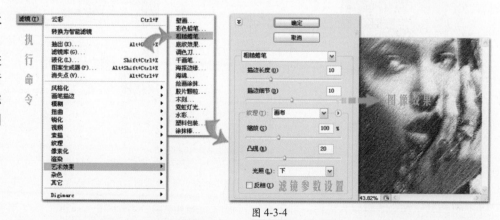

图 4-3-4

**4** 显示"背景副本2"图层，执行【滤镜】/【风格化】/【查找边缘】命令，制作出图像的主体线条，图像效果如图4-3-5所示。

图 4-3-5

**5** 执行【图像】/【调整】/【色阶】命令（Ctrl+L），弹出"色阶"对话框，将输入色阶参数设置为"100/2.50/200"，设置完毕后单击"确定"按钮，得到清晰的线条效果。在"图层"面板上将"背景副本2"的图层混合模式设置为"柔光"，得到最终效果，如图4-3-6所示。

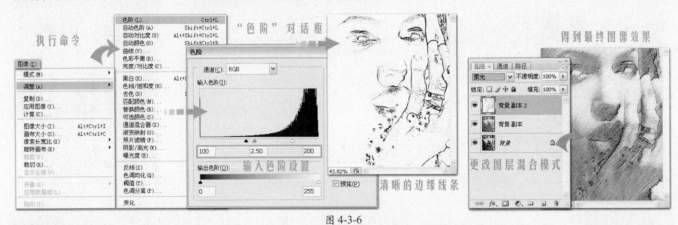

图 4-3-6

### 4.3.2　【反相】调整命令

　　【反相】调整命令可以反转图像的颜色和色调。可以使用此命令将一个正片黑白图像变成负片，或从扫描的黑白负片得到一个正片。反相图像时，把每个像素的亮度值转换为256级颜色值刻度上相反的值。【反相】命令可以先选择要选定反相的内容，如图层、通道、选取范围或图像。然后执行【图像】/【调整】/【反相】命令，或使用快捷键Ctrl+I。例如可以将一个黑白正片转换为负片，产生类似照片底片的效果。

　　打开素材图像，选定反转的内容，选择内容可以是图层、通道、图像的部分选择范围或者整个图像。执行【图像】/【调整】/【反相】命令（Ctrl+I），实现色彩的反转，如图4-3-7所示。色彩反转后的效果如A所示。若再次执行【反相】命令，图像将还原到原始图像效果，如B所示。

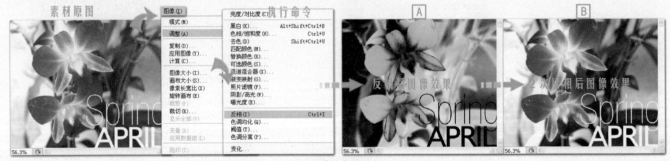

图 4-3-7

### 4.3.3　【色调分离】调整命令

　　【色调分离】命令可以为图像的每个颜色通道定制亮度级别，然后将其余色调的像素值定制为接近的匹配颜色。

　　执行【图像】/【调整】/【色调分离】命令，弹出"色调分离"对话框，如图4-3-8所示。

　　在"色调分离"对话框中，输入不同色阶值，可以得到不同的效果。色阶值越小图像色彩变化越强烈；色阶值越大，色彩变化越轻微。

图 4-3-8

　　打开一张素材图像，执行【图像】/【调整】/【色调分离】命令，弹出"色调分离"对话框，设置色阶参数，如图4-3-9所示为色阶值2和色阶值5时的图像效果对比。

图 4-3-9

### 4.3.4 【阈值】调整命令

【阈值】调整命令可以将灰度图像或彩色图像转换成只有黑白高对比度的图像。其变化范围在 1——255 之间，可以在文本框内指定亮度值为阈值，阈值越大，黑色像素分布越广；阈值越小，白色像素分布越广。

打开素材图片，执行【图像】/【调整】/【阈值】命令，弹出"阈值"对话框，当阈值为 200 和 100 时，图像对比效果如图 4-3-10 所示。

图 4-3-10

## Example 7 色调命令制作时尚插画效果

● 选取工具选出人物选取范围，复制到新图层

● 使用【色调分离】命令使图像呈现明显的颜色分界

● 使用【阈值】制作黑白对比图像特效

● 更改图层混合模式以得到各图层叠加效果

● 对人物范围进行描边突出人物效果

● 添加简单图层样式，丰富效果

**1** 执行【文件】/【打开】命令（Ctrl+O），弹出"打开"对话框，选择图片文件，单击"打开"按钮。选择工具箱中的魔棒工具，在其工具选项栏中选择"选区相加"，并将容差设置为5，使用工具在图像中白色的背景区域连续单击，得到背景所在的选区，按快捷键Ctrl+Shift+I将选区反向，在"图层"使面板上选择"背景"图层，按Ctrl+J复制选区中图像到新的图层，得到"图层1"，单击"背景"图层缩览图前指示图层可视性按钮，将其隐藏，如图4-3-11所示。

图 4-3-11

**2** 选择"图层1"，将其拖到创建新图层按钮，得到"图层1副本"图层，执行【图像】/【调整】/【去色】命令（Ctrl+Shift+U），应用后得到黑白的图像效果。将"图层1副本"图层拖到创建新图层按钮，得到"图层1副本2"，单击图层缩览图前的指示图层可视性按钮将其隐藏待用，如图4-3-12所示。

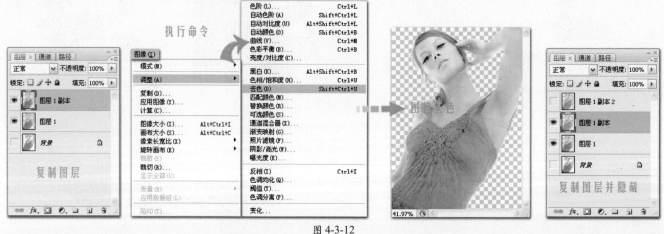

图 4-3-12

**3** 在"图层"面板上选择"图层1副本"，执行【图像】/【调整】/【色调分离】命令，在弹出的"色调分离"对话框中将色阶参数设置为4，单击"确定"按钮，应用后的图像效果如图4-3-13所示。

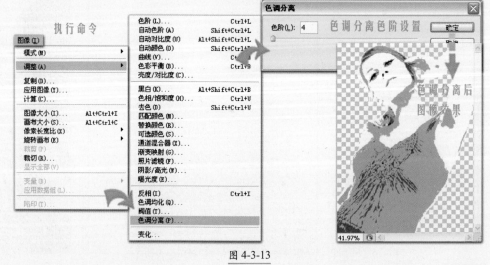

图 4-3-13

4 执行【滤镜】/【杂色】/【中间值】命令，弹出"中间值"对话框，将中间值半径设置为1像素，设置完毕后单击"确定"按钮应用滤镜，得到同色调匀化效果，如图4-3-14所示。

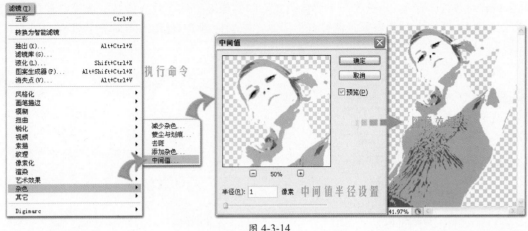

图4-3-14

5 单击"图层1副本2"图层缩览图前的指示图层可视性按钮，将图层显示，并将其选中，执行【图像】/【调整】/【阈值】命令，弹出"阈值"对话框，阈值色阶设置为145，单击"确定"按钮，应用后的图像效果如图4-3-15所示。

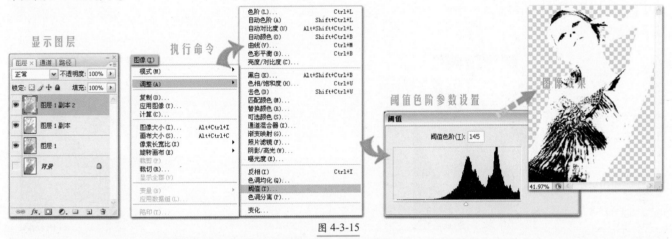

图4-3-15

提示：执行【阈值】命令的目的是为了将图像中暗部的基调转换为黑色，图像中亮部的基调转换为白色，形成鲜明的黑白对比，不同的素材应用的阈值色阶不同，只要将图像中应当刻画的黑色都显现出来即可，拖动滑块可改变阈值色阶参数。

6 执行【滤镜】/【杂色】/【中间值】命令，弹出"中间值"对话框，将中间值半径设置为1像素，设置完毕后单击"确定"按钮应用滤镜，得到的图像效果如图4-3-16所示。

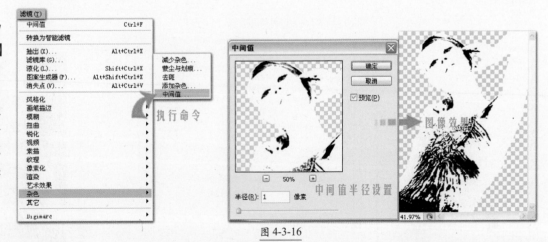

图4-3-16

7 在"图层"面板上将"图层1副本2"的图层混合模式设置为"正片叠底"，在"图层"面板中可以看到除了隐藏的"背景"图层之外只有"图层1"具有色彩信息，将"图层1"拖到所有图层的最上方，并将其图层混合模式设置为"颜色",更改图层混合模式后的图像被添加上颜色信息。选择"背景"图层,单击创建新图层按钮 🔲 ,新建"图层2",将前景色设置为黑色,按快捷键 Alt+Delete 填充前景色,图像效果如图4-3-17所示。

图 4-3-17

**8** 在"图层"面板上选择"图层1",按 Ctrl 键单击"图层1"缩览图得到人物所在选区,单击"图层"面板上的创建新图层按钮 🔲 ,新建"图层3"。将前景色设置为白色,在图像上的选区中单击鼠标右键,在弹出的下拉快捷菜单中选择"描边"命令,弹出"描边"对话框,选择白色对选区描边,如图4-3-18所示进行参数设置,按快捷键 Ctrl+D 取消选择。

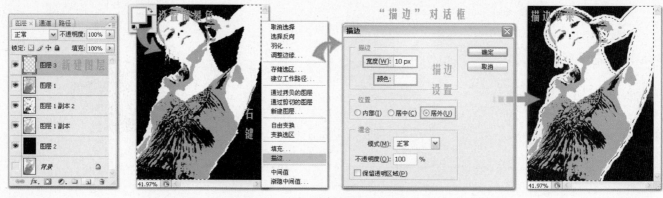

图 4-3-18

**9** 选择"图层3",单击"图层"面板上添加图层样式按钮 fx ,在弹出的下拉菜单中选择"投影"样式,弹出"图层样式"对话框,将投影距离设置为2像素,其余参数不变,设置完毕后单击"确定"按钮,最终图像效果如图4-3-19所示。

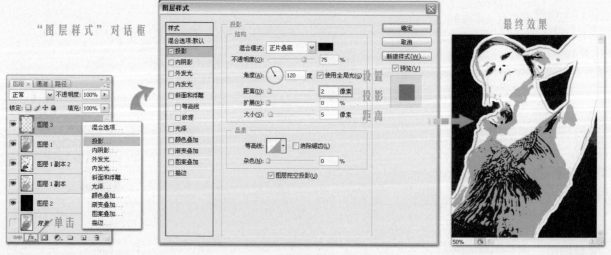

图 4-3-19

### 4.3.5 【色调均化】调整命令

【色调均化】调整命令可以使图像中的亮度值均匀分布，重新分配图像像素的亮度值，以便它们更均匀地呈现所有范围的亮度级，使图像的明度感更加平衡。当使用这一命令时，Photoshop会自动将图像中最亮的像素填充为白色，将最暗的部分填充为黑色，然后进行亮度值的均化，其他的像素均匀地分布到所有色阶上。即在整个灰度范围内均匀分布中间像素值。

执行【图像】/【调整】/【色调均化】命令，弹出"色调均化"对话框，如图4-3-20所示。

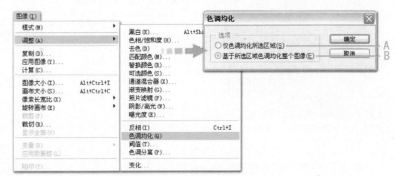

◆A仅色调均化所选区域：仅均匀地分布选区的像素。选择此单选按钮，"色调均化"对话框只对选取范围进行处理时起作用。

◆B基于所选区域色调均化整个图像：基于选区中像素均匀分布所有图像的像素。选择此选项，【色调均化】命令以选取范围内图像的最亮和最暗像素为基准使整幅图像色调均化。

图 4-3-20

如图4-3-21所示的图解中，图1为未进行局部选取时应用【色调均化】命令时得到的图像效果；图2为制定选区后，勾选"仅色调均化所选区域"复选项时的均化效果；图3为制定选区后，勾选"基于所选区域色调均化整个图像"复选项时的均化效果。

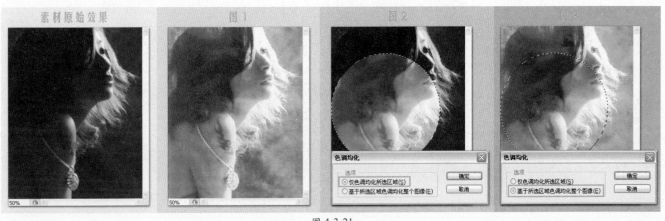

图 4-3-21

### 4.3.6 【渐变映射】调整命令

【渐变映射】命令会自动依据图像中的灰阶数值来填充所选取的渐变颜色。可将预设的几种渐变模式作用于图像。

执行【图像】/【调整】/【渐变映射】命令，弹出"渐变映射"对话框，如图4-3-22所示。在该对话框中单击拾色器扩展按钮▪|，弹出多种渐变颜色的下拉列表，可选择任意一种渐变颜色组合进行渐变映射，也可直接单击渐变色条，弹出"拾色器"对话框，自行设定渐变颜色。

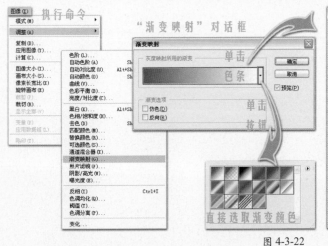

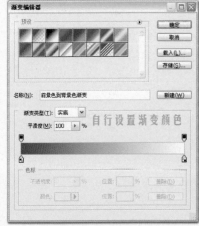

图 4-3-22

使用【渐变映射】命令先对所要处理的图像进行分析，然后根据图像中各个像素的亮度，用所选的渐变模式进行替换，替换仍然能看清原图像的轮廓。应用所选渐变进行映射处理前后对比效果如图 4-3-23 所示。

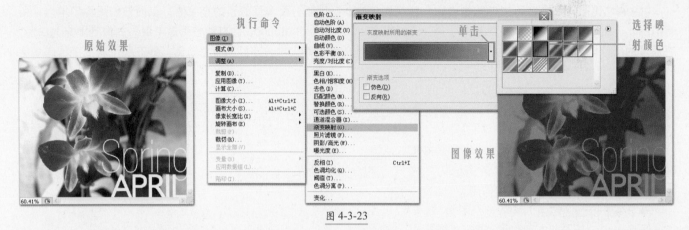

图 4-3-23

如果对处理后的效果不太满意，可以使用仿色效果，它主要作用于反差较大的像素边缘，可以使色彩过渡平稳。也可以使用反向，它可以将渐变色阶的图像颜色反转，呈现负片效果，也就是变成原渐变图像的反转图像。如图 4-3-24 所示为使用"反相"前后的对比效果。

图 4-3-24

# Chapter

## Photoshop CS3 数码照片润色技法

**05**

本章主要讲述如何使用Photoshop CS3对数码照片进行调整、修饰和编辑。本章将软件性能与巧妙创意有机结合，通过 14 个典型实例把多个知识点总结为技巧提示，穿插在制作过程中，读者可以在边学边练中轻松掌握各种操作技巧。

# Effect 01　数码照片扣图技巧6则

- 磁性套索工具抠图法
- 路径工具抠图法
- 魔术橡皮擦工具抠图法
- 背景橡皮擦工具抠图法
- 抽出滤镜抠图法
- 利用通道抠图

## 方法一　磁性套索工具抠图法

当处理一些色彩反差较大的图像时，使用磁性套索工具，就是最简单最快捷的方法了，这种反差越明显，使用磁性套索工具抠图就越精确。

**1** 执行【文件】/【打开】命令，弹出"打开"对话框，选择反差较大的素材图片，单击"打开"按钮打开素材，如图5-1-1所示。

图 5-1-1

**2** 选择工具箱中的磁性套索工具，在图像的任意边缘单击，确定套索工具的起始点，顺着图像边缘移动鼠标，直到绕图一周，当鼠标变为"句号"时，再次单击，完成抠图过程，如图5-1-2所示。观察图片，有个单独的图像并不与整体图像链接，在磁性套索工具的工具选项栏中将套索范围设置为"添加到选区"，按照同样的方法将剩下的图像进行套索，得到如图5-1-3所示的选区。

图 5-1-2

图 5-1-3

**3** 执行【图层】/【新建】/【通过拷贝的图层】命令（Ctrl+J），复制选区中的图像到新的图层，得到"图层1"。打开一张背景素材图片，如图5-1-4所示。

图 5-1-4

提示：【图层】菜单下的【通过拷贝的图层】命令，是针对当前图层进行复制的命令，如果当前图层上含有选区，复制的图像则是选区中的内容，应用此命令的快捷方式为Ctrl+J。

**4** 选择工具箱中的移动工具，将背景素材移动到图像中，生成"图层2"，如图5-1-5所示改变图层顺序，图像效果如图5-1-6所示。

图 5-1-5

图 5-1-6

图 5-1-9

图 5-1-10

**5** 在"图层"面板上选择"图层1"，单击添加图层样式按钮 *fx.*，在弹出的菜单中选择"投影"样式，弹出"图层样式"对话框，如图 5-1-7 所示进行投影样式设置，设置完毕后单击"确定"按钮，应用后得到的图像效果如图 5-1-8 所示。

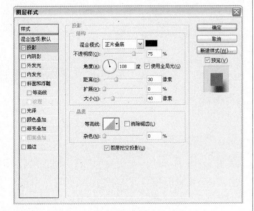
图 5-1-7

**7** 切换到"路径"面板，单击将路径作为选区载入按钮 ，如图 5-1-11 所示将路径转换为选区，选区效果如图 5-1-12 所示。

图 5-1-11

图 5-1-12

**8** 执行【选择】/【反向】命令，将选区反选，得到包括背景内容的选区，如图 5-1-13 所示。对选区执行【选择】/【修改】/【羽化】命令，弹出"羽化选区"对话框，将羽化半径设为 10 像素，单击"确定"按钮。执行【滤镜】/【模糊】/【高斯模糊】命令，弹出"高斯模糊"对话框，将模糊半径设置为 5 像素，如图 5-1-14 所示，使选区中的背景图像产生柔和的效果。

图 5-1-8

**方法二　路径工具抠图法**

　　遇到背景较复杂，图像较复杂的图片，一般情况下选择钢笔工具 ，进行抠图。

**6** 执行【文件】/【打开】命令，弹出"打开"对话框，选择需要的素材图片，单击"打开"按钮打开素材，如图 5-1-9 所示。选择工具箱中的钢笔工具 ，沿图像边缘进行勾画建立闭合路径，如图 5-1-10 所示。

图 5-1-13

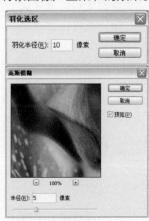
图 5-1-14

**9** 高斯模糊后得到的图像效果如图5-1-15所示。执行【选择】/【取消选择】命令（Ctrl+D），去掉图像中的选区范围，得到的最终效果如图5-1-16所示。

图 5-1-15　　　　　图 5-1-16

### 方法三　魔术橡皮擦工具抠图法

魔术橡皮擦工具，集中了魔棒工具和橡皮擦工具的特点，对背景颜色单一的图像进行抠图是比较好用的。

**10** 执行【文件】/【打开】命令，弹出"打开"对话框，选择背景简单的素材图像，单击"打开"按钮打开素材，如图5-1-17所示。

图 5-1-17

**11** 选择工具箱中的魔术橡皮擦工具，在其工具选项栏中设置容差范围，使用橡皮在背景处单击即可，背景图像直接清除，如图5-1-18所示。

图 5-1-18

### 方法四　背景橡皮擦工具抠图法

当需要处理的图像中前景色和背景色存在明显的颜色差异时，就可以考虑使用背景橡皮擦工具进行抠图。

**12** 执行【文件】/【打开】命令，弹出"打开"对话框，选择颜色差异明显的素材图像，单击"打开"按钮打开素材，如图5-1-19所示。

图 5-1-19

**13** 选择工具箱中的背景橡皮擦工具，在其工具选项栏中选择"连续取样"，并选择"查找边缘"，在花瓣周围涂抹，得到如图5-1-20所示的效果。

图 5-1-20

**14** 将图像与背景分离开后，就可利用橡皮擦工具，将其余的背景擦除掉，完成抠图过程，如图5-1-21所示。

图 5-1-21

提示：使用背景橡皮擦工具进行抠图时，选择合适的笔刷大小，在需要抠的图像周围进行涂抹即可，Photoshop会自动识别图像中的颜色信息，轻易地将不同色相的图像区分出来。

### 方法五　抽出滤镜抠图法

【抽出】滤镜是由Photoshop5.5引进，专为抠图设计的一个新功能，"抽出"对话框中有一片非常大的预览区域，可在预览区域中制定抠图的边界及需要保留的区域，必要时还可在预览区域中进行更加精细的加工。一般用于抠含有毛发的图像。

**15** 打开一张图片素材，如图5-1-22所示，不难发现，若要将图像中的蒲公英抠出，难度是相当大的，所以此例选择"抽出"滤镜进行抠图。

图 5-1-22

**16** 执行【滤镜】/【抽出】命令，弹出"抽出"对话框，选择边缘高光器工具 ✎ ，如图 5-1-23 所示进行绘制。

图 5-1-23

**17** 选择"抽出"对话框中的填充工具 ◇ ，在闭合的高光区域中单击填充，如图 5-1-24 所示，单击"确定"按钮应用滤镜。

图 5-1-24

**18** 应用"抽出"滤镜后得到选区，执行【图层】/

【新建】/【通过拷贝的图层】命令，复制选区中的图像到新的图层，得到"背景副本"图层。打开一张背景素材图片，如图5-1-25所示。选择工具箱中的移动工具 ⊕ ，将背景素材移动到图像中，生成"图层1"，改变图层顺序得到如图5-1-26所示的图像效果。

图 5-1-25

图 5-1-26

提示：复制选区中的图像到新的图层，快捷方式为Ctrl+J。

**19** 为了画面的美观，将蒲公英的图像连续复制并改变大小，形成如图5-1-27所示的图像效果。

图 5-1-27

**方法六** 利用通道抠图法

利用Alpha通道将物体从图像中分离出来的方法比较适合处理人物照片一类的图片。人物一般都是会有头发的，对付发丝这样细微的图像魔棒工具就不一定能胜任了，而使用路径工具进行抠图也是非常不切实际的，这里介绍一种通道抠图的方法，一般用于毛发较多、背景颜色较单一的图像抠图。

**20** 执行【文件】/【打开】命令，弹出"打开"对话框，选择需要的素材图像，单击"打开"按钮打开素材，图像效果如图5-1-28所示。

图 5-1-28

**21** 执行【选择】/【全选】命令（Ctrl+A），将图像全部选中，按快捷键Ctrl+C复制选区中的图像，切换到"通道"面板，单击创建新通道按钮，新建"Alpha1"通道，如图5-1-29所示。按快捷键Ctrl+V粘贴图像，得到如图5-1-30所示的图像效果。

图 5-1-29

图 5-1-30

提示：全选图像的快捷键为 Ctrl+A，复制图像的快捷键为 Ctrl+C，粘贴图像的快捷键为 Ctrl+V。

**22** 执行【图像】/【调整】/【色阶】命令（Ctrl+L），弹出"色阶"对话框，如图5-1-31所示进行色阶参数调整，设置完毕后单击"确定"按钮应用调整，得到调整色阶后的图像效果，如图5-1-32所示。

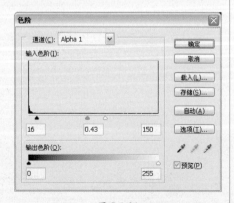

图 5-1-31

图 5-1-32

**23** 选择工具箱中的画笔工具，将前景色设置为黑色，将图像中其他人物区域涂满颜色，如图5-1-33所示。

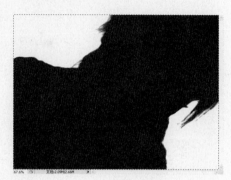

图 5-1-33

**24** 按住 Ctrl 键单击"Alpha1"通道缩览图，调出其选区，切换回"图层"面板，图像效果如图5-1-34所示。保持选区不变，按 Delete 键删除选区中图像，删除后按快捷键Ctrl+D取消选择，得到图像效果如图5-1-35所示。

图 5-1-34

图 5-1-35

# Effect 02　　Photoshop 简单边框制作6款

● 晶莹泡泡相框　　　　● 花饰相框　　　　● 可爱蕾丝抽边相框
● Photoshop 画笔描边相框　● 仿古风格透明相框　● 自由旋转相框

---

**相框一　　晶莹泡泡相框**

**1** 执行【文件】/【打开】命令（Ctrl+O），弹出"打开"对话框，选择需要的图片素材，单击"打开"按钮，图像效果如图5-2-1所示。

图 5-2-1

**2** 选择工具箱中的矩形选框工具，在图像中绘制比原图略小的选区，如图5-2-2所示。单击工具箱中以快速蒙版模式编辑按钮，得到如图5-2-3所示的蒙版效果。

图 5-2-2

图 5-2-3

**3** 执行【滤镜】/【像素化】/【彩色半调】命令，弹出"彩色半调"对话框，如图5-2-4所示将最大半径设置为25像素，其他参数不变，设置完毕后单击"确定"

按钮应用滤镜，得到如图5-2-5所示的图像效果。

图 5-2-4

图 5-2-5

**4** 单击工具箱中以标准模式编辑按钮，得到蒙版包含的选区，如图5-2-6所示。执行【选择】/【反向】命令（Ctrl+Shift+I），得到如图5-2-7所示的选区。

图 5-2-6

图 5-2-7

**5** 单击"图层"面板上创建新图层按钮，新建"图层1"，如图5-2-8所示。将前景色色值设置为R255、G120、B0，按快捷键Alt+Delete填充前景色，得到如图5-2-9所示的图像效果。

图 5-2-8

图 5-2-9

**6** 执行【滤镜】/【像素化】/【碎片】命令，得到如图 5-2-10 所示的图像效果。

> 提示：【碎片】滤镜是没有参数设置对话框的，执行此命令后，直接应用滤镜效果。

图 5-2-10

**7** 在"图层"面板上将"图层 1"的图层不透明度设置为 80%，如图 5-2-11 所示。更改不透明度后的图像效果如图 5-2-12 所示。

图 5-2-11

图 5-2-12

**8** 执行【滤镜】/【锐化】/【USM 锐化】命令，弹出"USM 锐化"对话框，如图 5-2-13 所示进行具体参数设置，设置完毕后单击"确定"按钮，应用滤镜后得到如图 5-2-14 所示的图像效果。

图 5-2-13

图 5-2-14

**9** 单击"图层"面板上创建新图层按钮，新建"图层 2"，如图 5-2-15 所示。

图 5-2-15

**10** 执行【编辑】/【描边】命令，弹出"描边"对话框，如图 5-2-16 所示进行描边参数设置，设置完毕后单击"确定"按钮，描边后得到的图像效果如图 5-2-17 所示。

图 5-2-16

图 5-2-17

**11** 单击"图层"面板上添加图层样式按钮，在弹出的菜单中选择"投影"样式，弹出"图层样式"对话框，如图 5-2-18 所示设置参数，设置完毕后单击"确定"按钮应用图层样式，得到如图 5-2-19 所示的图像效果。

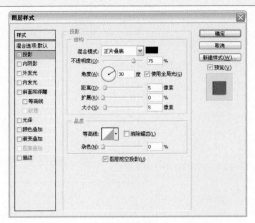

图 5-2-18

图 5-2-22　　　　　　　图 5-2-23

**14**　显示"背景副本",选择工具箱中的矩形选框工具，在图像中绘制比原图略小的选区,如图5-2-24所示。单击工具箱中以快速蒙版模式编辑按钮，得到如图5-2-25所示的蒙版。

图 5-2-19

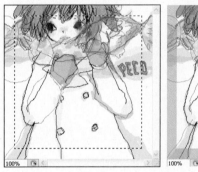 

图 5-2-24　　　　　　　图 5-2-25

**相框二　花饰相框**

**12**　执行【文件】/【打开】命令（Ctrl+O）,弹出"打开"对话框,选择需要的图片素材,单击"打开"按钮,图像效果如图5-2-20所示。选择"背景"图层,将其拖曳至创建新图层按钮，得到"背景副本"图层,单击指示图层可视性按钮，将其隐藏,"图层"面板如图5-2-21所示。

**15**　执行【滤镜】/【像素化】/【彩色半调】命令,弹出"彩色半调"对话框,如图5-2-26所示将最大半径设置为20像素,其他参数不变,设置完毕后单击"确定"按钮应用滤镜,得到如图5-2-27所示的图像效果。

图 5-2-26

图 5-2-20　　　　　　　图 5-2-21

**13**　选择"背景"图层,执行【滤镜】/【模糊】/【动感模糊】命令,弹出"动感模糊"对话框,如图5-2-22所示进行参数设置,设置完毕后单击"确定"按钮,得到如图5-2-23所示的图像效果。

图 5-2-27

**16** 执行【滤镜】/
【像素化】/【碎片】
命令，应用后得到如
图5-2-28所示的图像效
果。

图 5-2-28

**17** 执行【滤镜】/
【锐化】/【锐化】命
令，连续4次按下快捷
键Ctrl+F，重复锐化命
令，得到如图5-2-29所
示的图像效果。

图 5-2-29

**18** 单击工具箱中以标准模式编辑按钮 ，得到蒙版转
化为选区后的效果，如图 5-2-30 所示。执行【选择】/
【反向】命令（Ctrl+Shift+I），得到如图 5-2-31 所示的
选区。

图 5-2-30          图 5-2-31

**19** 单击"图层"面板上创建新图层按钮 ，新建
"图层1"，如图 5-2-32 所
示。执行【编辑】/【描边】
命令，弹出"描边"对话框，
如图5-2-33所示将颜色色值设
置为R152、G3、B180，设
置完毕后单击"确定"按钮，
描边后得到如图5-2-34所示的
图像效果。

图 5-2-32

图 5-2-33          图 5-2-34

**20** 单击
"图层"面板
上添加图层样
式按钮 ，
在弹出的菜单
中选择"投
影"样式，弹
出"图层样
式"对话框，
如图5-2-35所
示设置参数，
设置完毕后不
关闭对话框，
勾选"内发
光"选项，如
图5-2-36所示
进行参数设
置。设置完毕
后单击"确
定"按钮，
图像效果如图
5-2-37 所示。

图 5-2-35

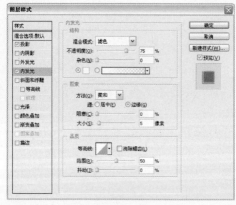

图 5-2-36

图 5-2-37

相框三 可爱蕾丝抽边相框

**22** 执行【文件】/【打开】命令（Ctrl+O），弹出"打开"对话框，选择需要的图片素材，单击"打开"按钮，图像效果如图5-2-38所示。选择"背景"图层，将其拖曳至创建新图层按钮 ，得到"背景副本"图层，将前景色设置为白色，选择"背景"图层，按快捷键Alt+Delete将图层填充前景色，"图层"面板如图5-2-39所示。

图 5-2-38

图 5-2-39

**23** 选择"背景副本"图层，选择工具箱中的矩形选框工具 ，在图像中绘制比原图略小的选区，执行【选择】/【反向】命令（Ctrl+Shift+I），将选区反选，如图5-2-40所示。单击工具箱中以快速蒙版模式编辑按钮 ，得到如图5-2-41所示的蒙版。

图 5-2-40

图 5-2-41

**24** 执行【滤镜】/【扭曲】/【玻璃】命令，弹出"玻璃"对话框，如图5-2-42所示进行具体参数设置，设置完毕后单击"确定"按钮应用滤镜，得到的图像效果如图5-2-43所示。

图 5-2-42

图 5-2-43

**25** 执行【滤镜】/【像素化】/【碎片】命令，应用后得到如图5-2-44所示的图像效果。

图 5-2-44

**26** 执行【滤镜】/【锐化】/【锐化】命令，连续3次按下快捷键Ctrl+F，重复锐化命令，得到如图5-2-45所示的图像效果。

图 5-2-45

**27** 单击工具箱中以标准模式编辑按钮 ，得到蒙版转化为选区后的效果，如图5-2-46所示。在"图层"面板上选择"背景副本"图层，按下Delete键删除选区中图像，图像效果如图5-2-47所示。

图 5-2-46

图 5-2-47

**28** 单击"图层"面板上创建新图层按钮 ⬜，新建"图层 1"，执行【编辑】/【描边】命令，弹出"描边"对话框，如图5-2-48所示将颜色色值设置为 R241、G70、B146，设置完毕后单击"确定"按钮，按快捷键 Ctrl+D 取消选择，描边后得到的图像效果如图5-2-49 所示。

图 5-2-48

图 5-2-49

相框四　Photoshop 画笔描边相框

**29** 执行【文件】/【打开】命令（Ctrl+O），弹出"打开"对话框，选择需要的图片素材，单击"打开"按钮，图像效果如图 5-2-50 所示。选择"背景"图层，将其拖曳至创建新图层按钮 ⬜，得到"背景副本"图层，"图层"面板如图 5-2-51 所示。

图 5-2-50　　　图 5-2-51

**30** 选择工具箱中的矩形选框工具 ⬚，在图像中绘制比原图略小的选区，执行【选择】/【反向】命令（Ctrl+Shift+I），将选区反选，如图 5-2-52 所示。单击工具箱中以快速蒙版模式编辑按钮 ◻，得到如图5-2-53所示的蒙版。

图 5-2-52　　　　　　图 5-2-53

**31** 执行【滤镜】/【画笔描边】/【喷色描边】命令，弹出"喷色描边"对话框，如图 5-2-54 所示进行具体参数设置，设置完毕后单击"确定"按钮，应用滤镜后得到的图像效果如图 5-2-55 所示。

图 5-2-54　　　　　　图 5-2-55

**32** 单击工具箱中以标准模式编辑按钮 ◻，得到蒙版转化为选区后的效果，如图 5-2-56 所示。

图 5-2-56

**33** 单击"图层"面板上创建新图层按钮 ⬜，新建"图层 1"，如图 5-2-57 所示。将前景色色值设置为 R255、G1、B126，设置完毕后按快捷键 Alt+Delete 填充前景色，得到的图像效果如图 5-2-58 所示。

图 5-2-57

图 5-2-58

**34** 在"图层"面板上将"图层1"的图层不透明度设置为80%，图层混合模式设置为"亮度"，如图5-2-59所示。图像效果如图5-2-60所示。

图 5-2-59

图 5-2-60

**35** 单击"图层"面板上创建新图层按钮，新建"图层2"，执行【编辑】/【描边】命令，弹出"描边"对话框，如图5-2-61所示将描边颜色色值设置为R255、G255、B255，设置完毕后单击"确定"按钮，描边后得到的图像效果如图5-2-62所示。

图 5-2-61

图 5-2-62

**36** 单击"图层"面板上添加图层样式按钮 *fx.*，在弹出的菜单中选择"投影"样式，弹出"图层样式"对话框，如图5-2-63所示设置参数，设置完毕后单击"确定"按钮，得到如图5-2-64所示的图像效果。

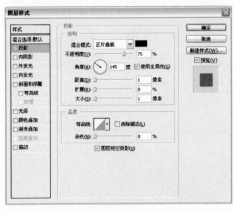

图 5-2-63

图 5-2-64

**相框五　仿古风格透明相框**

**37** 执行【文件】/【打开】命令（Ctrl+O），弹出"打开"对话框，选择需要的图片素材，单击"打开"按钮，图像效果如图5-2-65所示。选择"背景"图层，将其拖到创建新图层按钮 上，得到"背景副本"图层，将前景色设置为白色，选择"背景"图层，按快捷键Alt+Delete将图层填充为白色，"图层"面板如图5-2-66所示。

图 5-2-65　　　　图 5-2-66

**38** 选择工具箱中的矩形选框工具 ，在图像中绘制比原图略小的选区，执行【选择】/【反向】命令（Ctrl+Shift+I），将选区反选，如图 5-2-67 所示。单击工具箱中以快速蒙版模式编辑按钮 ，得到如图5-2-68所示的蒙版。

图 5-2-67　　　　　　　图 5-2-68

**39** 选择"背景副本"图层，执行【滤镜】/【素描】/【铬黄】命令，弹出"铬黄渐变"对话框，如图 5-2-69 所示进行具体参数设置，设置完毕后单击"确定"按钮应用滤镜，得到的图像效果如图5-2-70 所示。

图 5-2-69　　　　　　　图 5-2-70

**40** 执行【滤镜】/【像素化】/【碎片】命令，应用后得到如图 5-2-71 所示的图像效果。

图 5-2-71

**41** 执行【滤镜】/【像素化】/【马赛克】命令，弹出"马赛克"对话框，如图 5-2-72 所示将单元格大小设置为 10 方形，设置完毕后单击"确定"按钮应用滤镜，得到如图5-2-73所示的图像效果。

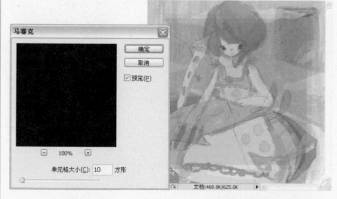

图 5-2-72　　　　　　　图 5-2-73

**42** 执行【滤镜】/【锐化】/【锐化】命令，连续3次按下快捷键Ctrl+F，重复锐化命令，得到如图 5-2-74 所示的图像效果。

图 5-2-74

**43** 单击工具箱中以标准模式编辑按钮 ，得到蒙版转化为选区后的效果，如图 5-2-75 所示。在"图层"面板上选择"背景副本"图层，按下 Delete 键删除选区中图像，图像效果如图 5-2-76 所示。

图 5-2-75　　　　　　　图 5-2-76

**44** 单击"图层"面板上创建新图层按钮 ，新建"图层 1"，执行【编辑】/【描边】命令，弹出"描边"对话框，如图5-2-77所示将颜色色值设置为 R0、G0、B0，设置完毕后单击"确定"按钮，描边后得到的图像效果如图5-2-78所示。

图 5-2-77

图 5-2-78

---

**相框六　自由旋转相框**

**45** 执行【文件】/【打开】命令（Ctrl+O），弹出"打开"对话框，选择需要的图片素材，单击"打开"按钮，图像效果如图 5-2-79 所示。选择"背景"图层，将其拖到创建新图层按钮 ，得到"背景副本"图层，如图 5-2-80 所示。

图 5-2-79　　　　　　图 5-2-80

**46** 选择工具箱中的矩形选框工具 ，在图像中绘制比原图略小的选区，如图 5-2-81 所示。单击工具箱中以快速蒙版模式编辑按钮 ，得到如图 5-2-82 所示的蒙版。

图 5-2-81　　　　　　图 5-2-82

**47** 执行【滤镜】/【像素化】/【晶格化】命令，弹出"晶格化"对话框，如图 5-2-83 所示进行具体参数设置，设置完毕后单击"确定"按钮，应用滤镜后得到的图像效果如图 5-2-84 所示。

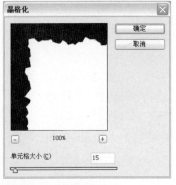

图 5-2-83

图 5-2-84

**48** 执行【滤镜】/【像素化】/【碎片】命令，应用后得到如图 5-2-85 所示的图像效果。

图 5-2-85

**49** 执行【滤镜】/【画笔描边】/【喷溅】命令，弹出"喷溅"对话框，如图 5-2-86 所示进行具体参数设置，设置完毕后单击"确定"按钮，应用滤镜后得到的图像效果如图 5-2-87 所示。

图 5-2-86

图 5-2-87

**50** 执行【滤镜】/【扭曲】/【挤压】命令，弹出"挤压"对话框，如图5-2-88所示进行设置，单击"确定"按钮，得到的图像效果如图5-2-89所示。

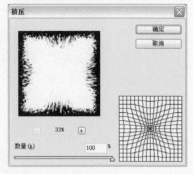

图 5-2-88

图 5-2-89

**51** 执行【滤镜】/【扭曲】/【旋转扭曲】命令，弹出"旋转扭曲"对话框，如图5-2-90所示进行具体参数设置，设置完毕后单击"确定"按钮，应用滤镜后得到的图像效果如图5-2-91所示。

图 5-2-90

图 5-2-91

**52** 单击工具箱中以标准模式编辑按钮，得到蒙版转化选区后的效果如图5-2-92所示。在"图层"面板上选择"背景副本"图层，将前景色设置为黑色，按快捷键Alt+Delete填充前景色，填充完毕后按快捷键Ctrl+D取消选择，得到的图像如图5-2-93所示。

图 5-2-92

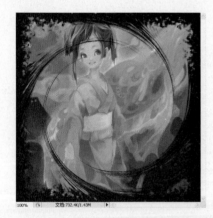

图 5-2-93

# Effect 03    轻松改变图像颜色

- 打开图像的快捷方式
- 前景色填充的使用
- 利用RGB通道中的色差范围调整图像颜色
- 调出通道选区的技法

**1** 执行【文件】/【打开】命令，弹出"打开"对话框，选择需要的素材图片，单击"打开"按钮，素材图片如图5-3-1所示。

图 5-3-1

提示：打开图像的快捷方式为 Ctrl+O，或双击 Photoshop 空白界面也可调出"打开"对话框。

**2** 在"图层"面板上将"背景"图层拖曳至创建新图层按钮 ，复制"背景"图层，得到"背景副本"，"图层"面板如图5-3-2所示。选择"背景"图层，将前景色设置为白色，执行【编辑】/【填充】命令，弹出"填充"对话框，选择"前景色"填充，"图层"面板状态如图5-3-3所示。

图 5-3-2

图 5-3-3

**3** 选择"背景副本"图层，切换至"通道"面板，按Ctrl键单击RGB通道缩览图，调出其选区，"通道"面板如图5-3-4所示。切换回"图层"面板，选区如图5-3-5所示。

图 5-3-4

图 5-3-5

**4** 选择"背景副本"图层，按Delete键删除选区中图像，执行【选择】/【取消选择】命令，将选区去掉，得到如图5-3-6所示的图像效果。

图 5-3-6

提示：利用前景色填充快捷键Alt+Delete；利用背景色填充的快捷键 Ctrl+Delete。

**5** 不仅提亮图像可用到此方法，改变图像的色调此法同样适用。选择"背景"图层，设置前景色，执行【编辑】/【填充】命令，弹出"填充"对话框，设置前景色填充，"图层"面板如图5-3-7所示。更改后的图像效果如图5-3-8所示。

图 5-3-7

图 5-3-8

**6** 再次选择"背景"图层，设置前景色，按快捷键Alt+Delete填充"背景"图层，"图层"面板如图5-3-9所示。更改后的图像效果如图5-3-10所示。

图 5-3-9

图 5-3-10

**7** 再次选择"背景"图层，设置前景色，按快捷键 Alt+Delete 填充"背景"图层，"图层"面板如图 5-3-9 所示。更改后的图像效果如图5-3-10所示。

图 5-3-9

图 5-3-10

# Effect 04　　　为风景照添加水彩国画效果

● 利用【色相/饱和度】命令调整图像整体色调
● 【色阶】命令调整图像整体亮度

● 利用【特殊模糊】命令制作水彩效果
● 羽化选区填充柔和白色

**1** 执行【文件】/【打开】命令（Ctrl+O），弹出"打开"对话框，选择需要的素材图片，单击"打开"按钮，素材图片如图 5-4-1 所示。将"背景"图层拖曳至创建新图层按钮 ，得到"背景副本"图层，"图层"面板如图 5-4-2 所示。

**2** 执行【图像】/【调整】/【色阶】命令，弹出"色阶"对话框，如图 5-4-3 所示进行调整，设置完毕后单击"确定"按钮，应用后得到如图 5-4-4 所示的图像效果。

图 5-4-1

图 5-4-2

图 5-4-3

图 5-4-4

**3** 执行【滤镜】/【模糊】/【特殊模糊】命令，弹出"特殊模糊"对话框，如图5-4-5所示进行调整，设置完毕后单击"确定"按钮，应用滤镜后得到如图5-4-6所示的图像效果。

图 5-4-5

图 5-4-6

**4** 执行【滤镜】/【艺术效果】/【水彩】命令，弹出"水彩"对话框，如图5-4-7所示进行调整，设置完毕后单击"确定"按钮，应用后得到如图5-4-8所示的图像效果。

图 5-4-7

图 5-4-8

**5** 执行【编辑】/【渐隐水彩】命令，弹出"渐隐水彩"对话框，如图5-4-9所示进行设置，设置完毕后单击"确定"按钮，应用后得到如图5-4-10所示的图像效果。

图 5-4-9

图 5-4-10

**6** 执行【图像】/【调整】/【曲线】命令，弹出"曲线"对话框，如图5-4-11所示进行设置，设置完毕后单击"确定"按钮，应用后得到如图5-4-12所示的图像效果。

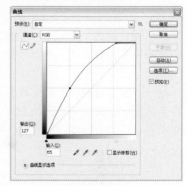

图 5-4-11

图 5-4-12

**7** 执行【图像】/【调整】/【色相/饱和度】命令，弹出"色相/饱和度"对话框，如图5-4-13所示进行参数设置，降低图像饱和度，设置完毕后单击"确定"按钮，应用调整后的图像效果如图5-4-14所示。

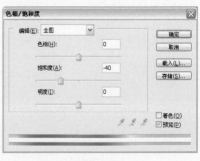

图 5-4-13

图 5-4-14

图 5-4-15

图 5-4-16

**8** 选择工具箱中的矩形选框工具 ，在图像中绘制矩形选区，执行【选择】/【修改】/【羽化】命令，弹出"羽化选区"对话框，羽化半径设置为 30 像素，单击"确定"按钮应用，得到的选区效果如图 5-4-15 所示。

**9** 执行【选择】/【反向】命令（Ctrl+Shift+I），将选区反选，设置前景色为白色，按快捷键 Alt+Delete 填充前景色，按 Ctrl+D 取消选择，得到如图 5-4-16 所示的效果。

# Effect 05　　打造冬日里的皑皑白雪

● 【色相/饱和度】命令调整图像整体色调

● 复制选区中图像粘贴到新的图层

● 通道中调整色阶增加图像的黑白对比

● 橡皮擦工具擦除不需要的图像

**1** 执行【文件】/【打开】命令（Ctrl+O），弹出"打开"对话框，选择需要的素材图片，单击"打开"按钮，素材图片如图 5-5-1 所示。将"背景"图层拖到创建新图层按钮 ，得到"背景副本"图层，"图层"面板如图 5-5-2 所示。

图 5-5-1

图 5-5-2

2 执行【图像】/【调整】/【色相/饱和度】命令（Ctrl+U），弹出"色相/饱和度"对话框，如图5-5-3所示进行调整，设置完毕后单击"确定"按钮，应用后得到如图5-5-4所示的效果。

图 5-5-3

图 5-5-4

3 按快捷键Ctrl+A全选图像，按快捷键Ctrl+C复制选区内图像，切换到"通道"面板，单击创建新通道按钮，新建"Alpha1"通道，如图5-5-5所示。按快捷键Ctrl+V粘贴图像，通道中的图像效果如图5-5-6所示。

图 5-5-5

图 5-5-6

4 执行【图像】/【调整】/【色阶】命令（Ctrl+L），弹出"色阶"对话框，如图5-5-7所示进行设置，单击"确定"按钮应用，得到如图5-5-8所示的图像效果。

图 5-5-7

图 5-5-8

5 按住Ctrl键单击"Alpha1"通道缩览图，调出其选区，按快捷键Ctrl+C复制选区中图像，切换回"图层"面板，选区效果如图5-5-9所示。单击创建新图层按钮，新建"图层1"，按快捷键Ctrl+V粘贴图像，得到如图5-5-10所示的图像效果。

图 5-5-9

图 5-5-10

6 选择工具箱中的橡皮擦工具，在图像中人物部分涂抹，擦除多余的白雪效果，最终的图像效果如图5-5-11所示。

图 5-5-11

# Effect 06　　　用渐变映射工具着色的流行艺术

- 通过对图层添加"渐变映射"调整图层对图像添加渐变色彩
- 复制图层制作黑色线条
- 利用【查找边缘】滤镜制作出图像的线条边缘
- 利用图像调整中的【去色】命令，将彩色线条中的色彩信息去掉，得到黑白线条效果
- 通过对图层添加"色阶"调整图层增加色彩对比
- 输入文字并添加图层样式

**1** 执行【文件】/【打开】命令（Ctrl+O），弹出"打开"对话框，选择需要的素材图片，单击"打开"按钮，素材图片如图5-6-1所示。

图 5-6-1

**2** 在"图层"面板上单击创建新的填充或调整图层按钮，在弹出的菜单中选择"渐变映射"，弹出"渐变映射"对话框，如图5-6-2所示。渐变映射色调设置分别如图5-6-3、图5-6-4和图5-6-5所示的颜色色值。

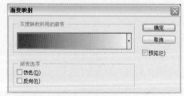

图 5-6-2

图 5-6-3　　　图 5-6-4　　　图 5-6-5

**3** 渐变编辑器中渐变颜色位置如图5-6-6所示，设置完毕后单击"确定"按钮。应用"渐变映射"后的图像效果如图 5-6-7 所示。

图 5-6-6　　　　　　图 5-6-7

**4** 将"背景"图层拖曳至创建新图层按钮，得到"背景副本"图层，在"图层"面板中将其拖到所有图层最上方，"图层"面板如图 5-6-8 所示。

图 5-6-8

**5** 对"背景副本"图层执行【滤镜】/【风格化】/【查找边缘】命令，图像效果如图5-6-9所示。执行【图像】/【调整】/【去色】命令（Ctrl+Shift+U），去掉图像中的颜色信息，如图5-6-10所示。

图 5-6-9　　　　　　　　图 5-6-10

**6** 在"图层"面板上将"背景副本"图层的图层混合模式设置为"正片叠底","图层"面板如图 5-6-11 所示。更改图层混合模式后得到的图像效果如图 5-6-12 所示。

图 5-6-11　　　　　　　　图 5-6-12

**7** 在"图层"面板上单击创建新的填充或调整图层按钮 ，在弹出的菜单中选择"色阶",弹出"色阶"对话框,如图 5-6-13 所示,设置完毕后单击"确定"按钮,得到如图 5-6-14 所示。

图 5-6-13　　　　　　　　图 5-6-14

**8** 选择工具箱中的直排文字工具 ，将前景色设置为白色,在图像中单击输入文字,如图 5-6-15 所示。单击"图层"面板上添加图层样式按钮 ，选择"描边"样式,在弹出的"图层样式"对话框中进行参数设置,如图 5-6-16 所示,设置完毕后单击"确定"按钮,应用图层样式后的图像效果如图 5-6-17 所示。

图 5-6-15

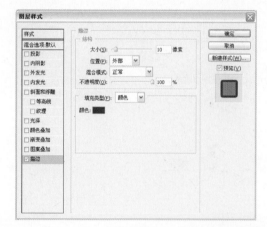

图 5-6-16

图 5-6-17

# Effect 07　　　　　人物照片美容技巧

● 【曲线】调整图像整体明暗度

● 【高斯模糊】滤镜进行人物磨皮

● 【羽化】命令柔和选区

● 蒙版工具调整模糊程度

**1** 执行【文件】/【打开】命令（Ctrl+O），弹出"打开"对话框，选择需要的素材图片，单击"打开"按钮，如图5-7-1所示。将"背景"图层拖到创建新图层按钮，得到"背景副本"，如图5-7-2所示。

图 5-7-1

图 5-7-2

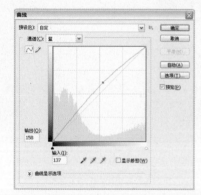

图 5-7-4

**2** 执行【图像】/【调整】/【曲线】命令，弹出"曲线"对话框，先后选择"RGB"通道和"蓝"通道，分别如图5-7-3和图5-7-4进行调整，单击"确定"按钮应用，得到如图5-7-5所示的效果。

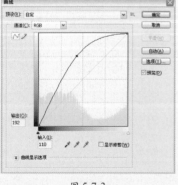

图 5-7-5

图 5-7-3

提示：执行【图像】菜单下的【调整】/【曲线】命令，可对图像明暗对比进行整体调整，应用此命令的快捷方式为Ctrl+M。

**3** 切换到"通道"面板，按住 Ctrl 键单击"红"通道缩览图，如图 5-7-6 所示调出其选区，切换回"图层"面板，得到如图 5-7-7 所示的选区效果。

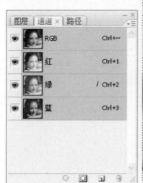

图 5-7-6　　　　　　　　图 5-7-7

**4** 执行【选择】/【修改】/【羽化】命令，弹出"羽化选区"对话框，如图 5-7-8 所示将羽化半径设置为 10 像素，单击"确定"按钮。在"图层"面板上将"背景副本"拖曳至创建新图层按钮，得到"背景副本 2"，"图层"面板如图 5-7-9 所示。经过羽化后的选区效果如图 5-7-10 所示。

图 5-7-8

图 5-7-9　　　　　　　　图 5-7-10

提示：【羽化】命令可将生硬的选区进行柔化处理，再编辑选区内的图像就柔和的许多，此命令的快捷方式为 Alt+Ctrl+D。

**5** 选择"背景副本 2"图层，执行【滤镜】/【模糊】/【高斯模糊】命令，弹出"高斯模糊"对话框，如图 5-7-11 所示将模糊半径设置为 5 像素，单击"确定"按钮应用滤镜，按 Ctrl+D 取消选择，得到如图 5-7-12 所示的图像效果。

图 5-7-11

图 5-7-12

**6** 选择工具箱中的多边形套索工具，勾选人物皮肤所在区域，并按住 Alt 键将人物眼睛、鼻翼部分减掉，得到如图 5-7-13 所示的选区效果。

图 5-7-13

**7** 按快捷键 Alt+Ctrl+D 调出"羽化选区"对话框，设置羽化半径为 10 像素，单击"确定"按钮对选区进行羽化。执行【滤镜】/【模糊】/【高斯模糊】命令，弹出"高斯模糊"对话框，设置模糊半径为 5 像素，如图 5-7-14 所示，单击"确定"按钮应用，得到的图像效果如图 5-7-15 所示。

图 5-7-14

图 5-7-15

**8** 单击"图层"面板上添加图层蒙版按钮 ，为"背景副本2"添加蒙版，如图5-7-16所示。将前景色设置为黑色，选择工具箱中的画笔工具，选择"背景副本2"蒙版，在人物眼睛、鼻翼、眉毛、嘴唇部位进行涂抹，"图层"面板状态如图5-7-17所示，最终图像效果如图5-7-18所示。

图 5-7-16

图 5-7-17

图 5-7-18

## Effect 08　　打造手法柔和的蜡笔画效果

- 【颗粒】滤镜为图像添加柔和杂点
- 【动感模糊】命令打造图像柔和的倾斜线条
- 【成角的线条】滤镜刻画线条形成蜡笔笔触
- 【查找边缘】滤镜生成图像边缘线条
- 更改图层混合模式叠加线条与图像效果
- 白色蒙版去掉周围不重要的区域

**1** 执行【文件】/【打开】命令（Ctrl+O），弹出"打开"对话框，选择需要的素材图片，单击"打开"按钮，素材图片如图5-8-1所示。将"背景"图层拖到创建新图层按钮 上两次，分别得到"背景副本"和"背景副本2"，单击"背景副本2"前的指示图层可视性按钮将其隐藏，"图层"面板如图5-8-2所示。

**2** 选择"背景副本"，将背景色设置为白色，执行【滤镜】/【纹理】/【颗粒】命令，弹出"颗粒"对话框，如图5-8-3所示进行设置，设置完毕后单击"确定"按钮，应用后得到如图5-8-4所示的效果。

图 5-8-1

图 5-8-2

图 5-8-3

图 5-8-4

3 执行【滤镜】/【模糊】/【动感模糊】命令，弹出"动感模糊"对话框，如图5-8-5所示进行参数调整，设置完毕后单击"确定"按钮，应用滤镜后得到如图5-8-6所示的图像效果。

图5-8-5

图5-8-6

4 执行【滤镜】/【画笔描边】/【成角的线条】命令，弹出"成角的线条"对话框，如图5-8-7所示进行参数调整，应用后得到如图5-8-8所示的效果。

图5-8-7

图5-8-8

5 单击"图层"面板上添加图层蒙版按钮 □，为图层添加蒙版，如图5-8-9所示。如图5-8-10所示将前景色设置为R160、G160、B160。选择工具箱中的画笔工具 ✐，在图像中人物面部区域进行涂抹，如图5-8-11所示。

图5-8-9

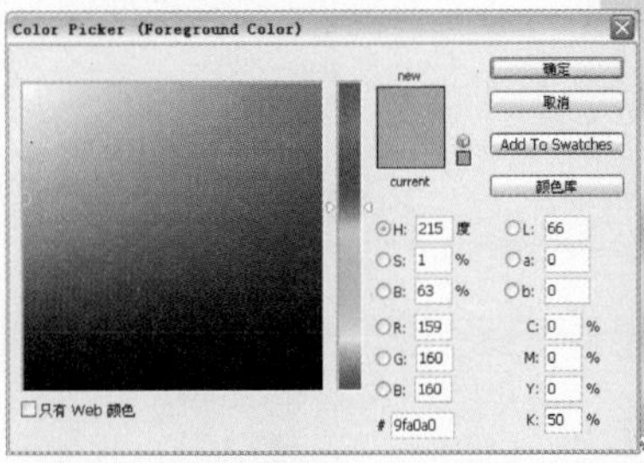

图5-8-10

图5-8-11

6 单击"背景副本2"前指示图层可视性按钮，显示图层并将其选中，如图5-8-12所示。执行【滤镜】/【风格化】/【查找边缘】命令，得到如图5-8-13所示的效果。

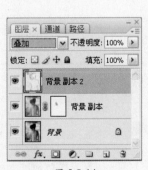

图5-8-12

图5-8-13

7 在"图层"面板上将"背景副本2"的图层混合模式设置为"叠加"，如图5-8-14所示，更改图层混合模式后的图像效果如图5-8-15所示。

图5-8-14

图5-8-15

8 在"图层"面板上单击创建新的填充或调整图层按钮 ❍.，在弹出的菜单中选择"色相/饱和度"命令，弹出"色相/饱和度"对话框，如图5-8-16所示进行参数设置，设置完毕后单击"确定"按钮，得到如图5-8-17所示的图像效果。

图 5-8-16

图 5-8-17

**9** 单击"图层"面板上创建新图层按钮 □，新建"图层1"，将前景色设置为白色，按Alt+Delete填充前景色，如图5-8-18所示。单击"图层"面板上添加图层蒙版按钮 □，为图层添加蒙版，如图5-8-19所示。选

择工具箱中的画笔工具 ✐，将前景色设置为黑色，在图像周围进行涂抹，突出主体，最终效果如图5-8-20所示。

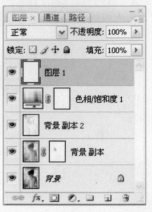

图 5-8-18

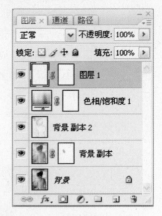

图 5-8-19

图 5-8-20

# Effect 09　　　调整神秘的色彩效果

● 【拼缀图】滤镜制作图像拼缀纹理　　　　● 【墨水轮廓】滤镜制作图像钢笔线条效果
● 更改图层混合模式叠加多层效果　● 【高斯模糊】滤镜制作柔和图像　● 添加调整图层，调整图像色调

1　执行【文件】/【打开】命令（Ctrl+O），弹出"打开"对话框，选择需要的素材图片，单击"打开"按钮，素材图片如图 5-9-1 所示。将"背景"图层拖到创建新图层按钮 ，得到"背景副本"图层，"图层"面板如图 5-9-2 所示。

图 5-9-1　　　　　　　　　图 5-9-2

2　执行【滤镜】/【纹理】/【拼缀图】命令，弹出"拼缀图"对话框，如图 5-9-3 所示进行参数设置，应用滤镜后得到如图 5-9-4 所示的图像效果。

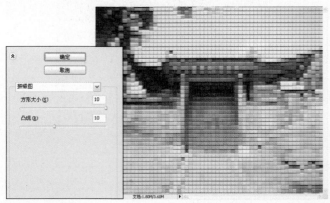

图 5-9-3　　　　　　　　　图 5-9-4

3　在"图层"面板上选择"背景"图层，并将其拖曳至创建新图层按钮 ，得到"背景副本2"图层，将其移至所有图层最上方，"图层"面板如图 5-9-5 所示。

图 5-9-5

4　执行【滤镜】/【画笔描边】/【墨水轮廓】命令，弹出"墨水轮廓"对话框，如图 5-9-6 所示进行参数设置，设置完毕后单击"确定"按钮，应用滤镜后得到如图 5-9-7 所示的图像效果。

图 5-9-6　　　　　　　　　图 5-9-7

5　在"图层"面板上将"背景副本2"的图层混合模式设置为"变暗"，"图层"面板状态如图 5-9-8 所示。更改图层混合模式后得到的图像效果如图 5-9-9 所示。

图 5-9-8　　　　　　　　　图 5-9-9

6　在"图层"面板上选择"背景"图层，将其拖曳至创建新图层按钮 ，得到"背景副本3"图层，将其移至所有图层最上方，"图层"面板如图 5-9-10 所示。

图 5-9-10

7　执行【滤镜】/【模糊】/【高斯模糊】命令，弹出"高斯模糊"对话框，如图 5-9-11 所示进行参数设置，设置完毕后单击"确定"按钮，应用滤镜后得到如图 5-9-12 所示的图像效果。

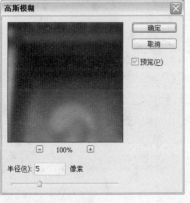

图 5-9-11

图 5-9-12

图 5-9-15 　　　　　　 图 5-9-16

**8** 在"图层"面板上将"背景副本3"的图层混合模式设置为"叠加","图层"面板如图5-9-13所示。更改图层混合模式后得到的图像效果如图5-9-14所示。

图 5-9-13 　　　　　　 图 5-9-14

**9** 单击"图层"面板上创建新的填充或调整图层按钮，在弹出的菜单中选择"色相/饱和度"命令，弹出"色相/饱和度"对话框，勾选"着色"复选项，如图5-9-15所示进行参数调整，设置完毕后单击"确定"按钮应用，"图层"面板上生成调整图层，图像效果如图5-9-16所示。

**10** 在"图层"面板上将"色相/饱和度"调整图层的图层不透明度设置为60%，"图层"面板如图5-9-17所示。更改图层不透明度后得到的图像效果如图5-9-18所示。

图 5-9-17

图 5-9-18

# Effect 10　　制作复古多彩效果

● 【动感模糊】滤镜创造画面动感效果 ● 添加图层蒙版制作局部动感效果 ● 【添加杂色】滤镜添加画面颗粒仿旧效果 ● 更改图层混合模式叠加颗粒与画面效果 ● 添加调整图层营造多彩特效

**1** 执行【文件】/【打开】命令（Ctrl+O），弹出"打开"对话框，选择需要的素材，单击"打开"按钮打开素材，如图5-10-1所示。将"背景"图层拖到创建新图层按钮，得到"背景副本"图层，"图层"面板如图5-10-2所示。

图 5-10-1 图 5-10-2

**2** 执行【滤镜】/【模糊】/【动感模糊】命令，弹出"动感模糊"对话框，如图5-10-3所示进行参数设置，应用滤镜后得到如图5-10-4所示的图像效果。

图 5-10-3

图 5-10-4

**3** 在"图层"面板上选择"背景副本"图层，单击添加图层蒙版按钮，为图层添加蒙版，"图层"面板状态如图5-10-5所示。

图 5-10-5

**4** 选择工具箱中的画笔工具，将前景色设置为黑色，在图像中除主体以外的区域进行涂抹，"图层"面板中蒙版状态如图5-10-6所示。添加并编辑蒙版后得到的图像效果如图5-10-7所示。

图 5-10-6 图 5-10-7

**5** 将前景色和背景色设置为默认的黑色和白色，单击"图层"面板上创建新图层按钮，新建"图层1"，如图5-10-8所示。执行【滤镜】/【渲染】/【云彩】命令，得到如图5-10-9所示的图像图像效果。

图 5-10-8 图 5-10-9

**6** 执行【滤镜】/【杂色】/【添加杂色】命令，弹出"添加杂色"对话框，设置数量为20%，如图5-10-10所示，设置完毕后单击"确定"按钮，得到添加杂色后的图像效果，如图5-10-11所示。

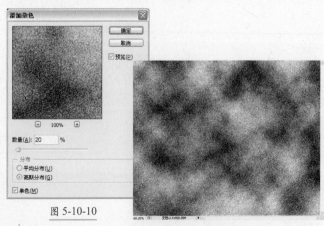

图 5-10-10 图 5-10-11

**7** 在"图层"面板上将"图层1"的图层混合模式设置为"叠加","图层"面板状态如图5-10-12所示。更改图层混合模式后得到的图像效果如图5-10-13所示。

图 5-10-15

图 5-10-12

图 5-10-13

图 5-10-16

**10** 将前景色设置为白色,选择工具箱中的横排文字工具T.,在图像中单击并输入文字,最终图像效果如图5-10-17所示。

**8** 单击"图层"面板上创建新的填充或调整图层按钮 ◯.,在弹出的菜单中选择"渐变"命令,弹出"渐变填充"对话框,如图5-10-14所示。

图 5-10-14

**9** 单击"渐变填充"对话框中的渐变色条,弹出如图5-10-15所示的"渐变编辑器"对话框,任意选择一种预设渐变类型进行填充即可,设置完毕后单击"确定"按钮,应用渐变填充后将渐变调整图层的图层混合模式设置为"变暗",图像效果如图5-10-16所示。

图 5-10-17

# Effect 11　　瞬间调出军绿色调的固定法则

- 【计算】命令计算出混合通道的色调
- 计算出的通道替换原单色通道
- 更改图层混合模式叠加两层效果

**1** 执行【文件】/【打开】命令（Ctrl+O），弹出"打开"对话框，选择需要的素材图片，打开素材图片，如图5-11-1所示。将"背景"图层拖到创建新图层按钮 ，得到"背景副本"，如图5-11-2所示。

图5-11-1　　　　　　　图5-11-2

**2** 执行【图像】/【计算】命令，弹出"计算"对话框，分别将"源1"和"源2"设置为"红"和"绿"通道，如图5-11-3所示进行设置，设置完毕后单击"确定"按钮。

图5-11-3

**3** 计算后得到"Alpha1"通道，如图5-11-4所示。执行【选择】/【全选】命令（Ctrl+A），执行【编辑】/【复制】命令（Ctrl+C），在"通道"面板上选择"绿"通道，执行【编辑】/【粘贴】命令（Ctrl+V），"通道"面板如图5-11-5所示。此时"绿"通道被替换成如图5-11-6所示的图像效果。

图5-11-4　　　　　　　图5-11-5

图5-11-6

提示：将计算出来的"Alpha1"通道复制，粘贴到"绿"通道上，目的是以"Alpha1"通道的内容替换"绿"通道上的图像内容。

**4** 执行【图像】/【计算】命令，弹出"计算"对话框，将"源1"和"源2"设置为"绿"和"蓝"通道，如图5-11-7所示设置，设置完毕后单击"确定"按钮。

图5-11-7

**5** 计算后得到"Alpha2"通道，如图5-11-8所示。执行【选择】/【全选】命令（Ctrl+A），执行【编辑】/【复制】命令（Ctrl+C），在"通道"面板上选择"蓝"通道，执行【编辑】/【粘贴】命令（Ctrl+V），"通道"面板如图5-11-9所示。此时"蓝"通道被替换成如图5-11-10所示的图像效果。

图5-11-8

图5-11-9　　　　　　　图5-11-10

**6** 将"背景"图层拖到创建新图层按钮 □，得到"背景副本2"图层，将其拖到所有图层最上方，"图层"面板如图5-11-11所示。

图 5-11-11

**7** 执行【图像】/【计算】命令，弹出"计算"对话框，分别将"源1"和"源2"设置为"红"和"绿"通道，如图5-11-12所示进行设置，设置完毕后单击"确定"按钮。

图 5-11-12

**8** 计算后得到"Alpha3"通道，如图5-11-13所示。执行【选择】/【全选】命令（Ctrl+A），执行【编辑】/【复制】命令（Ctrl+C），在"通道"面板上选择"红"通道，执行【编辑】/【粘贴】命令（Ctrl+V），"通道"面板如图5-11-14所示。

图 5-11-13          图 5-11-14

**9** 执行【图像】/【计算】命令，弹出"计算"对话框，分别将"源1"和"源2"设置为"蓝"和"绿"通道，如图5-11-15所示进行设置，设置完毕后单击"确定"按钮。

图 5-11-15

**10** 计算后得到"Alpha4"通道，如图5-11-16所示。执行【选择】/【全选】命令（Ctrl+A），执行【编辑】/【复制】命令（Ctrl+C），在"通道"面板上选择"蓝"通道，执行【编辑】/【粘贴】命令（Ctrl+V），"通道"面板如图5-11-17所示。

图 5-11-16          图 5-11-17

**11** 切换回"图层"面板，如图5-11-18所示将"背景副本2"图层的图层混合模式设置为"正片叠底"，得到如图5-11-19所示的最终效果。

图 5-11-18          图 5-11-19

# Effect 12 制作绚烂的艺术春天

● 【替换颜色】命令调整图像整体色调
● 更改图层混合模式叠加各个图层效果

● 【高斯模糊】滤镜柔和图像
● 【动感模糊】滤镜制作朦胧外景

**1** 执行【文件】/【打开】命令（Ctrl+O），弹出"打开"对话框，选择需要的图片文件，单击"打开"按钮，如图5-12-1所示。将"背景"图层拖到创建新图层按钮 ，得到"背景副本"图层，如图5-12-2所示。

图 5-12-1　　　　　　图 5-12-2

**2** 单击工具箱中的以快速蒙版模式编辑按钮 ，选择工具箱中的画笔工具 ，将前景色设置位黑色，选择合适的笔刷大小，将人物部分进行蒙版，图像效果如图5-12-3所示。单击工具箱中的以标准模式编辑按钮 ，将蒙版转换为选区，选区效果如图5-12-4所示。

图 5-12-3

图 5-12-4

**3** 执行【图像】/【调整】/【替换颜色】命令，弹出"替换颜色"对话框，利用吸管工具在图像中绿色的区域单击吸取颜色，将颜色容差设置为200，如图5-12-5所示进行替换调整，设置完毕后单击"确定"按钮，得到如图5-12-6所示的图像效果。

图 5-12-5

图 5-12-6

4 将"背景副本"图层拖到"图层"面板上创建新图层按钮 ，得到"背景副本2"图层，如图5-12-7所示。

图 5-12-7

5 在"图层"面板上选择"背景副本2"，执行【滤镜】/【模糊】/【高斯模糊】命令，弹出"高斯模糊"对话框，将半径设置为5像素，如图5-12-8所示。设置完毕后单击"确定"按钮，应用滤镜后得到如图5-12-9所示的效果。

图 5-12-8

图 5-12-9

6 在"图层"面板上将"背景副本2"的图层混合模式设置为"叠加"，如图5-12-10所示。更改图层混合模式后的图像效果如图5-12-11所示。

图 5-12-10

图 5-12-11

7 单击创建新图层按钮 ，新建"图层1"，设前景色为黑色，按Alt+Delete填充前景色，如图5-12-12所示。

图 5-12-12

8 选择工具箱中画笔工具 ，单击界面右侧的画笔预设按钮 ，勾选"形状动态"复选框，如图5-12-13所示设置，勾选"散布"复选框，如图5-12-14所示设置，勾选"其他动态"复选框，如图5-12-15所示设置。设置完毕后将前景色设置为白色，利用画笔工具再图像上绘制如图5-12-16所示的图像效果。

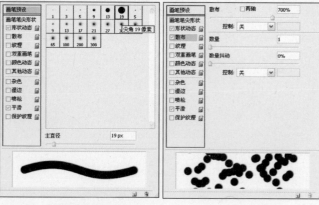

图 5-12-13                图 5-12-14

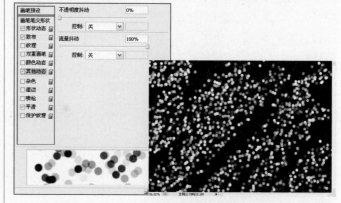

图 5-12-15                图 5-12-16

9 在"图层"面板上选择"图层1"，执行【滤镜】/【模糊】/【动感模糊】命令，弹出"动感模糊"对话框，如图5-12-17所示将角度设置为45°，距离设置为100像素，应用滤镜后得到如图5-12-18所示的图像效果。

图 5-12-17

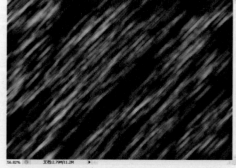

图 5-12-18

**10** 在"图层"面板上将"图层1"的图层混合模式设置为"滤色",如图5-12-19所示。更改图层混合模式后的图像效果如图5-12-20所示。

图 5-12-19　　　　　图 5-12-20

**11** 选择工具箱中的横排文字工具T，在图像中输入文字，如图5-12-21所示。

图 5-12-21

**12** 单击"图层"面板上添加图层样式按钮 *fx.*，在弹出的下拉菜单中选择"外发光"，弹出"图层样式"对话框，如图5-12-22所示进行参数设置，设置完毕后单击

"确定"按钮应用样式。

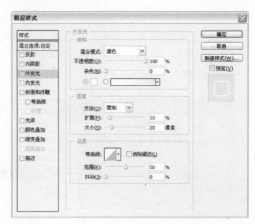

图 5-12-22

**13** 在"图层"面板上将图层填充值设置为0%，"图层"面板如图5-12-23所示。更改图层填充值后的图像效果如图5-12-24所示。

图 5-12-23　　　　　图 5-12-24

## Effect 13　　滤镜制作纸工艺的风格效果

- ●【木刻】滤镜制作图像层叠　　●更改图层混合模式形成叠加　　●【便条纸】滤镜制作粗糙画纸效果
- ●通过对文字图层添加图层样式形成立体效果　　●【USM锐化】滤镜加强图像边缘亮度

**1** 执行【文件】/【打开】命令（Ctrl+O），弹出"打开"对话框，选择需要的素材图片，单击"打开"按钮，素材图片如图5-13-1所示。将"背景"图层拖到创建新图层按钮，得到"背景副本"图层，"图层"面板如图5-13-2所示。

图 5-13-1　　　　　图 5-13-2

**2** 执行【滤镜】/【艺术效果】/【木刻】命令，弹出"木刻"对话框，如图5-13-3所示进行参数设置，设置完毕后单击"确定"按钮，应用后得到如图5-13-4所示的图像效果。

图 5-13-3

图 5-13-4

**3** 执行【滤镜】/【锐化】/【USM锐化】命令，弹出"USM锐化"对话框，如图5-13-5所示进行参数设置，设置完毕后单击"确定"按钮，应用后得到如图5-13-6所示的图像效果。

图 5-13-5

图 5-13-6

**4** 在"图层"面板上选择"背景副本"图层，将其拖到创建新图层按钮上3次，得到3个副本图层，单击复制后3个图层缩览图前的指示图层可视性按钮，将其隐藏待用，"图层"面板如图5-13-7所示。

图 5-13-7

**5** 在"图层"面板上选择"背景副本"图层，执行【滤镜】/【素描】/【便条纸】命令，弹出"便条纸"对话框，如图5-13-8所示进行参数设置，设置完毕后单击"确定"按钮，得到如图5-13-9所示的图像效果。

图 5-13-8

图 5-13-9

**6** 单击"背景副本2"缩览图前的指示图层可视性按钮，将其显示并选择，如图5-13-10所示，执行【滤镜】/【素描】/【便条纸】命令，弹出"便条纸"对话框，如图5-13-11所示进行参数设置，设置完毕后单击"确定"按钮，得到如图5-13-12所示的图像效果。

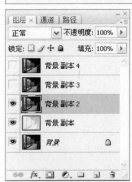

图 5-13-10

图 5-13-11

对话框，如图 5-13-16 所示进行参数设置，设置完毕后单击"确定"按钮，得到如图 5-13-17 所示的图像效果。

图 5-13-15

图 5-13-16

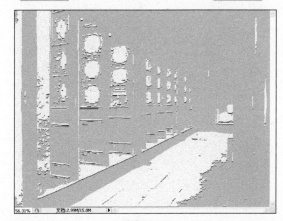

图 5-13-12

**7** 将"背景副本 2"的图层混合模式设置为"正片叠底"，如图 5-13-13 所示，更改图层混合模式后的图像效果如图 5-13-14 所示。

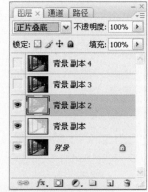

图 5-13-13

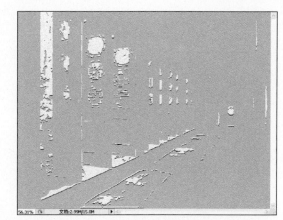

图 5-13-17

**9** 将"背景副本 3"的图层混合模式设置为"正片叠底"，如图 5-13-18 所示，更改图层混合模式后的图像效果如图 5-13-19 所示。

图 5-13-18

图 5-13-14

**8** 单击"背景副本 3"缩览图前的指示图层可视性按钮 ，将其显示并选择，如图 5-13-15 所示，执行【滤镜】/【素描】/【便条纸】命令，弹出"便条纸"

图 5-13-19

**10** 单击"背景副本4"缩览图前的指示图层可视性按钮，将其显示并选择，如图5-13-20所示，执行【滤镜】/【素描】/【便条纸】命令，弹出"便条纸"对话框，如图5-13-21所示进行参数设置，设置完毕后单击"确定"按钮，得到如图5-13-22所示的图像效果。

图 5-13-20

图 5-13-21

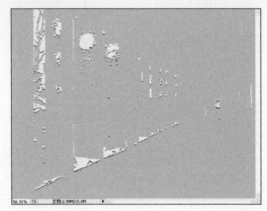

图 5-13-22

**11** 将"背景副本4"的图层混合模式设置为"正片叠底"，如图5-13-23所示，更改图层混合模式后的图像效果如图5-13-24所示。

图 5-13-23

图 5-13-24

**12** 单击"图层"面板上添加新的填充或调整图层按钮，在弹出的下拉菜单中选择"亮度/对比度"命令，弹出"亮度/对比度"对话框，如图5-13-25所示进行参数调整，设置完毕后单击"确定"按钮，得到如图5-13-26所示的图像效果。

图 5-13-25

图 5-13-26

**13** 单击"图层"面板上添加新的填充或调整图层按钮，在弹出的下拉菜单中选择"色相/饱和度"命令，弹出"色相/饱和度"对话框，如图5-13-27所示进行参数调整，设置完毕后单击"确定"按钮，得到如图5-13-28所示的图像效果。

图 5-13-27

图 5-13-28

**14** 将前景色设置为白色，选择工具箱中的横排文字工具，在图像中单击输入文字，文字效果如图5-13-29所示。

图 5-13-29

图 5-13-30

**15** 单击"图层"面板上添加图层样式按钮 *fx.*，选择"投影"命令，弹出"图层样式"对话框，设置投影参数，如图 5-13-30 所示，应用样式后在"图层"面板上复制图层样式并粘贴到所有文字图层上，图像效果如图 5-13-31 所示。

图 5-13-31

# Effect 14 打造朦胧油彩钢笔效果

● 【色阶】命令调整图像整体亮度及色彩对比

● 图像中的"反相"功能将黑白颜色反相显示

● 【特殊模糊】滤镜的附加选项制作黑底白边效果

● 【特殊模糊】和【水彩】滤镜制作油彩效果

**1** 执行【文件】/【打开】命令（Ctrl+O），弹出"打开"对话框，选择需要的素材，单击"打开"按钮打开素材，如图 5-14-1 所示。将"背景"图层拖曳至创建新图层按钮 ，得到"背景副本"图层，"图层"面板如图 5-14-2 所示。

图 5-14-1

图 5-14-2

2 对"背景副本"图层执行【图像】/【调整】/【色阶】命令，弹出"色阶"对话框，如图5-14-3所示进行参数设置，应用后得到的图像效果如图5-14-4所示。

图 5-14-3

图 5-14-4

3 执行【滤镜】/【模糊】/【特殊模糊】命令，弹出"特殊模糊"对话框，将"模式"设置为"仅限边缘"，如图5-14-5所示，设置完毕后单击"确定"按钮应用滤镜，得到如图5-14-6所示的图像效果。

图 5-14-5

图 5-14-6

4 执行【图像】/【反相】命令（Ctrl+I），将图像颜色反转，得到如图5-14-7所示的图像效果。

图 5-14-7

5 在"图层"面板上选择"背景"图层，将其拖曳至创建新图层按钮，得到"背景副本2"，将其图层顺序排列在所有图层最上方，"图层"面板如图5-14-8所示。

图 5-14-8

6 对"背景副本2"图层执行【滤镜】/【模糊】/【特殊模糊】命令，弹出"特殊模糊"对话框，将"模式"设置为"正常"，如图5-14-9所示，设置完毕后单击"确定"按钮，应用滤镜后得到的图像效果如图5-14-10所示。

图 5-14-9

图 5-14-10

7 执行【滤镜】/【艺术效果】/【水彩】命令，弹出"水彩"对话框，如图5-14-11所示进行具体参数设置，设置完毕后单击"确定"按钮应用滤镜，得到如图5-14-12所示的图像效果。

图 5-14-11

图 5-14-12

**8** 执行【编辑】/【渐隐水彩】命令，弹出"渐隐"对话框，将不透明度设置为25%，如图5-14-13所示，设置完毕后单击"确定"按钮，得到的图像效果如图5-14-14所示。

图 5-14-13

图 5-14-14

**9** 在"图层"面板上将"背景副本2"的图层混合模式设置为"正片叠底"，"图层"面板如图5-14-15所示，更改图层混合模式后的图像效果如图5-14-16所示。

图 5-14-15

图 5-14-16

**10** 选择"背景"图层，将其拖曳至创建新图层按钮，得到"背景副本3"，将其图层顺序排列在所有图层最上方，"图层"面板如图5-14-17所示。

图 5-14-17

**11** 对"背景副本3"执行【滤镜】/【模糊】/【高斯模糊】命令，弹出"高斯模糊"对话框，如图5-14-18所示进行参数设置，设置完毕后单击"确定"按钮，应用滤镜后得到如图5-14-19所示的图像效果。

图 5-14-18

图 5-14-19

**12** 在"图层"面板上将"背景副本3"的图层混合模式设置为"正片叠底"，"图层"面板如图5-14-20所示，更改图层混合模式后的图像效果如图5-14-21所示。

图 5-14-20

图 5-14-21

**13** 选择最上方图层，单击"图层"面板上的创建新的填充或调整图层按钮，在弹出的下拉菜单中选择"色阶"，弹出"色阶"对话框，如图5-14-22所示进行设置，应用后得到如图5-14-23所示的图像效果。

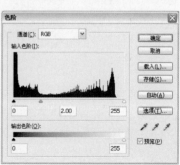
图 5-14-22

图 5-14-23

**14** 在"图层"面板上单击创建新的填充或调整图层按钮 ⊘.，在弹出的下拉菜单中选择"色相/饱和度"，弹出"色相/饱和度"对话框，如图 5-14-24 所示进行设置，应用后得到如图 5-14-25 所示的图像效果。

图 5-14-24

图 5-14-25

**15** 将前景色设置为黑色，选择工具箱中的横排文字工具 T.，在图像中单击输入文字，如图 5-14-26 所示。

图 5-14-26

**16** 选择文字图层，单击"图层"面板上添加图层样式按钮 fx.，在弹出的菜单中选择"外发光"，弹出"图层样式"对话框，如图 5-14-27 所示进行参数设置，设置完毕后单击"确定"按钮，应用图层样式后得到的图像效果如图 5-14-28 所示。

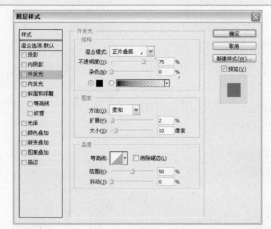

图 5-14-27

图 5-14-28

**17** 在"图层"面板上将文字图层的图层填充值设置为 0%，"图层"面板如图 5-14-29 所示，更改图层填充值后的图像效果如图 5-14-30 所示。

图 5-14-29

图 5-14-30

# Chapter

Photoshop CS3 文字特效制作技法

06

本章针对 Photoshop CS3 的文字特效进行了阐述分析，全章包括 18 个在 Photoshop 中经常用到的文字特效，每个实例都有详细的操作步骤，并包括制作过程中可能遇到的疑难问题，进行跟踪解答，思路清晰，使读者可以举一反三。

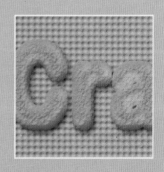

# Effect 01　　　制作多层电镀钢板文字

● 使用【图层样式】制作多层立体浮雕效果
● 使用【选择】/【修改】命令下的子命令调整选区

**1** 执行【文件】/【新建】命令（Ctrl+N），弹出 "新建" 对话框，具体设置如图 6-1-1 所示，设置完毕后单击 "确定" 按钮新建图像文件。

图 6-1-1

**2** 将前景色色值设置为 R170、G170、B170，选择工具箱中的横排文字工具 T，设置合适的文字字体及大小，在图像中输入文字 "Plating"，按住 Ctrl 键单击文字图层缩览图，调出其选区。执行【选择】/【修改】/【扩展】命令，在弹出的 "扩展选区" 对话框中设置扩展值为 20 像素，设置完毕后单击 "确定" 按钮，得到的选区如图 6-1-2 所示。

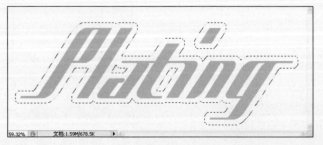

图 6-1-2

**3** 选择 "图层" 面板上的 "背景" 图层，单击创建新图层按钮，新建 "图层 1"，将前景色设置为

R50、G50、B50，按 Alt+Delete 填充，按快捷键 Ctrl+D 取消选择。选择 "图层 1"，单击添加图层样式按钮 *fx.*，在弹出的菜单中选择 "投影"，弹出 "图层样式" 对话框，具体设置如图 6-1-3 所示，设置完毕后不关闭对话框，继续勾选 "斜面和浮雕" 复选框，具体设置如图 6-1-4 所示，设置完毕后单击 "确定" 按钮应用图层样式，得到的图像效果如图 6-1-5 所示。

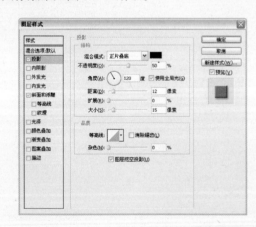

图 6-1-3

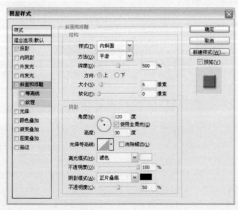

图 6-1-4

图 6-1-5

**4** 按住 Ctrl 键单击文字图层缩览图，调出其选区，执行【选择】/【修改】/【扩展】命令，在弹出的"扩展选区"对话框中设置扩展值为8像素，设置完毕后单击"确定"按钮，得到的选区如图 6-1-6 所示。

图 6-1-6

**5** 选择"图层 1"，单击"图层"面板上创建新图层按钮，新建"图层 2"，将前景色色值设置为R170、G170、B170，按快捷键 Alt+Delete 填充，填充完毕后按快捷键 Ctrl+D 取消选择。选择"图层 2"，单击"图层"面板上的添加图层样式按钮 fx.，在弹出的菜单中选择"斜面和浮雕"，弹出"图层样式"对话框，具体设置如图 6-1-7 所示，设置完毕后单击"确定"按钮应用图层样式，得到的图像效果如图 6-1-8 所示。

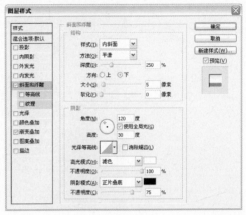

**6** 选择文字图层，单击"图层"面板上添加图层样式按钮 fx.，在弹出的菜单中选择"斜面和浮雕"，弹出"图层样式"对话框，具体设置如图 6-1-9 所示，设置完毕后不关闭对话框，继续构选"渐变叠加"复选框，具体设置如图 6-1-10 所示，设置完毕后单击"确定"按钮应用图层样式，得到的图像效果如图 6-1-11 所示。

图 6-1-9

图 6-1-10

图 6-1-11

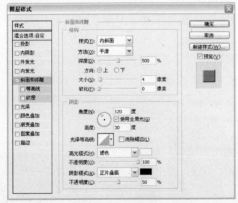

图 6-1-7

图 6-1-8

## Effect 02　制作流光溢彩文字

● 使用【玻璃】滤镜制作文字效果并使得文字与背景图像完美融合

● 使用【外发光】图层样式制作绚丽的发光效果

● 使用【镜头光晕】滤镜为图像添加亮点

**1**　执行【文件】/【打开】命令（Ctrl+O），弹出 "打开"对话框，选择素材图片，单击 "打开" 按钮，如图6-2-1 所示。

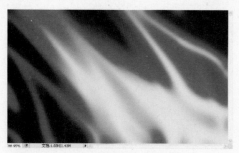

图 6-2-1

**2**　将前景色设置为黑色，选择工具箱中的横排文字工具T.，设置合适的文字字体及大小，在图像中输入文字 "Light"，如图6-2-2所示，隐藏文字图层。

图 6-2-2

**3**　切换到"通道"面板，单击"通道"面板下的创建新通道按钮，新建"Alpha1"通道，按住 Ctrl 键单击文字图层在"图层"面板下的缩览图，调出其选区，切换至"Alpha1"通道，将前景色设置为白色，按快捷键Alt+Delete填充选区，填充完毕后按快捷键Ctrl+D取消选择。执行【滤镜】/【模糊】/【高斯模糊】命令，弹出"高斯模糊"对话框，具体设置如图6-2-3所示，设置完毕后单击"确定"按钮，得到的图像效果如图6-2-4所示。

图 6-2-3　　　　　　　　图 6-2-4

**4**　按住 Ctrl 键单击文字图层在"图层"面板上的缩览图，调出其选区，选择"Alpha1"通道，执行【滤镜】/【模糊】/【高斯模糊】命令，如图6-2-5所示在弹出的"高斯模糊"对话框中进行设置，单击"确定"按钮，效果如图6-2-6所示。

图 6-2-5　　　　　　　　图 6-2-6

**5**　按快捷键Ctrl+A全选，按快捷键Ctrl+C复制选区内图像，切换至"图层"面板，单击"图层"面板上创建新图层按钮，新建"图层 1"，按快捷键Ctrl+V粘贴复制的图像。执行【文件】/【存储为】命令，在弹出的"存储为"对话框中设置存储文件名为"玻璃滤镜原图"的PSD格式文件，删除"图层1"。选择"背景"图层，执行【滤镜】/【扭曲】/【玻璃】命令，弹出"玻璃"对话框，具体设置如图6-2-7所示，设置完毕后单击"确定"按钮，隐藏文字图层，得到的图像效果如图6-2-8所示。

图 6-2-12

图 6-2-7　　　　　图 6-2-8

**6** 按住Ctrl键单击文字图层在"图层"面板下的缩览图调出选区，单击创建新图层按钮 ，新建"图层1"，将前景色设置为白色，按快捷键Alt+Delete填充选区，填充完毕后按快捷键Ctrl+D取消选择，选择"图层1"，执行【滤镜】/【模糊】/【高斯模糊】命令，弹出"高斯模糊"对话框，具体设置如图6-2-9所示，设置完毕后单击"确定"按钮应用滤镜，得到的图像效果如图6-2-10所示。

**8** 按住Ctrl键单击文字图层在"图层"面板上的缩览图，调出其选区，单击创建新图层按钮 ，新建"图层2"，将前景色设置为白色，按快捷键Alt+Delete填充选区，填充完毕后按快捷键Ctrl+D取消选择，选择"图层2"，执行【滤镜】/【模糊】/【高斯模糊】命令，弹出"高斯模糊"对话框，具体设置如图6-2-13所示，设置完毕后单击"确定"按钮，得到的图像效果如图6-2-14所示。

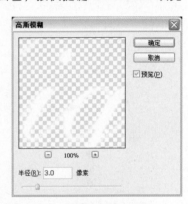

图 6-2-13

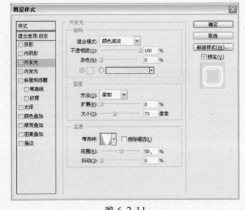

图 6-2-9　　　　　图 6-2-10

图 6-2-14

**7** 单击"图层"面板上的添加图层样式按钮 ，在弹出的菜单中选择"外发光"，弹出"图层样式"对话框，具体设置如图6-2-11所示，设置完毕后单击"确定"按钮应用图层样式，将"图层1"的图层填充值设置为0%，得到的图像效果如图6-2-12所示。

**9** 单击"图层"面板上的添加图层样式按钮 ，在弹出的菜单中选择"外发光"，弹出"图层样式"对话框，具体设置如图6-2-15所示，单击"确定"按钮应用图层样式，将"图层2"的图层填充值设置为0%，得到的图像效果如图6-2-16所示。

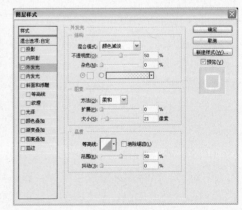

图 6-2-11

图 6-2-15

图 6-2-16

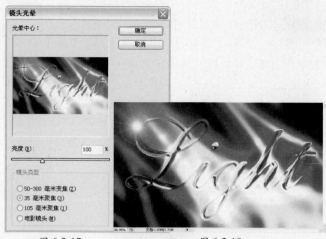

钮，得到的图像效果如图 6-2-18 所示。

**10** 合并所有可见图层，这时，"图层"面板中应当有两个图层，一个是可见图层"背景"，一个是隐藏的文字图层。选择"背景"图层，执行【滤镜】/【渲染】/【镜头光晕】命令，弹出"镜头光晕"对话框，具体设置如图 6-2-17 所示，设置完毕后单击"确定"按

图 6-2-17　　　　　　　　　　图 6-2-18

---

# Effect 03　　　　制作金属立体镀铬文字

- 使用"斜面和浮雕"、"等高线"和"渐变叠加"混合模式制作金属感十足的效果
- 使用微移并复制图像的方法制作立体效果
- 使用【曲线】和【色相/饱和度】命令调整图像整体效果
- 添加【镜头光晕】效果并更改图层混合模式以得到金属文字上的高光反射点效果

**1** 执行【文件】/【新建】命令（Ctrl+N），弹出"新建"对话框，具体设置如图 6-3-1 所示，设置完毕后单击"确定"按钮新建图像文件。

图 6-3-1

**2** 选择工具箱中的渐变工具，在工具选项栏中设置由黑到白的渐变颜色，渐变类型为线性渐变，使用渐变工具由下至上拖曳鼠标，图像效果如图 6-3-2 所示。

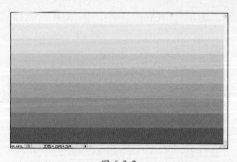

图 6-3-2

**3** 将前景色设置为黑色，选择工具箱中的横排文字工具，设置合适的文字字体及大小，在图像中输入文字"STEEL"和"WARRIOR"，如图 6-3-3 所示。注意，两段文字要分别输入，这样可以分别调整两段文字的大小和字距等参数。

图 6-3-3

**4** 按住 Ctrl 键单击"STEEL"文字图层缩览图，调出其选区，按住 Ctrl+Shift 键单击"WARRIOR"文字图层缩览图，得到两个文字图层相加的选区，单击"图层"面板上创建新图层按钮 ，新建"图层1"，将前景色色值设置为 R160、G160、B160，设置完毕后按 Alt+Delete 填充前景色，按快捷键 Ctrl+D 取消选择，得到的图像效果如图 6-3-4 所示。

图 6-3-4

**5** 执行【编辑】/【变换】/【透视】命令，按住变换框一角，改变图像形状，变换完毕后按 Enter 确认变换，图像效果应如图 6-3-5 所示。

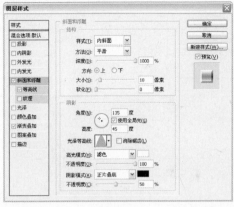

图 6-3-5

**6** 选择"图层1"，隐藏两个文字图层，单击"图层"面板上的添加图层样式按钮 ，在弹出的菜单中选择"斜面和浮雕"，弹出"图层样式"对话框，具体设置如图 6-3-6 所示，设置完毕后不关闭对话框，继续勾选"等高线"复选框，具体设置如图 6-3-7 所示，设置完毕后不关闭对话框，在"图层样式"对话框中继续勾选"渐变叠加"复选框，具体设置如图 6-3-8 所示，设

置完毕后单击"确定"按钮应用图层样式，得到的图像效果如图 6-3-9 所示。

图 6-3-6

图 6-3-7

图 6-3-8

图 6-3-9

211

**7** 选择工具箱中的移动工具，选择"图层1"，按住Alt键单击键盘的上方向键一下，得到如图6-3-10所示的图像，"图层"面板中生成一个新的图层"图层1副本"，再次按住Alt键单击键盘的上方向键14下，得到的图像效果如图6-3-11所示。

图 6-3-10

图 6-3-11

**8** 选择"图层1"和所有"图层1"的副本图层，按快捷键Ctrl+E合并所选图层，得到合并后的图层"图层1副本14"。执行【图像】/【调整】/【曲线】命令（Ctrl+M），弹出"曲线"对话框，具体设置如图6-3-12所示，设置完毕后单击"确定"按钮，得到的图像效果如图6-3-13所示。

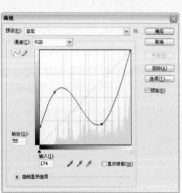

图 6-3-12

图 6-3-13

**9** 执行【图像】/【调整】/【色相/饱和度】命令（Ctrl+U），弹出"色相/饱和度"对话框，具体设置如图6-3-14所示，设置完毕后单击"确定"按钮，得到的图像效果如图6-3-15所示。

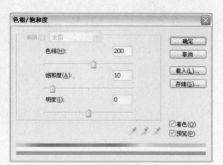

图 6-3-14

图 6-3-15

**10** 选择"图层1副本14"，单击"图层"面板上的添加图层样式按钮 fx.，在弹出的菜单中选择"投影"，弹出"图层样式"对话框，具体设置如图6-3-16所示，设置完毕后单击"确定"按钮应用图层样式，得到的图像效果如图6-3-17所示。

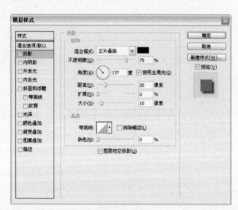

图 6-3-16

图 6-3-17

**11** 单击"图层"面板上创建新图层按钮 ，新建"图层1"，将前景色设置为黑色，按Alt+Delete填充前景色，执行【滤镜】/【渲染】/【镜头光晕】滤镜，弹出"镜头光晕"对话框，具体设置如图6-3-18所示，

图 6-3-18

设置完毕后单击"确定"按钮，将"图层1"的混合模式设置为滤色，得到的图像效果如图6-3-19所示。

图 6-3-19

12 使用同样的方法为图像添加其他高光反射点，最终得到的图像效果应如6-1-20所示。

图 6-3-20

# Effect 04　　制作炫彩晶莹的珠光文字

- 使用【斜面和浮雕】和【纹理】图层样式制作逼真的高光浮雕效果

- 使用选区限制调整区域并调整图像颜色

- 调整图层混合模式，得到珠光效果

1 执行【文件】/【新建】命令（Ctrl+N），弹出"新建"对话框，具体设置如图6-4-1所示，设置完毕后单击"确定"按钮新建图像文件。

图 6-4-1

2 将前景色设置为黑色，按快捷键 Alt+Delete 填充，将前景色设置为白色，选择工具箱中的横排文字工具 T.，设置合适的文字字体及大小，在图像中输入文字"GOLD"和"ramee"，如图 6-4-2 所示。注意，两段文字要分别输入，这样可以分别调整两段文字的大小和字距等参数。

图 6-4-2

3 按 Shift 键同时选择两个文字图层和"背景"图层，按快捷键 Ctrl+E 合并所选图层，得到合并后的"背景"图层，将"背景"图层拖到"图层"面板上创建新图层按钮 ，得到"背景副本"图层。执行【滤镜】/【模糊】/【高斯模糊】命令，弹出"高斯模糊"对话框，具体设置如图6-4-3所示，设置完毕后单击"确定"按钮，得到的图像效果如图6-4-4所示。

图 6-4-3                     图 6-4-4

**4** 执行【图像】/【调整】/【色阶】命令（Ctrl+L），弹出"色阶"对话框，具体设置如图6-4-5所示，设置完毕后单击"确定"按钮，得到的效果如图6-4-6所示。

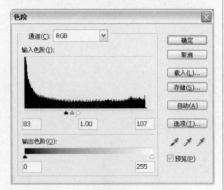

图 6-4-5

图 6-4-6

**5** 切换至"通道"面板，按住Ctrl键单击"蓝"通道缩览图，调出其选区，选择"背景副本"图层，执行【滤镜】/【模糊】/【高斯模糊】命令，弹出"高斯模糊"对话框，具体设置如图6-4-7所示，设置完毕后单击"确定"按钮，得到的图像效果如图6-4-8所示。

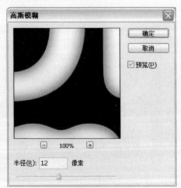

图 6-4-7

图 6-4-8

**6** 按快捷键Ctrl+J复制选区内图像到新的图层，得到"图层1"，单击"图层"面板上创建新图层按钮，新建"图层2"，将前景色设置为白色，按快捷键Alt+Delete填充，将"图层2"置于"图层1"下方，图像效果如图6-4-9所示。

图 6-4-9

**7** 选择"图层1"，执行【图像】/【调整】/【曲线】命令（Ctrl+M），弹出"曲线"对话框，具体设置如图6-4-10所示，设置完毕后单击"确定"按钮，得到的图像效果如图6-4-11所示。

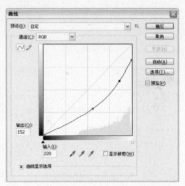

图 6-4-10

图 6-4-11

**8** 单击"图层"面板上添加图层样式按钮，在弹出的菜单中选择"投影"，弹出"图层样式"对话框，具体设置如图6-4-12所示，设置完毕后不关闭对话框，继续勾选"斜面和浮雕"复选框，具体设置如图6-4-13所示，设置完毕后单击"确定"按钮应用图层样式，得到的图像效果如图6-4-14所示。

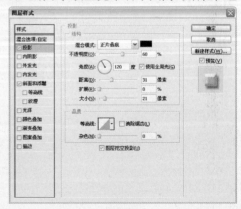

图 6-4-12

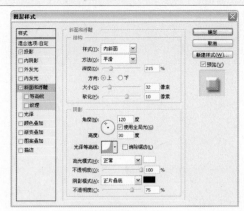

图 6-4-13

图 6-4-14

**9** 按住 Ctrl 键单击"图层 1"缩览图，调出其选区，单击创建新图层按钮，新建"图层 3"，将前景色设置为 R255、G220、B35，按快捷键 Alt+Delete 填充选区，图像效果如图6-4-15所示，填充完毕后按快捷键 Ctrl+D 取消选择。

图 6-4-15

**10** 选择工具箱中的矩形选框工具，在图像中"ramee"文字范围内绘制矩形选区，执行【图像】/【调整】/【色相/饱和度】命令（Ctrl+U），弹出"色相/饱和度"对话框，具体设置如图 6-4-16 所示，设置完毕后单击"确定"按钮，得到的图像如图6-4-17所示，按快捷键 Ctrl+D 取消选择。

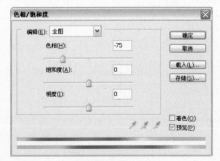

图 6-4-16

图 6-4-17

**11** 单击"图层"面板上添加图层样式按钮 *fx*，在弹出的菜单中选择"斜面和浮雕"，弹出"图层样式"对话框，具体设置如图 6-4-18 所示，设置完毕后不关闭对话框，在"图层样式"对话框中继续勾选"纹理"复选框，具体设置如图 6-4-19 所示，设置完毕后单击"确定"按钮应用图层样式。将"图层 1"的图层混合模式设置为"叠加"，将"图层 3"置于"图层 1"的下方，得到的图像效果如图 6-4-20 所示。

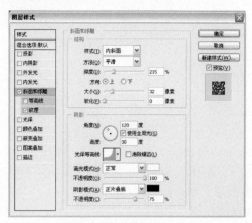

图 6-4-18

图 6-4-19

图 6-4-20

# Effect 05　　制作流淌地动态液体文字

● 使用【波浪】滤镜制作不规则图像扭曲效果

● 使用多种图层样式以求达到逼真的液体效果

**1** 执行【文件】/【新建】命令（Ctrl+N），弹出"新建"对话框，具体设置如图6-5-1所示，设置完毕后单击"确定"按钮新建图像文件。

图 6-5-1

**2** 将前景色设置为黑色，选择工具箱中的横排文字工具，设置合适的文字字体及大小，在图像中输入文字"Oily"，如图6-5-2所示。

图 6-5-2

**3** 按Ctrl键单击文字层缩览图，调出其选区，隐藏文字图层，单击"图层"面板上创建新图层按钮，新建"图层1"，执行【编辑】/【填充】命令，弹出"填充"对话框，具体设置如图6-5-3所示，单击"确定"按钮，按Ctrl+D取消选择，得到如图6-5-4所示的效果。

图 6-5-3

图 6-5-4

**4** 选择"图层1"，单击"图层"面板上添加图层样式按钮，在弹出的菜单中选择"投影"，弹出"图层样式"对话框，具体设置如图6-5-5所示，设置完毕后不关闭对话框，在"图层样式"对话框中继续勾选"内阴影"复选框，具体设置如图6-5-6所示，设置完毕后不关闭对话框，勾选"斜面和浮雕"复选框，具体设置如图6-5-7所示，设置完毕后不关闭对话框，勾选"光泽"复选框，具体设置如图6-5-8所示，设置完毕后不关闭对话框，在"图层样式"对话框中继续勾选"颜色叠加"复选框，具体设置如图6-5-9所示，设置完毕后单击"确定"按钮应用图层样式，得到的图像效果如图6-5-10所示。

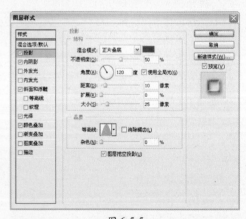

图 6-5-5

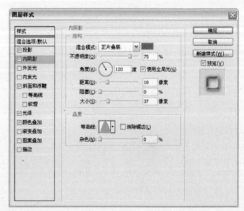

图 6-5-6

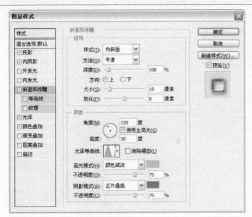

图 6-5-7

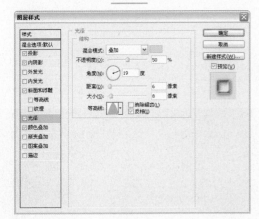

图 6-5-8

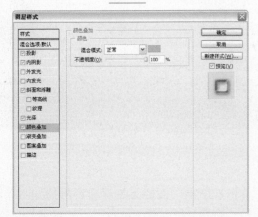

图 6-5-9

图 6-5-10

5 执行【滤镜】/【扭曲】/【波浪】命令，弹出的"波浪"对话框具体设置如图6-5-11所示，设置完毕后单击"确定"按钮，得到的图像效果如图6-5-12所示。

图 6-5-11

图 6-5-12

6 按住 Ctrl 键单击"图层 1"的缩览图得到其选区，单击"图层"面板上创建新图层按钮 ，新建"图层2"，将前景色设置为白色，按 Alt+Delete 填充选区，如图 6-5-13 所示，填充完毕后按快捷键 Ctrl+D 取消选择。

图 6-5-13

7 执行【滤镜】/【模糊】/【高斯模糊】命令，弹出"高斯模糊"对话框，具体设置如图 6-5-14 所示，设置完毕后单击"确定"按钮，得到的图像效果如图6-5-15所示。

图 6-5-14

图 6-5-15

8 选择"图层2",单击"图层"面板上添加图层样式按钮 fx.,在弹出的菜单中选择"斜面和浮雕",弹出"图层样式"对话框,具体设置如图6-5-16所示,设置完毕后单击"确定"按钮,将"图层2"的图层填充值设置为0%,得到的图像效果如图6-5-17所示。

图 6-5-17

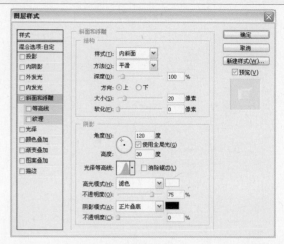

图 6-5-16

## Effect 06　　制作霹雳发光电网文字

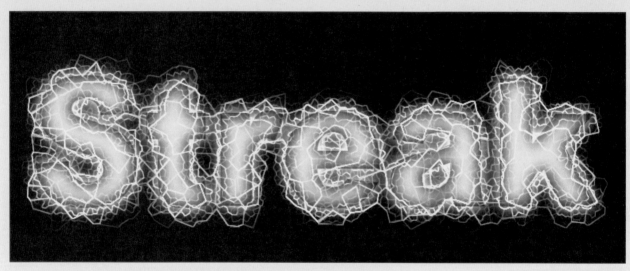

●使用【晶格化】和【照亮边缘】滤镜制作光电效果　　●更改图层混合模式令图像之间能够更好地融合

1 执行【文件】/【新建】命令(Ctrl+N),弹出"新建"对话框,如图6-6-1所示设置,单击"确定"按钮新建图像文件。

图 6-6-1

2 将前景色设置为黑色,选择工具箱中的横排文字工具 T.,设置合适的文字字体及大小,在图像中输入"Streak",如图6-6-2所示。

图 6-6-2

3 单击"图层"面板上创建新图层按钮 ,新建"图层1",将前景色设置为黑色,按快捷键Alt+Delete填充,填充完毕后按住Ctrl键单击文字图层缩览图,调出其选区,将前景色设置为白色,按快捷键Alt+Delete填充,按快捷键Ctrl+D取消选择,得到的图像效果如图6-6-3所示。

图 6-6-3

4 执行【滤镜】/【模糊】/【高斯模糊】命令,弹出"高斯模糊"对话框,具体设置如图6-6-4所示,

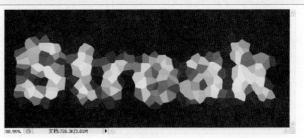

图 6-6-9

设置完毕后单击"确定"按钮应用滤镜，得到的图像效果如图6-6-5所示。

图 6-6-4　　　　　　图 6-6-5

7　执行【滤镜】/【风格化】/【照亮边缘】命令，弹出"照亮边缘"对话框，具体设置如图6-6-10所示，设置完毕后单击"确定"按钮应用滤镜，得到如图6-6-11所示的图像效果。

图 6-6-10

5　执行【图像】/【调整】/【曲线】命令（Ctrl+M），弹出"曲线"对话框，具体设置如图 6-6-6 所示，设置完毕后单击"确定"按钮应用滤镜，得到的图像效果如图6-6-7所示。

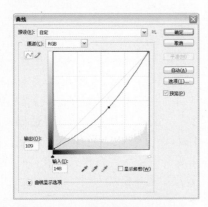

图 6-6-6

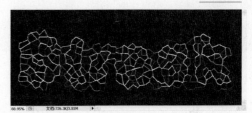

图 6-6-11

8　切换到"通道"面板，按住 Ctrl 键单击"蓝"通道缩览图，调出其选区，切换回"图层"面板，选择"图层 1 副本"，按快捷键 Ctrl+J 复制选区内图像到新的图层，得到"图层 2"。单击"图层"面板上添加图层样式按钮 fx，在弹出的菜单中选择"外发光"，弹出"图层样式"对话框，具体设置如图6-6-12所示，设置完毕后单击"确定"按钮，得到的图像效果如图6-6-13所示。

图 6-6-7

6　将"图层 1"拖到"图层"面板上创建新图层按钮 两次，分别得到"图层 1 副本"和"图层 1 副本 2"，隐藏"图层 1 副本 2"，选择"图层 1 副本"，执行【滤镜】/【像素化】/【晶格化】命令，弹出"晶格化"对话框，具体设置如图6-6-8所示，设置完毕后单击"确定"按钮，得到如图6-6-9所示的效果。

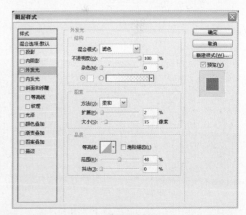

图 6-6-12

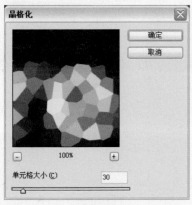

图 6-6-8

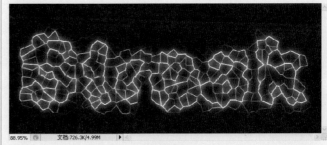

图 6-6-13

**9** 显示并选择"图层1副本2"，执行【滤镜】/【像素化】/【晶格化】命令，弹出"晶格化"对话框，具体设置如图6-6-14所示，设置完毕后单击"确定"按钮应用滤镜，得到的图像效果如图6-6-15所示。

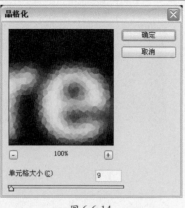

图 6-6-14

图 6-6-15

**10** 对"图层1副本2"图层执行【滤镜】/【风格化】/【照亮边缘】命令，弹出"照亮边缘"对话框，具体设置如图6-6-16所示，设置完毕后单击"确定"按钮应用滤镜，得到的图像效果如图6-6-17所示。

图 6-6-16

图 6-6-17

**11** 将"图层1副本"和"图层1副本2"的图层混

合模式均设置为"滤色"，得到的图像效果如图6-6-18所示。

图 6-6-18

**12** 将"图层2"置于文字图层的上方，"图层1"和所有"图层1"副本图层的下方。按Shift键选择"图层1"和所有"图层1"副本图层，按快捷键Ctrl+E合并所选图层，得到"图层1副本2"。单击"图层"面板上添加图层样式按钮*fx.*，在弹出的菜单中选择"颜色叠加"，弹出"图层样式"对话框，具体设置如图6-6-19所示，设置完毕后单击"确定"按钮，将"图层1副本2"的图层混合模式设置为"强光"，得到最终的图像效果如图6-6-20所示。

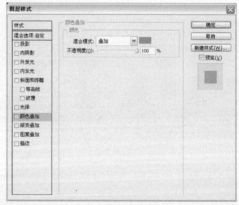

图 6-6-19

图 6-6-20

# Effect 07　　制作通透的粉嫩果冻文字

● 使用【动感模糊】滤镜制作立体效果

● 使用调整图层整体调整图像的亮度和颜色

**1** 执行【文件】/【新建】命令（Ctrl+N），弹出"新建"对话框，具体设置如图6-7-1所示，设置完毕后单击"确定"按钮新建图像文件。

图6-7-1

**2** 将前景色色值设置为R250、G75、B75，选择工具箱中的横排文字工具 T.，设置合适的文字字体及大小，在图像中输入文字"Girl"，如图6-7-2所示。

图6-7-2

**3** 执行【图层】/【栅格化】/【文字】命令，得到"Girl"图层，按快捷键Ctrl+T调出自由变换框，按住Ctrl键调整变换框四角上的变换手柄，将图像调整至如图6-7-3所示的透视效果，按Enter键确认变换。

图6-7-3

**4** 将"Girl"拖到"图层"面板上创建新图层按钮 ，得到"Girl 副本"，选择"Girl 副本"，执行【滤镜】/【模糊】/【动感模糊】命令，弹出"动感模糊"对话框，具体设置如图6-7-4所示，设置完毕后单击"确定"按钮应用滤镜，调整"Girl"图层所在图像的位置，得到的图像效果如图6-7-5所示。

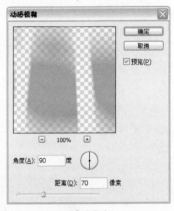

图6-7-4

图6-7-5

**5** 选择"Girl"图层，执行【滤镜】/【模糊】/【高斯模糊】命令，弹出"高斯模糊"对话框，具体设置如图6-7-6所示，设置完毕后单击"确定"按钮应用滤镜，得到的图像效果如图6-7-7所示。

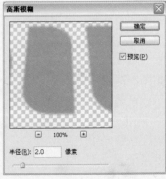

图6-7-6

图 6-7-7

6 将"Girl"图层拖到"图层"面板上创建新图层按钮 ⊔，得到"Girl 副本 2"，将"Girl 副本 2"置于"Girl 副本"下，改动位置，将"Girl 副本"的图层不透明度设置为 50%，设置完毕后得到的图像效果如图 6-7-8 所示。

图 6-7-8

7 选择"Girl 副本"图层，执行【图像】/【调整】/【曲线】命令（Ctrl+M），弹出"曲线"对话框，具体设置如图 6-7-9 所示，设置完毕后单击"确定"按钮，得到的图像效果如图6-7-10所示。

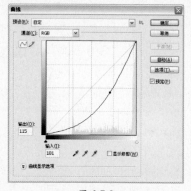

图 6-7-9

图 6-7-10

8 选择"Girl"图层，单击"图层"面板上添加图层样式按钮 fx.，在弹出的菜单中选择"内发光"，弹出"图层样式"对话框，具体设置如图 6-7-11 所示，设置完毕后不关闭对话框，继续勾选"斜面和浮雕"复选框，具体设置如图6-7-12所示，设置完毕后单击"确定"按钮应用图层样式。

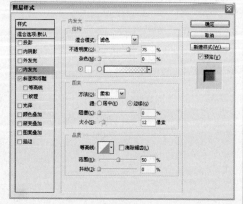

图 6-7-11

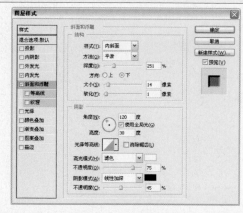

图 6-7-12

9 选择"Girl 副本"图层，单击"图层"面板上添加图层样式按钮 fx.，在弹出的菜单中选择"外发光"，弹出"图层样式"对话框，具体设置如图 6-7-13 所示，设置完毕后不关闭对话框，继续勾选"斜面和浮雕"复选框，具体设置如图 6-7-14 所示，设置完毕后不关闭对话框，勾选"光泽"复选框，具体设置如图 6-7-15 所示，设置完毕后单击"确定"按钮应用图层样式，得到的图像效果如图 6-7-16 所示。

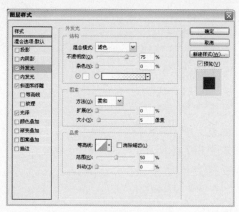

图 6-7-13

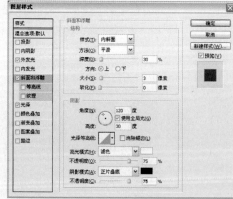

图 6-7-14

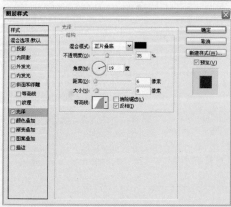

图 6-7-15

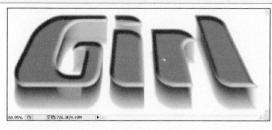

图 6-7-16

**10** 选择"Girl"图层，单击"图层"面板上创建新的填充或调整图层按钮 ，在弹出的菜单中选择"曲线"，弹出"曲线"对话框，具体设置如图6-7-17所示，设置完毕后单击"确定"按钮，得到的图像效果如图6-7-18所示，应用调整图层后在"图层"面板上生成"曲线"调整图层。

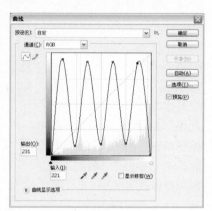

图 6-7-17

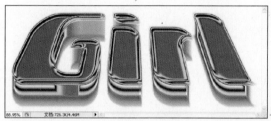

图 6-7-18

**11** 选择"曲线"调整图层，单击"图层"面板上创建新的填充或调整图层按钮 ，在弹出的菜单中选择"色相／饱和度"，弹出"色相／饱和度"对话框，具体设置如图6-7-19所示，设置完毕后单击"确定"按钮，得到的图像效果如图6-7-20所示。

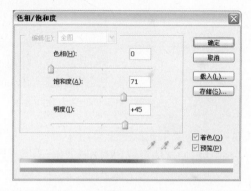

图 6-7-19

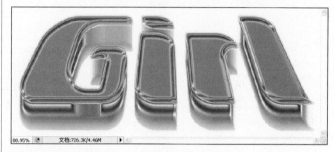

图 6-7-20

## Effect 08　制作多层雕刻木板文字

● 使用【斜面和浮雕】图层样式制作逼真的浮雕效果
● 使用【选择】／【修改】命令下的子命令调整选区

**1** 执行【文件】／【新建】命令（Ctrl+N），弹出"新建"对话框，具体设置如图6-8-1所示，设置完毕后单击"确定"按钮新建图像文件。

**2** 将前景色和背景色设置为系统默认的黑、白两色，执行【滤镜】／【渲染】／【云彩】命令，得到的图像效果如图6-8-2所示。

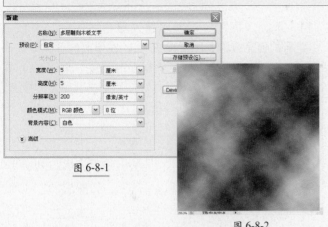

图 6-8-1

图 6-8-2

**3** 执行【图像】/【图像大小】命令，弹出"图像大小"对话框，具体设置如图6-8-3所示，设置完毕后单击"确定"按钮，得到的图像效果如图6-8-4所示。

图 6-8-3    图 6-8-4

**4** 执行【滤镜】/【风格化】/【查找边缘】命令，直接应用滤镜，得到的图像效果如图6-8-5所示。

图 6-8-5

> 提示：【查找边缘】滤镜是没有可调节参数对话框的，在【滤镜】菜单下执行此命令，直接应用图像。

**5** 执行【图像】/【调整】/【色彩平衡】命令（Ctrl+B），弹出"色彩平衡"对话框，具体设置如图6-8-6所示，设置完毕后单击"确定"按钮，得到的图像效果如图6-8-7所示。

图 6-8-6

图 6-8-7

**6** 将"背景"图层拖到"图层"面板上创建新图层按钮，得到"背景副本"图层，执行【滤镜】/【风格化】/【浮雕效果】命令，弹出"浮雕效果"对话框，具体设置如图6-8-8所示，设置完毕后单击"确定"按钮，得到的图像效果如图6-8-9所示。

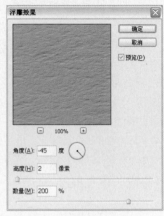

图 6-8-8

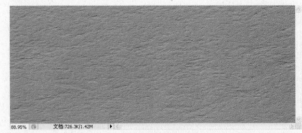

图 6-8-9

**7** 在"图层"面板上选择"背景"图层，单击创建新图层按钮，新建"图层1"，将前景色色值设置为R230、G185、B80，按快捷键Alt+Delete填充图层。将"背景副本"图层的混合模式设置为"线性光"，更改图层混合模式后得到的图像效果如图6-8-10所示。

图 6-8-10

**8** 按Ctrl+Shift+E合并所有可见图层，合并后得到"背景"图层，执行【图像】/【调整】/【曲线】命令（Ctrl+M），弹出"曲线"对话框，具体设置如图6-8-11所示，设置完毕后单击"确定"按钮，得到的图像效果如图6-8-12所示。

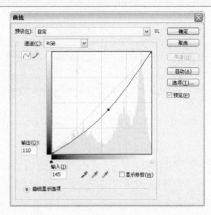

图 6-8-11

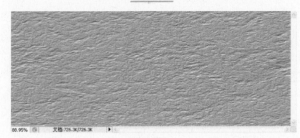

图 6-8-12

**9** 单击"图层"面板上创建新图层按钮 ，新建"图层1"，将前景色设置为白色，按快捷键Alt+Delete填充图层。将前景色设置为黑色，选择工具箱中的横排文字工具 ，设置合适的文字字体及大小，在图像中输入文字"巧夺天工"，如图6-8-13所示。

图 6-8-13

**10** 按住Ctrl键单击文字图层缩览图，调出其选区，执行【选择】/【修改】/【扩展】命令，在弹出的"扩展选区"对话框中将扩展值设置为20像素，设置完毕后单击"确定"按钮，得到的选区如图6-8-14所示。选择"背景"图层，按快捷键Ctrl+J复制选区内图像到新图层，得到"图层2"，将"图层2"置于"图层1"的上方，得到的图像效果如图6-8-15所示。

图 6-8-14

图 6-8-15

**11** 选择"图层2"，单击"图层"面板上的添加图层样式按钮 ，在弹出的菜单中选择"投影"，弹出"图层样式"对话框，具体设置如图6-8-16所示，设置完毕后不关闭对话框，勾选"斜面和浮雕"复选框，具体设置如图6-8-17所示，设置完毕后单击"确定"按钮应用图层样式，得到的图像效果如图6-8-18所示。

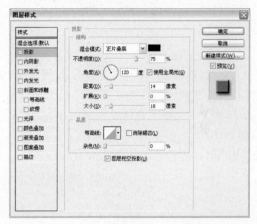

图 6-8-16

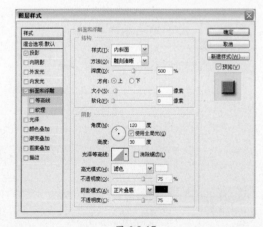

图 6-8-17

图 6-8-18

**12** 按住 Ctrl 键单击文字图层缩览图，调出其选区，单击"图层"面板上创建新图层按钮 ，新建"图层 3"，执行【编辑】/【描边】命令，弹出"描边"对话框，具体设置如图 6-8-19 所示，设置完毕后单击"确定"按钮，得到的图像效果如图 6-8-20 所示。

图 6-8-19

图 6-8-20

**13** 选择"图层 3"，单击"图层"面板上添加图层样式按钮 *fx.*，在弹出的菜单中选择"斜面和浮雕"，弹出"图层样式"对话框，具体设置如图 6-8-20 所示，设置完毕后单击"确定"按钮应用图层样式。在"图层"面板上将"图层 3"的图层填充值设置为 0%，得到的图像效果如图 6-8-21 所示。

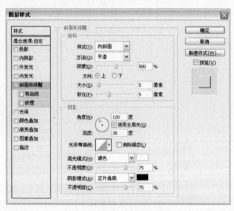

图 6-8-20

图 6-8-21

**14** 选择文字图层，单击"图层"面板上添加图层样式按钮 *fx.*，在弹出的菜单中选择"斜面和浮雕"，弹出"图层样式"对话框，具体设置如图 6-8-22 所示，设置完毕后不关闭对话框，勾选"颜色叠加"复选框，具体设置如图6-8-23所示，设置完毕后单击"确定"按钮应用图层样式，得到的图像效果如图6-8-24所示。

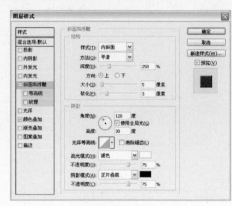

图 6-8-22

图 6-8-23　　　　　图 6-8-24

---

**Effect 09**　　　制作不规则弹孔钢板文字

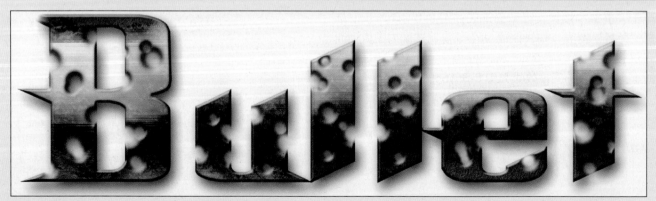

● 使用锁定透明像素按钮保护图层上的透明图像

● 使用橡皮擦工具涂抹图像以得到弹孔以及铁锈不规则分布效果

**1** 执行【文件】/【新建】命令（Ctrl+N），弹出"新建"对话框，具体设置如图6-9-1所示，设置完毕后单击"确定"按钮新建图像文件。

图 6-9-1

**2** 将前景色设置为黑色，选择工具箱中的横排文字工具 T，设置合适的文字字体及大小，在图像中输入文字"Bullet"，如图6-9-2所示。

图 6-9-2

**3** 单击"图层"面板上创建新图层按钮，新建"图层1"，按住Ctrl键单击文字图层缩览图，调出其选区。选择工具箱中的渐变工具，在工具选项栏中设置渐变类型为"银色"，设置完毕后使用渐变工具在选区内由上向下拖动鼠标，得到的图像效果如图6-9-3所示。

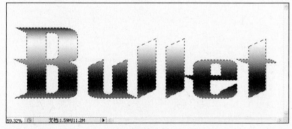

图 6-9-3

提示：使用渐变工具填充图像前，如保持选区存在，填充渐变颜色后，得到的填充效果则只存在于选区内。

**4** 按快捷键Ctrl+D取消选择，执行【滤镜】/【杂色】/【添加杂色】命令，弹出"添加杂色"对话框，具体设置如图6-9-4所示，设置完毕后单击"确定"按钮应用滤镜，得到的图像效果如图6-9-5所示。

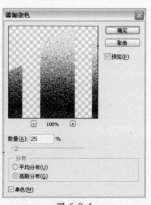

图 6-9-4

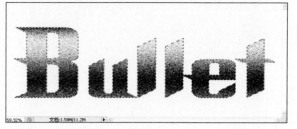

图 6-9-5

**5** 选择"图层1"，单击"图层"面板上的锁定透明像素按钮，执行【滤镜】/【模糊】/【动感模糊】命令，弹出"动感模糊"对话框，具体设置如图6-9-6所示，设置完毕后单击"确定"按钮应用滤镜，得到的图像效果如图6-9-7所示。

图 6-9-6　　　　　　图 6-9-7

**6** 在"图层"面板上隐藏文字图层，选择"图层1"，单击添加图层样式按钮 fx，在弹出的菜单中选择"投影"，弹出"图层样式"对话框，具体设置如图6-9-8所示，设置完毕后继续勾选"内发光"复选框，具体设置如图6-9-9所示，勾选"斜面和浮雕"复选框，具体设置如图6-9-10所示，设置完毕后单击"确定"按钮应用样式，图像效果如图6-9-11所示。

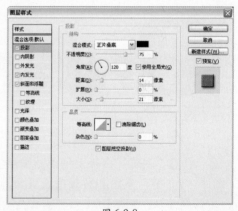

图 6-9-8

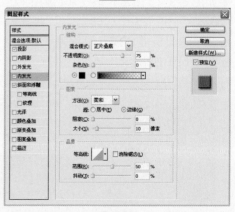

图 6-9-9

227

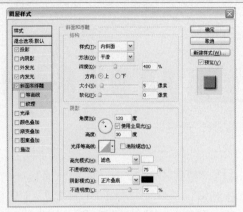

图 6-9-10

图 6-9-11

**7** 单击"图层"面板上的锁定透明像素按钮，选择工具箱中的橡皮擦工具，设置合适的画笔大小，注意将画笔硬度设置为70%，设置完毕后使用橡皮擦工具在文字上单击，注意适当变换画笔大小，得到的图像效果如图6-9-12所示。

图 6-9-12

**8** 单击"图层"面板上创建新图层按钮，新建"图层2"。将前景色和背景色设置为黑、白两色，执行【滤镜】/【渲染】/【云彩】命令，得到的图像效果如图6-9-13所示，按住Alt键在"图层"面板上单击"图层1"和"图层2"的中间，创建剪贴蒙版，将"图层2"的图层混合模式设置为"叠加"，得到的图像效果如图6-9-14所示。

图 6-9-13

图 6-9-14

**9** 将前景色色值设置为R255、G100、B40，背景色色值设置为R140、G40、B0，单击"图层"面板上创建新图层按钮，新建"图层3"。执行【滤镜】/【渲染】/【云彩】命令，得到的图像效果如图6-9-15所示。

图 6-9-15

**10** 切换到"通道"面板，单击创建新通道按钮，新建"Alpha1"通道，将前景色和背景色设置为黑、白两色，执行【滤镜】/【渲染】/【云彩】命令，得到的图像效果如图6-9-16所示。

图 6-9-16

**11** 执行【图像】/【调整】/【曲线】命令（Ctrl+M），弹出"曲线"对话框，具体设置如图6-9-17所示，设置完毕后单击"确定"按钮，得到的图像效果如图6-9-18所示。

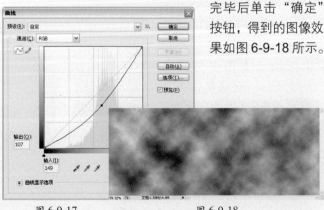

图 6-9-17　　　　　图 6-9-18

**12** 执行【滤镜】/【杂色】/【添加杂色】命令，弹出"添加杂色"对话框，具体设置如图6-9-19所示，设置完毕后单击"确定"按钮应用滤镜，得到的图像效果如图6-9-20所示。

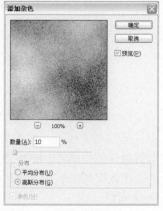

图 6-9-19

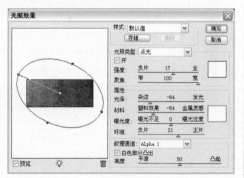

图 6-9-20

**13** 切换回"图层"面板，选择"图层3"，执行【滤镜】/【渲染】/【光照效果】命令，弹出"光照效果"对话框，具体设置如图6-9-21所示，设置完毕后单击"确定"按钮，得到的图像效果如图6-9-22所示。

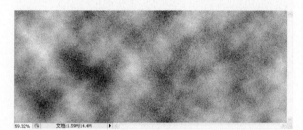

图 6-9-21

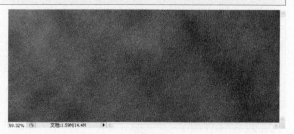

图 6-9-22

**14** 在"图层"面板上选择"图层3"，执行【图层】/【创建剪贴蒙版】命令，创建剪贴蒙版。将其图层混合模式设置为"叠加"，图像效果如图6-9-23所示。

图 6-9-23

提示：执行【图层】/【创建剪贴蒙版】命令，与按Alt键在两图层之间单击，实际上是将位于上部的图层嵌入下面的图像中。一般用此命令制作一些镶图效果，此例就是将纹理图案嵌入到作为形状模具的文字形状中。

**15** 选择工具箱中的橡皮擦工具，设置合适的画笔大小，注意将画笔硬度设置为100%，选择较为粗糙的笔触，设置完毕后使用橡皮擦工具在文字上涂抹，注意适当变换画笔大小，得到的图像效果如图6-9-24所示。

图 6-9-24

# Effect 10　　制作激光蚀刻钢板文字

● 运用向"Alpha1"通道打光的方法制作逼真的浮雕效果
● 使用"填充或调整图层"整体调整图像的明暗对比和亮度

**1** 执行【文件】/【新建】命令（Ctrl+N），弹出"新建"对话框，如图6-10-1所示进行具体设置，单击"确定"按钮新建图像文件。

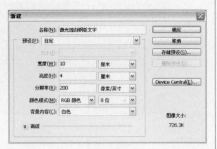

图 6-10-1

**2** 选择工具箱中的圆角矩形工具，在其工具选项栏中设置半径为30像素，设置完毕使用圆角矩形工具在图像中绘制如图6-10-2所示的路径。

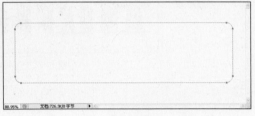

图 6-10-2

**3** 切换到"通道"面板，单击"通道"面板上创建新通道按钮，新建"Alpha1"通道，切换到"路径"面板，单击将路径作为选区载入按钮，将前景色设置为白色，按快捷键Alt+Delete填充选区，按快捷键Ctrl+D取消选择。切换到"通道"面板，将"Alpha1"通道拖到创建新通道按钮，得到"Alpha1 副本"，选择"Alpha1 副本"，执行【滤镜】/【模糊】/【高斯模糊】命令，在弹出的"高斯模糊"对话框中设置模糊半径为5像素，设置完毕后单击"确定"按钮，得到的图像效果如图6-10-3所示。

图 6-10-3

**4** 将前景色设置为黑色，选择工具箱中的横排文字工具，设置合适的文字字体及大小，在图像中输入文字"STEEL"，如图6-10-4所示。

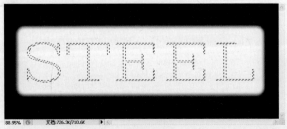

图 6-10-4

提示：在通道中输入文本，当变换工具选择时，文字将自动转换为选区载入，这也是在图层和通道中输入文字的区别所在。

**5** 执行【选择】/【修改】/【羽化】命令（Ctrl+Alt+D），在弹出的"羽化选区"对话框中设置羽化半径为3像素，设置完毕后单击"确定"按钮，将前景色设置为黑色，按快捷键Alt+Delete填充选区，得到的图像效果如图6-10-5所示。填充完毕后按快捷键Ctrl+D取消选择。

图 6-10-5

**6** 选择工具箱中的椭圆选框工具，按住Shift键绘制圆形选区，如图6-10-6所示。

图 6-10-6

**7** 执行【选择】/【修改】/【羽化】命令（Ctrl+Alt+D），在弹出的"羽化选区"对话框中设置羽化半径为2像素，设置完毕后单击"确定"按钮，将前景色设置为黑色，按快捷键Alt+Delete填充选区，得到的图像效果如图6-10-7所示。填充完毕后按快捷键Ctrl+D取消选择。

图 6-10-7

**8** 使用同样的方法在圆角矩形的其他三个角添加圆形黑色图像，图像效果如图6-10-8所示。

图 6-10-8

**9** 执行【滤镜】/【杂色】/【添加杂色】命令，弹出"添加杂色"对话框，具体设置如图6-10-9所示，设置完毕后单击"确定"按钮，得到的图像效果如图6-10-10所示。

图 6-10-9

图 6-10-10

**10** 切换回"图层"面板，单击创建新图层按钮，新建"图层1"，填充50%灰色，执行【滤镜】/【渲染】/【光照效果】命令，弹出"光照效果"对话框，具体设置如图6-10-11所示，设置完毕后单击"确定"按钮，得到的图像效果如图6-10-12所示。

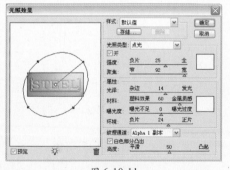

图 6-10-11

图 6-10-12

**11** 切换到"通道"面板，按住Ctrl键单击"Alpha1"通道缩览图，调出其选区，切换回"图层"面板，选择"图层1"，按快捷键Ctrl+Shift+I将选区反选，按快捷键Delete删除选区内图像，图像效果如图6-10-13所示，按快捷键Ctrl+D取消选择。

图 6-10-13

**12** 选择"图层1"，单击"图层"面板上添加图层样式按钮 *fx*，在弹出的菜单中选择"投影"，弹出"图层样式"对话框，具体设置如图6-10-14所示，设置完毕后单击"确定"按钮，得到的图像效果如图6-10-15所示。

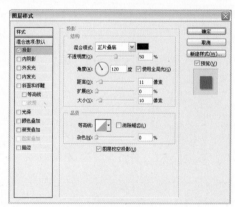

图 6-10-14

图 6-10-15

**13** 选择工具箱中的椭圆选框工具，按住Shift键使用椭圆选框工具绘制圆形选区，如图6-10-16所示。单击"图层"面板上创建新图层按钮，新建"图层2"，将前景色色值设置为R100、G105、B105，设置完毕后按快捷键Alt+Delete填充选区，按快捷键Ctrl+D取消选择。

图 6-10-16

**14** 选择"图层2",单击"图层"面板上添加图层样式按钮 *fx*,在弹出的菜单中选择"投影",弹出"图层样式"对话框,具体设置如图6-10-17所示,设置完毕后不关闭对话框,勾选"斜面和浮雕"复选框,具体设置如图6-10-18所示,设置完毕后单击"确定"按钮应用图层样式,得到的图像效果如图6-10-19所示。

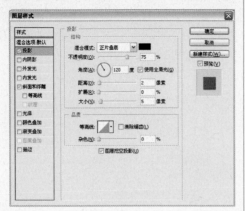

图 6-10-17

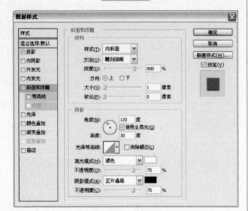

图 6-10-18

图 6-10-19

**15** 选择工具箱中的矩形选框工具，使用矩形选框工具在螺钉的中心线上绘制矩形选区。单击"图层"面板上创建新图层按钮，新建"图层3",将前景色设置为白色,按快捷键Alt+Delete填充选区,按快捷键Ctrl+D取消选择,得到的图像效果如图6-10-20所示。

图 6-10-20

**16** 在"图层"面板上将"图层3"拖到创建新图层按钮，得到"图层3副本",执行【编辑】/【变换】/【旋转90度（顺时针）】命令。按Shift键的同时选择"图

层3"和"图层3副本",按快捷键Ctrl+E合并所选图层,得到"图层3副本",单击"图层"面板上添加图层样式按钮 *fx*,在弹出的菜单中选择"斜面和浮雕",弹出"图层样式"对话框,具体设置如图6-10-21所示,设置完毕后单击"确定"按钮应用图层样式。将"图层3副本"的图层填充值设置为0%,得到的图像效果如图6-10-22所示。

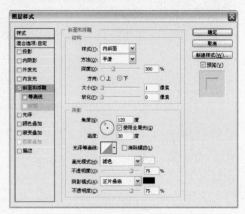

图 6-10-21

图 6-10-22

**17** 使用同样的方法在圆角矩形的其他3个角添加圆形螺钉效果,如图6-10-23所示。

图 6-10-23

**18** 选择最上方的图层,单击"图层"面板上创建新的填充或调整图层按钮，在弹出的菜单中选择"曲线",弹出"曲线"对话框,具体设置如图6-10-24所示,设置完毕后单击"确定"按钮,得到的最终图像效果如图6-10-25所示。

图 6-10-24          图 6-10-25

# Effect 11　　制作太空立体透视文字

● 运用【点状化】、【最小化】、【动感模糊】等滤镜相结合制作科幻光束特效
● 使用移动图层的同时复制图层的方法制作立体文字
● 使用【色相/饱和度】和【色阶】命令调整图像颜色、亮度及对比度

**1** 执行【文件】/【打开】命令（Ctrl+O），弹出"打开"对话框，选择如图6-11-1所示的图片，单击"打开"按钮打开图像文件。

图 6-11-1

**2** 单击"图层"面板上创建新图层按钮 ，新建"图层1"。将背景色设置为黑色，按快捷键Ctrl+Delete填充选区，执行【滤镜】/【像素化】/【点状化】命令，弹出"点状化"对话框，如图6-11-2所示具体设置，设置完毕后单击"确定"按钮，图像效果如图6-11-3所示。

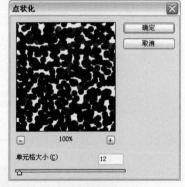

图 6-11-2

图 6-11-3

**3** 执行【图像】/【调整】/【色阶】命令（Ctrl+L），弹出"色阶"对话框，如图6-11-4所示调节参数，设置完毕后单击"确定"按钮，图像效果如图6-11-5所示。

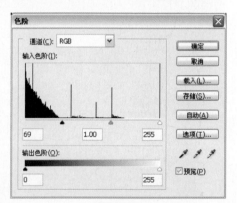

图 6-11-4

图 6-11-5

**4** 执行【滤镜】/【模糊】/【高斯模糊】命令，弹出"高斯模糊"对话框，具体设置如图6-11-6所示，设置完毕后单击"确定"按钮，得到的图像效果如图6-11-7所示。

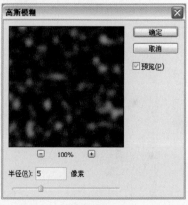

图 6-11-6

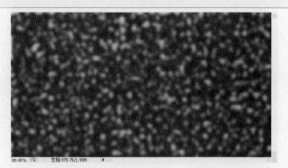

图 6-11-7

5　执行【图像】/【调整】/【色阶】命令（Ctrl+L），弹出"色阶"对话框，如图 6-11-8 所示进行参数设置，设置完毕后单击"确定"按钮，图像效果如图 6-11-9 所示。

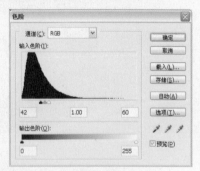

图 6-11-8

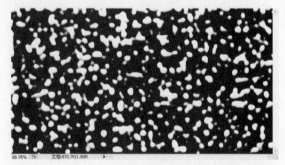

图 6-11-9

6　执行【滤镜】/【模糊】/【动感模糊】命令，弹出"动感模糊"对话框，具体设置如图 6-11-10 所示，设置完毕后单击"确定"按钮，图像效果如图 6-11-11 所示。

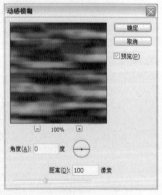

图 6-11-10

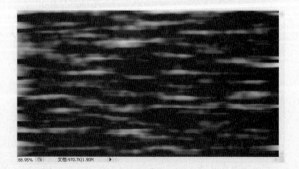

图 6-11-11

7　执行【图像】/【调整】/【色阶】命令（Ctrl+L），弹出"色阶"对话框，如图 6-11-12 所示，设置完毕后单击"确定"按钮，图像效果如图 6-11-13 所示。

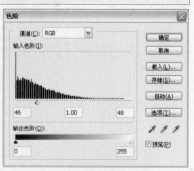

图 6-11-12

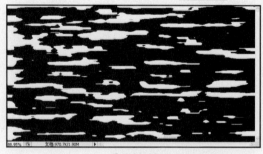

图 6-11-13

8　执行【滤镜】/【其它】/【最小值】命令，弹出"最小值"对话框，具体设置如图 6-11-14 所示，设置完毕后单击"确定"按钮，得到的图像效果如图 6-11-15 所示。

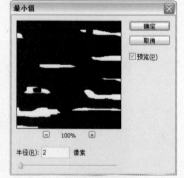

图 6-11-14

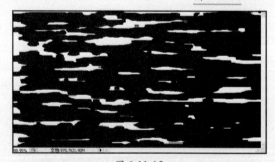

图 6-11-15

9　执行【滤镜】/【风格化】/【风】命令，在弹出的"风"对话框中设置具体参数，如图 6-11-16 所示，设置完毕后单击"确定"按钮应用滤镜。按快捷键 Ctrl+F 重复"风"滤镜命令两次，得到的图像效果如图6-11-17 所示。

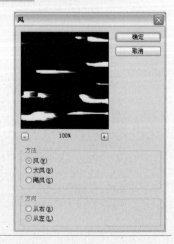

图 6-11-16

图 6-11-17

**10** 执行【滤镜】/【模糊】/【高斯模糊】命令，弹出"高斯模糊"对话框，具体设置如图 6-11-18 所示，设置完毕后单击"确定"按钮，得到的图像效果如图 6-11-19 所示。

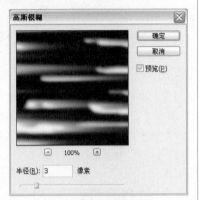

图 6-11-18

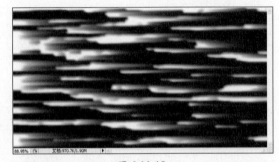

图 6-11-19

**11** 将"图层 1"拖到"图层"面板上创建新图层按钮 上两次，得到"图层 1 副本"和"图层 1 副本 2"。隐藏"图层 1 副本"和"图层 1 副本 2"，选择"图层 1"，按快捷键 Ctrl+T 调出自由变换框，按住 Ctrl 键调整变换框四边上的变换手柄，使得图像透视效果正确，如图 6-11-20 所示。

图 6-11 20

**12** 显示并选择"图层 1 副本"，按快捷键 Ctrl+T 调出自由变换框，按住 Ctrl 键调整变换框四边上得变换手柄，使得图像透视效果正确，图像效果如图 6-11-21 所示。

图 6-11-21

**13** 显示并选择"图层 1 副本 2"，按快捷键 Ctrl+T 调出自由变换框，按住 Ctrl 键调整变换框四边上得变换手柄，使得图像透视效果正确，得到的图像效果如图 6-11-22 所示。

图 6-11-22

**14** 按 Shift 键的同时选择"图层 1"、"图层 1 副本"和"图层 1 副本 2"，按快捷键 Ctrl+E 合并所选图层。执行【图像】/【调整】/【色相/饱和度】命令（Ctrl+U），弹出"色相/饱和度"对话框，如图 6-11-23 所示进行参数设置，设置完毕后单击"确定"按钮，将合并后的"图层 1 副本 2"的图层混合模式设置为"滤色"，得到的图像效果如图 6-11-24 所示。

图 6-11-23

图 6-11-24

**15** 将前景色设置为白色，选择工具箱中的横排文字工具 T，设置合适的文字字体及大小，在图像中输入文字

"漫步宇宙",如图 6-11-25 所示。执行【图层】/【栅格化】/【文字】命令,将文本图层转换为普通图层,按快捷键 Ctrl+T 调出自由变换框,按住 Ctrl 键调整变换框四边上的变换手柄,以使得图像透视效果正确,得到的图像效果图 6-11-26 所示。

图 6-11-25

图 6-11-26

**16** 单击"图层"面板上添加图层样式按钮 *fx.*,在弹出的菜单中选择"斜面和浮雕",弹出"图层样式"对话框,具体设置如图 6-11-27 所示,设置完毕后单击"确定"按钮应用图层样式,将"漫步太空"的图层填充值设置为 0%,得到的图像效果如图 6-11-28 所示。

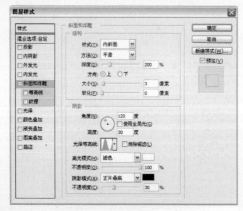

图 6-11-27

图 6-11-28

**17** 选择"漫步宇宙"图层,选择工具箱中的移动工具,按住 Alt 键单击键盘中的上方向键和左方向键若干

次,文字呈现立体效果,如图 6-11-29 所示。按住 Shift 键选择"漫步宇宙"和所有"漫步宇宙"生成的副本图层,按 Ctrl+E 合并所选图层,得到合并后的最终图层"漫步太空副本 33"。

图 6-11-29

**18** 选择"漫步太空副本 33"图层,执行【图像】/【调整】/【色相 / 饱和度】命令(Ctrl+U),弹出"色相 / 饱和度"对话框,如图 6-11-30 所示进行调整,设置完毕后单击"确定"按钮,图像效果如图 6-11-31 所示。

图 6-11-30

图 6-11-31

**19** 按 Ctrl 键单击"漫步宇宙副本 33"在"图层"面板上的缩览图,调出其选区,选择"图层 1 副本 2",单击"图层"面板上创建新图层按钮,新建"图层 1"。将前景色设置为白色,按 Alt+Delete 键填充选区,按 Ctrl+D 取消选择。执行【滤镜】/【风格化】/【风】命令,弹出"风"对话框,具体设置如图 6-11-32 所示,单击"确定"按钮应用滤镜。按快捷键 Ctrl+F 重复"风"滤镜命令两次,图像效果如图 6-11-33 所示。

图 6-11-32

图 6-11-33

图 6-11-34

**20** 选择"图层1",执行【图像】/【调整】/【色相/饱和度】命令(Ctrl+U),弹出"色相/饱和度"对话框,如图6-11-34所示,设置完毕后单击"确定"按钮,图像效果如图6-11-35所示。

图 6-11-35

## Effect 12　　制作粗麻缝纫布艺文字

● 使用【选区】/【修改】命令下的子菜单修改选区大小

● 使用新建通道的方法存储选区

● 使用【定义画笔】命令并设置画笔得到规则的笔刷分布效果

● 使用图层样式结合【纹理化】滤镜制作带有纹理的布艺效果

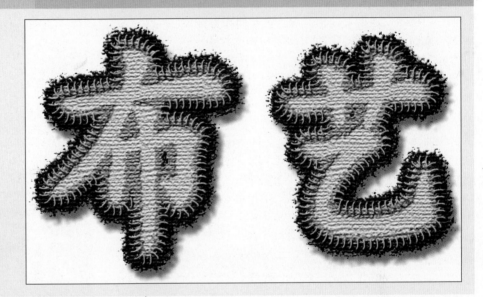

**1** 执行【文件】/【新建】命令(Ctrl+N),弹出"新建"对话框,具体设置如图6-12-1所示,单击"确定"按钮新建图像文件。

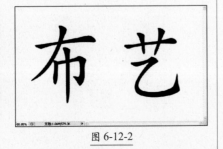

图 6-12-1

**2** 将前景色设置为黑色,选择工具箱中横排文字工具T,设置合适的文字字体及大小,在图像中输入文字"布艺",如图6-12-2所示。

图 6-12-2

**3** 切换到"通道"面板,单击"通道"面板上创建新通道按钮,新建"Alpha1"通道,按住Ctrl键单击文字图层在"图层"面板上的缩览图,调出其选区,执行【选择】/【修改】/【扩展】命令,在弹出的"扩展选区"对话框中将扩展值设置为40像素,设置完毕后单击"确定"按钮。选择"Alpha1"通道,将前景色设置为白色,按快捷键Alt+Delete填充选区,得到的图像效果如图6-12-3所示,按快捷键Ctrl+D取消选择。

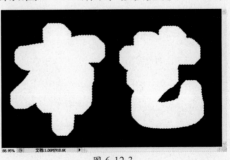

图 6-12-3

4 执行【滤镜】/【画笔描边】/【喷色描边】命令，弹出"喷色描边"对话框，具体设置如图6-12-4所示，设置完毕后单击"确定"按钮应用滤镜，得到如图6-12-5所示的图像效果。

图 6-12-4

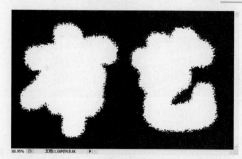

图 6-12-5

5 切换到"通道"面板，单击创建新通道按钮，新建"Alpha2"通道，按住 Ctrl 键单击文字图层在"图层"面板上的缩览图，调出其选区，执行【选择】/【修改】/【扩展】命令，在弹出的"扩展选区"对话框中将扩展值设置为20像素，设置完毕后单击"确定"按钮。选择"Alpha2"通道，将前景色设置为白色，按Alt+Delete填充选区，得到的图像效果如图6-12-6所示，按快捷键Ctrl+D取消选择。

图 6-12-6

6 执行【滤镜】/【画笔描边】/【喷色描边】命令，弹出"喷色描边"对话框，具体设置如图6-12-7所示，设置完毕后单击"确定"按钮应用滤镜，得到的图像效果如图6-12-8所示。

图 6-12-7

图 6-12-8

7 单击"通道"面板上创建新通道按钮，新建"Alpha3"通道。按住 Ctrl 键单击文字图层在"图层"面板上的缩览图，调出其选区，执行【选择】/【修改】/【扩展】命令，在弹出的"扩展选区"对话框中将扩展值设置为5像素，设置完毕后单击"确定"按钮，选择"Alpha3"通道，将前景色设置为白色，按快捷键Alt+Delete填充选区，得到的图像效果如图6-12-9所示，按Ctrl+D取消选择。

图 6-12-9

8 执行【滤镜】/【画笔描边】/【喷色描边】命令，弹出"喷色描边"对话框，具体设置如图6-12-10所示，设置完毕后单击"确定"按钮应用滤镜，得到的图像效果如图6-12-11所示。

图 6-12-10

图 6-12-11

9 按住 Ctrl 键单击"Alpha1"通道缩览图，调出其选区。单击"图层"面板上创建新图层按钮，新建"图层1"，将前景色色值设置为 R140、G0、B0，按Alt+Delete填充前景色，填充完毕后按快捷键Ctrl+D取消选择，得到的图像效果如图6-12-12所示。

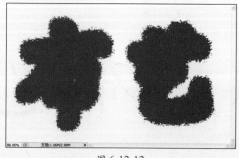

图 6-12-12

**10** 按住 Ctrl 键单击"Alpha2"通道缩览图,调出其选区。单击"图层"面板上创建新图层按钮，新建"图层2",将前景色色值设置为 R135、G160、B10,按Alt+Delete填充前景色,填充完毕后按快捷键 Ctrl+D 取消选择,得到的图像效果如图 6-12-13 所示。

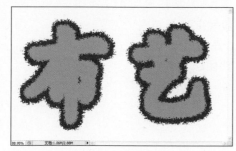

图 6-12-13

**11** 按住 Ctrl 键单击"Alpha3"通道缩览图,调出其选区。单击"图层"面板上创建新图层按钮，新建"图层3",将前景色色值设置为 R230、G210、B160,按Alt+Delete填充前景色,填充完毕后按快捷键 Ctrl+D 取消选择,得到的图像效果如图 6-12-14 所示。

图 6-12-14

**12** 按 Shift 键的同时选择"图层1"、"图层2"和"图层3",按快捷键 Ctrl+E 合并所选图层,得到"图层3"。执行【滤镜】/【纹理】/【纹理化】命令,弹出"纹理化"对话框,具体设置如图6-12-15所示,应用滤镜后得到的图像效果如图6-12-16 所示。

图 6-12-15

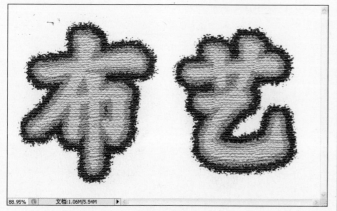

图 6-12-16

**13** 在"图层"面板上选择"图层3",单击添加图层样式按钮 *fx.*,在弹出的菜单中选择"投影",弹出"图层样式"对话框,具体设置如图 6-12-17 所示,设置完毕后不关闭对话框,勾选"斜面和浮雕"复选框,具体设置如图 6-12-18 所示,设置完毕后单击"确定"按钮应用图层样式,得到的图像效果如图 6-12-19 所示。

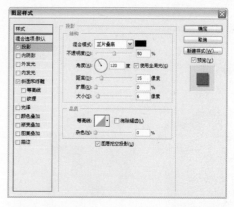

图 6-12-17

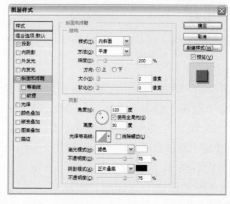

图 6-12-18

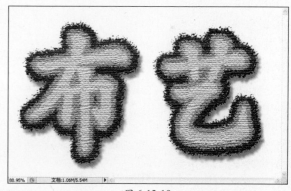

图 6-12-19

**14** 按住 Ctrl 键单击"Alpha2"通道缩览图,调出其选区,单击"图层"面板上创建新图层按钮，新建"图层4",将前景色设置为白色,按快捷键 Alt+Delete 填充前景色,按快捷键 Ctrl+D 取消选择。选择"图层4",单击添加图层样式按钮 *fx.*,在弹出的菜单中选择"斜面和浮雕",弹出"图层样式"对话框,具体设置如图 6-12-20 所示,设置完毕后单击"确定"按钮应用样式,将"图层4"的图层填充值设置为 0%,得到的图像效果如图 6-12-21 所示。

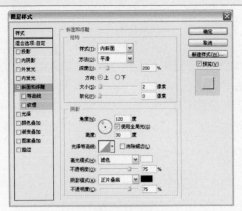

图 6-12-20

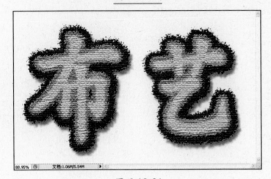

图 6-12-21

**15** 按 Ctrl 键单击 "Alpha3" 通道缩览图，调出其选区，单击 "图层" 面板上创建新图层按钮 🔲，新建 "图层 5"，将前景色设置为白色，按快捷键 Alt+Delete 填充前景色，按快捷键 Ctrl+D 取消选择。选择 "图层 5"，单击添加图层样式按钮 *fx*，在弹出的菜单中选择 "斜面和浮雕"，弹出 "图层样式" 对话框，如图 6-12-22 所示进行参数设置，设置完毕后单击 "确定" 按钮应用图层样式，将 "图层 5" 的图层填充值设置为 0%，得到的图像效果如图 6-12-23 所示。

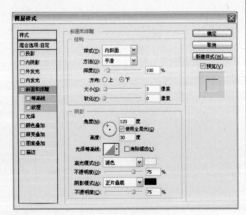

图 6-12-22

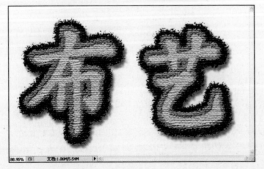

图 6-12-23

**16** 执行【文件】/【新建】命令（Ctrl+N），弹出 "新建" 对话框，具体设置如图 6-12-24 所示，设置完毕后单击 "确定" 按钮新建图像文件。

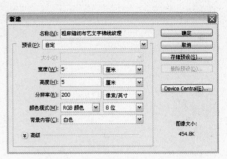

图 6-12-24

**17** 将前景色设置为黑色，选择工具箱中的画笔工具 ✏️，设置合适的画笔大小，注意将画笔硬度设置为 100%。设置完毕后使用画笔工具在画布中如图6-12-25所示绘制曲线。执行【编辑】/【定义画笔预设】命令，弹出 "画笔名称" 对话框，单击 "确定" 按钮保存画笔预设。

图 6-12-25

**18** 按住 Ctrl 键单击文字图层的缩览图调出其选区，执行【选择】/【修改】/【扩展】命令，在弹出的 "扩展选区" 对话框中将扩展值设置为 20 像素，设置完毕后单击 "确定" 按钮，得到的选区效果如图 6-12-26 所示，切换到 "路径" 面板，单击将选区生成工作路径按钮 〰️，得到的工作路径如图 6-12-27 所示。

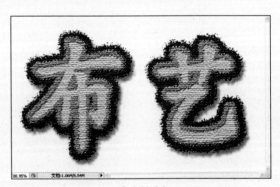

图 6-12-26

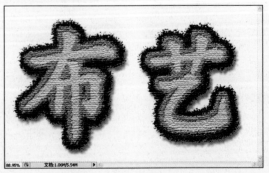

图 6-12-27

**19** 选择工具箱中的画笔工具 🖌，画笔设置如图6-12-28和图6-12-29所示。

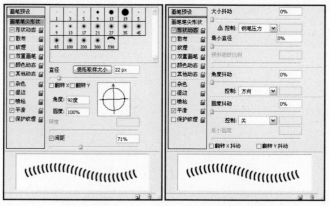

图 6-12-28　　　　　　　图 6-12-29

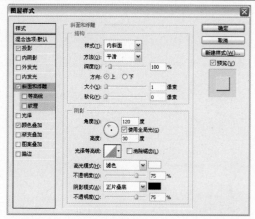

图 6-12-32

**20** 将前景色设置为白色，单击"图层"面板上创建新图层按钮 🔲，新建"图层6"，右键单击生成的工作路径，在弹出的菜单中选择"描边路径"命令，弹出"描边路径"对话框，选择描边类型为"画笔"，设置完毕后单击"确定"按钮，得到的图像效果如图6-12-30所示。

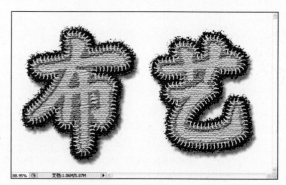

图 6-12-30

图 6-12-33

**21** 选择"图层6"，单击"图层"面板上添加图层样式按钮 fx，在弹出的菜单中选择"投影"，弹出"图层样式"对话框，具体设置如图6-12-31所示，设置完毕后不关闭对话框，勾选"斜面和浮雕"复选框，具体设置如图6-12-32所示，设置完毕后不关闭对话框，继续勾选"颜色叠加"复选框，具体设置如图6-12-33所示，设置完毕后单击"确定"按钮应用图层样式，得到的图像效果如图6-12-34所示。

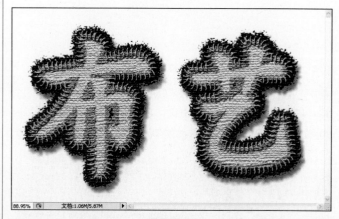

图 6-12-34

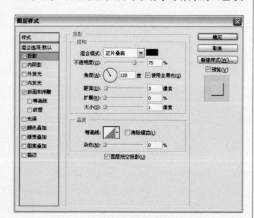

图 6-12-31

# Effect 13 制作广告招贴中的饼干文字

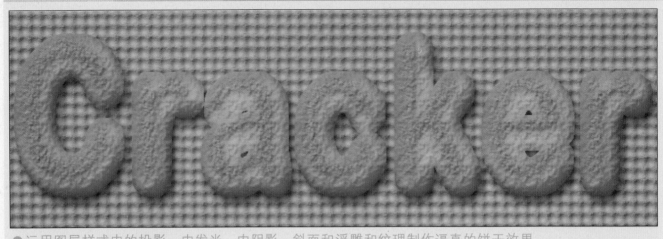

● 运用图层样式中的投影、内发光、内阴影、斜面和浮雕和纹理制作逼真的饼干效果
● 填充不同颜色并调整图层混合模式和图层不透明度，以得到多层次的图像效果

**1** 执行【文件】/【新建】命令（Ctrl+N），弹出"新建"对话框，具体设置如图6-13-1所示，设置完毕后单击"确定"按钮新建图像文件。

图 6-13-1

**2** 切换到"通道"面板，单击创建新通道按钮，新建"Alpha1"通道，选择工具箱中的矩形选框工具，按住Shift键绘制正方形选区，将前景色设置为白色，按Alt+Delete填充前景色，得到的图像效果如图6-13-2所示。

图 6-13-2

**3** 选择工具箱中的矩形选框工具，按下键盘中的下方向键和右方向键各两次，将前景色设置为黑色，按Alt+Delete填充前景色，得到的图像效果如图6-13-2所示。

图 6-13-3

**4** 选择工具箱中的矩形选框工具，按下键盘中的上方向键和左方向键各两次，使选区回到最初位置。执行【编辑】/【定义图案】命令，弹出"定义图案"对话框，单击"确定"按钮保存图案。按快捷键Ctrl+D取消选择，选择工具箱中的油漆桶工具，在工具选项栏中设置填充类型为"图案"，选择定义的图案，在通道中单击填充，得到的图像效果如图6-13-4所示。

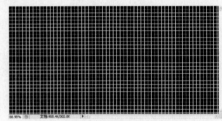

图 6-13-4

**5** 执行【滤镜】/【模糊】/【高斯模糊】命令，弹出"高斯模糊"对话框，具体设置如图6-13-5所示，设置完毕后单击"确定"按钮，得到的图像效果如图6-13-6所示。

图 6-13-5

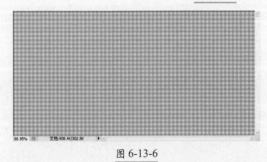

图 6-13-6

**6** 执行【图像】/【调整】/【色阶】命令（Ctrl+L），弹出"色阶"对话框，具体设置如图 6-13-7 所示，设置完毕后单击"确定"按钮，得到的图像效果如图 6-13-8 所示。

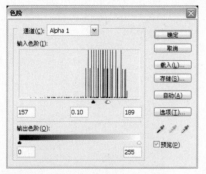

图 6-13-7

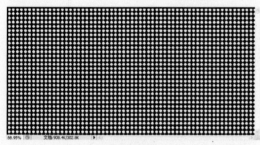

图 6-13-8

**7** 单击"图层"面板上创建新图层按钮，新建"图层 1"，将前景色色值设置为 R205、G160、B80，设置完毕后按快捷键Alt+Delete填充，得到的图像效果如图 6-13-9 所示。

图 6-13-9

**8** 切换到"通道"面板，按住 Ctrl 键单击"Alpha1"通道缩览图，调出其选区，切换回"图层"面板，选择"图层 1"，按 Delete 删除选区内图像，按 Ctrl+D 取消选择，得到的图像效果如图 6-13-10 所示。

图 6-13-10

**9** 执行【滤镜】/【模糊】/【高斯模糊】命令，弹出"高斯模糊"对话框，具体设置如图 6-13-11 所示，设置完毕后单击"确定"按钮，得到的图像效果如图 6-13-12 所示。

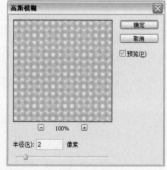

图 6-13-11

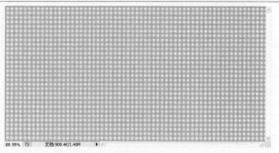

图 6-13-12

**10** 选择"图层 1"，单击"图层"面板上添加图层样式按钮 *fx.*，在弹出的菜单中选择"投影"，弹出"图层样式"对话框，具体设置如图 6-13-13 所示，设置完毕后不关闭对话框，继续勾选"斜面和浮雕"复选框，具体设置如图 6-13-14 所示，设置完毕后继续勾选"纹理"复选框，具体设置如图 6-13-15 所示，设置完毕后单击"确定"按钮应用图层样式，得到的图像效果如图 6-13-16 所示。

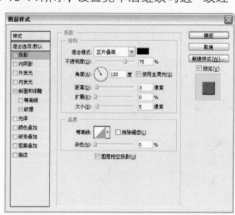

图 6-13-13

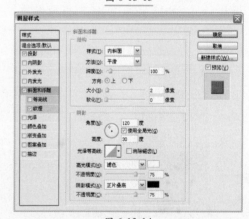

图 6-13-14

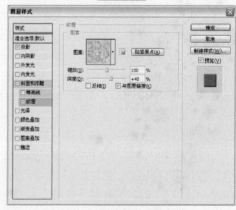

图 6-13-15

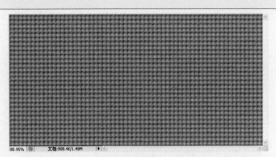

图 6-13-16

**11** 将前景色设置为黑色，选择工具箱中的横排文字工具 T，设置合适的文字字体及大小，在图像中输入文字 "Cracker"，如图 6-13-17 所示。

图 6-13-17

**12** 按住 Ctrl 键单击文字图层缩览图，调出其选区，执行【选择】/【修改】/【扩展】命令，在弹出的"扩展选区"对话框中将扩展值设置为 15 像素，设置完毕后单击"确定"按钮。单击"图层"面板上创建新图层按钮 ，新建"图层 2"，将前景色设置为 R225、G190、B105，按 Alt+Delete 填充，按快捷键 Ctrl+D 取消选择，得到的图像效果如图 6-13-18 所示。

图 6-13-18

**13** 选择"图层 2"，单击"图层"面板上添加图层样式按钮 fx，在弹出的菜单中选择"投影"，弹出"图层样式"对话框，具体设置如图 6-13-19 所示，设置完毕后不关闭对话框，继续勾选"内阴影"复选框，具体设置如图 6-13-20 所示，设置完毕后不关闭对话框，勾选"内发光"复选框，具体设置如图 6-13-21 所示，设置完毕后继续勾选"斜面和浮雕"复选框，具体设置如图 6-13-22 所示，设置完毕后不关闭对话框，继续勾选"纹理"复选框，具体设置如图 6-13-23 所示，设置完毕后单击"确定"按钮应用图层样式，得到的图像效果如图 6-13-24 所示。

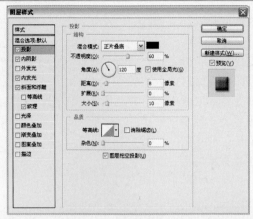

图 6-13-19

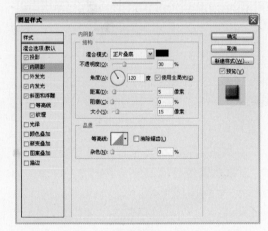

图 6-13-20

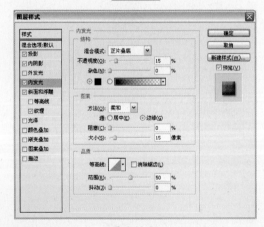

图 6-13-21

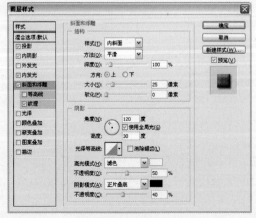

图 6-13-22

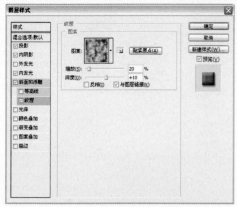

图 6-13-23

图 6-13-24

**14** 按住 Ctrl 键单击"图层 2"缩览图，调出其选区，执行【选择】/【修改】/【边界】命令，在弹出的"边界选区"对话框中将边界值设置为 10 像素，设置完毕后单击"确定"按钮，得到的选区如图 -1-25 所示。

图 6-13-25

**15** 单击"图层"面板上创建新图层按钮，新建"图层 3"，将前景色色值设置为 R170、G135、B95，按 Alt+Delete 填充前景色，得到的图像效果如图 6-13-26 所示。按 Ctrl+D 取消选择，按 Ctrl 键单击"图层 2"缩览图，调出其选区，按 Ctrl+Shift+I 反选，选择"图层 3"，按 Delete 键删除选区内图像，按 Ctrl+D 取消选择。将"图层 3"的图层不透明度设置为 40%，得到的图像效果如图 6-13-27 所示。

图 6-13-26

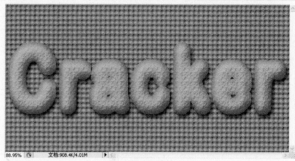

图 6-13-27

**16** 按 Ctrl 键单击文字图层缩览图，调出其选区，执行【选择】/【修改】/【扩展】命令，在弹出的"扩展选区"对话框中将扩展值设置为 10 像素，单击"确定"按钮。选择工具箱中的矩形选框工具，按方向键向左上角移动选区，如图6-13-28所示。

图 6-13-28

**17** 单击"图层"面板上创建新图层按钮，新建"图层 4"，将前景色色值设置为 R225、G220、B180，按 Alt+Delete 填充，按 Ctrl+D 取消选择。将"图层 4"的混合模式设置为"正片叠底"，得到的图像效果如图 6-13-29 所示。

图 6-13-29

**18** 按住 Ctrl 键单击文字图层缩览图，调出其选区，执行【选择】/【修改】/【扩展】命令，在弹出的"扩展选区"对话框中将扩展值设置为 2 像素，设置完毕后单击"确定"按钮。选择工具箱中的矩形选框工具，向左上角移动选区，如图 6-13-30 所示。单击"图层"面板下的创建新图层按钮，新建"图层 5"，将前景色色值设置为 R75、G85、B95，设置完毕后按快捷键 Alt+Delete 填充，按快捷键 Ctrl+D 取消选择，将"图层 5"的混合模式设置为"叠加"，图像如图 6-13-31 所示。

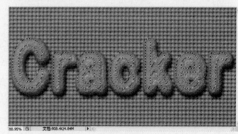

图 6-13-30

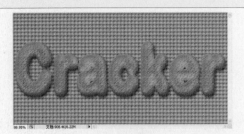

图 6-13-31

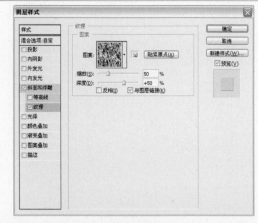

图 6-13-33

**19** 选择"图层 5",单击"图层"面板上添加图层样式按钮 **fx.**，在弹出的菜单中选择"斜面和浮雕"，弹出"图层样式"对话框，具体设置如图 6-13-32 所示，设置完毕后不关闭对话框，继续勾选"纹理"复选框，具体设置如图 6-13-33 所示，设置完毕后单击"确定"按钮应用图层样式，得到的图像效果如图 6-13-34 所示。

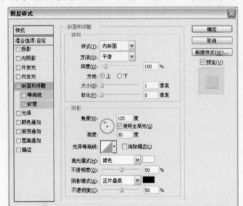

图 6-13-32

图 6-13-34

## Effect 14　制作铁网迷彩伪装文字

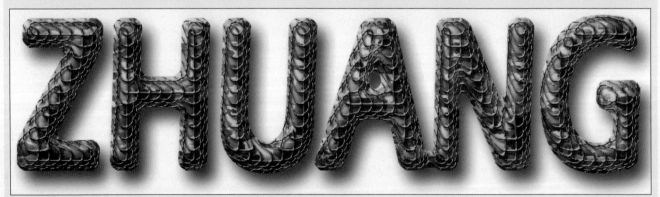

● 使用【置换】滤镜命令制作规律变形的网格图案
● 使用【海绵】滤镜结合分层填充后移动图层的方法制作真实的迷彩效果

**1** 执行【文件】/【新建】命令（Ctrl+N），弹出"新建"对话框，具体设置如图 6-14-1 所示，单击"确定"按钮新建图像文件。

图 6-14-1

**2** 将前景色设置为黑色，选择工具箱中的横排文字工具 **T.**，设置合适的文字字体及大小，在图像中输入文字"ZHUANG"，如图 6-14-2 所示。

图 6-14-2

3 将文字图层拖到"图层"面板上创建新图层按钮
，得到文字副本图层，隐藏文字图层，选择文字副本
图层，执行【图层】/【栅格化】/【文字】命令。执行【滤镜】/【模糊】/【高斯模糊】命令，弹出"高斯模糊"对话框，具体设置如图6-14-3所示，设置完毕后单击"确定"按钮，得到的图像效果如图6-14-4所示。

图 6-14-3

图 6-14-4

4 执行【文件】/【存储为】命令（Ctrl+Shft+S），在弹出的"存储为"对话框中将文件命名设置为"置换原图"，注意选择PSD格式存储文件，单击"确定"按钮存储文件。执行【文件】/【新建】命令（Ctrl+N），弹出"新建"对话框，具体设置如图6-14-5所示，设置完毕后单击"确定"按钮新建图像文件。将前景色设置为黑色，选择工具箱中的铅笔工具，设置合适的笔刷大小，在透明文当中绘制如图6-14-6所示的图像。

图 6-14-5

图 6-14-6

5 执行【编辑】/【定义图案】命令，在弹出的"图案名称"对话框中设置图案名称为"钢丝网"，设置完毕后单击"确定"按钮。切换回第一步建立的主文档，单击"图层"面板上创建新图层按钮，新建"图层1"。选择油漆桶工具，在工具选项栏中设置填充内容为"图案"，选择"钢丝网"图案，在图像中单击填充，得到的图像效果如图6-14-7所示。

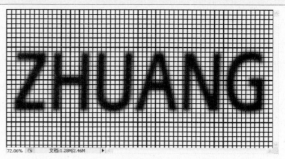

图 6-14-7

提示：当没有选区时，定义图案命令会将当前图层上的所有可见图像定义为图案，如果有选取范围，【定义图案】命令会将选区内的图像定义为图案。

6 选择"图层1"，执行【滤镜】/【扭曲】/【置换】命令，弹出"置换"对话框，具体设置如图6-14-8所示，设置完毕后单击"确定"按钮，弹出"选择一个置换图"对话框，选择步骤4存储的PSD格式文件，单击"确定"按钮，得到的图像效果如图6-14-9所示。

图 6-14-8

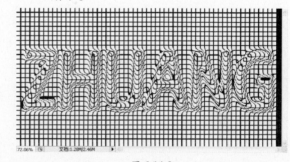

图 6-14-9

7 隐藏"图层1"，按住Ctrl键单击文字图层缩览图，调出文字所在选区，执行【选择】/【修改】/【扩展】命令，在弹出的"扩展选区"对话框中设置扩展值为5像素，设置完毕后单击"确定"按钮。执行【选择】/【修改】/【平滑】命令，在弹出的"平滑选区"对话框中设置扩展值为5像素，设置完毕后单击"确定"按钮。得到的选区如图6-14-10所示。

图 6-14-10

**8** 单击"图层"面板上创建新图层按钮，新建"图层2"。将"图层2"置于"图层1"的下方，将前景色设置为白色，按快捷键Alt+Delete填充选区。显示并选择"图层1"，按快捷键Ctrl+Shift+I反选，按Delete删除选区内图像，如图6-14-11所示，按快捷键Ctrl+D取消选择。

图 6-14-11

**9** 执行【文件】/【新建】命令（Ctrl+N），弹出"新建"对话框，具体设置如图6-14-12所示，单击"确定"按钮新建图像文件。

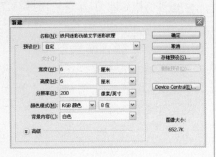

图 6-14-12

**10** 对"背景"图层执行【滤镜】/【艺术效果】/【海绵】命令，弹出"海绵"对话框，具体设置如图6-14-13所示，设置完毕后单击"确定"按钮，得到的效果如图6-14-14所示。

图 6-14-13

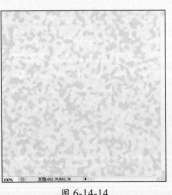

图 6-14-14

**11** 执行【图像】/【调整】/【色阶】命令（Ctrl+L），弹出"色阶"对话框，具体设置如图6-14-15所示，单击"确定"按钮，得到的图像效果如图6-14-16所示。

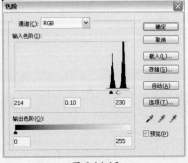

图 6-14-15

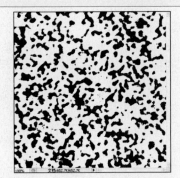

图 6-14-16

**12** 执行【图像】/【图像大小】命令，弹出"图像大小"对话框，具体设置如图6-14-17所示，设置完毕后单击"确定"按钮，得到的图像效果如图6-14-18所示。

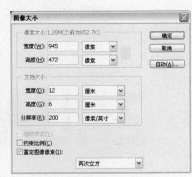

图 6-14-17

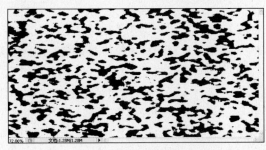

图 6-14-18

**13** 切换到"通道"面板，按住Ctrl键用鼠标单击任意一个通道的缩览图，这时得到的是图像中白色部分的选区，按快捷键Ctrl+Shift+I反选选区，得到的选区效果如图6-14-19所示。

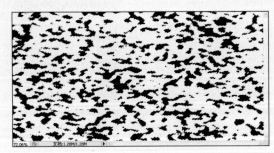

图 6-14-19

**14** 按快捷键Ctrl+J复制选区内的图像到新的图层，得到"图层1"。按快捷键Ctrl+J两次，得到两个新的图层"图层1副本"和"图层1副本2"。按快捷键Ctrl+D取消选择，选择"背景"图层，将前景色色值设置为R205、G210、B55，按快捷键Alt+Delete填充前景色，得到的图像效果如图6-14-20所示。

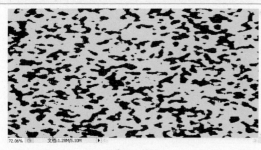

图 6-14-20

**15** 按住 Ctrl 键单击"图层"面板中"图层 1"缩览图，调出其选区，隐藏"图层 1 副本"和"图层 1 副本 2"。单击工具箱中的前景色图标，在弹出的"拾色器"对话框中设置色值为 R80、G45、B0，设置完毕后单击"确定"键。按快捷键 Alt+Delete 填充前景色，按快捷键 Ctrl+D 取消选择，得到的图像效果如图 6-14-21 所示。

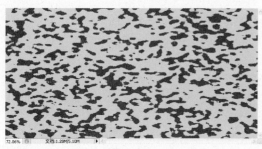

图 6-14-21

**16** 在"图层"面板中显示并选择"图层 1 副本"，按住 Ctrl 键单击"图层 1 副本"的缩览图，调出其选区，隐藏"图层 1"，将前景色色值设置为 R184、G58、B0，按快捷键 Alt+Delete 填充前景色，按快捷键 Ctrl+D 删除选区，得到的图像效果如图 6-14-22 所示。

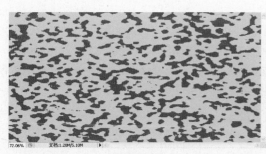

图 6-14-22

**17** 在"图层"面板中显示并选择"图层 1 副本 2"，按住 Ctrl 键单击"图层 2 副本 2"缩览图，调出其选区，隐藏"图层 1 副本"。单击工具箱中的前景色图标，在弹出的"拾色器"对话框中设置前景色色值为 R121、G127、B0，按快捷键 Alt+Delete 填充前景色，按快捷键 Ctrl+D 取消选择，得到的图像效果如图 6-14-23 所示。

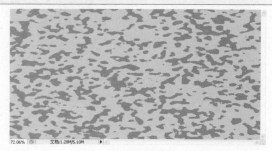

图 6-14-23

**18** 将"图层 1"、"图层 1 副本"和"图层 1 副本 2"全部显示。移动"图层 1"、"图层 1 副本"和"图层 1 副本 2"所在图像，使其错位。合并所有可见图层，得到的图像效果如图 6-14-24 所示。

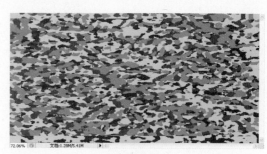

图 6-14-24

**19** 选择工具箱中的移动工具，将"背景"图层拖到"铁网迷彩伪装文字"图像文件中，生成新图层"图层 3"，调整大小。按住 Ctrl 键单击"图层 2"的缩览图，调出其选区，按快捷键 Ctrl+Shift+I 将选区反选，选择"图层 3"，按 Delete 删除选区内图像，按快捷键 Ctrl+D 取消选择，将"图层 3"置于"图层 1"的下方，得到的图像效果如图 6-14-25 所示。

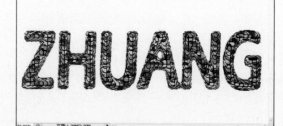

图 6-14-25

**20** 选择"图层 3"，单击"图层"面板上添加图层样式按钮，在弹出的菜单中选择"投影"，弹出"图层样式"对话框，具体设置如图 6-14-26 所示，设置完毕后不关闭对话框，继续勾选"斜面和浮雕"复选框，具体设置如图 6-14-27 所示，设置完毕后单击"确定"按钮应用图层样式，得到的图像效果如图 6-14-28 所示。

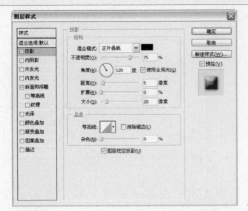

图 6-14-26

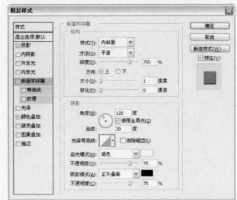

图 6-14-30

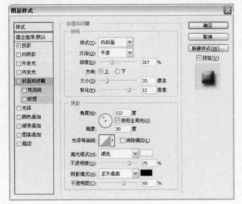

图 6-14-27

图 6-14-31

图 6-14-28

图 6-14-32

**21** 选择"图层 1",单击"图层"面板上添加图层样式按钮 *fx.*,在弹出的菜单中选择"投影",弹出"图层样式"对话框,具体设置如图 6-14-29 所示,设置完毕后不关闭对话框,继续勾选"斜面和浮雕"复选框,具体设置如图 6-14-30 所示,设置完毕后不关闭对话框,勾选"颜色叠加"复选框,具体设置如图 6-14-31 所示,设置完毕后单击"确定"按钮应用图层样式,得到的图像效果如图 6-14-32 所示。

**22** 单击"图层"面板上创建新图层按钮 ,新建"图层 4",将"图层 4"置于"图层 1"上方,按 Shift 键的同时选择"图层 4"和"图层 1",按快捷键 Ctrl+E 合并所选图层,得到合并后的"图层 4"。按住 Ctrl 键单击"图层 3"缩览图,调出其选区,按快捷键 Ctrl+Shift+I 将选区反选。选择"图层 4",按 Delete 删除选区内图像,删除完毕后按快捷键 Ctrl+D 取消选择,得到的最终图像效果如图 6-14-33 所示。

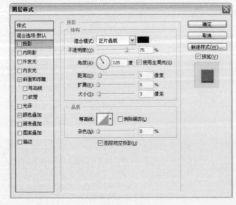

图 6-14-29

图 6-14-33

**Effect　15**　　　制作奢华蛇皮装饰文字

● 使用【颗粒】、【干画笔】、【波浪】和【水彩】滤镜制作蛇皮纹理
● 使用【定义图案】命令添加软件中没有的纹理效果
● 使用向 Alpha 通道打光的方法得到更加真实的浮雕效果

**1** 执行【文件】/【新建】命令（Ctrl+N），弹出"新建"对话框，具体设置如图6-15-1所示，单击"确定"按钮新建图像文件。

图 6-15-1

**2** 选择工具箱中的横排文字工具 T，设置合适的文字字体和大小，使用横排文字工具在图像中单击，输入文字"SNAKE"，按住 Ctrl 键单击文字图层缩览图，调出其选区，图像及选区效果如图6-15-2所示。

图 6-15-2

**3** 执行【图层】/【栅格化】/【文字】命令，将文字图层转换为普通图层，按快捷键Ctrl+Shift+I将选区反选，按 Delete 键两次删除选区内图像，删除后文字边缘更加锐利，图像效果如图 6-15-3 所示。

图 6-15-3

**4** 单击"图层"面板上创建新图层按钮，新建"图层1"。将前景色设置为R90、G180、B50，设置完毕后按快捷键Alt+Delete填充选区，按快捷键Ctrl+D取消选择，图像效果如图 6-15-4 所示。

图 6-15-4

**5** 执行【滤镜】/【纹理】/【颗粒】命令，弹出"颗粒"对话框，具体设置如图6-15-5所示，设置完毕后单击"确定"按钮应用滤镜，得到的图像效果如图 6-15-6 所示。

图 6-15-5

图 6-15-6

**6** 执行【滤镜】/【艺术效果】/【干画笔】命令，弹出"干画笔"对话框，具体设置如图6-15-7所示，设置完毕后单击"确定"按钮应用滤镜，得到的图像效果如图 6-15-8 所示。

图 6-15-7

图 6-15-8

**7** 按住 Ctrl 键单击"图层 1"缩览图，调出其选区，执行【滤镜】/【扭曲】/【波浪】命令，弹出"波浪"对话框，具体设置如图6-15-9所示，设置完毕后单击"确定"按钮应用滤镜，得到的图像效果如图6-15-10 所示。添加效果完毕后按快捷键Ctrl+D取消选择。

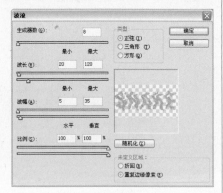

图 6-15-9

图 6-15-10

**8** 执行【滤镜】/【艺术效果】/【水彩】命令，弹出"水彩"对话框，具体设置如图6-15-11所示，设置完毕后单击"确定"按钮应用滤镜，得到的图像效果如图6-15-12所示。

图 6-15-11

图 6-15-12

**9** 按住 Ctrl 键单击栅格化后文字图层的缩览图，调出选区，切换到"通道"面板，单击创建新通道按钮，新建"Alpha1"通道。将前景色色值设置白色，按快捷键 Alt+Delete 填充选区，填充后的图像效果如图 6-15-13 所示。

图 6-15-13

**10** 执行【滤镜】/【模糊】/【高斯模糊】命令，弹出"高斯模糊"对话框，具体设置如图 6-15-14所示，设置完毕后单击"确定"按钮应用滤镜，接着应用三次"高斯模糊"，模糊半径分别设置为 12 像素、8 像素、4 像素，经过 4 次高斯模糊后的图像效果如图 6-15-15 所示。

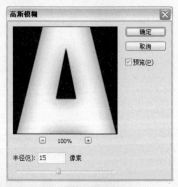

图 6-15-14

图 6-15-15

**11** 按快捷键 Ctrl+D 取消选择，执行【滤镜】/【模糊】/【高斯模糊】命令，弹出"高斯模糊"对话框，具体设置如图 6-15-16 所示，设置完毕后单击"确定"按钮应用滤镜，得到的图像效果如图 6-15-17 所示。

图 6-15-16　　　　　　　图 6-15-17

**12**　切换回"图层"面板，选择"图层1"，执行【滤镜】/【渲染】/【光照效果】命令，弹出"光照效果"对话框，具体设置如图6-15-18所示，设置完毕后单击"确定"按钮应用滤镜，得到的图像效果如图6-15-19所示。

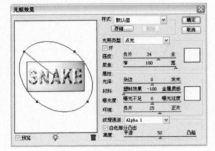

图 6-15-18

图 6-15-19

提示："光照效果"滤镜使图像呈现光照的效果，此滤镜不能应用于灰度、CMYK和Lab模式。在此滤镜中注意选择"纹理通道"，选择不同的"纹理通道"往往能得到不同的立体浮雕效果。

**13**　执行【图像】/【调整】/【色相/饱和度】命令（Ctrl+U），弹出"色相/饱和度"对话框，具体设置如图6-15-20所示，设置完毕后单击"确定"按钮，得到的图像效果如图6-15-21所示。

图 6-15-20

图 6-15-21

**14**　按住Ctrl键单击栅格化后文字图层的缩览图，调出选区，单击"图层"面板上创建新图层按钮，新建"图层2"。执行【编辑】/【填充】命令，弹出"填充"对话框，具体设置如图6-15-22所示，设置完毕后单击"确定"按钮，得到的图像效果如图6-15-23所示。按快捷键Ctrl+D取消选择。

图 6-15-22

图 6-15-23

**15**　选择"图层2"，单击"图层"面板上添加图层样式按钮，在弹出的菜单中选择"斜面和浮雕"，弹出"图层样式"对话框具体设置如图6-15-24所示。

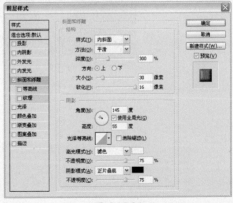

图 6-15-24

**16**　设置完毕后单击"确定"按钮，将"图层2"的图层混合模式设置为"叠加"，图像效果如图6-15-25所示。

图 6-15-25

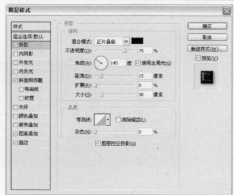

图 6-15-29

**17** 执行【文件】/【新建】命令（Ctrl+N），弹出"新建"对话框，具体设置如图 6-15-26 所示，设置完毕后单击"确定"按钮新建图像文件。

图 6-15-26

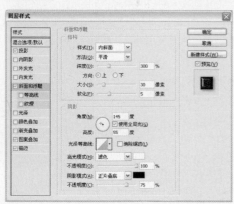

图 6-15-30

**18** 将前景色色值设置为 R200、G160、B90，背景色设置为黑色，按快捷键 Ctrl+Delete 填充，填充完毕后执行【滤镜】/【纹理】/【染色玻璃】命令，弹出"染色玻璃"对话框，具体设置如图 6-15-27 所示，设置完毕后单击"确定"按钮应用滤镜，得到的图像效果如图 6-15-28 所示。执行【编辑】/【定义图案】命令，在弹出的"定义图案"对话框中不做任何设置，单击"确定"按钮定义图案。

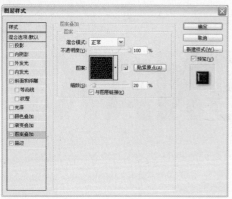

图 6-15-31

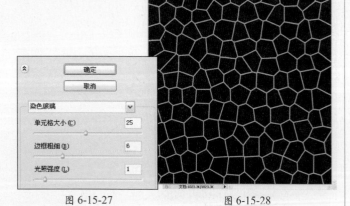

图 6-15-27　　　　　　图 6-15-28

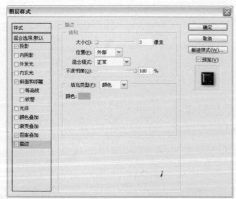

图 6-15-32

**19** 选择文字图层，单击"图层"面板上添加图层样式按钮 *fx.*，在弹出的菜单中选择"投影"，弹出"图层样式"对话框，具体设置如图 6-15-29 所示，设置完毕后不关闭对话框，继续勾选"斜面和浮雕"复选框，具体设置如图 6-15-30 所示，设置完毕后不关闭对话框，勾选"图案叠加"复选框，具体设置如图 6-15-31 所示，设置完毕后不关闭对话框，勾选"描边"复选框，具体设置如图 6-15-32 所示，设置完毕后单击"确定"按钮应用图层样式，得到的图像效果如图 6-15-33 所示。

图 6-15-33

20 选择"图层1",单击"图层"面板上添加图层样式按钮 fx.,在弹出的菜单中选择"描边",弹出"图层样式"对话框,具体设置如图6-15-34所示,设置完毕后单击"确定"按钮应用样式,得到的图像效果如图6-15-35所示。

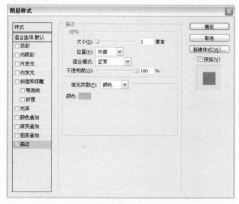

图 6-15-34

图 6-15-35

# Effect 16 制作未来建筑风格文字

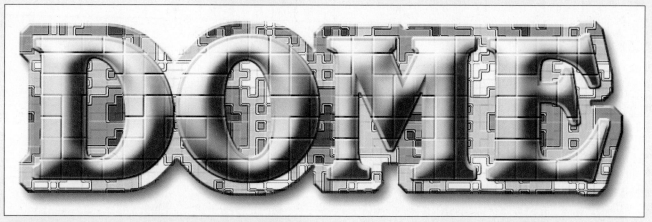

●使用【马赛克】、【墨水轮廓】滤镜结合【色调分离】命令制作不规则图像分布效果
●使用【图层样式】制作逼真多层浮雕立体效果

1 执行【文件】/【新建】命令(Ctrl+N),弹出"新建"对话框,具体设置如图6-16-1所示,单击"确定"按钮新建图像文件。

图 6-16-1

2 执行【文件】/【新建】命令(Ctrl+N),弹出"新建"对话框,具体设置如图6-16-2所示,单击"确定"按钮新建图像文件。

图 6-16-2

3 在作为底图的文档中按快捷键Ctrl+R调出标尺,按住鼠标向图像内部拖出辅助线,分别拖出两条互相垂直的辅助线,使得其交点为当前图像的中心点,如图6-16-3所示。

图 6-16-3

4 选择工具箱中的椭圆选框工具 ○,将鼠标置于两条辅助线的交界处,按住Shift+Alt键向外拖曳鼠标绘制圆形选区,将前景色设置为黑色,按快捷键Alt+Delete填充选区,如图6-16-4所示,按Ctrl+D取消选择。

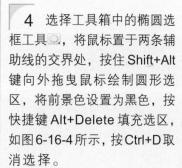

图 6-16-4

5　按Ctrl+R取消标尺，按Ctrl+;隐藏辅助线。执行【编辑】/【定义图案】命令，弹出"定义图案"对话框，不做设置，直接单击"确定"按钮。选择"未来建筑风格文字"文档，单击"图层"面板上创建新图层按钮，新建"图层1"，选择工具箱中的油漆桶工具，在其工具选项栏中设置填充类型为"图案"，选择定义的底纹图案，使用油漆桶工具在图像中单击填充，得到的图像效果如图6-16-5所示。

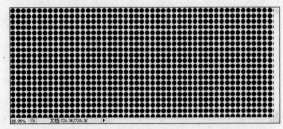

图 6-16-5

6　执行【滤镜】/【素描】/【铬黄】命令，弹出"铬黄"对话框，具体设置如图6-16-6所示，设置完毕后单击"确定"按钮应用滤镜，得到的图像效果如图6-16-7所示。

图 6-16-6

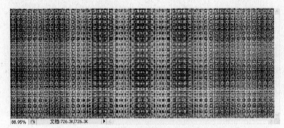

图 6-16-7

7　执行【滤镜】/【像素化】/【马赛克】命令，弹出"马赛克"对话框，具体设置如图6-16-8所示，设置完毕后单击"确定"按钮，得到的图像效果如图6-16-9所示。

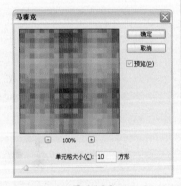

图 6-16-8

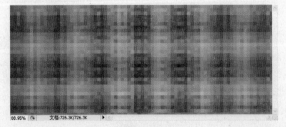

图 6-16-9

8　将"图层1"拖到"图层"面板上创建新图层按钮，得到"图层1副本"，选择"图层1副本"，执行【图像】/【调整】/【色调分离】命令，弹出"色调分离"对话框，具体设置如图6-16-10所示，设置完毕后单击"确定"按钮应用，得到的图像效果如图6-16-11所示。

图 6-16-10

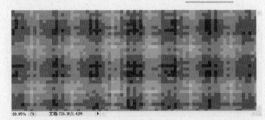

图 6-16-11

9　执行【滤镜】/【画笔描边】/【墨水轮廓】命令，弹出"墨水轮廓"对话框，具体设置如图6-16-12所示，设置完毕后单击"确定"按钮应用滤镜，得到的图像效果如图6-16-13所示。

图 6-16-12

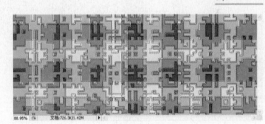

图 6-16-13

10　选择"图层1"，执行【滤镜】/【风格化】/【浮雕效果】命令，弹出"浮雕效果"对话框，具体设置如图6-16-14所示，设置完毕后单击"确定"按钮，将"图层1副本"的图层混合模式设置为"叠加"，得到的图像效果如图6-16-15所示。

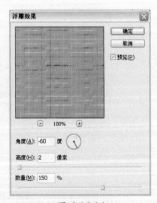

图 6-16-14

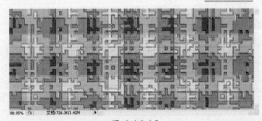

图 6-16-15

**11** 单击"图层"面板上创建新图层按钮 ，新建"图层 2"，将前景色设置为 R70、G70、B70，背景色设置为 R150、G150、B150，执行【滤镜】/【渲染】/【云彩】命令，得到的图像效果如图 6-16-16 所示。

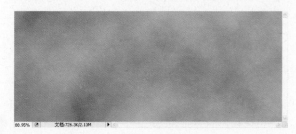

图 6-16-16

**12** 执行【滤镜】/【像素化】/【马赛克】命令，弹出"马赛克"对话框，具体设置如图6-16-17所示，设置完毕后单击"确定"按钮，得到的图像效果如图6-16-18所示。

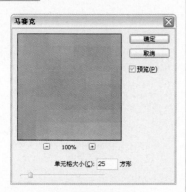

图 6-16-17

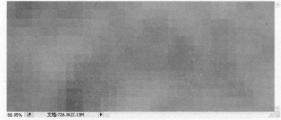

图 6-16-18

**13** 执行【图像】/【调整】/【色调分离】命令，弹出"色调分离"对话框，具体设置如图 6-16-19 所示，设置完毕后单击"确定"按钮，得到的图像效果如图6-16-20所示。

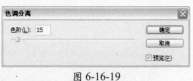

图 6-16-19

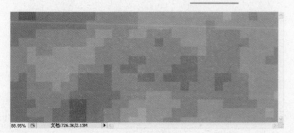

图 6-16-20

**14** 单击"图层"面板上创建新图层按钮 ，新建"图层 3"，将前景色和背景色设置为系统默认的黑白两色，执行【滤镜】/【渲染】/【云彩】命令，得到的图像效果如图 6-16-21 所示。

图 6-16-21

**15** 执行【滤镜】/【像素化】/【马赛克】命令，弹出"马赛克"对话框，具体设置如图6-16-22所示，设置完毕后单击"确定"按钮，得到的图像效果如图6-16-23所示。

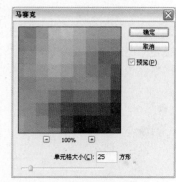

图 6-16-22

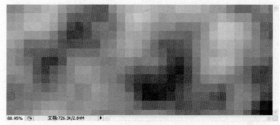

图 6-16-23

**16** 执行【滤镜】/【风格化】/【查找边缘】命令，得到的图像效果如图 6-16-24 所示。

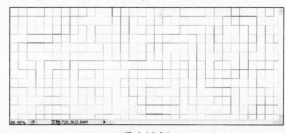

图 6-16-24

**17** 选择"图层 3"，执行【滤镜】/【风格化】/【浮雕效果】命令，弹出"浮雕效果"对话框，具体设置如图 6-16-25 所示，设置完毕后单击"确定"按钮，将"图层 3"的图层混合模式设置为"强光"，得到的图像效果如图6-16-26所示。

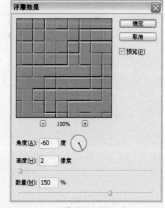

图 6-16-25

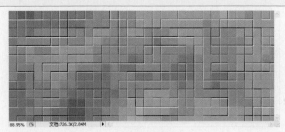

图 6-16-26

**18** 选择"图层 3"，按快捷键 Ctrl+E 向下合并图层，得到合并后的"图层 2"，选择"图层 1 副本"，按快捷键 Ctrl+E 向下合并图层，得到合并后的"图层 1"。将前景色设置为白色，选择工具箱中的横排文字工具 T，设置合适的文字字体及大小，在图像中输入文字"DOME"，如图 6-16-27 所示。

图 6-16-27

**19** 按住 Ctrl 键单击文字图层缩览图，调出其选区，执行【选择】/【修改】/【扩展】命令，在弹出的"扩展选区"对话框中将扩展值设置为 20 像素，设置完毕后单击"确定"按钮，得到的选区如图 6-16-28 所示。

图 6-16-28

**20** 隐藏文字图层和"图层 2"，选择"图层 1"，按快捷键 Ctrl+J 复制选区内图像到新的图层，得到"图层 3"，按快捷键 Ctrl+D 取消选择，隐藏"图层 1"，复制后得到的图像效果如图 6-16-29 所示。

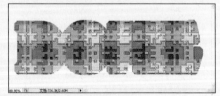

图 6-16-29

**21** 选择"图层 3"，单击"图层"面板上添加图层样式按钮 fx.，在弹出的菜单中选择"投影"，弹出"图层样式"对话框，具体设置如图 6-16-30 所示，设置完毕后不关闭对话框，继续勾选"斜面和浮雕"复选框，具体设置如图 6-16-31 所示，设置完毕后单击"确定"按钮应用图层样式，得到的图像效果如图 6-16-32 所示。

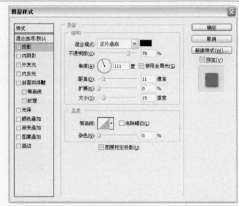

图 6-16-30

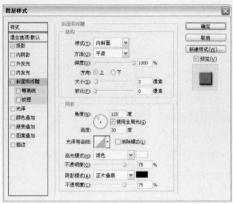

图 6-16-31

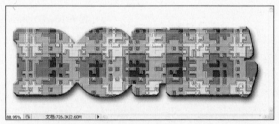

图 6-16-32

**22** 按住 Ctrl 键单击文字图层缩览图，调出其选区，执行【选择】/【修改】/【扩展】命令，在弹出的"扩展选区"对话框中设置扩展值为 10 像素，设置完毕后单击"确定"按钮，得到的选区如图 6-16-33 所示。

图 6-16-33

**23** 显示并选择"图层 2"，按快捷键 Ctrl+J 复制选区内图像到新的图层，得到"图层 4"，按快捷键 Ctrl+D 取消选择，隐藏"图层 2"，得到的图像效果如图 6-16-34 所示。

图 6-16-34

**24** 选择"图层4",单击"图层"面板上添加图层样式按钮 fx.,在弹出的菜单中选择"斜面和浮雕",弹出"图层样式"对话框,具体设置如图6-16-35所示,设置完毕后单击"确定"按钮应用图层样式,得到的图像效果如图6-16-36所示。

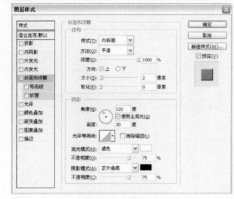

图 6-16-35

图 6-16-36

**25** 显示并选择文字图层,将其拖到所有图层最上方,单击"图层"面板上添加图层样式按钮 fx.,在弹出的菜单中选择"投影",弹出"图层样式"对话框,具体设置如图6-16-37所示,设置完毕后不关闭对话框,继续勾选"斜面和浮雕"复选框,具体设置如图6-16-38所示,设置完毕后单击"确定"按钮应用图层样式,将文字图层的图层填充值设置为0%,得到的图像效果如图6-16-39所示。

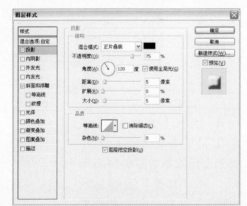

图 6-16-37

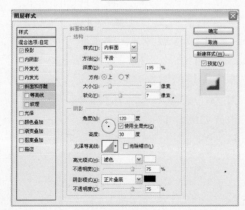

图 6-16-38

图 6-16-39

**26** 选择最上方的文字图层,单击"图层"面板上创建新的填充或调整图层按钮 ⊘.,在弹出的菜单中选择"色相/饱和度"命令,弹出"色相/饱和度"对话框,具体设置如图6-16-40所示,设置完毕后单击"确定"按钮,图像效果如图6-16-41所示。

图 6-16-40

图 6-16-41

**27** 选择"色相/饱和度"调整图层,单击"图层"面板上创建新的填充或调整图层按钮 ⊘.,在弹出的菜单中选择"曲线",弹出"曲线"对话框,具体设置如图6-16-42所示,设置完毕后单击"确定"按钮,得到的图像效果如图6-16-43所示。

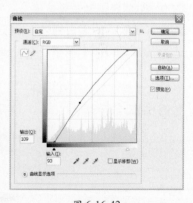

图 6-16-42

图 6-16-43

# Effect 17　制作爆射数码科幻文字

- 使用【云彩】、【查找边缘】、【照亮边缘】和【动感模糊】滤镜制作科幻背景
- 使用【径向模糊】滤镜制作放射效果
- 使用【极坐标】和【风】滤镜制作放射文字效果
- 使用【色相/饱和度】和【曲线】调整图层整体调整图像颜色和明暗

**1** 执行【文件】/【新建】命令（Ctrl+N），弹出"新建"对话框，具体设置如图6-17-1所示，单击"确定"按钮新建图像文件。

图 6-17-1

**2** 将前景色和背景色设置为系统默认的黑白两色，执行【滤镜】/【渲染】/【云彩】命令，应用"云彩"滤镜后得到的图像效果如图 6-17-2 所示。

图 6-17-2

**3** 执行【滤镜】/【模糊】/【动感模糊】命令，弹出的"动感模糊"对话框具体设置如图 6-17-3 所示，设置完毕后单击"确定"按钮应用滤镜，按快捷键 Ctrl+F 两次重复执行"动感模糊"滤镜命令，得到的图像效果如图6-17-4所示。

图 6-17-3

图 6-17-4

**4** 执行【滤镜】/【风格化】/【查找边缘】命令，得到图像效果如图 6-17-5 所示。将"背景"图层拖到"图层"面板上创建新图层按钮内，得到"背景副本"图层。执行【编辑】/【变换】/【旋转 90 度（顺时针）】命令，将"背景副本"图层的图层混合模式设置为"变暗"，得到的图像效果如图 6-17-6 所示。

图 6-17-5

图 6-17-6

**5** 选择"背景"和"背景副本"图层，按快捷键 Ctrl+E 合并所选图层，合并后得到只包含"背景"图层的图像文件，执行【滤镜】/【风格化】/【照亮边缘】命令，弹出"照亮边缘"对话框，具体设置如图 6-17-7 所示，设置完毕后单击"确定"按钮应用滤镜，得到的图像效果如图 6-17-8 所示。

图 6-17-7

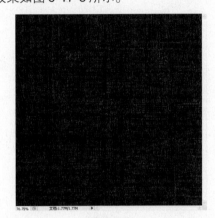

图 6-17-8

**6** 执行【图像】/【调整】/【曲线】命令（Ctrl+M），弹出"曲线"对话框，具体设置如图 6-17-9 所示，设置完毕后单击"确定"按钮应用调整，得到的图像效果如图 6-17-10 所示。

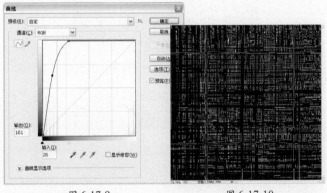

图 6-17-9　　　　图 6-17-10

**7** 执行【图像】/【调整】/【色相/饱和度】命令（Ctrl+U），弹出"色相/饱和度"对话框，具体设置如图6-17-11所示，设置完毕后单击"确定"按钮应用调整，得到的图像效果如图6-17-12所示。

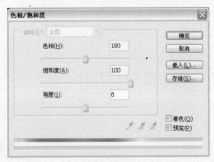

图 6-17-11

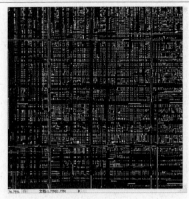

图 6-17-12

**8** 将"背景"图层拖到"图层"面板上创建新图层按钮，得到"背景副本"图层，执行【滤镜】/【模糊】/【高斯模糊】命令，弹出"高斯模糊"对话框，具体设置如图 6-17-13 所示，设置完毕后单击"确定"按钮应用滤镜，将"背景副本"图层的混合模式设置为"滤色"，得到的图像效果如图 6-17-14 所示。

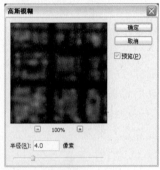

图 6-17-13

图 6-17-14

**9** 选择"背景"和"背景副本"图层，按快捷键 Ctrl+E 合并所选图层，得到合并后的"背景"图层。执行【滤镜】/【渲染】/【光照效果】命令，弹出"光照效果"对话框，具体设置如图6-17-15所示，设置完毕后单击"确定"按钮应用滤镜，得到的图像效果如图6-17-16所示。

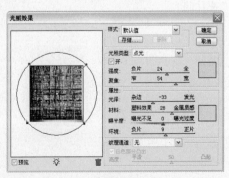

图 6-17-15

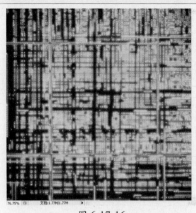

图 6-17-16

**10** 将"背景"图层拖到"图层"面板上创建新图层按钮 ，得到"背景副本"图层，选择"背景"图层，执行【滤镜】/【模糊】/【径向模糊】命令，弹出"径向模糊"对话框，具体设置如图6-17-17所示，设置完毕后单击"确定"按钮应用滤镜，将"背景副本"图层的混合模式设置为"变亮"，得到的图像效果如图6-17-18所示。

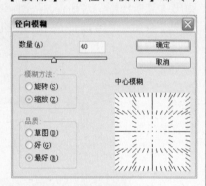

图 6-17-17

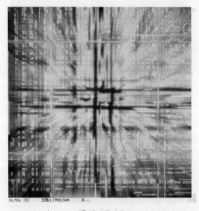

图 6-17-18

**11** 选择"背景"图层，执行【滤镜】/【模糊】/【径向模糊】命令，弹出"径向模糊"对话框，具体设置如图6-17-19所示，设置完毕后单击"确定"按钮应用滤镜，得到的图像效果如图6-17-20所示。

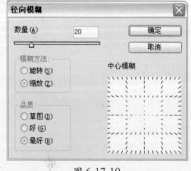

图 6-17-19

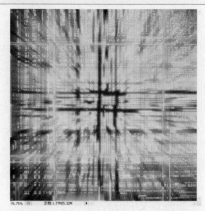

图 6-17-20

**12** 选择"背景副本"图层，执行【滤镜】/【模糊】/【径向模糊】命令，弹出"径向模糊"对话框，具体设置如图6-17-21所示，设置完毕后单击"确定"按钮应用滤镜，得到的图像效果如图6-17-22所示。

图 6-17-21

图 6-17-22

**13** 选择"背景"和"背景副本"图层，按快捷键Ctrl+E合并所选图层，得到合并后的"背景"图层。执行【滤镜】/【锐化】/【智能锐化】命令，弹出"智能锐化"对话框，具体设置如图6-17-23所示，设置完毕后单击"确定"按钮应用滤镜，得到的图像效果如图6-17-24所示。

图 6-17-23

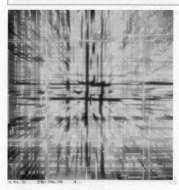

图 6-17-24

提示："智能锐化"拥有其他滤镜没有的锐化控制功能，可以采用锐化运算法或控制在阴影区和加亮区发生锐化的量，来对图像锐化进行控制。

**14** 按快捷键Ctrl+R调出标尺，分别向图像内部拖出两条互相垂直的辅助线，两条辅助线的交点位于图像的中心点上，如图 6-17-25 所示，按快捷键Ctrl+R隐藏标尺。将前景色设置为白色，选择工具箱中的横排文字工具 T，使用横排文字工具在图像中单击，设置合适的文字字体和大小，输入文字"EMIT"，将文字的中心点置于辅助线的交点上，按快捷键Ctrl+;隐藏辅助线，图像效果如图 6-17-26 所示。

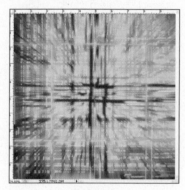

图 6-17-25

图 6-17-26

**15** 将文字图层拖到创建新图层按钮，得到到文字图层副本，隐藏文字图层副本。选择"背景"图层，单击"图层"面板上创建新图层按钮，新建"图层 1"，将前景色设置为黑色，按快捷键Alt+Delete填充前景色。选择文字图层，按快捷键Ctrl+E向下合并图层，得到"EMIT"图层，图像效果如图 6-17-27 所示。

图 6-17-27

**16** 执行【滤镜】/【扭曲】/【极坐标】命令，弹出"极坐标"对话框，具体设置如图 6-17-28 所示，设置完毕后单击"确定"按钮应用滤镜，得到的图像效果如图 6-17-29 所示。

图 6-17-28        图 6-17-29

**17** 执行【图像】/【旋转画布】/【旋转90度（顺时针）】命令，图像效果如图 6-17-30 所示。

图 6-17-30

**18** 执行【滤镜】/【风格化】/【风】命令，弹出"风"对话框，具体设置如图 6-17-31 所示，设置完毕后单击"确定"按钮应用滤镜，按快捷键Ctrl+F 两次重复执行"风"滤镜命令，得到的图像效果如图 6-17-32 所示。

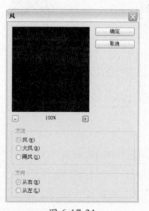

图 6-17-31

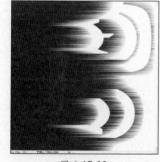

图 6-17-32

**19** 执行【图像】/【旋转画布】/【旋转90度（逆时针）】命令，图像效果如图 6-17-33 所示。

图 6-17-33

**20** 执行【滤镜】/【扭曲】/【极坐标】命令，弹出"极坐标"对话框，具体设置如图6-17-34所示，设置完毕后单击"确定"按钮应用滤镜，得到的图像效果如图6-17-35所示。

图 6-17-34

图 6-17-35

**21** 执行【滤镜】/【模糊】/【径向模糊】命令，弹出"径向模糊"对话框，具体设置如图6-17-36所示，设置完毕后单击"确定"按钮应用滤镜，按快捷键Ctrl+F两次重复"径向模糊"滤镜命令，得到的图像效果如图6-17-37所示。

图 6-17-36

图 6-17-37

**22** 切换到"通道"面板，按住Ctrl键单击"红"通道，调出其选区，如图6-17-38所示。切换回"图层"面板，按快捷键Ctrl+J复制选区内图像到新图层，得到"图层1"，隐藏"EMIT"图层，如图6-17-39所示。

图 6-17-38

图 6-17-39

**23** 执行【图像】/【调整】/【色彩平衡】命令，弹出"色彩平衡"对话框，分别对"阴影"、"高光"及"中间调"进行调整，具体设置如图6-17-40、图6-17-41和图6-17-42所示，设置完毕后单击"确定"按钮，得到的图像效果如图6-17-43所示。

图 6-17-40

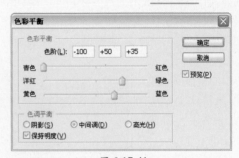
图 6-17-41

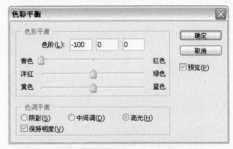
图 6-17-42

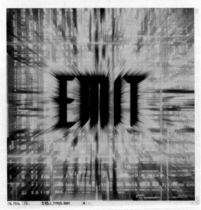
图 6-17-43

**24** 显示并选择文字图层副本，单击"图层"面板上添加图层样式按钮 fx，在弹出的菜单中选择"内发光"，弹出"图层样式"对话框，具体设置如图6-17-44所示，设置完毕后不关闭对话框，勾选"外发光"复选框，具体设置如图6-17-45所示。设置完毕后单击"确定"按钮应用图层样式。将"EMIT"图层的图层不透明度设置为70%，文字副本图层的填充值设置为0%，得到的图像效果如图6-17-46所示。

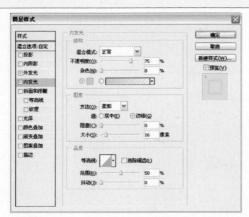

图 6-17-44

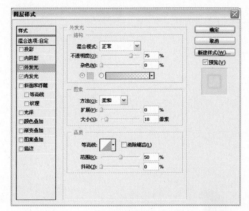

图 6-17-45

图 6-17-46

**25** 选择工具箱中的裁切工具 ，使用裁切工具如图6-17-47所示裁切图片，裁切完毕后按Enter确认裁切。

图 6-17-47

**26** 选择文字副本图层，单击"图层"面板上创建新的填充或调整图层按钮 ，在弹出的菜单中选择"色相/饱和度"，弹出"色相/饱和度"对话框，具体设置如图6-17-48所示，设置完毕后单击"确定"按钮，得到的图像效果如图6-17-49所示。

图 6-17-48

图 6-17-49

**27** 选择"色相/饱和度"调整图层，单击"图层"面板上创建新的填充或调整图层按钮 ，在弹出的菜单中选择"曲线"，弹出"曲线"对话框，具体设置如图6-17-50所示，设置完毕后单击"确定"按钮，得到的图像效果如图6-17-51所示。

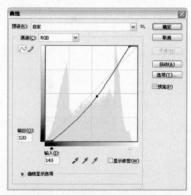

图 6-17-50

图 6-17-51

# Effect 18　　制作POP广告中的汉堡包文字

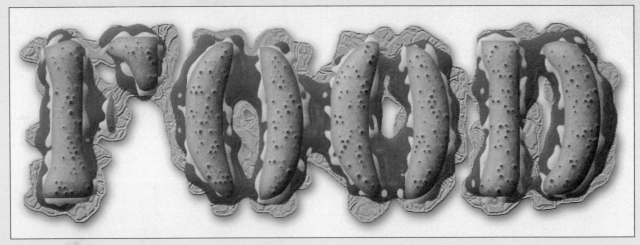

- 使用【铬黄】、【海面】、【干画笔】滤镜结合图层样式等滤镜制作逼真的面包片效果
- 使用【高斯模糊】、【晶格化】、【墨水轮廓】等滤镜制作逼真蔬菜叶效果
- 使用【浮雕效果】、【塑料包装】、【图章】等滤镜结合【色阶】命令方法制作色拉

**1** 执行【文件】/【新建】命令（Ctrl+N），弹出"新建"对话框，具体设置如图6-18-1所示，单击"确定"按钮新建图像文件。

图 6-18-1

**2** 将前景色设置为黑色，选择工具箱中的横排文字工具 T，设置合适的文字字体及大小，在图像中输入文字"FOOD"，如图 6-18-2 所示。按快捷键 Ctrl+E 向下合并至"背景"图层。

图 6-18-2

**3** 切换到"通道"面板，将"蓝"通道到创建新通道按钮 上两次，分别得到"蓝副本"通道和"蓝副本 2"通道。选择"蓝副本 2"通道，执行【滤镜】/【像素化】/【晶格化】命令，弹出"晶格化"对话框，具体设置如图 6-18-3 所示，设置完毕后单击"确定"按钮，应用滤镜后得到的图像效果如图 6-18-4 所示。

图 6-18-3　　　　　　　　图 6-18-4

**4** 按快捷键 Ctrl+Shift+F 渐隐"晶格化"滤镜命令，弹出"渐隐"对话框，具体设置如图6-18-5所示，设置完毕后单击"确定"按钮，图像效果如图6-18-6所示。

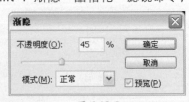

图 6-18-5

图 6-18-6

**5** 单击"图层"面板上创建新图层按钮 ，新建"图层 1"，将前景色设置为白色，按快捷键 Alt+Delete 填充，切换到"通道"面板，按住 Ctrl 键单击"蓝副本 2"通道缩览图，调出其选区，切换回"图层"面

板，执行【选择】/【反向】命令（Ctrl+Shift+I），将选区反向。将前景色设置为黑色，按快捷键 Alt+Delete 填充，如图 6-18-7 所示，按快捷键 Ctrl+D 取消选择。

图 6-18-7

6 执行【滤镜】/【模糊】/【高斯模糊】命令，弹出"高斯模糊"对话框，具体设置如图 6-18-8 所示，设置完毕后单击"确定"按钮，得到的图像效果如图 6-18-9 所示。

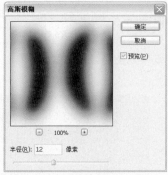

图 6-18-8

图 6-18-9

7 执行【滤镜】/【风格化】/【浮雕效果】命令，弹出"浮雕效果"对话框，具体设置如图 6-18-10 所示，设置完毕后单击"确定"按钮，得到的图像效果如图 6-18-11 所示。

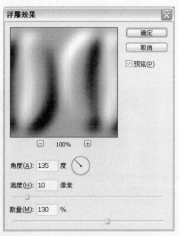

图 6-18-10

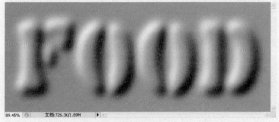

图 6-18-11

8 切换到"通道"面板，按住 Ctrl 键单击"蓝副本"通道缩览图，调出其选区，切换至"图层"面板，选择"图层1"，将前景色设置为黑色，按快捷键 Alt+Delete 填充，如图 6-18-12 所示。

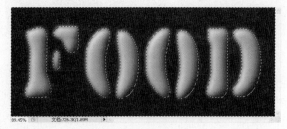

图 6-18-12

9 按快捷键 Ctrl+Shift+F 渐隐填充命令，弹出"渐隐"对话框，具体设置如图 6-18-13 所示，设置完毕后单击"确定"按钮，按 Ctrl+D 取消选择，得到的图像效果如图6-18-14所示。

图 6-18-13

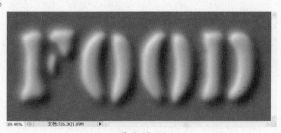

图 6-18-14

10 执行【滤镜】/【素描】/【铬黄】命令，弹出"铬黄"对话框，具体设置如图 6-18-15 所示，设置完毕后单击"确定"按钮，得到的图像效果如图 6-18-16 所示。

图 6-18-15

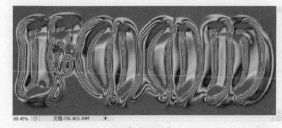

图 6-18-16

11 按快捷键 Ctrl+Shift+F 渐隐"铬黄"滤镜命令，弹出"渐隐"对话框，具体设置如图6-18-17所示，设置完毕后单击"确定"按钮，得到的图像效果如图 6-18-18 所示。

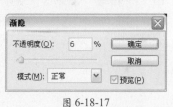

图 6-18-17

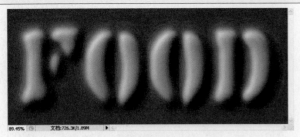

图 6-18-18

**12** 执行【滤镜】/【艺术效果】/【海绵】命令，弹出"海绵"对话框，具体设置如图6-18-19所示，设置完毕后单击"确定"按钮，得到的图像效果如图6-18-20所示。

图 6-18-19

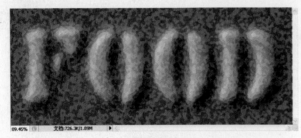

图 6-18-20

**13** 按快捷键Ctrl+Shift+F渐隐海绵滤镜命令，弹出"渐隐"对话框，具体设置如图6-18-21所示，设置完毕后单击"确定"按钮，得到的图像效果如图6-18-22所示。

图 6-18-21

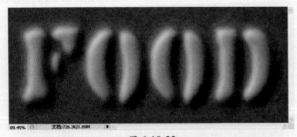

图 6-18-22

**14** 执行【滤镜】/【艺术效果】/【干画笔】命令，弹出"干画笔"对话框，具体设置如图6-18-23所示，设置完毕后单击"确定"按钮，得到的图像效果如图6-18-24所示。

图 6-18-23

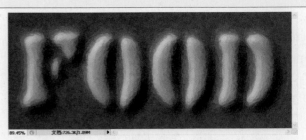

图 6-18-24

**15** 按快捷键Ctrl+Shift+F渐隐干画笔滤镜命令，弹出"渐隐"对话框，具体设置如图6-18-25所示，设置完毕后单击"确定"按钮，得到的图像效果如图6-18-26所示。

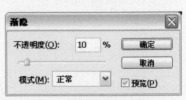

图 6-18-25

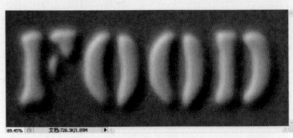

图 6-18-26

**16** 执行【滤镜】/【画笔描边】/【墨水轮廓】命令，弹出"墨水轮廓"对话框，具体设置如图6-18-27所示，设置完毕后单击"确定"按钮，得到的图像效果如图6-18-28所示。

图 6-18-27

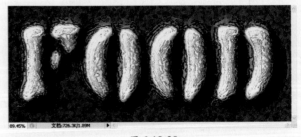

图 6-18-28

**17** 按快捷键Ctrl+Shift+F渐隐墨水轮廓滤镜命令，弹出"渐隐"对话框，具体设置如图6-18-29所示，设置完毕后单击"确定"按钮，得到的图像效果如图6-18-30所示。

图 6-18-29

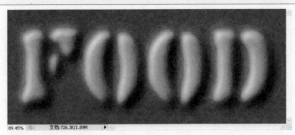

图 6-18-30

**18** 执行【滤镜】/【素描】/【网状】命令,弹出"网状"对话框,具体设置如图6-18-31所示,设置完毕后单击"确定"按钮,得到的图像效果如图6-18-32所示。

图 6-18-31

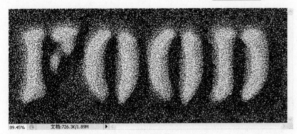

图 6-18-32

**19** 按快捷键Ctrl+Shift+F渐隐网状滤镜命令,弹出"渐隐"对话框,具体设置如图 6-18-33 所示,设置完毕后单击"确定"按钮,得到的图像效果如图6-18-34 所示。

图 6-18-33

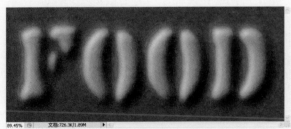

图 6-18-34

**20** 执行【滤镜】/【扭曲】/【扩散亮光】命令,弹出"扩散亮光"对话框,具体设置如图 6-18-35 所示,设置完毕后单击"确定"按钮,得到的图像效果如图6-18-36所示。

图 6-18-35

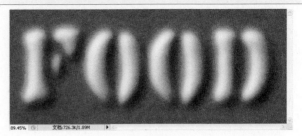

图 6-18-36

**21** 按快捷键Ctrl+Shift+F渐隐扩散亮光填充命令,弹出"渐隐"对话框,具体设置如图6-18-37所示,设置完毕后单击"确定"按钮,得到的图像效果如图6-18-38 所示。

图 6-18-37

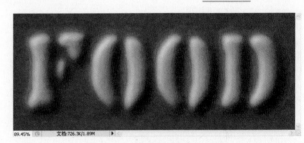

图 6-18-38

**22** 执行【滤镜】/【杂色】/【添加杂色】命令,弹出"添加杂色"对话框,具体设置如图 6-18-39 所示,设置完毕后单击"确定"按钮,得到的图像效果如图 6-18-40 所示。

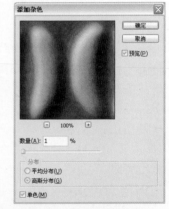

图 6-18-39

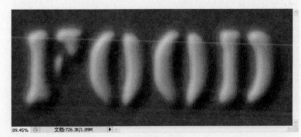

图 6-18-40

**23** 单击"图层"面板上创建新图层按钮 ,新建"图层2",执行【滤镜】/【渲染】/【云彩】命令,得到的图像效果如图6-18-41所示。

图 6-18-41

**24** 执行【滤镜】/【艺术效果】/【干画笔】命令，弹出"干画笔"对话框，具体设置如图 6-18-42 所示，设置完毕后单击"确定"按钮，按快捷键Ctrl+F三次重复执行干画笔滤镜命令，得到的图像效果如图 6-18-43 所示。

图 6-18-42

图 6-18-43

**25** 执行【滤镜】/【艺术效果】/【木刻】命令，弹出"木刻"对话框，具体设置如图 6-18-44 所示，设置完毕后单击"确定"按钮，将"图层 2"的图层混合模式设置为柔光，得到的图像效果如图 6-18-45 所示。

图 6-18-44

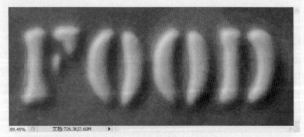

图 6-18-45

**26** 选择"图层 2"，按快捷键 Ctrl+E 向下合并图层，单击"图层"面板上创建新图层按钮，新建"图层 2"，切换到"通道"面板，单击"蓝副本"通道，按 Ctrl+A 全部选中，按 Ctrl+C 复制选区中图像，切换回

"图层"面板，按快捷键 Ctrl+V 粘贴图像，按快捷键 Ctrl+D 取消选择。执行【图像】/【调整】/【反相】命令（Ctrl+I），将图像反相，如图 6-18-46 所示。

图 6-18-46

**27** 执行【滤镜】/【纹理】/【染色玻璃】命令，弹出"染色玻璃"对话框，具体设置如图 6-18-47 所示，设置完毕后单击"确定"按钮，得到的图像效果如图6-18-48所示。

图 6-18-47

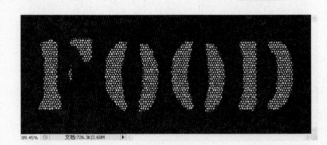

图 6-18-48

**28** 执行【滤镜】/【模糊】/【高斯模糊】命令，弹出的"高斯模糊"对话框具体设置如图 6-18-49 所示，设置完毕后单击"确定"按钮，得到的图像效果如图 6-18-50 所示。

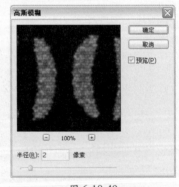

图 6-18-49

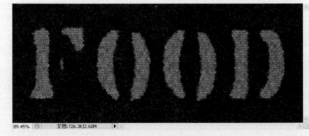

图 6-18-50

**29** 执行【图像】/【调整】/【色阶】命令（Ctrl+L），弹出"色阶"对话框，具体设置如图6-18-51所示，设置完毕后单击"确定"按钮，得到的图像效果如图6-18-52所示。

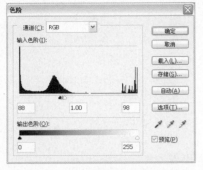

图 6-18-51

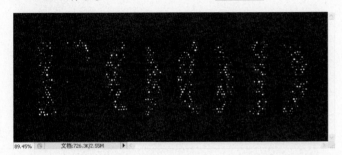

图 6-18-52

**30** 切换到"通道"面板，按住Ctrl键单击"蓝"通道缩览图，调出其选区，隐藏"图层2"，切换回"图层"面板，单击创建新图层按钮，新建"图层3"，将前景色设置为黑色，按快捷键Alt+Delete填充，填充完毕后按快捷键Ctrl+D取消选择，如图6-18-53所示。

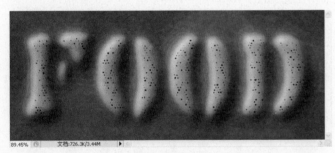

图 6-18-53

**31** 选择"图层3"，单击"图层"面板上添加图层样式按钮，在弹出的菜单中选择"斜面和浮雕"，弹出"图层样式"对话框，具体设置如图6-18-54所示，设置完毕后单击"确定"按钮应用图层样式，得到的图像效果如图6-18-55所示。

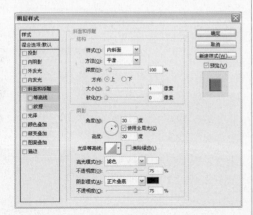

图 6-18-54

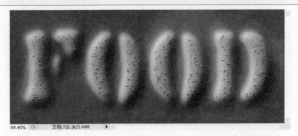

图 6-18-55

**32** 切换到"通道"面板，按住Ctrl键单击"蓝副本"通道缩览图，调出其选区，切换回"图层"面板，按快捷键Ctrl+Shift+I反选，选择"图层1"，按快捷键Delete删除选区内图像，图像效果如图6-18-56所示，按快捷键Ctrl+D取消选择。

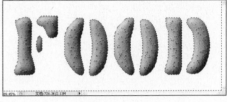

图 6-18-56

**33** 执行【图像】/【调整】/【色相/饱和度】命令（Ctrl+U），弹出"色相/饱和度"对话框，具体设置如图6-18-57所示，设置完毕后单击"确定"按钮，得到的图像效果如图6-18-58所示。

图 6-18-57

图 6-18-58

**34** 执行【滤镜】/【杂色】/【添加杂色】命令，弹出"添加杂色"对话框，具体设置如图6-18-59所示，设置完毕后单击"确定"按钮，得到的图像效果如图6-18-60所示。

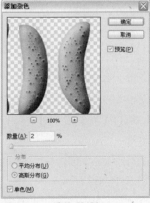

图 6-18-59

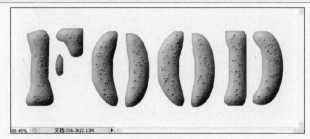

图 6-18-60

**35** 执行【滤镜】/【艺术效果】/【塑料包装】命令，弹出"塑料包装"对话框，具体设置如图6-18-61所示，设置完毕后单击"确定"按钮，得到的图像效果如图6-18-62所示。

图 6-18-61

图 6-18-62

**36** 按快捷键Ctrl+Shift+F渐隐塑料包装滤镜命令，弹出"渐隐"对话框，具体设置如图6-18-63所示，设置完毕后单击"确定"按钮，得到的图像效果如图6-18-64所示。

图 6-18-63

图 6-18-64

**37** 切换到"通道"面板，将"蓝副本"通道拖到创建新通道按钮，得到"蓝副本3"，执行【图像】/【调整】/【反相】命令（Ctrl+I），通道中的图像效果如图6-18-65所示。

图 6-18-65

**38** 执行【滤镜】/【模糊】/【高斯模糊】命令，弹出"高斯模糊"对话框，具体设置如图6-18-66所示，设置完毕后单击"确定"按钮，得到的图像效果如图6-18-67所示。

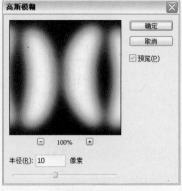

图 6-18-66

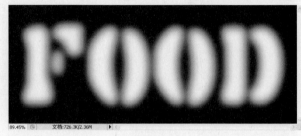

图 6-18-67

**39** 执行【图像】/【调整】/【色阶】命令（Ctrl+L），弹出"色阶"对话框，具体设置如图6-18-68所示，设置完毕后单击"确定"按钮，得到的图像效果如图6-18-69所示。

图 6-18-68

图 6-18-69

**40** 执行【滤镜】/【像素化】/【晶格化】命令，弹出"晶格化"对话框，具体设置如图6-18-70所示，设置完毕后单击"确定"按钮，得到的图像效果如图6-18-71所示。

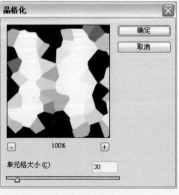

图 6-18-70

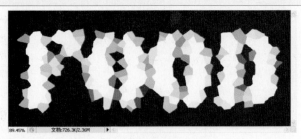

图 6-18-71

**41** 将"蓝副本3"通道拖到"通道"面板上创建新通道按钮 ，得到"蓝副本4"通道，执行【滤镜】/【模糊】/【高斯模糊】命令，弹出"高斯模糊"对话框，具体设置如图6-18-72所示，设置完毕后单击"确定"按钮，得到的图像效果如图6-18-73所示。

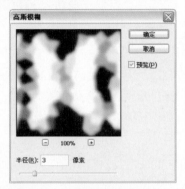

图 6-18-72

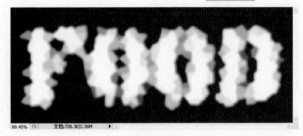

图 6-18-73

**42** 执行【图像】/【调整】/【色阶】命令（Ctrl+L），弹出"色阶"对话框，如图6-18-74所示进行设置，单击"确定"按钮，得到如图6-18-75所示的图像效果。

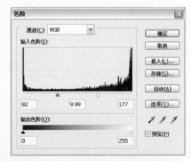

图 6-18-74

图 10-1-75

**43** 切换回"图层"面板，隐藏除"背景"图层外的所有图层，单击创建新图层按钮 ，新建"图层4"，执行【滤镜】/【渲染】/【云彩】命令，得到的图像效果如图6-18-76所示。

图 10-1-76

**44** 执行【滤镜】/【艺术效果】/【干画笔】命令，弹出"干画笔"对话框，具体设置如图6-18-77所示，设置完毕后单击"确定"按钮，按快捷键Ctrl+F三次重复执行干画笔滤镜命令，得到的图像效果如图6-18-78所示。

图 10-1-77

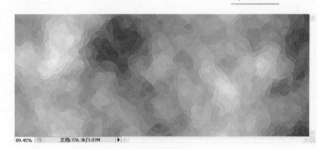

图 6-18-78

**45** 切换到"通道"面板，按住Ctrl键单击"蓝副本3"通道缩览图，调出其选区，切换回"图层"面板，按快捷键Ctrl+Shift+I将选区反选。选择"图层4"，将前景色设置为黑色，按快捷键Alt+Delete填充，如图6-18-79所示。

图 6-18-79

**46** 按快捷键Ctrl+Shift+F渐隐填充命令，弹出"渐隐"对话框，具体设置如图6-18-80所示，设置完毕后单击"确定"按钮，得到的图像效果如图6-18-81所示。

图 6-18-80

图 6-18-81

**47** 执行【滤镜】/【画笔描边】/【墨水轮廓】命令，弹出"墨水轮廓"对话框，具体设置如图6-18-82所示，设置完毕后单击"确定"按钮，得到的图像效果如图 6-18-83 所示。

图 6-18-82

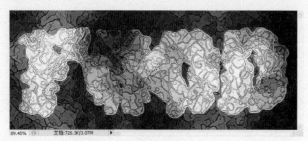

图 6-18-83

**48** 快捷键 Ctrl+Shift+F 渐隐墨水轮廓填充命令，弹出"渐隐"对话框，具体设置如图 6-18-84 所示，设置完毕后单击"确定"按钮，得到的图像效果如图 6-18-85 所示。

图 6-18-84

图 6-18-85

**49** 执行【滤镜】/【风格化】/【浮雕效果】命令，弹出"浮雕效果"对话框，具体设置如图 6-18-86 所示，设置完毕后单击"确定"按钮，得到的图像效果如图 6-18-87 所示。

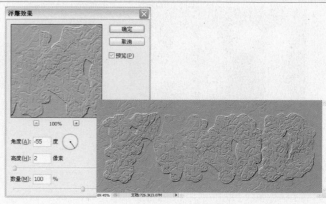

图 6-18-86　　　　图 6-18-87

**50** 快捷键 Ctrl+Shift+F 渐隐浮雕效果命令，弹出"渐隐"对话框，具体设置如图6-18-88所示，设置完毕后单击"确定"按钮，得到的图像效果如图6-18-89所示。

图 6-18-88

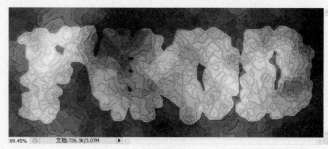

图 6-18-89

**51** 执行【图像】/【调整】/【色相/饱和度】命令（Ctrl+U），弹出"色相/饱和度"对话框，具体设置如图 6-18-90 所示，设置完毕后单击"确定"按钮，得到的图像效果如图 6-18-91 所示。

图 6-18-90

图 6-18-91

**52** 执行【滤镜】/【艺术效果】/【塑料包装】命令,弹出"塑料包装"对话框,具体设置如图6-18-92所示,设置完毕后单击"确定"按钮,得到的图像效果如图6-18-93所示。

图6-18-92

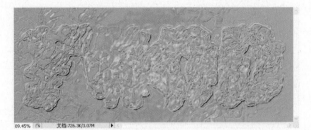

图6-18-93

**53** 快捷键Ctrl+Shift+F渐隐塑料包装命令,弹出"渐隐"对话框,具体设置如图6-18-94所示,设置完毕后单击"确定"按钮,得到的图像效果如图6-18-95所示。

图6-18-94

图6-18-95

**54** 切换到"通道"面板,按住Ctrl键单击"蓝副本3"通道缩览图以得到其选区,切换回"图层"面板,按快捷键Ctrl+Shift+I将选区反选,选择"图层4",按快捷键Delete删除选区内图像,图像效果如图6-18-96所示,按快捷键Ctrl+D取消选择。

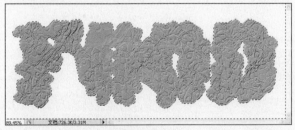

图6-18-96

**55** 切换到"通道"面板,选择"蓝副本2"通道,按快捷键Ctrl+A全选,按Ctrl+C复制选区内图像,单击"图层"面板下的创建新图层按钮 ,新建"图层5",按快捷键Ctrl+V粘贴图像,按快捷键Ctrl+D取消选择,按Ctrl+I将图像反相,得到的图像效果如图6-18-97所示。

图6-18-97

**56** 执行【滤镜】/【模糊】/【高斯模糊】命令,弹出"高斯模糊"对话框,具体设置如图6-18-98所示,设置完毕后单击"确定"按钮,得到的图像效果如图6-18-99所示。

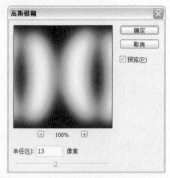

图6-18-98

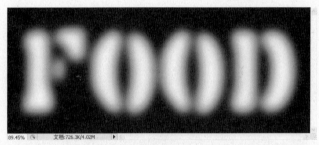

图6-18-99

**57** 执行【滤镜】/【纹理】/【染色玻璃】命令,弹出"染色玻璃"对话框,具体设置如图6-18-100所示,设置完毕后单击"确定"按钮,得到的图像效果如图6-18-101所示。

图6-18-100

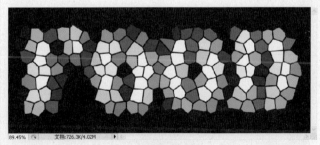

图6-18-101

**58** 执行【滤镜】/【模糊】/【高斯模糊】命令,弹出"高斯模糊"对话框,具体设置如图6-18-102所示,设置完毕后单击"确定"按钮,得到的图像效果如图6-18-103所示。

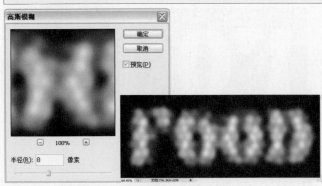

图 6-18-102　　　　　　　图 6-18-103

**59** 执行【图像】/【调整】/【色阶】命令（Ctrl+L），弹出"色阶"对话框，具体设置如图 6-18-104 所示，设置完毕后单击"确定"按钮，得到的图像效果如图6-18-105所示。

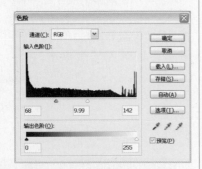

图 6-18-104

图 6-18-105

**60** 按快捷键Ctrl+A全选，按快捷键Ctrl+C复制选区内图像，切换到"通道"面板，单击"通道"面板下的创建新通道按钮，新建"Alpha1"通道，按快捷键Ctrl+V粘贴图像，按快捷键Ctrl+D取消选择。切换回"图层"面板，执行【滤镜】/【模糊】/【高斯模糊】命令，弹出"高斯模糊"对话框，具体设置如图6-18-106所示，设置完毕后单击"确定"按钮，得到的图像效果如图6-18-107所示。

图 6-18-106

图 6-18-107

**61** 按快捷键Ctrl+Shift+F渐隐高斯模糊命令，弹出"渐隐"对话框，具体设置如图6-18-108所示，设置完毕后单击"确定"按钮，得到的图像效果如图 6-18-109 所示。

图 6-18-108

图 6-18-109

**62** 执行【滤镜】/【风格化】/【浮雕效果】命令，弹出"浮雕效果"对话框，具体设置如图6-18-110所示，设置完毕后单击"确定"按钮，得到的图像效果如图6-18-111所示。

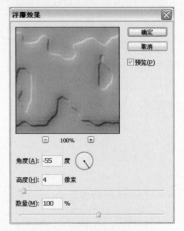

图 6-18-110

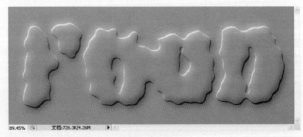

图 6-18-111

**63** 执行【滤镜】/【模糊】/【高斯模糊】命令，弹出"高斯模糊"对话框，具体设置如图6-18-112所示，设置完毕后单击"确定"按钮，得到的图像效果如图6-18-113所示。

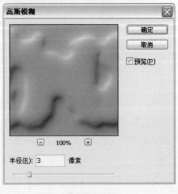

图 6-18-112

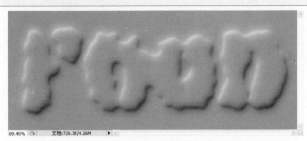

图 6-18-113

**64** 切换到"通道"面板，按住 Ctrl 键单击"Alpha1"通道缩览图，调出其选区，切换回"图层"面板，按 Ctrl+Shift+I 将选区反选，将前景色设置为黑色，按快捷键 Alt+Delete 填充，如图 6-18-114 所示。

图 6-18-114

**65** 按快捷键 Ctrl+Shift+F 渐隐填充命令，弹出"渐隐"对话框，具体设置如图 6-18-115 所示，设置完毕后单击"确定"按钮，得到的图像效果如图 6-18-116 所示，按快捷键 Ctrl+D 取消选择。

图 6-18-115

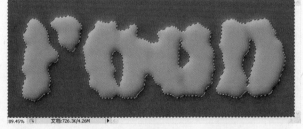

图 6-18-116

**66** 执行【滤镜】/【艺术效果】/【塑料包装】命令，弹出"塑料包装"对话框，具体设置如图 6-18-117 所示，设置完毕后单击"确定"按钮，得到的图像效果如图 6-18-118 所示。

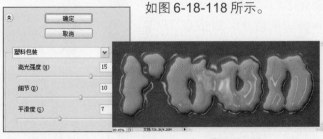

图 6-18-117　　　　图 6-18-118

**67** 按快捷键 Ctrl+Shift+F 渐隐塑料包装命令，弹出"渐隐"对话框，具体设置如图 6-18-119 所示，设置完毕后单击"确定"按钮，得到的图像效果如图 6-18-120 所示。

图 6-18-119

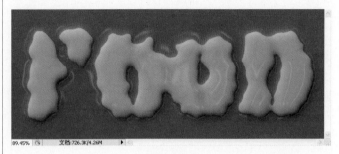

图 6-18-120

**68** 执行【图像】/【调整】/【色相/饱和度】命令（Ctrl+U），弹出"色相/饱和度"对话框，具体设置如图 6-18-121 所示，设置完毕后单击"确定"按钮，得到的图像效果如图 6-18-122 所示。

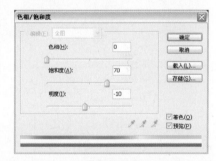

图 6-18-121

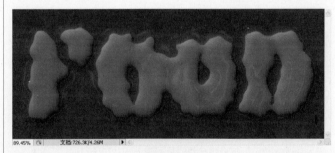

图 6-18-122

**69** 执行【图像】/【调整】/【曲线】命令（Ctrl+M），弹出"曲线"对话框，具体设置如图 6-18-123 所示，设置完毕后单击"确定"按钮，得到的图像效果如图 6-18-124 所示。

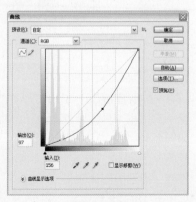

图 6-18-123

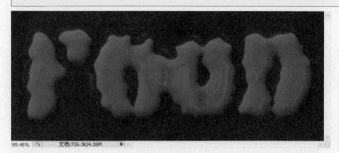

图 6-18-124

**70** 切换到"通道"面板,按住 Ctrl 键单击"Alpaha1"通道缩览图,调出其选区,切换回"图层"面板,按快捷键 Ctrl+Shift+I 将选区反选,选择"图层 5",按快捷键 Delete 删除选区内图像,图像效果如图 6-18-125 所示,按快捷键 Ctrl+D 取消选择。

图 6-18-125

**71** 执行【滤镜】/【艺术效果】/【塑料包装】命令,弹出"塑料包装"对话框,具体设置如图 6-18-126 所示,设置完毕后单击"确定"按钮,得到的图像效果如图 6-18-127 所示。

图 6-18-126

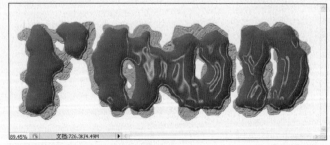

图 6-18-127

**72** 按快捷键 Ctrl+Shift+F 渐隐塑料包装命令,弹出"渐隐"对话框,具体设置如图 6-18-128 所示,设置完毕后单击"确定"按钮,得到的图像效果如图 6-18-129 所示。

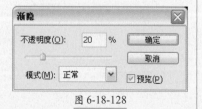

图 6-18-128

图 6-18-129

**73** 切换到"通道"面板,选择"蓝副本 2"通道,按快捷键 Ctrl+A 全选,按快捷键 Ctrl+C 复制选区内图像,单击"图层"面板下的创建新图层按钮,新建"图层 6",按快捷键 Ctrl+V 粘贴图像,按快捷键 Ctrl+D 取消选择,按快捷键 Ctrl+I 将图像反相,得到的图像效果如图 6-18-130 所示。

图 6-18-130

**74** 执行【滤镜】/【模糊】/【高斯模糊】命令,弹出"高斯模糊"对话框,具体设置如图 6-18-131 所示,设置完毕后单击"确定"按钮,得到的图像效果如图 6-18-132 所示。

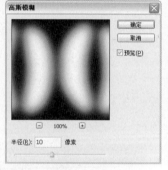

图 6-18-131

图 6-18-132

**75** 执行【滤镜】/【像素化】/【晶格化】命令,弹出"晶格化"对话框,具体设置如图 6-18-133 所示,设置完毕后单击"确定"按钮,得到的图像效果如图 6-18-134 所示。

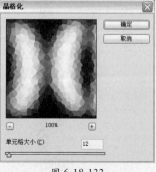

图 6-18-133

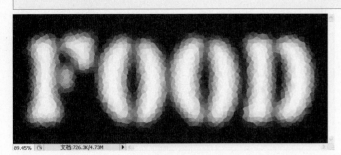

图 6-18-134

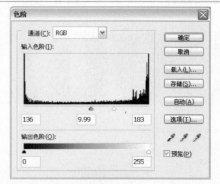

图 6-18-139

**76** 执行【滤镜】/【素描】/【图章】命令,弹出"图章"对话框,具体设置如图6-18-135所示,设置完毕后单击"确定"按钮,得到的图像效果如图6-18-136所示。

图 6-18-135

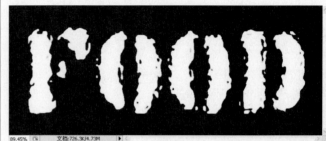

图 6-18-140

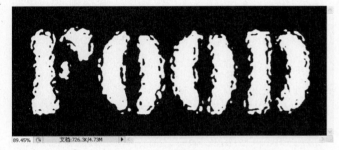

图 6-18-136

**79** 按快捷键Ctrl+A将图像全选,按Ctrl+C复制选区内图像,切换到"通道"面板,单击面板上创建新通道按钮,新建"Alpha2"通道,按快捷键Ctrl+V粘贴图像,切换回"图层"面板,单击创建新图层按钮,新建"图层7",按快捷键Ctrl+V粘贴图像,按快捷键Ctrl+I将图像反相,得到的图像效果如图6-18-141所示,按快捷Ctrl+D取消选择。

**77** 执行【滤镜】/【模糊】/【高斯模糊】命令,弹出"高斯模糊"对话框,具体设置如图6-18-137所示,设置完毕后单击"确定"按钮,得到的图像效果如图6-18-138所示。

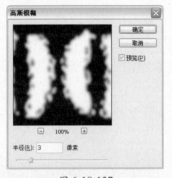

图 6-18-137

图 6-18-141

图 6-18-138

**80** 执行【滤镜】/【模糊】/【高斯模糊】命令,弹出"高斯模糊"对话框,具体设置如图6-18-142所示,设置完毕后单击"确定"按钮,得到的图像效果如图6-18-143所示。

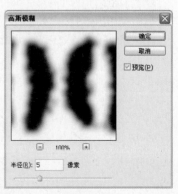

**78** 执行【图像】/【调整】/【色阶】命令(Ctrl+L),弹出"色阶"对话框,具体设置如图6-18-139所示,设置完毕后单击"确定"按钮,得到的图像效果如图6-18-140所示。

图 6-18-142

图 6-18-143

**81** 执行【滤镜】/【风格化】/【浮雕效果】命令，弹出"浮雕效果"对话框，具体设置如图 6-18-144 所示，设置完毕后单击"确定"按钮，得到的图像效果如图 6-18-145 所示。

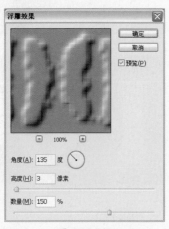

图 6-18-144

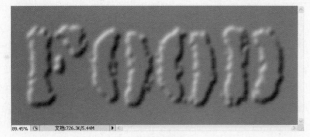

图 6-18-145

**82** 切换到"通道"面板，按住 Ctrl 键单击"Alpha2"通道缩览图，调出其选区，切换回"图层"面板，按快捷键 Ctrl+Shift+I 将选区反选，将前景色设置为黑色，按快捷键 Alt+Delete 填充，如图 6-18-146 所示。

图 6-18-146

**83** 按快捷键 Ctrl+Shift+F 渐隐填充命令，弹出"渐隐"对话框，具体设置如图 6-18-147 所示，设置完毕后单击"确定"按钮，得到的图像效果如图 6-18-148 所示，按 Ctrl+D 取消选择。

图 6-18-147

图 6-18-148

**84** 执行【滤镜】/【艺术效果】/【塑料包装】命令，弹出"塑料包装"对话框，具体设置如图 6-18-149 所示，设置完毕后单击"确定"按钮，得到的图像效果如图 6-18-150 所示。

图 6-18-149

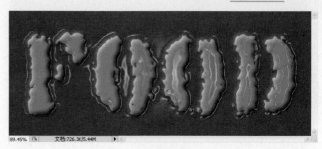

图 6-18-150

**85** 快捷键 Ctrl+Shift+F 渐隐塑料包装命令，弹出"渐隐"对话框，具体设置如图 6-18-151 所示，设置完毕后单击"确定"按钮，得到的图像效果如图 6-18-152 所示。

图 6-18-151

图 6-18-152

**86** 切换到"通道"面板，按住 Ctrl 键单击"Alpha2"通道缩览图，调出其选区，切换回"图层"面板，按快捷键 Ctrl+Shift+I 将选区反选，选择"图层 7"，按快捷键 Delete 删除选区内图像，图像效果如图 6-18-153 所示，按快捷键 Ctrl+D 取消选择。

图 6-18-153

**87** 执行【滤镜】/【杂色】/【添加杂色】命令，弹出"添加杂色"对话框，具体设置如图 6-18-154 所示，设置完毕后单击"确定"按钮，得到的图像效果如图 6-18-155 所示。

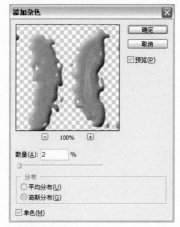

图 6-18-154

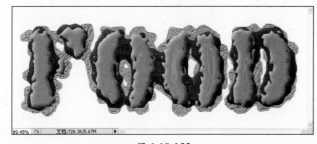

图 6-18-155

**88** 执行【图像】/【调整】/【色相/饱和度】命令（Ctrl+U），弹出"色相/饱和度"对话框，具体设置如图 6-18-156 所示，设置完毕后单击"确定"按钮，得到的图像效果如图6-18-157所示。

图 6-18-156

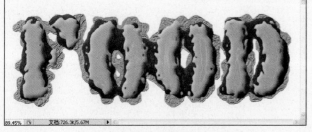

图 6-18-157

**89** 显示所有图层，选择"图层1"，单击"图层"面板上添加图层样式按钮 fx.，在弹出的菜单中选择"内发光"，弹出"图层样式"对话框，具体设置如图 6-18-158 所示，设置完毕后单击"确定"按钮应用图层样式，得到的图像效果如图 6-18-159 所示。

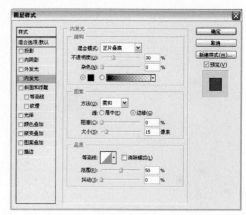

图 6-18-158

图 6-18-159

**90** 选择"图层4"，单击"图层"面板上的添加图层样式按钮 fx.，在弹出的菜单中选择"投影"，弹出"图层样式"对话框，具体设置如图 6-18-160 所示，设置完毕后单击"确定"按钮应用图层样式，得到的图像效果如图6-18-161所示。

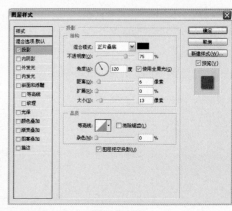

图 6-18-160

图 6-18-161

读书笔记

# Chapter

## Photoshop CS3 图像特效制作技法

**07**

本章通过14个实例向读者介绍了使用Photoshop CS3 进行图像特效制作的方法和技巧，全章内容涵盖面广，技法明确。

# Effect 01　　制作反转负冲效果

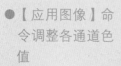

- 【应用图像】命令调整各通道色值
- 【亮度/对比度】命令调整图像明度及对比度
- 【色相/饱和度】命令调整图像饱和度

**1** 执行【文件】/【打开】命令（Ctrl+O），弹出"打开"对话框，选择需要的素材图片，打开素材图片，如图7-1-1所示。将"背景"图层拖到创建新图层按钮 ，得到"背景副本"，"图层"面板状态如图7-1-2所示。

图 7-1-1

图 7-1-2

**2** 切换到"通道"面板，选择"蓝"通道，执行【图像】/【应用图像】命令，弹出"应用图像"对

图 7-1-3

话框，如图7-1-3所示进行设置，设置完毕后单击"确定"按钮，得到如图7-1-4所示的效果。

图 7-1-4

**3** 选择"绿"通道，执行【图像】/【应用图像】命令，弹出"应用图像"对话框，如图7-1-5所示进行设置，设置完毕后单击"确定"按钮，得到如图7-1-6所示的效果。

图 7-1-5

图 7-1-6

图 7-1-10

**4** 最后选择"红"通道,执行【图像】/【应用图像】命令,弹出"应用图像"对话框,如图7-1-7所示进行设置,设置完毕后单击"确定"按钮,得到如图7-1-8所示的效果。

图 7-1-7

**6** 执行【图像】/【调整】/【色相/饱和度】命令,弹出"色相/饱和度"对话框,如图7-1-11所示进行设置,应用后得到如图7-1-12所示的效果。

图 7-1-11

图 7-1-8

图 7-1-12

**5** 切换回"图层"面板,执行【图像】/【调整】/【亮度/对比度】命令,弹出"亮度/对比度"对话框,如图7-1-9所示进行参数设置,设置完毕后单击"确定"按钮应用,得到如图7-1-10所示的图像效果。

图 7-1-9

# Effect 02　　　　　制作人像石膏雕塑效果

- 【中间值】滤镜制作图像不同色阶间的层次
- 【USM 锐化】滤镜刻画图像
- 【色阶】命令调整图像的对比
- 【图章】滤镜制作图像单色调的强烈对比效果
- 【龟裂缝】滤镜制作石膏雕像纹理
- 更改图层混合模式和不透明度制作图像效果

1　执行【文件】/【打开】命令（Ctrl+O），选择需要的素材图片，单击"打开"按钮，素材图像如图 7-2-1 所示。

2　选择"背景"图层，将其拖到创建新图层按钮，得到"背景副本"图层，"图层"面板如图 7-2-2 所示。执行【图像】/【调整】/【去色】命令（Ctrl+Shift+U），去掉图像中的色彩信息，图像效果如图 7-2-3 所示。

图 7-2-1

图 7-2-2

图 7-2-3

3　执行【滤镜】/【杂色】/【中间值】命令，弹出"中间值"对话框，如图 7-2-4 所示将半径设置为 10 像素，单击"确定"按钮，应用滤镜后的图像效果如图 7-2-5 所示。

图 7-2-4

图 7-2-5

4　选择工具箱中的减淡工具，选择柔和的笔刷和较弱的压力，将人物眼睛部分进行减淡处理，图像效果如图 7-2-6 所示。

图 7-2-6

图 7-2-11

5　选择"背景副本"图层，将其拖到创建新图层按钮，得到"背景副本 2"图层，"图层"面板如图 7-2-7 所示。

图 7-2-7

8　选择"图层"面板上的色阶调整图层的蒙版图层，如图 7-2-12 所示。将前景色设置为黑色，选择工具箱中的画笔工具，在人物面部、头发以及皮肤上进行涂抹，得到如图 7-2-13 所示的图像效果。

6　执行【滤镜】/【锐化】/【USM 锐化】命令，弹出"USM 锐化"对话框，如图 7-2-8 所示进行参数设置，设置完毕后单击"确定"按钮，应用滤镜后得到如图 7-2-9 所示的图像效果。

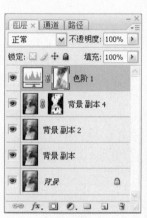

图 7-2-8

图 7-2-9

图 7-2-12　　　　　图 7-2-13

7　单击"图层"面板上的创建新的填充或调整图层按钮，在弹出的菜单中选择"色阶"，弹出"色阶"对话框，如图 7-2-10 所示进行参数设置，设置完毕后单击"确定"按钮，得到如图 7-2-11 所示的图像效果。

9　单击"图层"面板上的创建新的填充或调整图层按钮，在弹出的菜单中选择"亮度 / 对比度"，弹出"亮度/对比度"对话框，如图 7-2-14 所示进行参数设置，设置完毕后单击"确定"按钮，得到如图 7-2-15 所示的图像效果。

图 7-2-10

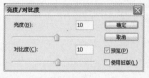

图 7-2-14　　　　　图 7-2-15

**10** 在"图层"面板上将"背景副本 2"图层拖到创建新图层按钮 🔲 ，得到"背景副本 3"图层，将前景色设置为 R178、G178、B178，背景色设置为 R255、G255、B255，执行【滤镜】/【素描】/【图章】命令，弹出"图章"对话框，如图 7-2-16 所示进行参数设置，设置完毕后单击"确定"按钮，应用滤镜后得到的图像效果如图7-2-17所示。

图 7-2-16 　　　　　　 图 7-2-17

**11** 在"图层"面板上将"背景副本 3"的图层混合模式设置为"颜色加深"，图层不透明度设置为 20%，"图层"面板如图 7-2-18 所示。更改图层混合模式和图层不透明度后得到的图像效果如图 7-2-19 所示。

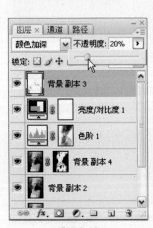

图 7-2-18 　　　　　　 图 7-2-19

**12** 在"图层"面板上选择"背景副本 2"图层，将其拖到创建新图层按钮 🔲 ，得到"背景副本 4"图层，如图 7-2-20 所示。

图 7-2-20

**13** 执行【滤镜】/【纹理】/【龟裂缝】命令，弹出"龟裂缝"对话框，如图 7-2-21 所示进行参数设置，设置完毕后单击"确定"按钮，应用滤镜后的图像效果如图 7-2-22 所示。

图 7-2-21

图 7-2-22

**14** 单击"图层"面板上的添加图层蒙版按钮 🔲 ，为"背景副本 4"图层添加蒙版，如图 7-2-23 所示。将前景色设置为黑色，选择工具箱中的画笔工具 🖌 ，在图像中的背景处进行涂抹，蒙住背景区域中的龟裂缝纹理，得到如图 7-2-24 所示的图像效果。

图 7-2-23 　　　　　　　　　 图 7-2-24

**15** 单击"图层"面板上的创建新图层按钮 🔲 ，新建"图层 1"，如图 7-2-25 所示。将前景色设置为 R126、G163、B175，按快捷键 Alt+Delete 填充前景色，如图 7-2-26 所示。

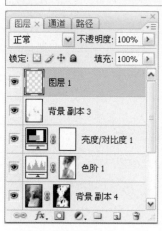

图 7-2-25

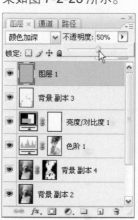

图 7-2-26

层"面板如图 7-2-27 所示。更改图层混合模式和图层不透明度后得到的图像效果如图 7-2-28 所示。

图 7-2-27

图 7-2-28

**16** 在"图层"面板上将"图层 1"的图层混合模式设置为"颜色加深",图层不透明度设置为 50％,"图

## Effect 03　利用照片制作素描风格的另类图像

● 填充有明显对比的纯色背景　● 【阈值】命令制作图像黑白色调对比效果
● 更改图层混合模式叠加阈值后图像效果,去掉白色　● 对文字添加图层样式突出立体效果

**1** 执行【文件】/【新建】命令（Ctrl+N）,弹出"新建"对话框,如图 7-3-1 所示进行设置,单击"确定"按钮。执行【文件】/【打开】命令（Ctrl+O）,弹出"打开"对话框,选择需要的素材图片,单击"打开"按钮,如图 7-3-2 所示。

图 7-3-1

图 7-3-2

2　使用工具箱中的移动工具 ，将打开的素材图像拖到新建的文档中进行编辑，选择工具箱中的多边形套索工具 ，粗略的选出一定区域，得到如图7-3-3所示的选区效果。

图 7-3-3

3　将前景色设置为R180、G190、B200，如图7-3-4所示。按快捷键Alt+Delete将选区填充为前景色，图像效果如图7-3-5所示。

图 7-3-4　　　　图 7-3-5

4　将背景色设置为R100、G100、B100，如图7-3-6所示。执行【选择】/【反向】命令（Ctrl+Shift+I），将选区反向，按快捷键Ctrl+Delete将选区填充为背景色，图像效果如图7-3-7所示。

图 7-3-6　　　　图 7-3-7

5　执行【文件】/【打开】命令（Ctrl+O），弹出"打开"对话框，选择需要的素材图片，单击"打开"按钮，如图7-3-8所示。选择"图层1"，使用工具箱中的移动工具将打开的素材图像拖到新建的文档中进行编辑，调整图像大小、位置，在"图层"面板上生成"图层2"，图像效果如图7-3-9所示。

图 7-3-8　　　　　　图 7-3-9

6　对"图层2"执行【图像】/【调整】/【阈值】命令，弹出"阈值"对话框，参数设置为120，如图7-3-10所示，设置完毕后单击"确定"按钮，得到如图7-3-11所示的图像效果。

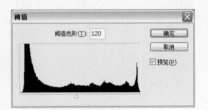

图 7-3-10

图 7-3-11

7　在"图层"面板上将"图层2"的图层混合模式设置为"正片叠底"，"图层"面板如图7-3-12所示。更改图层混合模式后得到的图像效果如图7-3-13所示。

图 7-3-12　　　　　　图 7-3-13

**8** 执行【文件】/【打开】命令（Ctrl+O），弹出"打开"对话框，选择需要的素材图片，单击"打开"按钮，如图7-3-14所示。选择"图层1"，使用工具箱中的移动工具将打开的素材图像拖到新建的文档中进行编辑，调整图像大小、位置，在"图层"面板上生成"图层3"，图像效果如图7-3-15所示。

图 7-3-14　　　　　　图 7-3-15

**9** 对"图层3"执行【图像】/【调整】/【阈值】命令，弹出"阈值"对话框，参数设置为130，如图7-3-16所示，设置完毕后单击"确定"按钮，得到如图7-3-17所示的图像效果。

图 7-3-16　　　　　　图 7-3-17

**10** 在"图层"面板上将"图层2"的图层混合模式设置为"正片叠底"，"图层"面板状态如图7-3-18所示。更改图层混合模式后得到的图像效果如图7-3-19所示。

图 7-3-18　　　　　　图 7-3-19

**11** 将前景色设置为R85、G130、B170，如图7-3-20所示。单击"图层"面板上创建新图层按钮，新建"图层4"，选择工具箱中的画笔工具，选择粗糙画笔笔刷，在图像中绘制如图7-3-21所示的图像。

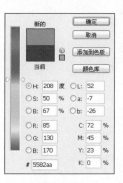

图 7-3-20　　　　　　图 7-3-21

**12** 在"图层"面板上将"图层4"的图层混合模式设置为"正片叠底"，"图层"面板如图7-3-22所示。更改图层混合模式后得到的图像效果如图7-3-23所示。

图 7-3-22　　　　　　图 7-3-23

**13** 在"图层"面板上将"图层4"拖到创建新图层按钮，得到"图层4副本"图层，如图7-3-24所示。

图 7-3-24

**14** 将前景色设置为R255、G90、B0，如图7-3-25所示。按Ctrl键单击"图层4副本"图层缩览图，调出其选区，按Alt+Delete填充已设定好的前景色，按Ctrl+D取消选择。选择工具箱中的移动工具，移动图像位置，图像效果如图7-3-26所示。

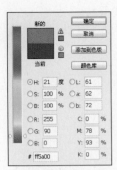

图 7-3-25

图 7-3-26

图 7-3-28　　　　　　　图 7-3-29

**15** 将前景色设置为白色，选择工具箱中的横排文字工具 T.，在图像中输入文字，文字效果如图 7-3-27 所示。

图 7-3-27

**17** 在"图层"面板上将文字图层的混合模式设置为"叠加"，"图层"面板如图 7-3-30 所示。更改图层混合模式后得到的图像效果如图 7-3-31 所示。

**16** 单击"图层"面板上添加图层样式按钮 fx.，在弹出的下拉菜单中选择"投影"样式，弹出"图层样式"对话框，如图 7-3-28 所示，设置完毕后单击"确定"按钮，得到添加投影后的图像效果，如图 7-3-29 所示。

图 7-3-30　　　　　　　图 7-3-31

## Effect 04　　利用半调网屏制作网纹效果

- 【位图】命令下的"半调网屏"选项添加网格
- 【云彩】滤镜【调色刀】滤镜【海报边缘】滤镜制作不规则边框
- 【置换】滤镜置换不规则的图像效果
- 添加图层样式体现立体
- 更改图层混合模式叠加各图层效果

**1** 执行【文件】/【打开】命令（Ctrl+O），选择需要的素材图片，单击"打开"按钮，如图7-4-1所示。执行【图像】/【复制】命令，弹出"复制图像"对话框，如图7-4-2所示，单击"确定"按钮复制整个图像到新文档。

图 7-4-1

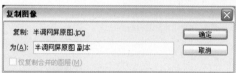

图 7-4-2

提示：【图像】菜单下的【复制】命令，是针对文档而言，执行此命令，复制的不仅仅是视觉范围中的图像，还包括复制文档中的所有图层信息，快捷方式为Alt+I+D。

**2** 执行【图像】/【模式】/【灰度】命令，会弹出系统的提示信息，如图7-4-3所示，单击"拼合"按钮即可，图像效果如图7-4-4所示。

图 7-4-3　　　　　　图 7-4-4

**3** 执行【图像】/【模式】/【位图】命令，弹出"位图"对话框，如图7-4-5所示进行参数设置，设置完毕后单击"确定"按钮。在弹出的"半调网屏"对话框中，将半调形状设置为"菱形"，如图7-4-6所示，单击"确定"按钮，得到如图7-4-7所示的效果。

图 7-4-5

图 7-4-6

提示：在 Photoshop 中，将图像转换为位图的快捷键为 Alt+I+M+B。

图 7-4-7

**4** 执行【选择】/【全选】命令（Ctrl+A），全部图像载入选区，执行【编辑】/【拷贝】命令（Ctrl+C），复制所选图像，返回到"半调网屏原图"文档中，按快捷键Ctrl+V粘贴图像。在"图层"面板上将"图层1"图层的混合模式设置为"叠加"，"图层"面板如图7-4-8所示。更改图层混合模式后的图像效果如图7-4-9所示。

图 7-4-8　　　　　　图 7-4-9

**5** 单击"图层"面板上创建新图层按钮，新建"图层2"，"图层"面板如图7-4-10所示。执行【滤镜】/【渲染】/【云彩】命令，得到如图7-4-11所示的图像效果。

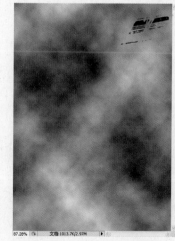

图 7-4-10　　　　　　图 7-4-11

**6** 执行【滤镜】/【艺术效果】/【调色刀】命令，弹出"调色刀"对话框，如图7-4-12所示进行具体参数设置，设置完毕后单击"确定"按钮。得到的图像效果如图7-4-13所示。

图 7-4-12　　　　　图 7-4-13

**7** 执行【滤镜】/【艺术效果】/【海报边缘】命令，弹出"海报边缘"对话框，如图7-4-14所示进行具体参数设置，设置完毕后单击"确定"按钮。得到如图7-4-15所示的图像效果。

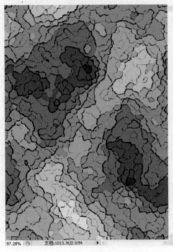

图 7-4-14　　　　　图 7-4-15

**8** 执行【滤镜】/【扭曲】/【玻璃】命令，弹出"玻璃"对话框，如图7-4-16所示进行具体参数设置，设置完毕后单击"确定"按钮。得到如图7-4-17所示的图像效果。

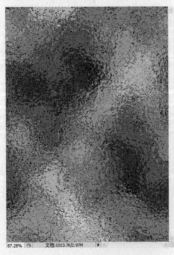

图 7-4-16　　　　　图 7-4-17

**9** 执行【文件】/【存储为】命令（Ctrl+Shift+S），弹出"存储为"对话框，将文件名定为"半调网屏置换图"，如图7-4-18所示，按"确定"保存。

图 7-4-18

**10** 先将"图层"面板上的"图层2"拖到删除图层按钮 ，将其删除，重新单击创建新图层按钮 ，新建"图层2"，"图层"面板如图7-4-19所示。选择工具箱中的矩形选框工具 ，按住Shift键在图像边缘任意绘制大小不等的选区，将前景色设置为黑色，按快捷键Alt+Delete填充前景色，图像效果如图7-4-20。

图 7-4-19　　　　　图 7-4-20

**11** 按Ctrl+D取消图像中的选区，执行【滤镜】/【扭曲】/【置换】命令，弹出"置换"对话框，如图7-4-21所示进行置换设置，设置完毕后单击"确定"按钮，弹出查找置换原图的路径提示，如图7-4-22

图 7-4-21

所示，找到刚刚保存的置换原图，单击"打开"按钮，得到的图像边框效果如图7-4-23所示。

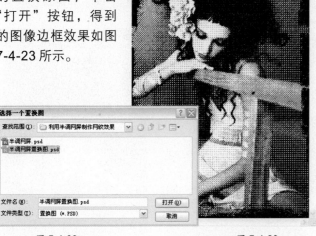

图 7-4-22　　　　　　图 7-4-23

**12**　选择工具箱中的横排文字工具 T.，在图像中单击输入英文字样，字体可以按照自己喜欢的随意调整，效果如图7-4-24所示。

图 7-4-24

**13**　单击"图层"面板上添加图层样式按钮 *fx.*，在弹出的菜单中选择"投影"，打开"图层样式"对话框，如图7-4-25所示进行投影参数设置，设置完毕后单击"确定"按钮应用样式。得到的图像效果如图7-4-26所示。

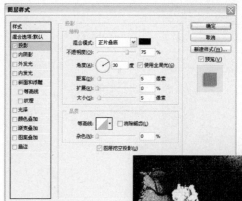

图 7-4-25

图 7-4-26

# Effect 05　　奇幻效果加色调的制作方法

- 【粗糙蜡笔】滤镜制作图像粗犷效果
- 【彩色铅笔】滤镜制作斜纹效果
- 【调色刀】滤镜打造画面粗糙纹理的质感
- 自由变换工具调整图像
- 添加图层蒙版及调整图层改变图像整体风格
- 图层混合模式叠加图像
- 自定图案创建条纹效果

**1** 执行【文件】/【打开】命令（Ctrl+O），选择素材图片，单击"打开"按钮，如图7-5-1所示。在"图层"面板上将"背景"图层拖到创建新图层按钮，得到"背景副本"，如图7-5-2所示。

图7-5-1　　　　　图7-5-2

**4** 执行【滤镜】/【艺术效果】/【调色刀】命令，弹出"调色刀"对话框，如图7-5-7所示进行参数设置，设置完毕后单击"确定"按钮应用滤镜。得到的图像效果如图7-5-8所示。

图7-5-7

图7-5-8

**2** 执行【滤镜】/【艺术效果】/【粗糙蜡笔】命令，弹出"粗糙蜡笔"对话框，如图7-5-3所示进行设置，应用滤镜得到如图7-5-4所示的效果。

图7-5-3　　　　　图7-5-4

**5** 执行【滤镜】/【锐化】/【USM锐化】命令，弹出"锐化"对话框，如图7-5-9所示进行锐化设置，设置完毕后单击"确定"按钮。得到如图7-5-10所示的图像效果。

图7-5-9

**3** 执行【滤镜】/【艺术效果】/【彩色铅笔】命令，弹出"彩色铅笔"对话框，如图7-5-5所示参数设置，设置完毕后单击"确定"按钮，得到如图7-5-6所示的图像效果。

图7-5-10

图7-5-5　　　　　图7-5-6

**6** 在"图层"面板上将"背景副本"图层的图层混合模式设置为"叠加"，"图层"面板如图7-5-11所示。更改图层混合模式后得到的图像效果如图7-5-12所示。

图 7-5-11

图 7-5-12

**9** 单击调整图层上的蒙版部分，将前景色设置为黑色，选择工具箱中的画笔工具 ，在图像上稍加涂抹，使"背景"图层上的彩色信息微微显露，此时的调整图层如图 7-5-16 所示。添加蒙版后的图像效果如图 7-5-17 所示。

图 7-5-16

图 7-5-17

**7** 单击"图层"面板上创建新的填充或调整图层按钮 ，在弹出的菜单中选择"色相/饱和度"选项，弹出"色相/饱和度"对话框，如图7-5-13所示设置具体参数。

图 7-5-13

**10** 按下快捷键 Ctrl+Shift+Alt+E 盖印图像，得到"图层1"，执行【编辑】/【变换】/【自由变换】命令，弹出自由变换框，单击鼠标右键，选择"水平翻转"，并缩小图像到右上角，如图7-5-18所示，按Enter键确认变换。

图 7-5-18

> 提示：photoshop提供了很多调色工具，这些工具可以对图像色彩进行调整，但这些工具具有局限性：一是调整的不可逆性（不借助使用历史面板），二是只能对当前图层调整。调整图层则克服了这些限制，方便了图像调整。

**11** 在"图层"面板上将"图层1"的图层混合模式设置为"差值"，"图层"面板如图 7-5-19 所示。得到如图 7-5-20 所示的图像效果。

**8** 添加调整图层后，会在"图层"面板上生成新的调整图层，如图 7-5-14 所示。添加调整图层后的图像效果如图 7-5-15 所示。

图 7-5-14

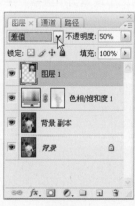

图 7-5-15

图 7-5-19

图 7-5-20

**12** 选择工具箱中的矩形选框工具，在图像中绘制如图 7-5-21 所示的矩形选区。执行【选择】/【修改】/【平滑】命令，在弹出的"平滑选区"对话框中将平滑半径设置为 10 像素，单击"确定"按钮，按快捷键 Ctrl+Shift+I 将选区反选并填充黑色，得到如图 7-5-22 所示的效果，按 Ctrl+D 取消选择。

图 7-5-21　　　　　　　　　图 7-5-22

**13** 选择工具箱中的横排文字工具，在图像中单击分别输入文字，为图像添加文字，增加效果，如图 7-5-23 所示。

图 7-5-23

**14** 执行【文件】/【新建】命令（Ctrl+N），弹出"新建"对话框，如图 7-5-24 所示进行设置，设置完毕后单击"确定"按钮新建文档。将前景色设置为白色，选择工具箱中的铅笔工具，将笔刷大小设置为 1 像素，绘制如图 7-5-25 所示的图案。

图 7-5-24

图 7-5-25

**15** 执行【编辑】/【定义图案】命令，弹出"图案名称"对话框，如图 7-5-26 所示将名称定义为"图案 1"。切换回原文档，选择工具箱中的油漆桶工具，在其选项栏中选择填充的图案，如图 7-5-27 所示。

图 7-5-26　　　　　　　　　图 7-5-27

**16** 单击"图层"面板上创建新图层按钮，新建"图层 4"，"图层"面板如图 7-5-28 所示。使用油漆桶工具在"图层 4"上单击填充，得到如图 7-5-29 所示的图像效果。

图 7-5-28　　　　　　　　　图 7-5-29

**17** 将"图层 4"的图层混合模式设置为"叠加"，"图层"面板如图 7-5-30 所示。更改图层混合模式后的图像效果如图 7-5-31 所示。

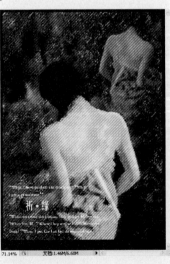

图 7-5-30　　　　　　　　　图 7-5-31

# Effect 06　　浪漫氛围的制作方法

- 【色彩平衡】命令调整图像色调
- 【马赛克】滤镜制作晶格效果
- 更改图层混合模式叠加各图层效果
- 【照亮边缘】滤镜打造立体线条效果
- 添加图层蒙版及调整图层改变图像整体风格
- 添加图层样式营造色彩

**1** 执行【文件】/【打开】命令（Ctrl+O），选择需要的素材图片，单击"打开"按钮，如图7-6-1所示。在"图层"面板上将"背景"图层拖曳到创建新图层按钮 ，得到"背景副本"，如图7-6-2所示。

进行参数设置，设置完毕后单击"确定"按钮，应用滤镜得到如图7-6-4所示的效果。

图 7-6-4

图 7-6-1

图 7-6-2

**3** 在"图层"面板上将"背景副本"图层拖到创建新图层按钮 ，得到"背景副本2"图层，如图7-6-5所示。

图 7-6-5

**2** 执行【图像】/【调整】/【色彩平衡】命令（Ctrl+B），弹出"色彩平衡"对话框，如图7-6-3所示

图 7-6-3

**4** 执行【滤镜】/【像素化】/【马赛克】命令，弹出"马赛克"对话框，如图7-6-6所示进行参数设置，设置完毕后单击"确定"按钮确定，得到如图7-6-7所示的图像效果。

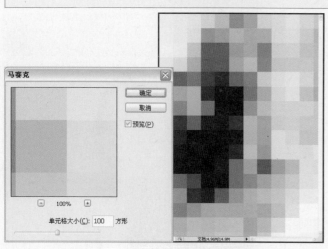

图 7-6-6　　　　　　　图 7-6-7

**5** 在"图层"面板上将"背景副本 2"图层的混合模式设置为"叠加","图层"面板如图 7-6-8 所示。更改图层混合模式后的图像效果如图 7-6-9 所示。

图 7-6-8　　　　　　　图 7-6-9

**6** 在"图层"面板上将"背景副本 2"图层拖到创建新图层按钮 ，得到"背景副本 3"图层，"图层"面板如图 7-6-10 所示，饼在"图层"面板上将其图层混合模式设置为"正常"。执行【滤镜】/【风格化】/【照亮边缘】命令，弹出"照亮边缘"对话框，具体参数设置如图 7-6-11 所示，设置完毕后单击"确定"按钮。

图 7-6-10　　　　　　　图 7-6-11

**7** 执行【图像】/【调整】/【色阶】命令（Ctrl+L），弹出"色阶"对话框，如图 7-6-12 所示进行色阶参数设置，设置完毕后单击"确定"按钮。调整色阶后得到如图 7-6-13 所示。

图 7-6-12

图 7-6-13

**8** 在"图层"面板上将"背景副本 3"的混合模式设置为"柔光","图层"面板如图 7-6-14 所示。更改图层混合模式后的效果如图 7-6-15 所示。

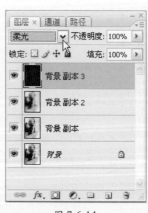

图 7-6-14　　　　　　　图 7-6-15

**9** 分别在"背景副本 2"和"背景副本 3"两个图层上添加蒙版，并将前景色设置为黑色，选择工具箱中的画笔工具 ，选择柔和的笔刷，在两个图层上人物面部涂抹，隐藏一部分效果，蒙版图层如图 7-6-16 所示。添加蒙版后的图像效果如图 7-6-17 所示。

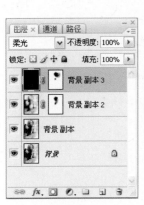

图7-6-16 图7-6-17

**10** 执行【文件】/【新建】命令（Ctrl+N），弹出"新建"对话框，将文档命名为"条纹图案"，具体参数如图7-6-18所示，按"确定"新建文档。将前景色设置为白色，选择工具箱中的铅笔工具✐，如图7-6-19所示进行绘制。

图7-6-18

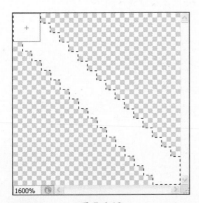

图7-6-19

**11** 执行【编辑】/【定义图案】命令，弹出"图案名称"对话框，如图7-6-20所示将图案名称定义为"条纹"图案。选择工具箱中的油漆桶工具✿，在其工具选项栏中选择填充类型为"图案"，并在图案列表中选择刚刚定义的"条纹图案"，如图7-6-21所示。

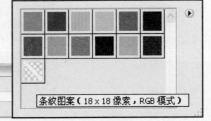

图7-6-20 图7-6-21

**12** 选择好填充图案后单击"图层"面板上创建新图层按钮◻，新建"图层1"，"图层"面板如图7-6-22所示。使用油漆桶工具在"图层1"上单击填充，得到如图7-6-23所示的填充效果。

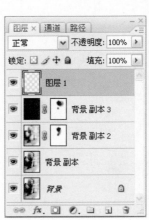

图7-6-22 图7-6-23

**13** 在"图层"面板上选择"图层1"，单击添加图层蒙版按钮◻，如图7-6-24所示。将前景色设置为黑色，选择工具箱中的画笔工具✐，在人物面部涂抹，清除面部的条纹，图像效果如图7-6-25所示。

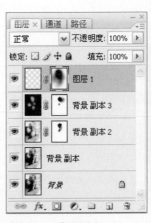

图7-6-24 图7-6-25

**14** 选择"图层1"，单击添加图层样式按钮ƒx，在弹出的菜单中选择"投影"，打开"图层样式"对话框，如图7-6-26所示进行投影参数设置，设置完毕后不关闭对话框，勾选"渐变叠加"选项，如图7-6-27所示进行参数设置。设置完毕后单击"确定"按钮应用所有样式，得到如图7-6-28所示的图像效果。

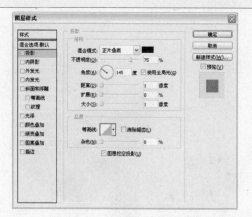

图 7-6-26

图 7-6-27

图 7-6-28

**15** 选择工具箱中的直排文字工具 T，在图像中单击输入中文"羽翼飞扬"，字体可以按照自己喜欢的随意调整，如图 7-6-29 所示。

图 7-6-29

**16** 单击"图层"面板上添加图层样式按钮 fx，在弹出的菜单中选择"投影"，打开"图层样式"对话框，如图 7-6-30 所示进行投影参数设置。

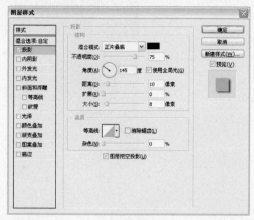

图 7-6-30

**17** 设置完毕后不关闭对话框，勾选"外发光"选项，如图 7-6-31 所示进行参数设置。设置完毕后单击"确定"按钮样式。在"图层"面板上将文字图层的填充值设置为 50%，"图层"面板如图 7-6-32 所示，得到的效果如图 7-6-33 所示。

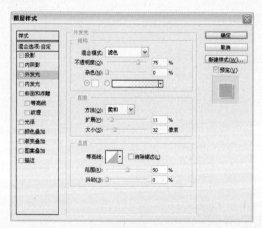

图 7-6-31

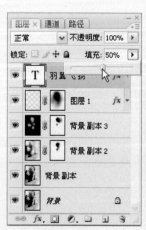

图 7-6-32

图 7-6-33

# Effect 07　制作手工艺术的绢印效果

- 选取工具勾选清晰图像
- 【便条纸】滤镜制作图像纹理
- 【曲线】命令调整对比
- 调整图层添加图像色彩效果
- 【添加杂色】和【半调图案】滤镜制作纹理叠加

**1** 执行【文件】/【打开】命令（Ctrl+O），弹出"打开"对话框，选择素材图片，单击"打开"按钮，打开的图像如图7-7-1所示。在"图层"面板上将"背景"图层拖到创建新图层按钮 ，得到"背景副本"图层，"图层"面板如图7-7-2所示。

图7-7-1

图7-7-2

**2** 执行【图像】/【调整】/【去色】命令，去掉图像中的色彩信息，去色后的图像效果如图7-7-3所示。

图7-7-3

**3** 选择工具箱中的多边形套索工具 ，将图像中的车体载入选区，如图7-7-4所示。执行【图层】/【新建】/【通过拷贝的图层】命令（Ctrl+J），复制选区中图像到新的图层，"图层"面板如图7-7-5所示。

图7-7-4

图7-7-5

**4** 执行【滤镜】/【素描】/【便条纸】命令，弹出"便条纸"对话框，将图像平衡设为20，粒度和凸现均设为0，如图7-7-6所示。设置完毕后单击"确定"按钮，得到的效果如图7-7-7所示。

图7-7-6

图7-7-7

**5** 选择"背景副本"图层，单击"图层"面板上创建新的填充或调整图层按钮 ⊘.，在弹出的下拉菜单中选择"曲线"命令，弹出"曲线"对话框，如图7-7-8所示进行曲线调整，设置完毕后单击"确定"按钮，得到调整后的图像效果，如图7-7-9所示。

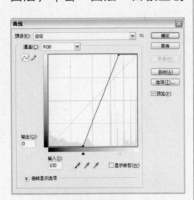

图 7-7-8

图 7-7-9

**6** 利用选取工具将图像上方的空白处载入选区，如图7-7-10所示。单击"图层"面板上创建新的填充或调整图层按钮 ⊘.，在弹出的下拉菜单中选择"纯色"命令，弹出"拾色器"对话框，颜色设置如图7-7-11所示。添加颜色调整后在图层上生成"颜色填充1"调整图层，如图7-7-12所示。图像效果如图7-7-13所示。

图 7-7-13

**7** 在"图层"面板上将"颜色填充1"调整图层的图层混合模式设置为"正片叠底"，如图7-7-14所示。将更改图层混合模式后的"颜色填充1"调整图层拖到创建新图层按钮 □.，得到"颜色填充1副本"调整图层，如图7-7-15所示。双击复制后调整图层缩览图，调出"拾色器"对话框，设置颜色参数，如图7-7-16所示，设置完毕后单击"确定"按钮。执行【图像】/【调整】/【反相】命令，将调整图层应用的图像反相处理，得到如图7-7-17所示的图像效果。

图 7-7-14

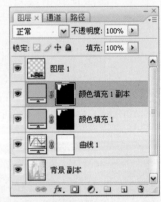

图 7-7-15

图 7-7-10

图 7-7-11

图 7-7-12

图 7-7-16

图 7-7-17

**8** 在"图层"面板上将"颜色填充1副本"调整图层的图层混合模式设置为"变暗",如图7-7-18所示。更改图层混合模式后得到如图7-7-19所示的图像效果。

图 7-7-18　　　　　　图 7-7-19

**9** 在"图层"面板上选择"图层1",单击创建新的填充或调整图层按钮 ，在弹出的下拉菜单中选择"曲线"命令,弹出"曲线"对话框,如图7-7-20所示进行曲线调整,设置完毕后单击"确定"按钮,应用后在"图层"面板上生成"曲线2"调整图层,如图7-7-21所示。

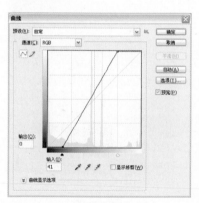

图 7-7-20　　　　　　图 7-7-21

**10** 执行【图层】/【创建剪贴蒙版】命令,或按住Alt键在调整图层和"图层1"之间单击,创建剪贴蒙版,只将曲线调整图层应用于"图层1","图层"面板如图7-7-22所示,图像效果如图7-7-23所示。

图 7-7-22　　　　　　图 7-7-23

**11** 在"图层"面板上选择"图层1",将其图层混合模式设置为"正片叠底","图层"面板如图7-7-24所示。更改图层混合模式后得到如图7-7-25所示的图像效果。

图 7-7-24　　　　　　图 7-7-25

**12** 单击"图层"面板上"图层1"缩览图,选择"颜色填充2"调整图层,单击创建新的填充或调整图层按钮 ，在弹出的下拉菜单中选择"纯色"命令,弹出"拾色器"对话框,如图7-7-26所示进行颜色设置,设置完毕后单击"确定"按钮,得到调整后的图像效果,如图7-7-27所示。

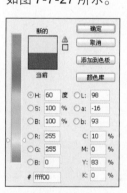

图 7-7-26　　　　　　图 7-7-27

**13** 为了给画面增加错落有致的效果,选择"图层1",利用移动工具,将其向右方和向下方分别移动20像素。选择"颜色填充2"调整图层,将其向右方和向下方分别移动10像素,图像效果如图7-7-28所示。按Ctrl+Alt+Shift+E,盖印图像,将视觉范围内的图像合并成一个单独的图层,如图7-7-29所示的"图层2"。

图 7-7-29　　　　　　图 7-7-28

**14** 执行【滤镜】/【素描】/【半调图案】命令，弹出"半调图案"对话框，如图7-7-30所示进行滤镜参数设置，设置完毕后单击"确定"按钮，应用滤镜后得到的图像效果如图7-7-31所示。

图 7-7-30

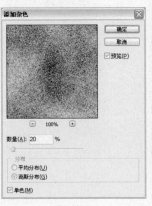

图 7-7-31

**17** 执行【滤镜】/【杂色】/【添加杂色】命令，弹出"添加杂色"对话框，将杂色数量设置为20%，选择"高斯分布"并勾选"单色"复选项，如图7-7-36所示。设置完毕后单击"确定"按钮，得到如图7-7-37所示的图像效果。

图 7-7-36

图 7-7-37

**15** 将"图层2"的图层混合模式设置为"柔光"，并在"图层"面板上将其图层不透明度设置为50%，"图层"面板如图7-7-32所示，更改图层混合模式和图层不透明度后的图像效果如图7-7-33所示。

图 7-7-32

图 7-7-33

**18** 将"图层3"的图层混合模式设置为"叠加"，并在"图层"面板上将其图层不透明度设置为50%，"图层"面板如图7-7-38所示，更改图层混合模式和图层不透明度后的图像效果如图7-7-39所示。

图 7-7-38

图 7-7-39

**16** 单击"图层"面板上创建新图层按钮，新建"图层3"，"图层"面板如图7-7-34所示。执行【滤镜】/【渲染】/【云彩】命令，得到如图7-7-35所示的图像效果。

图 7-7-34

图 7-7-35

**19** 单击"图层"面板上创建新图层按钮，新建"图层5"，如图7-7-40所示。选择工具箱中的钢笔工具，在"图层5"上绘制平滑路径，将前景色设置为白色，在"路径"面板上将路径进行白色的细线描边，得到如图7-7-41所示的图像效果。

图 7-7-40

图 7-7-41

# Effect 08　　　　制作朦胧素雅的艺术照片

- 【色彩平衡】调整图像的整体颜色对比
- 【绘画涂抹】滤镜制作图像中人物与背景效果
- 【特殊模糊】滤镜制作面部质感
- 通道中调整"蓝"通道色阶,刻画图像边缘
- 【色相/饱和度】命令降低图像整体饱和度
- 更改图层混合模式叠加效果

1　执行【文件】/【打开】命令(Ctrl+O),弹出"打开"对话框,选择需要的素材图片,单击"打开"按钮,如图7-8-1所示。在"图层"面板上将"背景"图层拖到创建新图层按钮 ,进行复制,将复制得到的图层更名为"原背景",如图7-8-2所示。

图 7-8-1　　　　　图 7-8-2

2　执行【图像】/【调整】/【色彩平衡】命令,弹出"色彩平衡"对话框,如图7-8-3所示进行色阶调整,设置完毕后单击"确定"按钮应用。

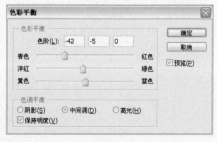

图 7-8-3

提示:色彩平衡的快捷键为Ctrl + B。是一个功能较少,但操作直观方便的色彩调整工具。它在色调平衡选项中将图像笼统地分为暗调、中间调和高光3个色调,每个色调可以进行独立的色彩调整。

3　执行【图像】/【调整】/【亮度/对比度】命令,弹出"亮度/对比度"对话框,如图7-8-4所示进行对比度调整,设置完毕后单击"确定"按钮,得到如图7-8-5所示的图像效果。

图 7-8-4　　　　　图 7-8-5

4　将"原背景"图层拖到创建新图层按钮 进行复制,将复制得到的图层更名为"新背景","图层"面板如图 7-8-6 所示。

图 7-8-6

**5** 选择工具箱中的多边形套索工具，将其工具选项栏中的羽化数量设置为5像素，在人物勾选，如图7-8-7所示。按快捷键Ctrl+J复制选区中图像到新的图层，将新图层更名为"人物"，如图7-8-8所示。

图7-8-7

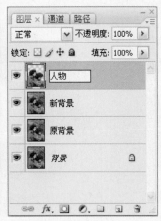
图7-8-8

**6** 选择工具箱中的多边形套索工具，将其工具选项栏中的羽化数量设置为5像素，在眼睛及嘴唇处勾选，如图7-8-9所示。按快捷键Ctrl+J复制选区中图像到新的图层，将新图层更名为"眼睛、嘴唇"，如图7-8-10所示。

图7-8-9

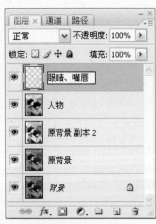
图7-8-10

**7** 在"图层"面板中选择"新背景"图层，执行【滤镜】/【其它】/【最大值】命令，弹出"最大值"对话框，如图7-8-11所示将半径设置为3像素，单击"确定"按钮。执行【滤镜】/【像素化】/【彩块化】命令，得到如图7-8-12所示的图像效果。

图7-8-11

提示：【彩块化】滤镜并没有参数设置，即没有进行参数设置的对话框，其彩块化的参数是由系统设定的。

图7-8-12

**8** 执行【滤镜】/【艺术效果】/【绘画涂抹】命令，弹出"绘画涂抹"对话框，如图7-8-13所示设置具体参数，设置完毕后单击"确定"按钮，得到如图7-8-14所示的图像效果。

图7-8-13

图7-8-14

**9** 选择"图层"面板上的"人物"图层，选择工具箱中的多边形套索工具，将其工具选项栏中的羽化数量设置为5像素，在人物皮肤所在区域勾选，如图7-8-15所示。按快捷键Ctrl+J复制选区中图像到新的图层，将新图层更名为"皮肤"，如图7-8-16所示。

图7-8-15

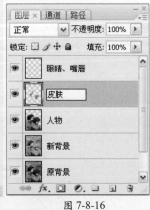
图7-8-16

**10** 在"图层"面板中选择"人物"图层，执行【滤镜】/【其它】/【最小值】命令，弹出"最小值"对话框，如图7-8-17所示将半径设置为1像素，单击"确定"按钮。执行【滤镜】/【艺术效果】/【绘画涂抹】命令，如图7-8-18所示进行参数设置，设置完毕后单击"确定"按钮，得到如图7-8-19所示的图像效果。

图 7-8-22

图 7-8-23

令，合并两个图层，并将合并后的图层更名为"人物"，"图层"面板如图7-8-23所示。

提示：向下合并图层和合并所选图层的快捷方式为Ctrl+E；合并所有图层的快捷方式为Ctrl+Shift+E。

**13** 在"图层"面板上选择"人物"和"新背景"图层，如图7-8-24所示，执行【图层】/【合并图层】命令（Ctrl+E），合并两个图层，并将合并后的图层更名为"人物"，"图层"面板如图7-8-25所示。

图 7-8-17

图 7-8-18

图 7-8-19

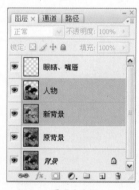

图 7-8-24

图 7-8-25

**11** 在"图层"面板中选择"皮肤"图层，执行【滤镜】/【模糊】/【特殊模糊】命令，弹出"特殊模糊"对话框，如图7-8-20所示进行设置，设置完毕后单击"确定"按钮。图像效果如图7-8-21所示。

**14** 在"图层"面板上将"人物"图层拖到创建新图层按钮 ，得到"人物副本"图层，并将"人物副本"图层的图层混合模式设置为"柔光"，如图7-8-26所示。得到如图7-8-27所示的图像效果。

图 7-8-20

图 7-8-21

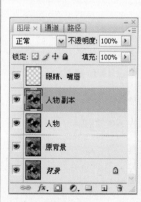

图 7-8-26

图 7-8-27

**12** 在"图层"面板上选择"皮肤"和"人物"图层，如图7-8-22所示，执行【图层】/【合并图层】命

**15** 对"人物副本"图层执行【滤镜】/【模糊】/【高斯模糊】命令，弹出"高斯模糊"对话框，如图7-8-28所示进行设置，单击"确定"按钮。将模糊后的图层连续复制4次，如图7-8-29所示。

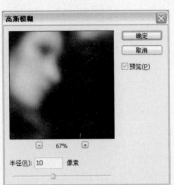

图 7-8-28　　　　　　　　图 7-8-29

**16** 选择人物图层的所有副本图层，按快捷键Ctrl+E合并图层，合并后得到"人物副本5"图层，并将此图层的图层混合模式设置为"滤色"，如图7-8-30所示，更改图层混合模式后的图像效果如图7-8-31所示。

图 7-8-30　　　　　　　　图 7-8-31

**17** 在"图层"面板上选择"人物副本5"和"人物"图层，如图7-8-32所示，执行【图层】/【合并图层】命令（Ctrl+E），合并两个图层，并将合并后的图层更名为"人物"，"图层"面板如图7-8-33所示。

图 7-8-32　　　　　　　　图 7-8-33

**18** 选择"图层"面板上的"原背景"图层，拖到创建新图层按钮，得到"原背景副本"图层，如图7-8-34所示。执行【图像】/【调整】/【去色】命令，去掉图像中的色彩信息，将"原背景"图层拖到创建新图层按钮，得到"原背景副本2"，如图7-8-35所示。

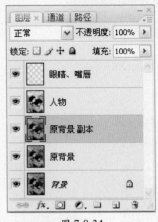
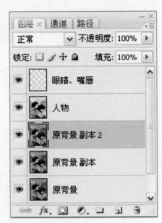

图 7-8-34　　　　　　　　图 7-8-35

**19** 单击"人物"和"眼睛、嘴唇"图层缩览图前的指示图层可视性按钮，将其隐藏。对"原背景副本2"图层执行【滤镜】/【模糊】/【高斯模糊】命令，弹出"高斯模糊"对话框，如图7-8-36所示进行模糊半径设置，设置完毕后单击"确定"按钮，在"图层"面板中更改图层混合模式为"颜色减淡"，"图层"面板如图7-8-37所示，更改图层混合模式后的图像效果如图7-8-38所示。

图 7-8-36

图 7-8-37　　　　　　　　图 7-8-38

提示：每个图层缩览图前都会有一个 ◉ 按钮，在Photoshop中的名称为"指示图层可视性"，单击隐藏此图标，则图层状态为"隐藏"；单击显示此图标，图层状态为"正常显示"。

**20** 选择"原背景副本2"图层，按快捷键Ctrl+E向下合并图层，合并后得到新的图层，如图7-8-39所示。隐藏除"原背景副本2"以外的所有图层，切换到"通道"面板，将"蓝"通道拖到创建新通道按钮 ⬜ ，得到"蓝副本"通道，如图7-8-40所示。

图 7-8-39　　　　　　图 7-8-40

**21** 选择"蓝副本"通道执行【图像】/【调整】/【色阶】命令（Ctrl+L），弹出"色阶"对话框，如图7-8-41所示进行调整，设置完毕后单击"确定"按钮。调整色阶后得到的图像效果如图7-8-42所示。按住Ctrl键单击"蓝副本"通道缩览图，调出其选区，执行【选择】/【反向】命令，将选区反选，选区效果如图7-8-43所示。

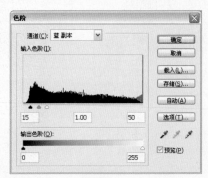

图 7-8-41

图 7-8-42　　　　　　图 7-8-43

**22** 得到选区后切换回"图层"面板，显示"人物"图层，单击创建新图层按钮 ⬜ ，在"人物"图层上方新建"图层1"，"图层"面板如图7-8-44所示。将前景色设置为黑色，选择工具箱中的油漆桶工具 ，在"图层1"所在的选区内单击填充，按快捷键Ctrl+D取消选择，得到如图7-8-45所示的图像效果。

图 7-8-44　　　　　　图 7-8-45

**23** 在"图层"面板上选择"人物"图层，执行【图像】/【调整】/【色相/饱和度】命令（Ctrl+U），弹出"色相/饱和度"对话框，如图7-8-46所示降低饱和度，单击"确定"按钮，得到如图7-8-47所示的图像效果。

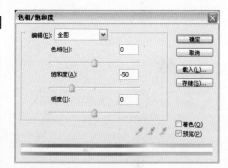

图 7-8-46

图 7-8-47

**24** 选择"眼睛、嘴唇"图层，将其图层混合模式设置为"柔光"，"图层"面板如图7-8-48所示。得到的阿图像效果如图7-8-49所示。

图层最上方，将其图层混合模式设置为"柔光"，如图 7-8-50 所示，更改混合模式后的图像效果如图 7-8-51 所示。

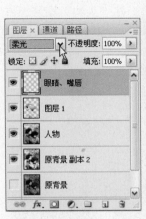

图 7-8-48

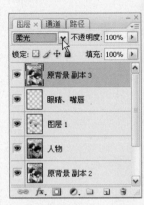

图 7-8-49

图 7-8-50

图 7-8-51

**25** 在"图层"面板上将"原背景副本 2"拖到创建新图层按钮 ，得到"原背景副本 3"，移动到所有

## Effect 09　制作投影特效平面广告

● 通道中调整色阶调出人物整体形状

● 特殊方法制作平滑弯曲效果

● 钢笔工具和画笔工具制作 iPod 产品

● 添加图层样式丰富画面效果

**1** 执行【文件】/【打开】命令（Ctrl+O），在弹出的"打开"对话框中选择素材图片，单击"打开"按钮，打开的图像如图 7-9-1 所示。

图 7-9-1

**2** 切换到"通道"面板，将"蓝"通道拖到创建新通道按钮 ，得到"蓝副本"通道，如图 7-9-2 所示。图像效果如图 7-9-3 所示。

图 7-9-2

图 7-9-3

**3** 执行【图像】/【调整】/【色阶】命令（Ctrl+L），弹出"色阶"对话框，如图7-9-4所示进行具体设置，设置完毕后单击"确定"按钮。调整色阶后得到的图像效果如图7-9-5所示。

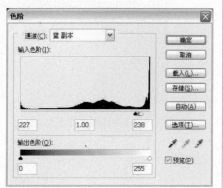

图 7-9-4

图 7-9-5

**4** 将前景色色值设置为R0、G0、B0，选择工具箱中的画笔工具，在图像中欠缺的部分涂抹，补足人物的整体形态，如图7-9-6所示。

图 7-9-6

**5** 选择"蓝副本"通道，执行【选择】/【全选】命令（Ctrl+A），执行【编辑】/【复制】命令（Ctrl+C），切换回"图层"面板，单击创建新图层按钮，新建"图层1"，按快捷键Ctrl+V粘贴图像，"图层"面板如图7-9-7所示。单击创建新图层按钮，新建"图层2"，将前景色设置为R180、G255、B0，按Alt+Delete填充前景色，"图层"面板如图7-9-8所示。

图 7-9-7          图 7-9-8

**6** 在"图层"面板上将"图层2"的图层混合模式设置为"正片叠底"，如图7-9-9所示。得到如图7-9-10所示的图像效果。

图 7-9-9          图 7-9-10

**7** 单击"图层"面板上创建新图层按钮，新建"图层3"，"图层"面板如图7-9-11所示。利用工具箱中的圆角矩形工具，绘制如图7-9-12所示的图形，并填充白色。

图 7-9-11          图 7-9-12

313

**8** 单击"图层"面板上创建新图层按钮 ，新建"图层4"，"图层"面板如图7-9-13所示。利用工具箱中的圆角矩形工具 ，绘制如图7-9-14所示的图形，并填充色值为R180、G255、B0的颜色。

图 7-9-13

图 7-9-14

**9** 选择"图层4"，单击"图层"面板上添加图层样式按钮 ，在弹出的菜单中选择"描边"样式，弹出"图层样式"对话框，如图7-9-15所示进行描边样式设置，设置完毕后单击"确定"按钮，描边后的图像效果如图7-9-16所示。

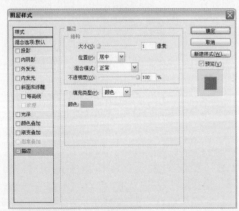

图 7-9-15

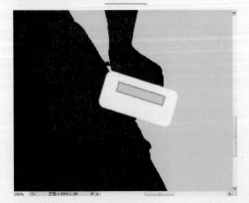

图 7-9-16

**10** 单击"图层"面板上创建新图层按钮 ，新建"图层5"，"图层"面板如图7-9-17所示。绘制如图7-9-18所示的图形，并填充白色。

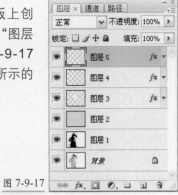

图 7-9-17

图 7-9-18

**11** 将"图层5"连续拖到"图层"面板上创建新图层按钮 上2次，得到"图层5"的两个副本图层，如图7-9-19所示。将两个副本图层所在的图像如图7-9-20所示进行排列。

图 7-9-19

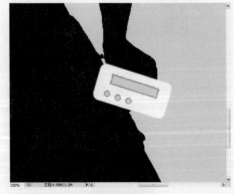

图 7-9-20

**12** 选择"图层5副本2"图层，按Ctrl+E数次向下合并图层，直到将"图层3"合并完毕，单击"图层"面板上创建新图层按钮 ，新建"图层4"，如图7-9-21所示。将前景色设置为黑色，选择工具箱中的画笔工具 ，在IPod产品上绘制如图7-9-22所示的手指效果。

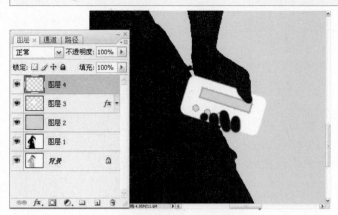

图 7-9-21　　　　　　　图 7-9-22

图 7-9-26

**13** 单击"图层"面板上创建新图层按钮，新建"图层 5"，如图 7-9-23 所示。选择工具箱中的钢笔工具，在"图层 5"上绘制平滑路径，将前景色设置为白色，在"路径"面板上将路径进行白色的细线描边，得到如图 7-9-24 所示的图像效果。

图 7-9-23

**15** 在"图层"面板上选择"图层 6"，按快捷键 Ctrl+E 向下合并图层，直到只剩下合并后的"图层 3"为止，"图层"面板如图 7-9-27 所示。

图 7-9-27

**16** 单击创建新图层按钮，新建"图层 4"，如图 7-9-28 所示。选择工具箱中的椭圆选框工具，按住 Shift 键绘制圆形选区，选择工具箱中的渐变工具，设置由白到黑的渐变颜色，如图 7-9-29 所示进行填充。

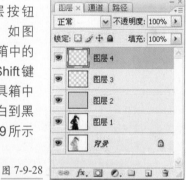

图 7-9-28

图 7-9-24

**14** 单击"图层"面板上创建新图层按钮，新建"图层 6"，如图 7-9-25 所示。将前景色设置为白色，选择工具箱中的画笔工具，绘制如图 7-9-26 所示的图像，使其与白色的细线链接。

图 7-9-25

图 7-9-29

**17** 执行【滤镜】/【艺术效果】/【木刻】命令，弹出"木刻"对话框，如图 7-9-30 所示进行设置。设置完毕后单击"确定"按钮应用滤镜，得到如图 7-9-31 所示的图像效果。

图 7-9-30

图 7-9-31

**18** 执行【图像】/【调整】/【色相/饱和度】命令（Ctrl+U），弹出"色相/饱和度"对话框，勾选"着色"复选框，如图 7-9-32 所示进行具体参数设置，设置完毕后单击"确定"按钮，应用后得到如图 7-9-33 所示的图像效果。

图 7-9-32

图 7-9-33

**19** 选择工具箱中的移动工具，将"图层 4"所在的图像移动到整个图像的右下角，如图 7-9-34 所示。

图 7-9-34

**20** 将"图层 4"拖到创建新图层按钮，得到"图层 4 副本"，选择工具箱中的移动工具，将"图层 4 副本"上的图像移动到如图 7-9-35 所示的位置。

图 7-9-35

**21** 在"图层"面板上选择"图层 4 副本"，按快捷键 Ctrl+E，向下合并图层，合并后得到"图层 4"，"图层"面板如图 7-9-36 所示。利用工具箱中的椭圆选框工具，在图像中绘制如图 7-9-37 所示的圆形图像。

图 7-9-36　　　　　图 7-9-37

提示：绘制圆形图像时注意以下几个问题
（一）白色与蓝色互相穿插，不要重复。
（二）每个圆形图像保证在单独的图层上进行编辑。
（三）圆形与圆形只相交但不重叠。
（四）所有圆形图像都绘制在"图层 4"所在图像内。

**22** 将图像中所有的白色圆形合并为一个图层，所有的蓝色圆形合并为一个图层，得到合并后的两个图层，"图层"面板如图 7-9-38 所示。

图 7-9-38

**23** 按 Ctrl 键单击白色圆形图像所在图层的缩览图，调出选区，执行【选择】/【反向】命令（Ctrl+Shift+I），在"图层"面板上选择"图层 4"，利用工具箱中的橡皮擦工具，擦除选区内多余的图像，如图 7-9-39 所示。

图 7-9-39

**24** 按快捷键Ctrl+D取消选择，按Ctrl键单击蓝色圆形图像所在的图层缩览图，调出其选区，选择"图层"面板上的"图层4"，按Delete键删除选区内的图像，如图7-9-40所示。

图 7-9-40

提示：由于蓝色的圆形图像处于显示状态，所以即使删除了"图层4"上的图像，也看不出来，完成步骤25，则可看到处理后的效果。

**25** 将"图层"面板上白色圆形和蓝色圆形所在的图层隐藏，单击其图层缩览图前的指示图层可视性按钮 ，将其隐藏，"图层"面板如图7-9-41所示。隐藏后得到如图7-9-42所示的图像效果。

图 7-9-41

图 7-9-42

**26** 在"图层4"上绘制一些相同色系的圆形图像，来丰富画面的效果，如图7-9-43所示。

图 7-9-43

**27** 单击"图层"面板上创建新图层按钮 ，新建"图层7"，"图层"面板如图7-9-44所示。选择工具箱中的椭圆选框工具 ，按Shift键绘制圆形选区，选择渐变工具 ，设置由白到黑的渐变颜色，如图7-9-45所示进行填充。

图 7-9-44

图 7-9-45

**28** 执行【滤镜】/【艺术效果】/【木刻】命令，弹出"木刻"对话框，如图7-9-46所示进行设置。设置完毕后单击"确定"按钮应用滤镜，得到如图7-9-47所示的图像效果。

图 7-9-46

图 7-9-47

**29** 执行【图像】/【调整】/【色相/饱和度】命令（Ctrl+U），弹出"色相/饱和度"对话框，勾选"着色"复选框，如图7-9-48所示进行参数设置，设置完毕后单击"确定"按钮，应用后得到如图7-9-49所示的图像效果。

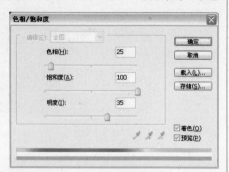

图 7-9-48

图 7-9-51

图 7-9-49

**30** 选择工具箱中的横排文字工具 T.，将前景色设置为白色，在图像中输入文本，如图7-9-50所示。

图 7-9-52

图 7-9-50

**31** 选择文字图层，单击"图层"面板上添加图层样式按钮 fx.，在弹出的菜单中选择"投影"样式，弹出"图层样式"对话框，如图7-9-51所示进行描边样式设置，设置完毕后单击"确定"按钮，应用样式后得到的图像效果如图7-9-52所示。

# Effect 10　　　　打造折叠撕纸效果

- 计算通道的方法制作折叠过的纸张印记
- 【曲线】调整制作折印明部和暗部的效果
- 【色相/饱和度】命令降低图像整体饱和度
- 云彩、查找边缘、动感模糊滤镜制作仿旧纸张效果
- 快速蒙版模式和标准模式的转换使用
- 渐变工具的填充技巧

**1** 执行【文件】/【打开】命令（Ctrl+O），弹出"打开"对话框，选择需要的素材图片，单击"打开"按钮，如图7-10-1所示。在"图层"面板上将"背景"图层拖到创建新图层按钮 ，得到"背景副本"图层，如图7-10-2所示。

图 7-10-1

图 7-10-2

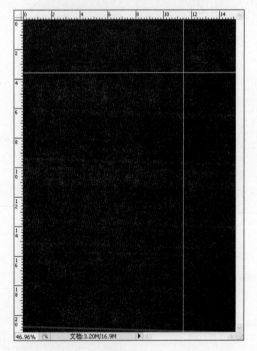

图 7-10-3

**2** 切换到"通道"面板，执行【视图】/【标尺】命令，显示标尺，利用移动工具分别在横向标尺和纵向标尺上拖出垂直的两条辅助线，如图7-10-3所示。

提示：标尺、辅助线与网格线都是用于辅助图像处理操作的，使用它们将大大提高工作效率。显示标尺和隐藏标尺的快捷方式为 Ctrl + R。隐藏辅助线的快捷方式为 Ctrl+H。

**3** 单击创建新通道按钮 ，新建"Alpha1"，选择工具箱中的矩形选框工具 ，沿着纵向辅助线的一侧创建矩形选区，选择工具箱中的渐变工具，设置由黑向白的渐变颜色，如图7-10-4所示。单击创建新通道按钮 ，新建"Alpha2"，选择工具箱中的矩形选框工具 ，沿着纵向辅助线的另一侧创建矩形选区，选择工具箱中的渐变工具，如图7-10-5所示填充反向的渐变颜色。

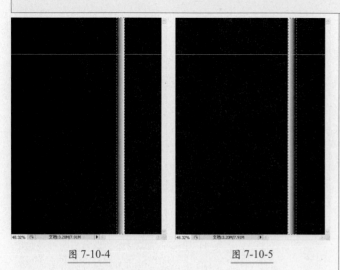

图 7-10-4　　　　　　　　　　图 7-10-5

**4** 单击创建新通道按钮 ，新建"Alpha3"，选择工具箱中的矩形选框工具 ，沿着横向辅助线的一侧创建矩形选区，选择工具箱中的渐变工具，设置皮黑向白的渐变颜色，如图7-10-6所示。单击创建新通道按钮 ，新建"Alpha4"，选择工具箱中的矩形选框工具 ，沿着横向辅助线的另一侧创建矩形选区，选择工具箱中的渐变工具，如图7-10-7所示填充反向的渐变颜色。

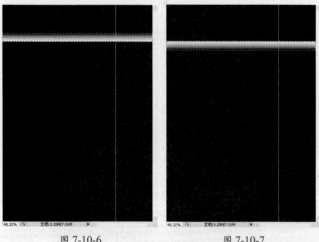

图 7-10-6　　　　　　　　　　图 7-10-7

**5** 按Ctrl+D取消选择，执行【图像】/【计算】命令，弹出"计算"对话框，如图 7-10-8 所示计算"Alpha1"和"Alpha3"通道。得到"Alpha5"通道，如图7-10-9所示。

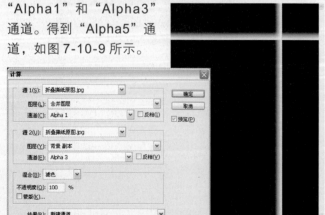

图 7-10-8　　　　　　　　　　图 7-10-9

**6** 执行【图像】/【计算】命令，弹出"计算"对话框，如图7-10-10所示计算"Alpha2"和"Alpha4"通道。得到"Alpha6"通道，按住Ctrl键单击"Alpha5"通道缩览图，调出其选区，如图7-10-11所示。

图 7-10-10　　　　　　　　　　图 7-10-11

**7** 保持选区不变，选择RGB通道，执行【图像】/【调整】/【曲线】命令（Ctrl+M），弹出"曲线"对话框，如图7-10-12所示调亮选区中的图像，调整完毕后单击"确定"按钮，按快捷键Ctrl+D取消选择，得到如图7-10-13所示的图像效果。

图 7-10-12　　　　　　　　　　图 7-10-13

**8** 按住Ctrl键单击"Alpha6"通道缩览图，调出其选区，如图7-10-14所示。

图 7-10-14

9 保持选区不变，选择RGB通道，执行【图像】/【调整】/【曲线】命令（Ctrl+M），弹出"曲线"对话框，如图7-10-15所示调暗选区中的图像，调整完毕后单击"确定"按钮，按快捷键Ctrl+D取消选择，得到如图7-10-16所示的图像效果。

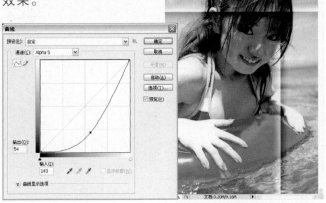

图 7-10-15　　　　图 7-10-16

图 7-10-20　　　　图 7-10-21

提示：【云彩】滤镜和【查找边缘】滤镜是直接赋予图像效果的，没有可调整的参数对话框，执行此命令，图像效果即刻显示。

10 执行【图像】/【调整】/【色相/饱和度】命令，弹出"色相/饱和度"对话框，如图7-10-17所示设置具体参数，设置完毕后单击"确定"按钮，得到如图7-10-18所示的图像效果。

图 7-10-17　　　　图 7-10-18

13 执行【图像】/【调整】/【色阶】命令（Ctrl+L），弹出"色阶"对话框，如图7-10-22所示进行设置，设置完毕后单击"确定"按钮。得到如图7-10-23所示的图像效果。

图 7-10-22　　　　图 7-10-23

11 切换回"图层"面板，单击创建新图层按钮，新建"图层1"，"图层"面板如图7-10-19所示。

图 7-10-19

12 将前景色和背景色设置为默认的黑色和白色，执行【滤镜】/【渲染】/【云彩】命令，得到如图7-10-20所示的图像效果。执行【滤镜】/【风格化】/【查找边缘】命令，得到如图7-10-21所示的图像效果。

14 执行【滤镜】/【模糊】/【高斯模糊】命令，弹出"高斯模糊"对话框，调整模糊角度和模糊距离，如图7-10-24所示，设置完毕后单击"确定"按钮，应用后得到如图7-10-25所示的图像效果。

图 7-10-24

图 7-10-25

**15** 执行【滤镜】/【杂色】/【添加杂色】命令，弹出"添加杂色"对话框，如图7-10-26所示进行杂色设置，设置完毕后单击"确定"按钮，应用滤镜后得到如图7-10-27所示的图像效果。

图 7-10-26

图 7-10-27

**16** 执行【图像】/【调整】/【色相/饱和度】命令（Ctrl+U），弹出"色相/饱和度"对话框，勾选"单色"复选框，如图7-10-28所示进行设置。应用后得到如图7-10-29所示的图像效果。

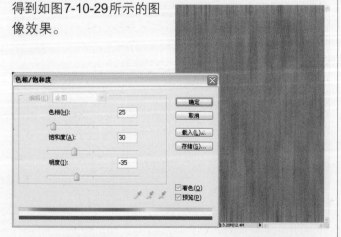

图 7-10-28        图 7-10-29

**17** 在"图层"面板上选择"图层1"，将其图层混合模式设置为"正片叠底"，"图层"面板如图7-10-30所示，更改混合模式后的效果如图7-10-31所示。

图 7-10-30

图 7-10-31

**18** 选择工具箱中的套索工具，在图像中创建选区，如图7-10-32所示。单击工具箱中的以快速蒙版模式编辑按钮，或直接按下"Q"键，切换到蒙版编辑模式，如图7-10-33所示。

图 7-10-32

图 7-10-33

**19** 执行【滤镜】/【扭曲】/【波纹】命令，弹出"波纹"对话框，如图7-10-34所示进行设置，设置完毕后单击"确定"按钮，得到不规则边缘的图像效果，如图7-10-35所示。

图 7-10-34

图 7-10-35

**20** 单击工具箱中以标准模式进行编辑按钮 ◙，选择"图层 1"，按 Delete 键删除选区中图像，得到如图7-10-36 所示的图像效果。切换到"通道"面板，单击将选区存储为通道按钮 ◙，保存选区，"通道"面板如图 7-10-37 所示。

图 7-10-36

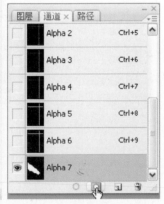

图 7-10-37

**21** 切换回"图层"面板，执行【选择】/【修改】/【扩展】命令，弹出"扩展选区"对话框，将扩展量设置为 10 像素，如图7-10-38 所示。设置完毕后单击"确定"按钮应用，得到如图 7-10-39 所示的选区。

图 7-10-38　　　　图 7-10-39

**22** 单击工具箱中的以快速蒙版模式编辑按钮 ◙，或直接按下"Q"键，切换到快速蒙版编辑模式，如图 7-10-40 所示。

图 7-10-40

**23** 执行【滤镜】/【像素化】/【晶格化】命令，弹出"晶格化"对话框，如图 7-10-41 所示进行设置，设置完毕后单击"确定"按钮，得到不规则边缘的图像效果，如图 7-10-42 所示。

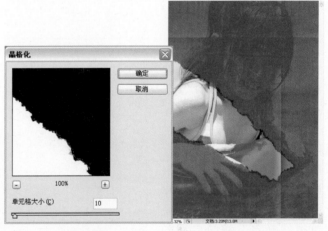

图 7-10-41　　　　图 7-10-42

**24** 单击工具箱中以标准模式进行编辑按钮 ◙，得到选区，切换到"通道"面板，按住 Ctrl+Alt 键单击"Alpha7"通道缩览图，如图 7-10-43 所示。切换回"图层"面板，得到如图 7-10-44 所示的选区效果。

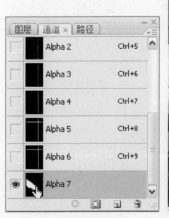

图 7-10-43　　　　图 7-10-44

**25** 单击"图层"面板上创建新图层按钮 ，新建"图层2"，"图层"面板如图7-10-45所示。将前景色设置为R245、G245、B245，按快捷键Alt+Delete填充前景色，按Ctrl+D取消选择，得到如图7-10-46所示的效果。

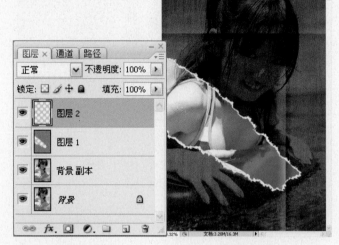

图 7-10-45　　　　图 7-10-46

**26** 选择"图层"面板上的"图层2"，将其拖到创建新图层按钮 ，得到"图层2副本"，如图7-10-47所示。选择"图层2"，单击添加图层样式按钮 ，选择"投影"样式，在弹出的"图层样式"对话框中如图7-10-48所示进行设置。设置完比后单击"确定"按钮应用样式，得到如图7-10-49所示的图像效果。

图 7-10-47

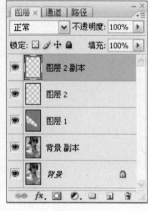

图 7-10-48

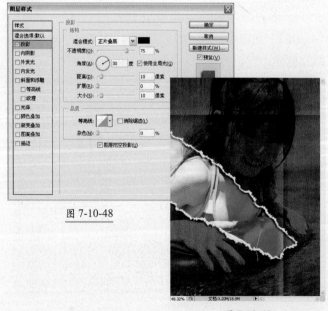

图 7-10-49

**27** 选择工具箱中的套索工具 ，将纸边图像的下方边缘套进选区，在"图层"面板上选择"图层2"，按Delete键删除图像，得到没有投影的纸边，如图7-10-50所示。

图 7-10-50

**28** 单击"图层"面板上创建新图层按钮 ，新建"图层3"，如图7-10-51所示。选择工具箱中的套索工具 ，在图像上绘制如图7-10-52所示的选区效果，制作纸卷效果。

图 7-10-51　　　　图 7-10-52

**29** 选择工具箱中的渐变工具 ，在其工具选项栏中打开渐变编辑器，如图7-10-53所示设置渐变颜色，灰色为R190、G190、B190，白色为R255、G255、B255，单击"确定"按钮应用渐变颜色，选择线性渐变在选区中拖曳填充渐变，如图7-10-54所示。

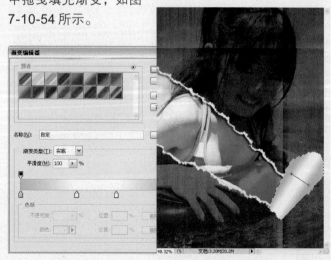

图 7-10-53　　　　图 7-10-54

**30** 选择"图层3",单击添加图层样式按钮 *fx.*,选择"投影"样式,在弹出的"图层样式"对话框中如图7-10-55所示进行参数设置。设置完毕后单击"确定"按钮应用样式,得到如图7-10-56所示的图像效果。

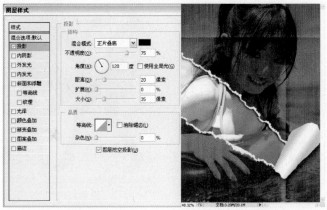

图 7-10-55　　　　　图 7-10-56

**31** 选择"图层3",单击"图层"面板上添加图层蒙版按钮 □,选择工具箱中的渐变工具 □,设置由黑到透明的渐变颜色,在"图层3"所在的图像上,由右下向左上进行渐变,使边缘柔和,得到最终的图像效果,如图7-10-57所示。

图 7-10-57

## Effect 11　制作超炫的人物逆光效果

- 更改图层混合模式叠加人物与背景
- 【高斯模糊】与【色阶】调整图像纤细效果
- 渐变映射处理光照效果
- 添加图层样式突出图像光源
- 【纹理】滤镜创造砖墙背景效果
- 修改图层填充值制作透明效果文字

**1** 执行【文件】/【打开】命令(Ctrl+O),在弹出的"打开"对话框中选择需要打开的文件,单击"打开"按钮,如图7-11-1所示。

图 7-11-1

**2** 选择工具箱中的多边形套索工具 □,在人物轮廓边缘建立选区,如图7-11-2所示。按Ctrl+J复制选区内图像到新的图层,得到"图层1",如图7-11-3所示。

图 7-11-2　　　图 7-11-3

提示：【Ctrl+J】为【通过拷贝的图层】命令的快捷方式，当图像上包含选区时，复制内容为选区中的图像，无选区时，复制内容为当前图层内容。

3  按住Ctrl键单击"图层"面板上"图层1"缩览图，将前景色设置为黑色，按Alt+Delete快捷键用前景色填充选区，图像效果如图7-11-4所示，按快捷键Ctrl+D取消选择。如步骤2的方法抠出另外人物轮廓，图像效果如图7-11-5所示。

图 7-11-4

图 7-11-5

4  按Ctrl+J复制选区内图像到新的图层，得到"图层2"，将前景色设置为黑色，按 Alt+Delete 填充前景色，"图层"面板如图7-11-6所示。

图 7-11-6

5  在"图层"面板上将"背景"图层隐藏，"图层"面板如图7-11-7所示。隐藏"背景"图层后得到的图像效果如图7-11-8所示。

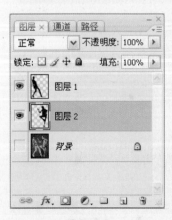
图 7-11-7

图 7-11-8

6  单击"图层"面板上创建新图层按钮，新建"图层3"，更改其图层顺序，并将其填充为白色，如图7-11-9所示。图像效果如图7-11-10所示。

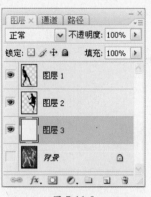
图 7-11-9

图 7-11-10

7  选择"图层1"，按快捷键Ctrl+E向下合并图层，合并后得到"图层1"，如图7-11-11所示。执行【编辑】/【自由变换】命令，弹出自由变换选框，按住Shift键等比例缩小人物图像，如图7-11-12所示。

图 7-11-11

图 7-11-12

8  将"图层1"拖到创建新图层按钮，得到"图层1副本"，如图7-11-13所示。执行【编辑】/【自由变换】命令，弹出自由变换选框，单击鼠标右键，在弹出的下拉菜单中选择"斜切"，拖动变换框变换图形，图像效果如图7-11-14所示。

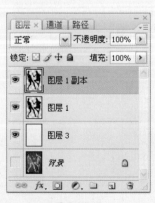
图 7-11-13

图 7-11-14

**9** 按快捷键 Shift+Ctrl+E 键合并所有可见图层,合并后得到"图层 3","图层"面板如图 7-11-15 所示。单击"图层"面板上创建新图层按钮 🔲,新建"图层 4",将前景色设置为黑色,按 Alt+Delete 填充前景色,得到如图 7-11-16 所示的效果。

图 7-11-15

图 7-11-16

**10** 单击"图层"面板上的创建新图层按钮 🔲,新建"图层 5",选择工具箱中的椭圆形选区工具 ⬭,在"图层 5"上绘制椭圆选区,将前景色设置为白色,按快捷键 Alt+Delete 填充前景色,如图 7-11-17 所示。

图 7-11-17

**11** 单击"图层"面板下的添加图层样式按钮 fx.,在弹出的菜单中选择"外发光",弹出的"图层样式"对话框,如图 7-11-18 所示进行具体设置。设置完毕后单击"确定"按钮,应用图层样式后的图像效果如图 7-11-19 所示。

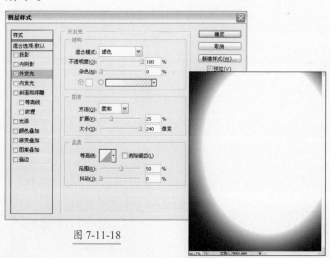

图 7-11-18

图 7-11-19

**12** 按 Shift 键单击"图层 4"和"图层 5",按快捷键 Ctrl+E 合并所选图层,"图层"面板如图 7-11-20 所示。

图 7-11-20

**13** 将"图层 3"移动到所有图层的最上方,更改其图层混合模式为"正片叠底","图层"面板如图 7-11-21 所示。得到的图像效果如图 7-11-22 所示。

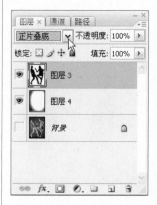

图 7-11-21

图 7-11-22

**14** 在"图层"面板中,单击"图层 3"的指示图层可视性按钮 👁,将图层隐藏,以方便操作,选择"图层 4",切换至"通道"面板,按住 Ctrl 键单击"RGB"通道,得到如图 7-11-23 所示的选区。切换回"图层"面板,单击"图层 3"的指示图层可视性按钮显示图层,图像如图 7-11-24 所示。

图 7-11-23

图 7-11-24

**15** 保持选区,在"图层"面板上选择"图层 3",执行【滤镜】/【模糊】/【高斯模糊】命令,弹出"高斯模糊"对话框,如图 7-11-25 所示进行参数设置,设置完毕后单击"确定"按钮。应用后得到的图像效果如图 7-11-26 所示。

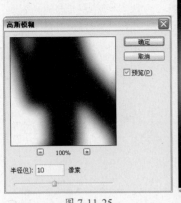

图 7-11-25

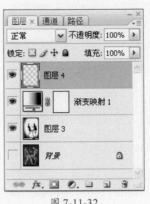

图 7-11-32

**19** 单击"图层"面板上的创建新图层按钮，新建"图层 4"，如图 7-11-32 所示。将前景色和背景色设置为默认的黑色和白色，执行【滤镜】/【渲染】/【云彩】命令，应用滤镜后的图像效果如图 7-11-33 所示。

图 7-11-33

**16** 执行【图像】/【调整】/【色阶】命令（Ctrl+L），弹出"色阶"对话框，如图 7-11-27 所示进行调整，单击"确定"按钮应用，得到如图 7-11-28 所示的效果。

图 7-11-27

图 7-11-26

图 7-11-28

**20** 选择"图层 4"，执行【图像】/【调整】/【色阶】命令（Ctrl+L），弹出的"色阶"对话框，如图 7-11-34 所示进行调整，设置完毕后单击"确定"按钮，得到的图像效果如图 7-11-35 所示。

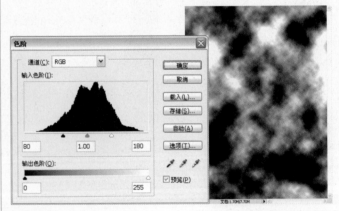

图 7-11-34

图 7-11-35

**17** 按Shift+Ctrl+E合并所有可见图层，合并后得到"图层 3"，"图层"面板如图 7-11-29 所示。

图 7-11-29

**21** 执行【滤镜】/【纹理】/【纹理化】命令，弹出"纹理化"对话框，如图 7-11-36 所示进行设置，设置完毕后单击"确定"按钮。应用后得到的图像效果如图 7-11-37 所示。

**18** 单击"图层"面板上的创建新的填充或调整图层按钮，在弹出的下拉菜单中选择"渐变映射"，在"渐变编辑器"中如图 7-11-30 所示进行颜色设置。按快捷键Ctrl+D取消选择，应用后的图像效果如图 7-11-31 所示。

图 7-11-30

图 7-11-31

图 7-11-36

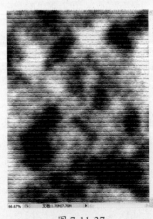

图 7-11-37

**22** 执行【图像】/【调整】/【色相/饱和度】命令（Ctrl+U），弹出的"色相/饱和度"对话框，勾选"着色"复选框，如图7-11-38所示进行参数设置，设置完毕后单击"确定"按钮，应用后得到的图像效果如图7-11-39所示。

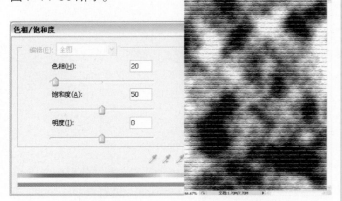

图7-11-38　　　　　　图7-11-39

**23** 将"图层4"的图层混合模式设置为"叠加"，"图层"面板如图7-11-40所示。更改图层混合模式后的图像效果如图7-11-41所示。

图7-11-40　　　　　　图7-11-41

**24** 选择"图层4"，单击"图层"面板上添加图层蒙版按钮，将前景色设置为黑色，选择工具箱中的画笔工具，在人物图像处进行涂抹，将砖形纹理清除，"图层"面板如图7-11-42所示。添加蒙版后的图像效果如图7-11-43所示。

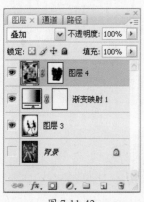 

图7-11-42　　　　　　图7-11-43

**25** 选择工具箱中的文字工具，在图像中创建文本，如图7-11-44所示。执行【编辑】/【自由变换】命令（Ctrl+T），弹出自由变换框，按住Shift键将文本旋转90度，按Enter键确认变换，得到如图7-11-45所示的图像效果。

图7-11-44　　　　　　图7-11-45

**26** 执行【图层】/【栅格化】/【文字】命令，将文本栅格化，并将文字图层隐藏。单击"图层3"，使"图层3"为当前编辑图层，执行【选择】/【色彩范围】命令，弹出"色彩范围"对话框，单击白色区域，如图7-11-46所示，单击"确定"按钮。得到如图7-11-47所示的选区。

图7-11-46　　　　　　图7-11-47

**27** 单击文字图层前的指示图层可视性按钮，将其显示。执行【选择】/【反选】命令（Ctrl+Shift+I），选择文字图层，按Delete键删除选区内的文字，得到的图像效果如图7-11-48所示。

图7-11-48

**28** 单击"图层"面板下的添加图层样式按钮 fx，在弹出的菜单中选择"投影"，弹出"图层样式"对话框，如图7-11-49所示进行具体设置。

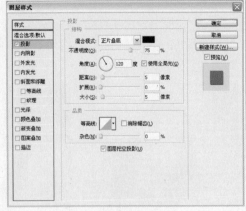

图 7-11-49

**29** 设置完毕后不关闭对话框，勾选"外发光"复选框，如图7-11-50所示进行参数设置，设置完毕后单击"确定"按钮，应用图层样式后的图像效果如图7-11-51所示。

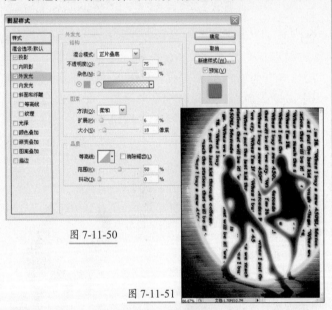

图 7-11-50

图 7-11-51

**30** 选择工具箱中的文字工具 T，在图像中输入文字，如图7-11-52所示。

图 7-11-52

**31** 单击"图层"面板下的添加图层样式按钮 fx，在弹出的菜单中选择"投影"，弹出"图层样式"对话框，如图7-11-53所示进行具体设置。

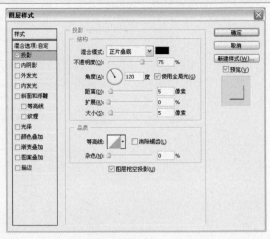

图 7-11-53

**32** 设置完毕后不关闭对话框，勾选"外发光"复选框，如图7-11-54所示进行参数设置，设置完毕后单击"确定"按钮，应用图层样式后的图像效果如图7-11-55所示。

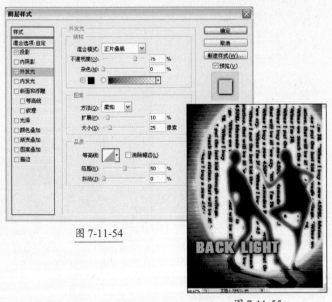

图 7-11-54

图 7-11-55

**33** 在"图层"面板上如图7-11-56所示将文字图层的填充值设置为0%，得到最终的图像效果，如图7-11-57所示。

图 7-11-56          图 7-11-57

# Effect 12　手绘制作宇宙星空中的绚丽效果

- 使用多层添加了【云彩】滤镜的图层图层叠加的方法制作背景图像
- 使用【云彩】、【分层云彩】、【旋转扭曲】等滤镜相结合的方法制作逼真星云效果
- 使用【云彩】、【分层云彩】、【光照效果】等滤镜相结合的方法制作逼真星球效果
- 画笔工具结合外发光图层样式制作绚丽的星光效果

**1** 执行【文件】/【新建】命令（Ctrl+N），弹出"新建"对话框，具体设置如图7-12-1所示，单击"确定"按钮新建图像文件。

图 7-12-1

**2** 单击"图层"面板上创建新图层按钮，新建"图层1"。将前景色和背景色设置为黑、白两色，执行【滤镜】/【渲染】/【云彩】命令，图像效果如图7-12-2所示。缩小图像，执行【编辑】/【自由变换】命令，按住Alt+Shift键向两边拖动图像，如图7-12-3所示，变换完毕后按Enter确认变换。

图 7-12-2

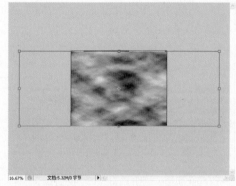

图 7-12-3

**3** 将"图层1"拖到创建新图层按钮，得到"图层1副本"图层，执行【图像】/【调整】/【色相/饱和度】命令，弹出"色相/饱和度"对话框，具体设置如图7-12-4所示，设置完毕后单击"确定"按钮应用调整，得到的图像效果如图7-12-5所示。

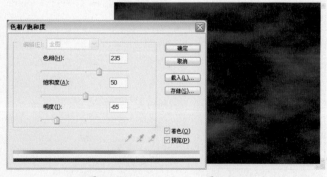

图 7-12-4　　　　图 7-12-5

4 将"图层1副本"拖到创建新图层按钮 ，得到"图层1副本2"，执行【图像】/【调整】/【色相/饱和度】命令，弹出"色相/饱和度"对话框，具体设置如图7-12-6所示。设置完毕后单击"确定"按钮应用调整，得到的图像效果如图7-12-7所示。

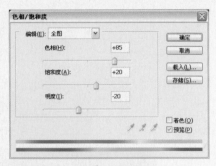

图 7-12-6

图 7-12-7

5 选择工具箱中的橡皮擦工具 ，设置合适的笔刷大小，注意最好将笔刷硬度设置为0，这样能让图像更好的融合，使用橡皮擦工具擦除部分"图层2副本2"上的图像，得到的图像效果如图7-12-8所示。

图 7-12-8

6 将"图层1副本2"拖到创建新图层按钮 ，得到"图层1副本3"图层，执行【图像】/【调整】/【色相/饱和度】命令，弹出"色相/饱和度"对话框，具体设置如图7-12-9所示。设置完毕后单击"确定"按钮应用调整，得到的图像效果如图7-12-10所示。

图 7-12-9

图 7-12-10

7 选择工具箱中的橡皮擦工具 ，设置合适的笔刷大小，将笔刷硬度设置为0，这样能让图像更好的融合，使用橡皮擦工具擦除部分"图层2复本3"上的图像，得到的效果如图7-12-11所示。

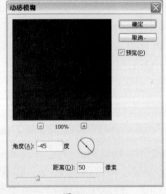

图 7-12-11

8 选择所有图层，按快捷键Ctrl+E合并所选图层，合并为"背景"图层。执行【滤镜】/【模糊】/【动感模糊】滤镜，弹出"动感模糊"对话框，具体设置如图7-12-12所示，设置完毕后单击"确定"按钮，得到的图像效果如图7-12-13所示。

图 7-12-12

图 7-12-13

**9** 单击"图层"面板上创建新图层按钮，新建"图层1"，将前景色设置为白色，按Alt+Delete填充前景色，执行【滤镜】/【杂色】/【添加杂色】滤镜，弹出"添加杂色"对话框，具体设置如图7-12-14所示，设置完毕后单击"确定"按钮，得到的图像效果如图7-12-15所示。

图 7-12-14

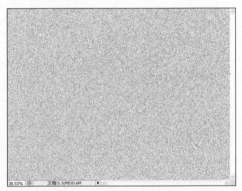

图 7-12-15

**10** 执行【滤镜】/【模糊】/【动感模糊】滤镜，弹出"动感模糊"对话框，具体设置如图7-12-16所示，设置完毕后单击"确定"按钮，将"图层1"的图层混合模式设置为"叠加"，得到的图像效果如图7-12-17所示。

图 7-12-16

图 7-12-17

**11** 单击"图层"面板上创建新图层按钮，新建"图层2"，执行【滤镜】/【渲染】/【云彩】滤镜，图像效果如图7-12-18所示。执行【滤镜】/【渲染】/【分层云彩】滤镜，图像效果如图7-12-19所示。

图 7-12-18

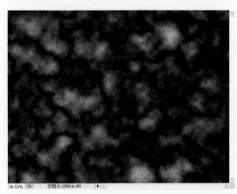

图 7-12-19

**12** 执行【图像】/【调整】/【色阶】命令（Ctrl+L），弹出"色阶"对话框，具体设置如图7-12-20所示，设置完毕后单击"确定"按钮，得到的图像效果如图7-12-21所示。

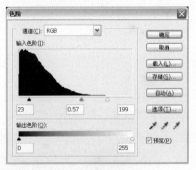

图 7-12-20

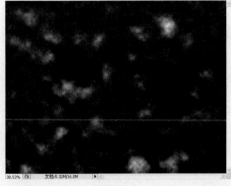

图 7-12-21

**13** 执行【滤镜】/【扭曲】/【旋转扭曲】滤镜，弹出"旋转扭曲"对话框，具体设置如图7-12-22所示，设置完毕后单击"确定"按钮，得到的图像效果如图7-12-23所示。

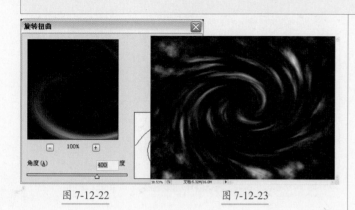

图 7-12-22 | 图 7-12-23

图 7-12-26

**14** 切换到"通道"面板，按住 Ctrl 键单击"红"通道调出选区，切换回"图层"面板，选择"图层 2"，按快捷键 Ctrl+J 复制选区内图像到新的图层，得到"图层 3"。选择"图层 3"，单击"图层"面板上添加图层样式按钮 _fx._，在弹出的菜单中选择"斜面和浮雕"，弹出"图层样式"对话框，具体设置如图 7-12-24 所示，设置完毕后单击"确定"按钮应用图层样式，得到的图像效果如图 7-12-25 所示。

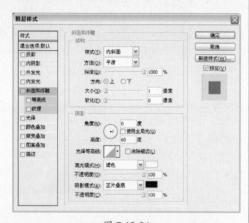

图 7-12-24

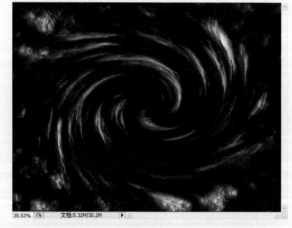

图 7-12-25

**16** 选择工具箱中的橡皮擦工具 _/_，设置合适的笔刷大小，注意最好将笔刷硬度设置为 0，这样能让图像更好的融合，使用橡皮擦工具擦除部分"图层 2"上的图像，得到的图像效果如图 7-12-27 所示。

图 7-12-27

**17** 执行【图像】/【调整】/【色相/饱和度】命令（Ctrl+U），弹出"色相/饱和度"对话框，具体设置如图 7-12-28 所示，设置完毕后单击"确定"按钮，将"图层 2"的图层混合模式设置为"滤色"，得到的图像效果如图 7-12-29 所示。

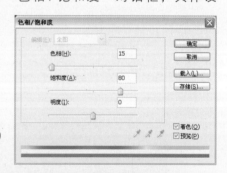

图 7-12-28

**15** 选择"图层 2"和"图层 3"，按快捷键 Ctrl+E 合并所选图层，得到"图层 2"。执行【编辑】/【自由变换】命令(Ctrl+T)，按住 Ctrl 键拖曳变换框四角以改变图像形状，变换完毕后按 Enter 确认变换，变换后的图像效果如图 7-12-26 所示。

图 7-12-29

**18** 将"图层2"拖到"图层"面板上创建新图层按钮，得到"图层2副本"，执行【滤镜】/【模糊】/【高斯模糊】滤镜，弹出"高斯模糊"对话框，具体设置如图7-12-30所示，设置完毕后单击"确定"按钮，将"图层2副本"的图层混合模式设置为"滤色"，得到的图像效果如图7-12-31所示。

图 7-12-30

图 7-12-31

**19** 选择工具箱中的椭圆选框工具，按住Ctrl+Shift+Alt键拖曳鼠标，得到的选区如图7-12-32所示。单击"图层"面板上创建新图层按钮，新建"图层3"，执行【滤镜】/【渲染】/【云彩】滤镜，得到的图像效果如图7-12-33所示。执行【滤镜】/【渲染】/【分层云彩】滤镜，按快捷键 Ctrl+F 重复执行"分层云彩"滤镜，得到的图像效果如图7-12-34所示。

图 7-12-32

图 7-12-33

图 7-12-34

**20** 执行【滤镜】/【扭曲】/【球面化】滤镜，弹出"旋转扭曲"对话框，具体设置如图7-12-35所示，设置完毕后单击"确定"按钮，得到的图像效果如图7-12-36所示。

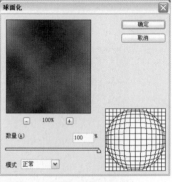

图 7-12-35

图 7-12-36

**21** 执行【滤镜】/【锐化】/【智能锐化】滤镜，弹出"智能锐化"对话框，具体设置如图7-12-37所示，设置完毕后单击"确定"按钮，得到的图像效果如图7-12-38所示。

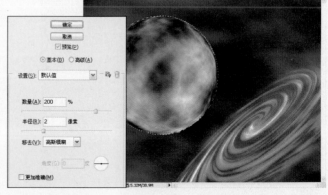

图 7-12-37　　　　图 7-12-38

**22** 按 Ctrl+C 复制选区内图像，切换到"通道"面板。单击"通道"面板上创建新通道按钮，新建"Alpha1"通道，按 Ctrl+V 粘贴图像，执行【图像】/【调整】/【色阶】命令（Ctrl+L），弹出"色阶"对话框，具体设置如图7-12-39所示，设置完毕后单击"确定"按钮，得到的图像效果如图7-12-40所示，按快捷键Ctrl+D取消选择。

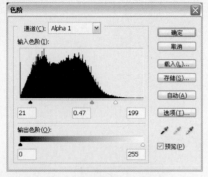

图 7-12-39

图 7-12-40

**23** 切换回"图层"面板，选择"图层3"，执行【滤镜】/【渲染】/【光照效果】滤镜，弹出"光照效果"对话框，具体设置如图7-12-41所示，设置完毕后单击"确定"按钮，得到的图像效果如图7-12-42所示。

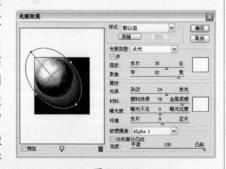

图 7-12-41

图 7-12-42

**24** 按住 Ctrl 键单击"图层3"缩览图，调出其选区，单击"图层"面板上创建新图层按钮，新建"图层4"，将前景色和背景色设置为白、黑两色，设置完毕后选择工具箱中的渐变工具，在工具选项栏中设置由前景色到背景色的渐变颜色，渐变类型为径向渐变，使用渐变工具由左上至右下拖动鼠标，填充渐变，按快捷键Ctrl+D取消选择，得到的图像效果如图7-12-43所示，将"图层4"的图层混合模式设置为"正片叠底"，得到的图像效果如图7-12-44所示。

图 7-12-43

图 7-12-44

**25** 执行【图像】/【调整】/【色相/饱和度】命令（Ctrl+U），弹出"色相/饱和度"对话框，具体设置如图7-12-45所示，设置完毕后单击"确定"按钮。

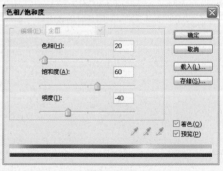

图 7-12-45

**26** 执行【编辑】/【自由变换】命令(Ctrl+T),按住
Shift键拖曳变换框
四角,等比例放大
图像,变换完毕后
将图像移动到左上
角,按Enter确认变
换,变换后的图像
效果如图7-12-46所
示。

图 7-12-46

**27** 按住Ctrl键
单击"图层3"缩
览图,调出其选
区,单击"图层"
面板上创建新图层
按钮,新建
"图层5",将前
景色设置为白色,
按 快 捷 键
Alt+Delete填充前
景色,如图7-12-47
所示。选择工具箱
中的椭圆选框工具
,将选区移动到
如图7-12-48所示的
位置。

图 7-12-47

图 7-12-48

**28** 执行【选择】/【修改】/【羽化】命令,在弹出
的"羽化选区"对话框中设置羽化半径为10像素,设
置完毕后单击"确
定 " 按 钮 , 按
Delete两次删除选
区内图像,按快捷
键Ctrl+D取消选
择,得到的图像效
果如图7-12-49所
示。

图 7-12-49

**29** 选择"图层5",单击"图层"面板上添加图层
样式按钮,在弹出的菜单中选择"内发光",弹出"图
层样式"对话框,具体设置如图7-12-50所示,设置完毕
后单击"确定"按钮,得到的图像效果如图7-12-51所示。

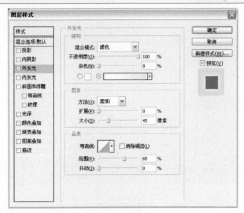

图 7-12-50

图 7-12-51

**30** 使用同样的方法制作另外几个星球图像,注意调整
星球图像的颜色、大小和位置,图像效果如图7-12-52所
示。

图 7-12-52

**31** 单击"图层"面板上
创建新图层按钮,新建
"图层9",将前景色设置
为黑色,按Alt+Delete填
充前景色,执行【滤镜】/
【渲染】/【镜头光晕】滤镜,
弹出"镜头光晕"对话框,
具体设置如图7-12-53所
示,设置完毕后单击"确
定"按钮,得到的图像效果
如图7-12-54所示。

图 7-12-53

337

图 7-12-54

**32** 执行【编辑】/【自由变换】命令(Ctrl+T),按住 Shift 键拖动变换框四角,等比例放大图像,变换完毕后将图像拖到左上角,按 Enter 确认变换,将"图层 9"的图层混合模式设置为"滤色",图像效果如图 7-12-55 所示。选择工具箱中的橡皮擦工具,设置合适的笔刷大小,注意最好将笔刷硬度设置为 0,令图像更好的融合,使用橡皮擦工具擦除"图层 9"边缘的图像,得到的图像效果如图 7-12-56 所示。

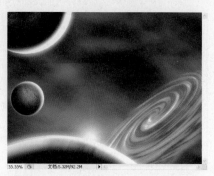

图 7-12-55

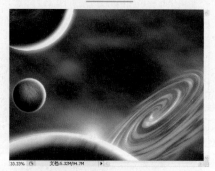

图 7-12-56

**33** 使用同样的方法为另外几个星球制作星光,注意调整星光的大小和位置,图像效果如图 7-12-57 所示。

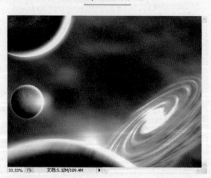

图 7-12-57

**34** 单击"图层"面板上创建新图层按钮,新建"图层 10",选择工具箱中的矩形选框工具,使用矩形选框工具绘制一个长条形选区,将前景色设置为白色,按快捷键 Alt+Delete 填充前景色,图像效果如图 7-12-58 所示。

图 7-12-58

**35** 按快捷键 Ctrl+D 取消选择。选择"图层 10",单击"图层"面板上添加图层样式按钮 *fx.*,在弹出的菜单中勾选"内发光"复选框,弹出"图层样式"对话框,具体设置如图 7-12-59 所示,设置完毕后不关闭对话框,继续勾选"外发光"复选框,具体设置如图 7-12-60 所示。设置完毕后单击"确定"按钮应用图层样式,执行【编辑】/【自由变换】命令,旋转并移动图像后按 Enter 键确认变换,得到如图 7-12-61 所示的图像效果。

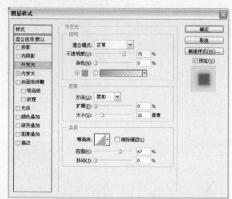

图 7-12-59

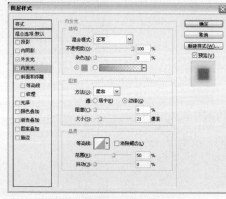

图 7-12-60

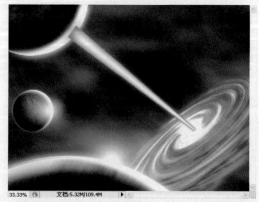

图 7-12-61

**36** 选择工具箱中的涂抹工具 ，在工具选项栏中设置画笔硬度为40，设置完毕后使用涂抹工具在条形发光图像上涂抹。注意涂抹的方向要一致，要由条形发光图像的中心向两边涂抹，得到的图像效果如图7-12-62所示。

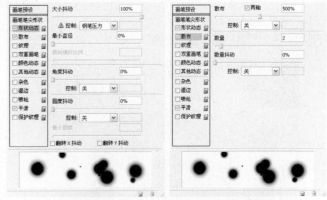

图 7-12-65　　　　　图 7-12-66

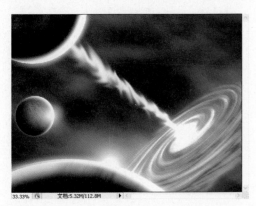

图 7-12-62

提示：涂抹工具模拟在湿颜料中拖移手指的绘画效果，也可拾取描边开始位置的颜色，并沿拖移的方向展开色彩。

图 7-12-67

**37** 使用步骤31到步骤32的方法为左上方的星球图像添加星光效果，注意，这个星光效果要在所有图层的上方，这样做的目的是为了让光束和星球图像更好的融合，得到的图像效果如图7-12-63所示。

**39** 选择"图层11"，单击"图层"面板上添加图层样式按钮 ，在弹出的菜单中选择"外发光"，弹出"图层样式"对话框，具体设置如图7-12-68所示，设置完毕后单击"确定"按钮，得到的图像效果如图7-12-69所示。

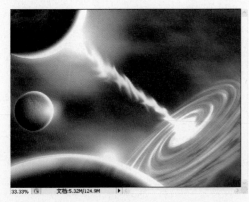

图 7-12-63

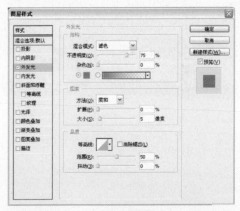

图 7-12-68

**38** 单击"图层"面板上创建新图层按钮 ，新建"图层11"，将前景色设置为白色的，选择工具箱中的画笔工具 ，在画笔预设面板中如图7-12-64、图7-12-65和图7-12-66进行设置，设置完毕后使用画笔工具如图7-12-67所示进行绘制。

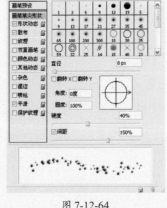

图 7-12-64

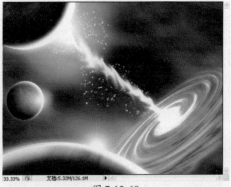

图 7-12-69

**40** 使用同样的方法添加其他星光效果，可以尝试使用不同的外发光颜色，得到的图像效果如图 7-12-70 所示。

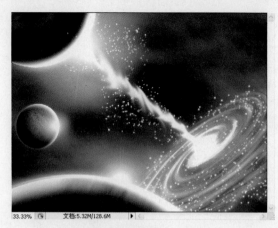

图 7-12-70

**41** 选择"背景"图层，将前景色设置为黑色，选择工具箱中的画笔工具，设置合适的笔刷大小，注意最好将笔刷硬度设置为 0，这样能让图像更好的融合，使用画笔工具在图像的右下角涂抹，这样做的目的是为了让星云效果更加突出，得到的图像效果如图 7-12-71 所示。

图 7-12-71

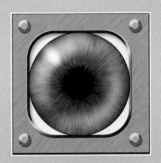

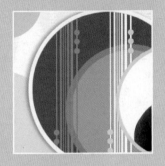

# Chapter

## Photoshop CS3 网页元素制作技法

**08**

本章全面详实地介绍了使用 Photoshop CS3 进行网页及其元素设计制作的具体方法和步骤，通过 9 个实用性很强的网页元素实例和 9 个网页界面设计实例系统地划分网页制作的方法。读者根据实际操作中遇到的问题，可以很方便地在书中找到适合自己的解决方法。

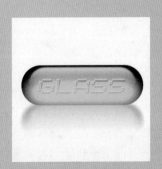

# Effect 01 制作玻璃质感按钮

- 使用变换选区后填充颜色的方法制作玻璃质感中的透明部分
- 使用变换选区后填充渐变的方法制作玻璃质感中的高光部分
- 使用镜像并添加图层蒙版的方法制作按钮倒影

**1** 执行【文件】/【新建】命令（Ctrl+N），弹出"新建"对话框，具体设置如图 8-1-1 所示，单击"确定"按钮新建图像文件。

图 8-1-1

**2** 选择工具箱中的圆角矩形工具，在工具选项栏中设置半径为 100 像素，设置完毕后使用圆角矩形工具在图像中绘制如图 8-1-2 所示的闭合路径。

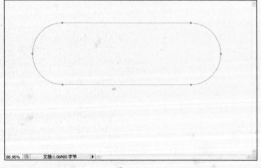

图 8-1-2

**3** 单击"图层"面板上创建新图层按钮，新建"图层 1"，切换到"路径"面板，单击"路径"面板上将路径作为选区载入按钮，将前景色设置为黑色，按快捷键 Alt+Delete 填充选区，填充后得到的图像效果如图 8-1-3 所示。

图 8-1-3

**4** 执行【选择】/【修改】/【变换选区】命令，按住 Shift 键向内拖曳变换框以等比例缩小选区，缩小完毕后将选区向下移动后按 Enter 键确认变换，得到的选区如图 8-1-4 所示。

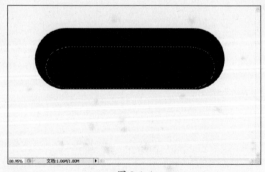

图 8-1-4

**5** 单击"图层"面板上创建新图层按钮，新建"图层 2"，将前景色色值设置为 R175、G255、B0，设置完毕后按快捷键 Alt+Delete 填充，按快捷键 Ctrl+D 取消选择，得到的图像效果如图 8-1-5 所示。

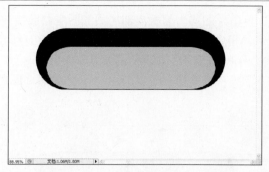

图 8-1-5

**6** 执行【滤镜】/【模糊】/【高斯模糊】命令，弹出"高斯模糊"对话框，具体设置如图 8-1-6 所示，设置完毕后单击"确定"按钮应用滤镜，按住 Ctrl 键单击"图层 1"缩览图，调出其透明选区，按快捷键 Ctrl+Shift+I 讲选区反选，选择"图层 2"，按 Delete 删除选区内图像，得到的图像效果如图 8-1-7 所示，按快捷键 Ctrl+D 取消选择。

图 8-1-6

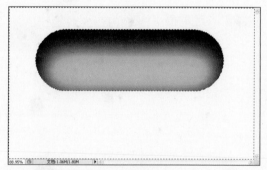

图 8-1-7

**7** 按住 Ctrl 键单击"图层 1"缩览图，调出其选区，执行【选择】/【修改】/【收缩】命令，在弹出的"收缩选区"对话框中收缩值为 30 像素，选择工具箱中的矩形选框工具，使用选区相减的方法得到如图8-1-8所示的选区。

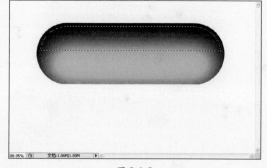

图 8-1-8

**8** 单击"图层"面板上创建新图层按钮，新建"图层 3"，将前景色设置为白色，选择工具箱中的渐变工具，设置由前景色到透明的渐变，在选区内由上至下拖曳填充渐变，按快捷键 Ctrl+D 取消选择。按快捷键 Ctrl+T 调出自由变换框，拖曳变换框四边的变换手柄，将图像调整到如图 8-1-9 所示的大小后按 Enter 确认变换。

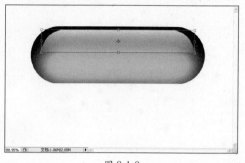

图 8-1-9

**9** 执行【滤镜】/【模糊】/【高斯模糊】命令，弹出"高斯模糊"对话框，具体设置如图 8-1-10 所示，设置完毕后单击"确定"按钮应用滤镜，得到的图像效果如图 8-1-11 所示。

图 8-1-10

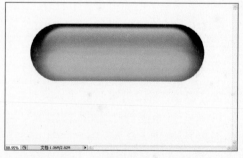

图 8-1-11

**10** 将前景色设置为 R175、G255、B0，选择工具箱中的横排文字工具，设置合适的文字字体及大小，在图像中输入文字"GLASS"，图像效果如图 8-1-12 所示。

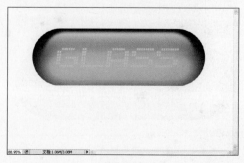

图 8-1-12

**11** 选择文字图层，单击"图层"面板上添加图层样式按钮 *fx.*，在弹出的菜单中选择"投影"，弹出"图层样式"对话框，具体设置如图 8-1-13 所示，设置完毕后单击"确定"按钮应用图层样式，得到的图像效果如图 8-1-14 所示。

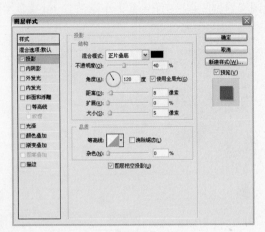

图 8-1-13

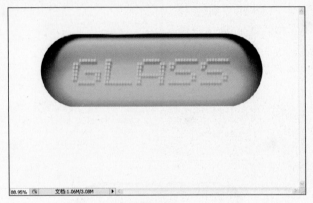

图 8-1-14

**12** 按 Shift 键选择除"背景"图层外的所有图层，将其拖曳至"图层"面板上创建新图层按钮 ，按快捷键 Ctrl+E 将生成的所有副本合并，得到"GLASS 副本"图层，执行【编辑】/【变换】/【垂直翻转】命令，将变换后的图层移到如图 8-1-15 所示的位置。

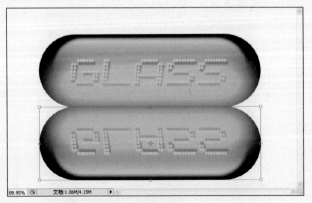

图 8-1-15

**13** 单击"图层"面板底部的添加图层蒙版按钮 ，选择工具箱中的渐变工具 ，设置由黑色至白色的渐变，选择"GLASS 副本"图层上的蒙版，使用渐变工具在图像内由下至上拖曳填充渐变，得到的图像效果如图 8-1-16 所示。

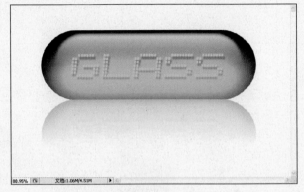

图 8-1-16

**14** 选择"GLASS 副本"图层，执行【滤镜】/【模糊】/【高斯模糊】命令，弹出"高斯模糊"对话框，具体设置如图8-1-17所示，设置完毕后单击"确定"按钮应用滤镜，得到的图像效果如图 8-1-18 所示。

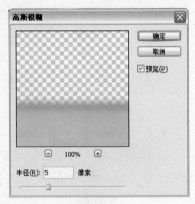

图 8-1-17

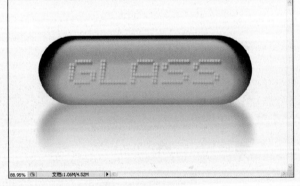

图 8-1-18

# Effect 02　　制作清新的苹果风格按钮

● 使用在 "Alpha1"
通道中应用【高斯
模糊】滤镜的方法
制作较柔和的选区
● 使用【内发光】和
【描边】图层样式
制作富有立体感的
按钮样式
● 使用【色相／饱和
度】命令调整图像
颜色

**1** 执行【文件】/【新建】命令（Ctrl+N），弹出 "新建" 对话框，具体设置如图8-2-1所示，单击 "确定" 按钮新建图像文件。

图 8-2-1

**2** 切换到 "通道" 面板，单击创建新通道按钮 ，新建 "Alpha1" 通道。选择工具箱中的圆角矩形工具 ，在工具选项栏中设置半径为20像素，设置完毕后使用圆角矩形工具在图像中绘制如图8-2-2所示的路径。

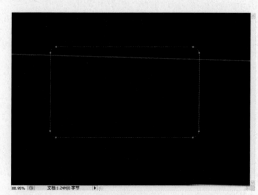

图 8-2-2

**3** 单击 "路径" 面板上将路径作为选区载入按钮 ，将前景色设置为白色，按快捷键Alt+Delete填充选

区，填充完毕后按快捷键Ctrl+D取消选择，得到的图像效果如图8-2-3所示。

图 8-2-3

**4** 执行【滤镜】/【模糊】/【高斯模糊】命令，弹出 "高斯模糊" 对话框，具体设置如图8-2-4所示，设置完毕后单击 "确定" 按钮应用滤镜，得到的图像效果如图8-2-5所示。

图 8-2-4　　　　　　　　　图 8-2-5

**5**　执行【图像】/【调整】/【色阶】命令（Ctrl+L），弹出"色阶"对话框，具体设置如图8-2-6所示，设置完毕后单击"确定"按钮应用滤镜，得到的图像效果如图8-2-7所示。

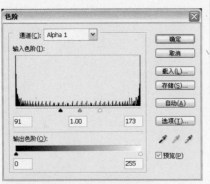

图 8-2-6

图 8-2-7

**6**　按住Ctrl键单击"Alpha1"通道缩览图，调出其选区，切换回"图层"面板，单击创建新图层按钮，新建"图层1"，切换到"通道"面板，选择工具箱中的渐变工具，设置由灰色至白色的渐变，使用渐变工具在选区内由上至下拖曳填充渐变，得到的图像效果如图8-2-8所示，按快捷键Ctrl+D取消选择。

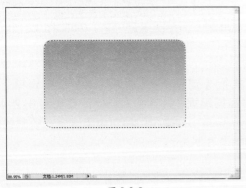

图 8-2-8

**7**　选择"图层1"，单击"图层"面板上添加图层样式按钮，在弹出的菜单中选择"内发光"，弹出"图层样式"对话框，具体设置如图8-2-9所示，设置完毕后不关闭对话框，继续勾选"描边"复选框，具体设置如图8-2-10所示，设置完毕后单击"确定"按钮应用图层样式，得到的图像效果如图8-2-11所示。

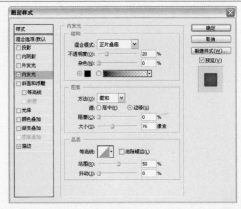

图 8-2-9

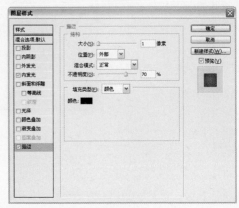

图 8-2-10

图 8-2-11

**8**　按住Ctrl键单击"图层1"的缩览图，调出其选区，执行【选择】/【修改】/【收缩】命令，在弹出的"收缩选区"对话框中收缩值为10像素，选择工具箱中的矩形选框工具，使用选区相减的方法得到如图8-2-12所示的选区。

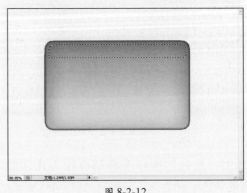

图 8-2-12

9 单击"图层"面板下的创建新图层按钮 ▣，新建"图层2"，将前景色设置为白色，选择工具箱中的渐变工具 ▣，设置由前景色至透明的渐变，使用渐变工具在选区内由上至下拖曳，按快捷键Ctrl+D取消选择，得到的图像效果如图8-2-13所示。

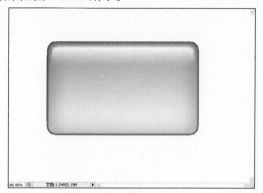

图 8-2-13

10 将前景色设置为较深的灰色，选择工具箱中的横排文字工具 T，设置合适的文字字体及大小，在图像中添加文字"Ctrl"，得到的图像效果如图8-2-14所示。

图 8-2-14

11 选择文字图层，单击"图层"面板上的添加图层样式按钮 fx，在弹出的菜单中选择"投影"，弹出"图层样式"对话框，具体设置如图8-2-15所示，设置完毕后单击"确定"按钮应用图层样式，得到的图像效果如图8-2-16所示。

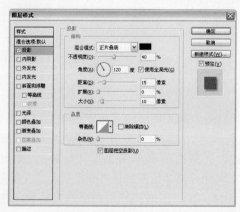

图 8-2-15

图 8-2-16

12 选择"图层1"和"图层2"，按快捷键Ctrl+E合并所选图层，得到合并后的图层"图层2"。执行【图像】/【调整】/【色相/饱和度】命令（Ctrl+U），弹出的"色相/饱和度"对话框具体设置如图8-2-17所示，设置完毕后单击"确定"按钮应用滤镜，得到的图像效果如图8-2-18所示。

图 8-2-17

图 8-2-18

13 使用同样的方法制作另外一个按钮，可以添加不同的文字和颜色，注意变换不同的按钮角度，得到的图像效果如图8-2-19所示。

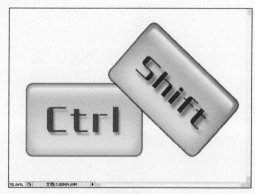

图 8-2-19

# Effect 03　　制作拉丝图案透明按钮

● 使用【外发光】、【投影】、【图案叠加】和【描边】图层样式制作按钮
● 使用变换选区后填充渐变的方法制作玻璃质感中的高光部分
● 使用【定义图案】命令制作图案库中没有的特色条纹图案

**1** 执行【文件】/【新建】命令（Ctrl+N），弹出"新建"对话框，具体设置如图8-3-1所示，单击"确定"按钮新建图像文件。

图 8-3-1

**2** 单击"图层"面板下的创建新图层按钮，新建"图层1"，选择工具箱中的椭圆选框工具，按住Shift键使用椭圆选框工具在图像中绘制圆形选区，绘制完毕后将前景色色值设置为R190、G255、B0，设置完毕后按快捷键Alt+Delete填充选区，得到的图像效果如图8-3-2所示，填充完毕后按快捷键Ctrl+D取消选择。

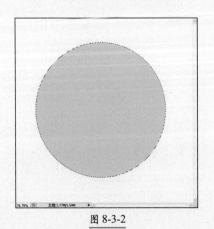

图 8-3-2

**3** 执行【文件】/【新建】命令（Ctrl+N），弹出"新建"对话框，具体设置如图8-3-3所示，单击"确定"按钮新建图像文件。

图 8-3-3

**4** 选择工具箱中的铅笔工具，将前景色设置为黑色，在工具选项栏中设置铅笔半径为2像素，设置完毕后使用铅笔工具在图像上半部单击，得到的图像效果如图8-3-4所示。执行【编辑】/【定义图案】命令，弹出"定义图案"对话框，不做设置，直接单击"确定"按钮。

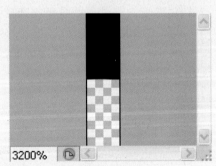

图 8-3-4

**5** 切换到步骤1建立的"拉丝透明按钮"图像文档，选择"图层1"，单击"图层"面板上的添加图层样式按钮，在弹出的菜单中选择"投影"，弹出的"图层样式"对话框具体设置如图8-3-5所示，设置完毕后不关闭对话框，在"图层样式"对话框中继续勾选"内发光"复选框，具体设置如图8-3-6所示，设置完毕后不关

闭对话框，在"图层样式"对话框中继续勾选"图案叠加"复选框，具体设置如图8-3-7所示，设置完毕后不关闭对话框，在"图层样式"对话框中继续勾选"描边"复选框，具体设置如图8-3-8所示，设置完毕后单击"确定"按钮应用图层样式，得到的图像效果如图8-3-9所示。

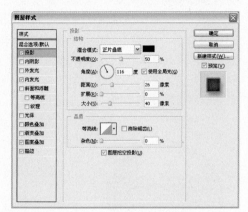

图 8-3-5

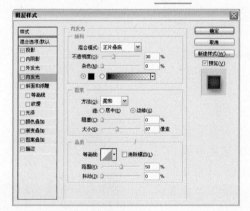

图 8-3-6

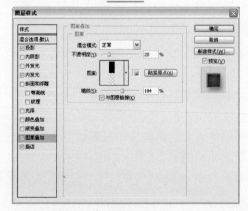

图 8-3-7

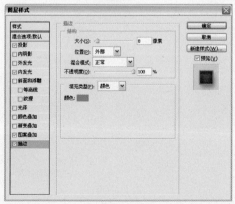

图 8-3-8

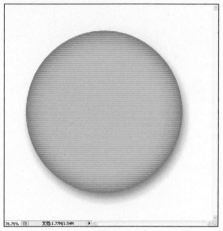

图 8-3-9

**6** 按住Ctrl键单击"图层1"的缩览图以得到其选区，执行【选择】/【修改】/【收缩】命令，在弹出的"收缩选区"对话框中收缩值为30像素，设置完毕后单击"确定"按钮，得到如图8-3-10所示的选区效果。

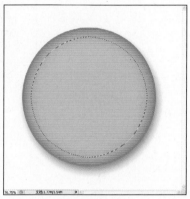

图 8-3-10

**7** 单击"图层"面板上创建新图层按钮，新建"图层2"，将前景色设置为白色，选择工具箱中的渐变工具，设置由前景色至透明的渐变，选择"径向渐变"，使用渐变工具在选区内由下至上拖曳，按快捷键Ctrl+D取消选择，得到的图像效果如图8-3-11所示。

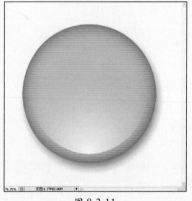

图 8-3-11

**8** 执行【滤镜】/【模糊】/【高斯模糊】命令，弹出"高斯模糊"对话框，具体设置如图8-3-12所示，设置完毕后单击"确定"按钮应用滤镜，得到的图像效果如图8-3-13所示。

图 8-3-12

图 8-3-13

**9** 按Ctrl键单击"图层1"缩览图,调出其选区,执行【选择】/【修改】/【收缩】命令,在弹出的"收缩选区"对话框中收缩值为30像素,选择工具箱中的矩形选框工具,使用选区相减的方法得到如图 8-3-14 所示的选区。

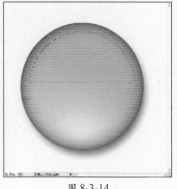

图 8-3-14

**10** 单击"图层"面板上创建新图层按钮,新建"图层 3",将前景色设置为白色,选择工具箱中的渐变工具,设置由前景色至透明的渐变,选择"线性渐变",使用渐变工具在选区内由上至下拖曳,按快捷键Ctrl+D取消选择,得到的图像效果如图 8-3-15 所示。

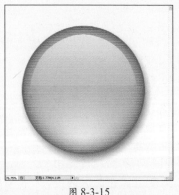

图 8-3-15

**11** 执行【滤镜】/【模糊】/【高斯模糊】命令,弹出"高斯模糊"对话框,具体设置如图 8-3-16 所示,设置完毕后单击"确定"按钮应用滤镜,得到的图像效果如图 8-3-17 所示。

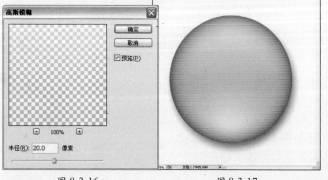

图 8-3-16                图 8-3-17

**12** 选择工具箱中的矩形选框工具,使用矩形选框工具绘制如图 8-3-18 所示的矩形选区,单击"图层"面板上创建新图层按钮,新建"图层 4",将前景色设置为白色,设置完毕后按快捷键 Alt+Delete 填充选区,按住 Ctrl 键单击"图层 1"的缩览图,调出其选区,按快捷键 Ctrl+Shift+I 将选区反选,选择"图层 4",按 Delete 删除选区内图像,得到的图像效果如图 8-3-19 所示,填充完毕后按快捷键 Ctrl+D 取消选择。

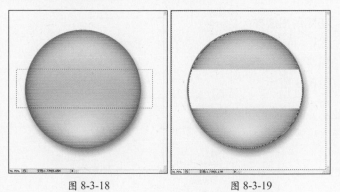

图 8-3-18                图 8-3-19

**13** 将"图层 4"的图层不透明度设置为 50%,将前景色设置为黑色,选择工具箱中的横排文字工具,设置合适的文字字体及大小,在图像中输入文字,得到的文字效果如图8-3-20所示。

图 8-3-20

**14** 选择文字图层,单击"图层"面板上的添加图层样式按钮,在弹出的菜单中选择"斜面和浮雕",弹出的"图层样式"对话框具体设置如图 8-3-21 所示,设置完毕后单击"确定"按钮应用图层样式,将文字图层的图层混合模式设置为"叠加",得到的图像效果如图 8-3-22 所示。

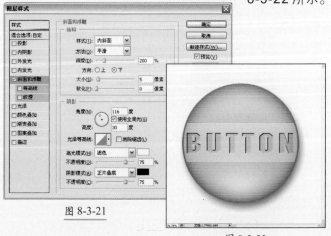

图 8-3-21                图 8-3-22

# Effect 04　　制作立体感十足的组合按钮

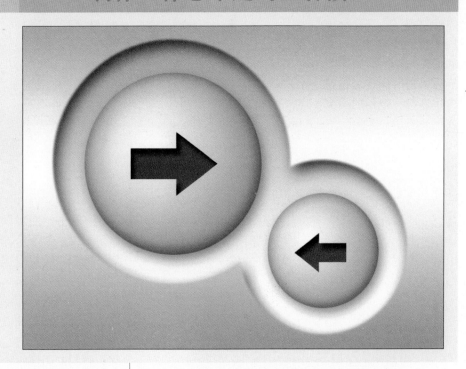

- 使用【投影】、【内阴影】、【内发光】和【渐变叠加】图层样式制作圆滑的网页按钮
- 在使用图层样式前先对图像添加【高斯模糊】效果，以求让图像和背景更好的融合
- 使用【拷贝图层样式】和【粘贴图层样式】命令快速添加图层样式

**1** 执行【文件】/【新建】命令（Ctrl+N），弹出"新建"对话框，具体设置如图8-4-1所示，单击"确定"按钮新建图像文件。

图 8-4-1

**2** 选择工具箱中的渐变工具 ，使用渐变工具由上至下拖曳，得到的图像效果如图8-4-2所示。

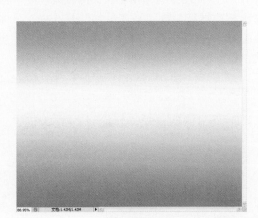

图 8-4-2

**3** 选择工具箱中的椭圆工具 ，按住Shift键使用椭圆工具绘制两个如图8-4-3所示的圆形路径。

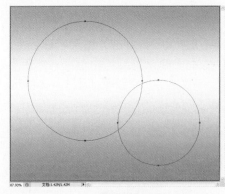

图 8-4-3

**4** 单击"图层"面板下的创建新图层按钮 ，新建"图层 1"，切换到"路径"面板，同时选择两条路径，单击"路径"面板底部的将路径作为选区载入按钮 ，将前景色设置为白色，按快捷键Alt+Delete填充选区，得到的图像效果如图8-4-4所示，填充完毕后按快捷键Ctrl+D取消选择。

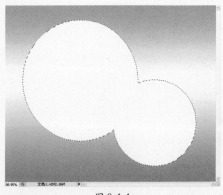

图 8-4-4

**5** 执行【滤镜】/【模糊】/【高斯模糊】命令，弹出"高斯模糊"对话框，具体设置如图8-4-5所示，设置完毕后单击"确定"按钮应用滤镜，得到的图像效果如图8-4-6所示。

图 8-4-5

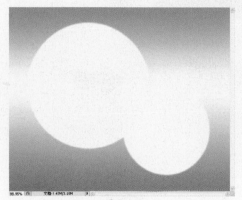

图 8-4-6

**6** 选择"图层1"，单击"图层"面板上添加图层样式按钮 *fx*，在弹出的菜单中选择"内阴影"，弹出"图层样式"对话框，具体设置如图8-4-7所示，设置完毕后不关闭对话框，勾选"渐变叠加"复选框，具体设置如图8-4-8所示，设置完毕后单击"确定"按钮应用图层样式，得到的图像效果如图8-4-9所示。

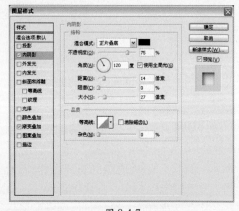

图 8-4-7

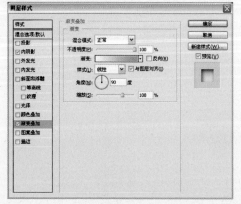

图 8-4-8

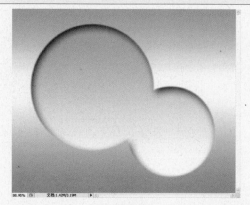

图 8-4-9

**7** 单击"图层"面板上创建新图层按钮，新建"图层2"，选择工具箱中的椭圆选框工具，按住Shift键在图像中绘制圆形选区，绘制完毕后将前景色设置为白色，按快捷键Alt+Delete填充选区，得到的图像效果如图8-4-10所示，按Ctrl+D取消选择。

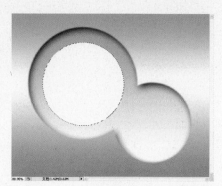

图 8-4-10

**8** 选择"图层2"，单击"图层"面板上添加图层样式按钮 *fx*，在弹出的菜单中选择"投影"，弹出"图层样式"对话框，具体设置如图8-4-11所示，设置完毕后不关闭对话框，勾选"内阴影"复选框，具体设置如图8-4-12所示，设置完毕后不关闭对话框，在"图层样式"对话框中继续勾选"内发光"复选框，具体设置如图8-4-13所示，设置完毕后不关闭对话框，在"图层样式"对话框中继续勾选"渐变叠加"复选框，具体设置如图8-4-14所示，设置完毕后单击"确定"按钮应用图层样式，得到的图像效果如图8-4-15所示。

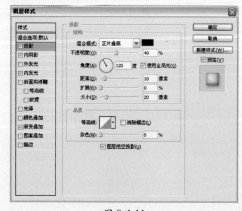

图 8-4-11

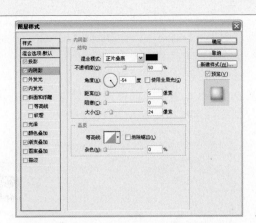

图 8-4-12

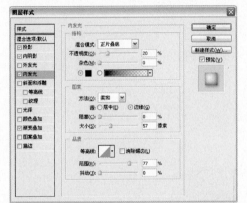

图 8-4-13

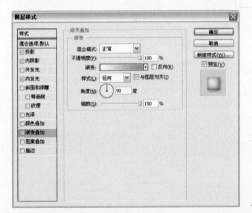

图 8-4-14

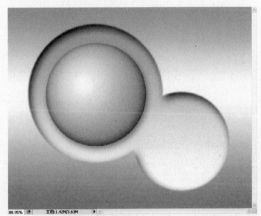

图 8-4-15

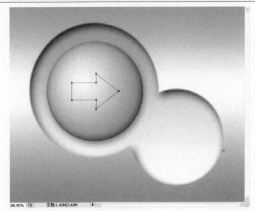

图 8-4-16

**10** 单击"图层"面板下的创建新图层按钮 ，新建"图层3"。切换到"路径"面板，单击"路径"面板底部的将路径作为选区载入按钮 ，选择"图层3"，将前景色色值设置为R105、G75、B45，设置完毕后按快捷键Alt+Delete填充选区，得到的图像效果如图8-4-17所示，填充完毕后按快捷键Ctrl+D取消选择。

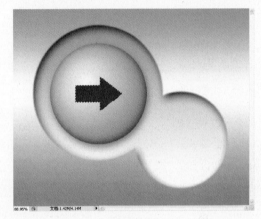

图 8-4-17

**11** 选择"图层3"，单击"图层"面板上的添加图层样式按钮 ，在弹出的菜单中选择"内阴影"，弹出的"图层样式"对话框具体设置如图8-4-18所示，设置完毕后单击"确定"按钮应用图层样式，得到的图像效果如图8-4-19所示。

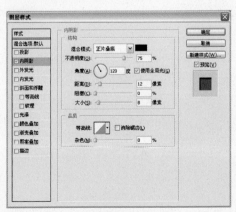

**9** 选择工具箱中的自定形状工具 ，在工具选项栏中选择"箭头2"图案。按住Shift键使用自定形状工具绘制大小合适的箭头形状路径，得到的路径如图8-4-16所示。

图 8-4-18

**12** 单击"图层"面板下的创建新图层按钮 ▣，新建"图层4"，选择工具箱中的椭圆选框工具 ○，按 Shift 键使用椭圆选框工具在图像中绘制圆形选区，绘制完毕后将前景色设置为白色，设置完毕后按快捷键 Alt+Delete 填充选区，得到的图像效果如图8-4-20所示，填充完毕后按快捷键 Ctrl+D 取消选择。

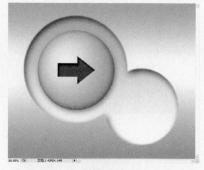

图 8-4-19

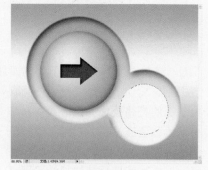

图 8-4-20

**13** 在"图层"面板中选择"图层2"，右键单击"图层2"，在弹出的菜单中选择"拷贝图层样式"，选择"图层4"，右键单击"图层4"，在弹出的菜单中选择"粘贴图层样式"，得到的图像效果如图8-4-21所示。

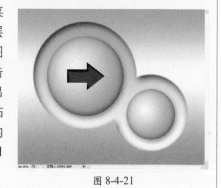

图 8-4-21

**14** 选择"图层3"，按快捷键 Ctrl+Alt+T 调出自由变换框并复制图层，在变换框中单击鼠标右键，在弹出的菜单中选择"水平翻转"，翻转完毕后按住 Shift 键适当缩小图像并移至如图8-4-22所示的位置，调整完毕后按Enter确认变换，得到的图像效果如图 8-4-23 所示。

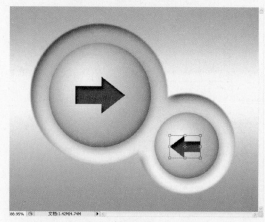

图 8-4-22

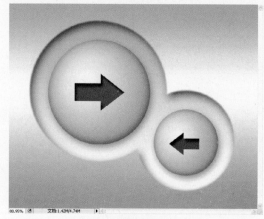

图 8-4-23

# Effect 05　　制作圆形凹凸金属按钮

- 使用在【光照效果】滤镜中向通道打光的方法得到凹凸的按钮外形
- 使用【添加杂色】和【动感模糊】滤镜制作不锈钢拉丝效果
- 使用【动感模糊】滤镜结合【羽化】命令制作边缘柔和的图像效果

**1** 执行【文件】/【新建】命令（Ctrl+N），弹出"新建"对话框，具体设置如图8-5-1所示，单击"确定"按钮新建图像文件。

图 8-5-1

**2** 执行【编辑】/【填充】命令，弹出"填充"对话框，具体设置如图8-5-2所示，设置完毕后单击"确定"按钮，得到的图像效果如图8-5-3所示。

图 8-5-2

图 8-5-3

**3** 执行【滤镜】/【杂色】/【添加杂色】命令，弹出"添加杂色"对话框，具体设置如图8-5-4所示，设置完毕后单击"确定"按钮应用滤镜，得到的图像效果如图8-5-5所示。

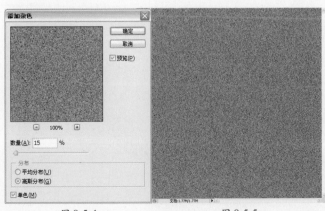

图 8-5-4　　　　图 8-5-5

**4** 执行【滤镜】/【模糊】/【动感模糊】命令，弹出"动感模糊"对话框，具体设置如图8-5-6所示，设置完毕后单击"确定"按钮应用滤镜，得到的图像效果如图8-5-7所示。

图 8-5-6

图 8-5-7

**5** 切换到"通道"面板，单击创建新通道按钮，新建"Alpha1"通道。选择工具箱中的椭圆选框工具，按住Shift键使用椭圆选框工具在图像中绘制圆形选区，将前景色设置为白色，按快捷键Alt+Delete填充选区，得到的图像效果如图8-5-8所示。

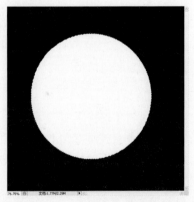

图 8-5-8

**6** 将"Alpha1"拖到"通道"面板上创建新通道按钮，得到"Alpha1副本"。选择"Alpha1副本"，执行【滤镜】/【模糊】/【高斯模糊】命令，弹出"高斯模糊"对话框，具体设置如图8-5-9所示，设置完毕后单击"确定"按钮应用滤镜，得到的图像效果如图8-5-10所示。

图 8-5-9

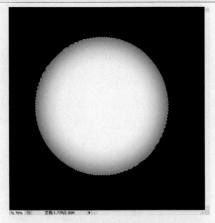

图 8-5-10

**7** 执行【图像】/【调整】/【曲线】命令（Ctrl+M），弹出"曲线"对话框，具体设置如图 8-5-11 所示，设置完毕后单击"确定"按钮应用滤镜，得到的图像效果如图 8-5-12 所示。

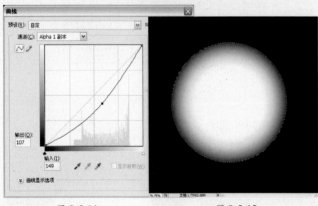

图 8-5-11      图 8-5-12

**8** 执行【选择】/【变换选区】命令，按住 Alt+Shift 键向内调整变换框四角上的变换手柄，如图 8-5-13 所示，调整完毕后按 Enter 确认变换。执行【选择】/【修改】/【羽化】命令（Ctrl+Alt+D），在弹出的"羽化选区"对话框中设置羽化半径为 20 像素，设置完毕后单击"确定"按钮，将前景色设置为较深的灰色，设置完毕后按快捷键 Alt+Delete 填充选区，按快捷键 Ctrl+D 取消选择，得到的图像效果如图 8-5-14 所示。

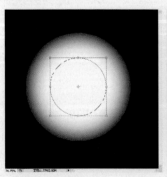

图 8-5-13      图 8-5-14

**9** 按住 Ctrl 键单击"Alpha1"通道缩览图，调出其选区，切换回"图层"面板，按快捷键 Ctrl+J 复制选区内图像到新的图层，得到"图层 1"。单击"图层"面板上创建新图层按钮，新建"图层 2"，将前景色设置为白色，设置完毕后按快捷键 Alt+Delete 填充，将"图层 2"置于"图层 1"的下方，得到的图像效果如图 8-5-15 所示。

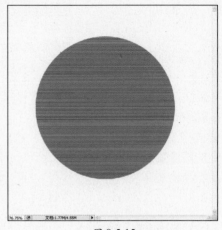

图 8-5-15

**10** 选择"图层 1"，执行【滤镜】/【渲染】/【光照效果】命令，弹出"光照效果"对话框，具体设置如图 8-5-16 所示，设置完毕后单击"确定"按钮应用滤镜，得到的图像效果如图 8-5-17 所示。

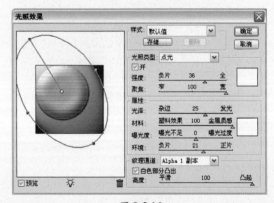

图 8-5-16

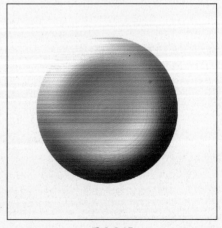

图 8-5-17

**11** 执行【图像】/【调整】/【曲线】命令（Ctrl+M），弹出"曲线"对话框，具体设置如图8-5-18所示，设置完毕后单击"确定"按钮应用滤镜，得到的图像效果如图8-5-19所示。

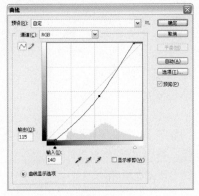

图 8-5-18

图 8-5-19

**12** 按住Ctrl键单击"图层1"缩览图，调出其选区，执行【滤镜】/【模糊】/【高斯模糊】命令，弹出"高斯模糊"对话框，具体设置如图8-5-20所示，设置完毕后单击"确定"按钮应用滤镜，按快捷键Ctrl+D取消选择，得到的图像效果如图8-5-21所示。

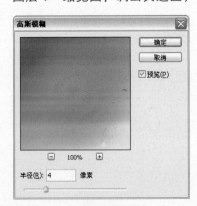

图 8-5-20

图 8-5-21

**13** 选择"图层1"，单击"图层"面板上的添加图层样式按钮 *fx.*，在弹出的菜单中选择"投影"，弹出的"图层样式"对话框具体设置如图8-5-22所示，设置完毕后不关闭对话框，在"图层样式"对话框中继续勾选"内发光"复选框，具体设置如图8-5-23所示，设置完毕后单击"确定"按钮应用图层样式，得到的图像效果如图8-5-24所示。

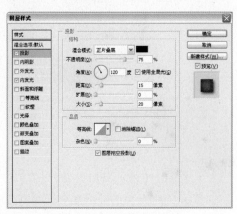

图 8-5-22

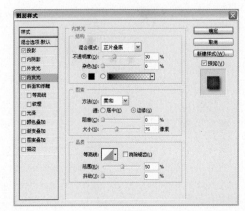

图 8-5-23

图 8-5-24

**14** 按住Ctrl键单击"Alpha1"通道缩览图，调出其选区，切换回"图层"面板，选择"背景"图层，按快捷键Ctrl+J复制选区内图像到新的图层，得到"图层3"。将"图层3"置于"图层1"的上方，将"图层3"的图层混合模式设置为"叠加"，得到的图像效果如图8-5-25所示。

图 8-5-25

**15** 按 Shift 键的同时选择"图层 1"和"图层 3"，按快捷键 Ctrl+E 合并所选图层，得到合并后的图层"图层 3"。执行【图像】/【调整】/【色相/饱和度】命令（Ctrl+U），弹出"色相/饱和度"对话框，具体设置如图 8-5-26 所示，设置完毕后单击"确定"按钮应用滤镜，得到的图像效果如图 8-5-27 所示。

图 8-5-26

图 8-5-27

**16** 将前景色设置为白色，选择工具箱中的横排文字工具 T，设置合适的文字字体及大小，在图像中输入文字"M"，如图 8-5-28 所示。执行【图层】/【栅格化】/【文字】命令，得到可编辑的"M"图层。

图 8-5-28

**17** 执行【滤镜】/【模糊】/【高斯模糊】命令，弹出"高斯模糊"对话框，具体设置如图 8-5-29 所示，设置完毕后单击"确定"按钮应用滤镜，得到的图像效果如图 8-5-30 所示。

图 8-5-29

图 8-5-30

**18** 选择"M"图层，单击"图层"面板上的添加图层样式按钮 fx，在弹出的菜单中选择"斜面和浮雕"，弹出的"图层样式"对话框具体设置如图 8-5-31 所示，设置完毕后单击"确定"按钮应用图层样式，将"M"图层的填充值设置为 0%，得到的图像效果如图 8-5-32 所示。

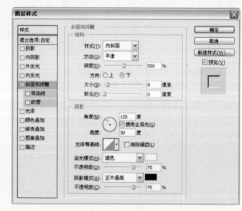

图 8-5-31

图 8-5-32

# Effect 06　　制作异形水晶按钮

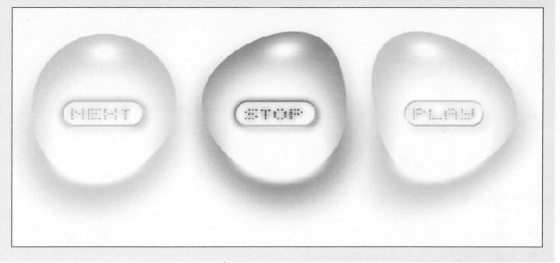

- 使用添加图层蒙版的方法制作按钮上的大面积高光面
- 使用【高斯模糊】滤镜制作柔和的按钮阴影
- 使用【图层样式】为图像按钮和文字特效

**1** 执行【文件】/【新建】命令（Ctrl+N），弹出"新建"对话框，具体设置如图8-6-1所示，单击"确定"按钮新建图像文件。

图 8-6-1

**2** 选择工具箱中的椭圆选框工具 ，按住Shift键使用椭圆选框工具绘制如图8-6-2所示的选区。单击"图层"面板上创建新图层按钮 ，新建"图层1"，将前景色设置为黑色，按快捷键Alt+Delete填充选区。

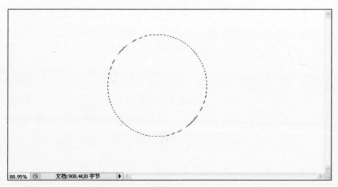

图 8-6-2

**3** 隐藏"图层1"，单击"图层"面板上创建新图层按钮 ，新建"图层2"，按快捷键 Ctrl+Shift+I 将选区反选，将前景色色值设置为R110、G235、B255，按快捷键Alt+Delete填充选区，填充完毕后按快捷键Ctrl+D取消选择。

图 8-6-3

**4** 执行【滤镜】/【模糊】/【高斯模糊】命令，弹出"高斯模糊"对话框，具体设置如图8-6-4所示，设置完毕后单击"确定"按钮应用滤镜，得到的图像效果如图8-6-5所示。

图 8-6-4

图 8-6-5

**5** 按住 Ctrl 键单击"图层 1"的缩览图以得到其选区，单击"图层"面板底部的添加图层蒙版按钮 ，得到的图像效果如图 8-6-6 所示。

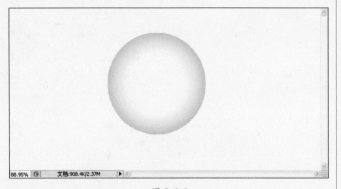

图 8-6-6

**6** 单击"图层 2"和图层 2 蒙版之间的指示图层蒙版链接到图层按钮，将"图层 2"和图层 2 蒙版之间的链接断开。选择"图层 2"，选择工具箱中的移动工具，按住 Shift 键向下移动"图层 2"，得到的图像效果如图 8-6-7 所示。

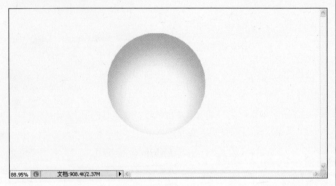

图 8-6-7

**7** 按住 Ctrl 键单击"图层 1"缩览图，调出其选区，单击"图层"面板上创建新图层按钮，新建"图层 3"，将前景色色值设置为 R110、G235、B255，按快捷键 Alt+Delete 填充选区，如图 8-6-8 所示，填充完毕后按快捷键 Ctrl+D 取消选择。

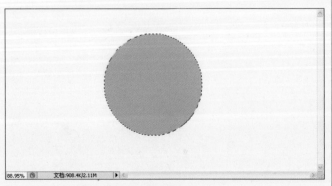

图 8-6-8

**8** 执行【滤镜】/【模糊】/【高斯模糊】命令，弹出"高斯模糊"对话框，具体设置如图 8-6-9 所示，设置完毕后单击"确定"按钮应用滤镜，得到的图像效果如图 8-6-10 所示。

图 8-6-9

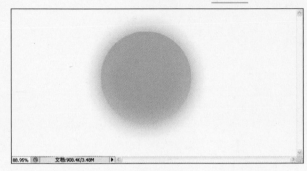

图 8-6-10

**9** 选择工具箱中的移动工具，按住 Shift 键向下移动"图层 3"，按住 Ctrl 键单击"图层 1"缩览图，调出其选区，单击"图层"面板上添加图层蒙版按钮，得到的图像效果如图 8-6-11 所示。

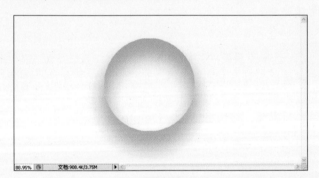

图 8-6-11

**10** 按住 Ctrl 键单击"图层 1"缩览图，调出其选区，单击"图层"面板上创建新图层按钮，新建"图层 4"，将前景色设置为白色，按快捷键 Alt+Delete 填充选区，如图 8-6-12 所示，按快捷键 Ctrl+D 取消选择。

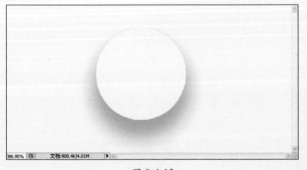

图 8-6-12

**11** 执行【滤镜】/【模糊】/【高斯模糊】命令，弹出"高斯模糊"对话框，具体设置如图8-6-13所示，设置完毕后单击"确定"按钮应用滤镜，得到的图像效果如图8-6-14所示。

图 8-6-13

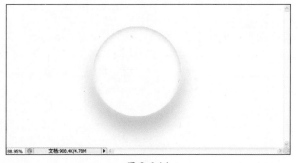

图 8-6-14

**12** 按快捷键Ctrl+T调出自由变换框，按住Shift键调整图像大小，调整大小至如图8-6-15所示，调整完毕后按Enter键确认变换。

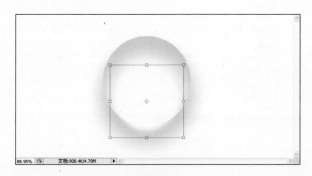

图 8-6-15

**13** 选择工具箱中的椭圆选框工具 ○ ，使用椭圆选框工具绘制如图8-6-16所示的选区。单击"图层"面板上创建新图层按钮 ，新建"图层5"。

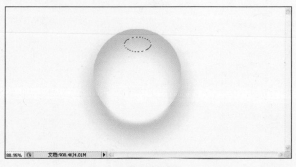

图 8-6-16

**14** 将前景色设置为白色，按快捷键Alt+Delete填充选区，填充完毕后按快捷键Ctrl+D取消选择，得到的图像效果如图8-6-17所示。

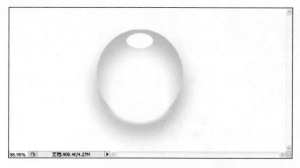

图 8-6-17

**15** 执行【滤镜】/【模糊】/【高斯模糊】命令，弹出"高斯模糊"对话框，具体设置如图8-6-18所示，设置完毕后单击"确定"按钮应用滤镜，得到的图像效果如图8-6-19所示。

图 8-6-18

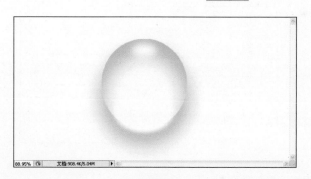

图 8-6-19

**16** 按快捷键Ctrl+Alt+T自由变换图像并复制，按住Shift键调整图层至如图8-6-20所示大小，按Enter确认变换。

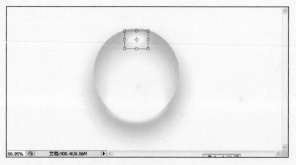

图 8-6-20

**17** 调整完毕后文档将生成一个新的图层"图层5副本"，将"图层5"的图层混合模式设置为"叠加"，得到的图像效果如图8-6-21所示。

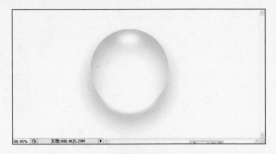

图 8-6-21

**18** 同时选择除"背景"和"图层1"以外的所有图层，按快捷键Ctrl+E合并所选图层，得到合并后的图层"图层5副本"，执行【滤镜】/【扭曲】/【切变】命令，弹出"切变"对话框，具体设置如图8-6-22所示，设置完毕后单击"确定"按钮应用滤镜，得到的图像效果如图8-6-23所示。

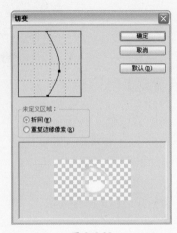

图 8-6-22

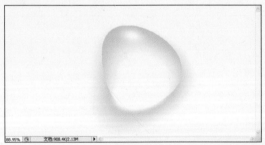

图 8-6-23

**19** 选择工具箱中的圆角矩形工具，在工具选项栏中设置半径为10像素，在图像中绘制如图8-6-24所示的路径。单击"图层"面板上创建新图层按钮，新建"图层2"，切换到"路径"面板，单击将路径作为选区载入按钮，将前景色设置为白色，按快捷键Alt+Delete填充选区，按快捷键Ctrl+D取消选择。

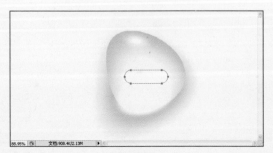

图 8-6-24

**20** 选择"图层2"，单击"图层"面板上添加图层样式按钮 *fx.*，在弹出的菜单中选择"投影"，弹出"图层样式"对话框，具体设置如图8-6-25所示，设置完毕后不关闭对话框，继续勾选"内阴影"复选框，具体设置如图8-6-26所示，设置完毕后不关闭对话框，勾选"外发光"复选框，具体设置如图8-6-27所示，设置完毕后不关闭对话框，勾选"斜面和浮雕"复选框，具体设置如图8-6-28所示，设置完毕后单击"确定"按钮应用图层样式，得到的图像效果如图8-6-29所示。

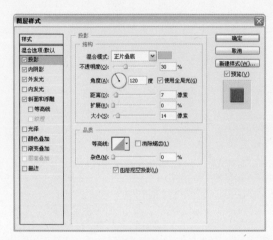

图 8-6-25

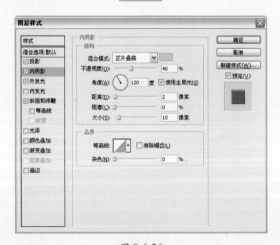

图 8-6-26

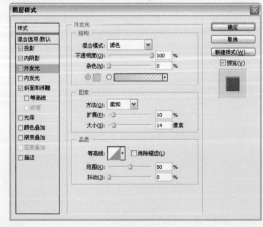

图 8-6-27

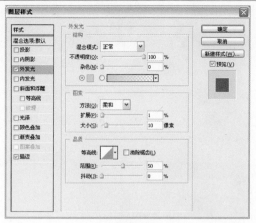

图 8-6-33

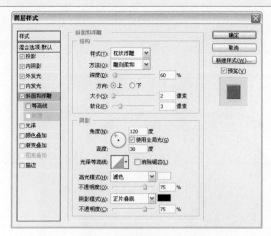

图 8-6-28

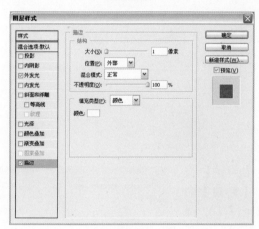

图 8-6-32

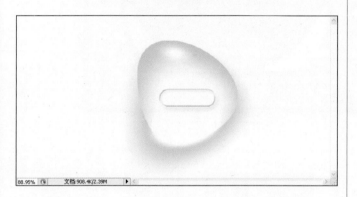

图 8-6-29

**21** 将前景色色值设置为 R110、G235、B255，选择工具箱中的横排文字工具 **T**，设置合适的文字字体及大小，在图像中输入文字"PLAY"，得到的图像效果如图 8-6-30 所示。

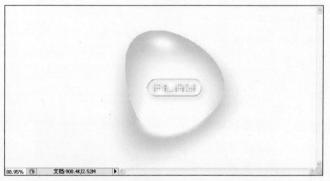

图 8-6-33

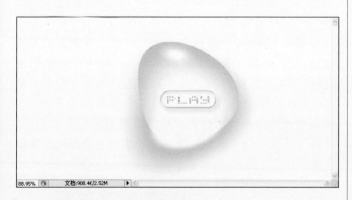

图 8-6-30

**23** 使用同样的方法制作另外两个按钮，使用不同的颜色可以得到完全不同的效果，如图 8-6-34 所示。

**22** 选择文字图层，单击"图层"面板上添加图层样式按钮 **fx**，在弹出的菜单中选择"外发光"，弹出"图层样式"对话框，具体设置如图 8-6-31 所示，设置完毕后不关闭对话框，在"图层样式"对话框中继续勾选"描边"复选框，具体设置如图 8-6-32 所示，设置完毕后单击"确定"按钮应用图层样式，得到的图像效果如图 8-6-33 所示。

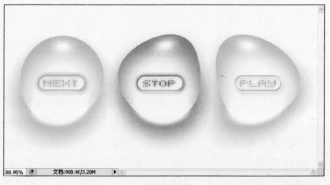

图 8-6-34

# Effect 07　制作钢板镶边的魔眼按钮

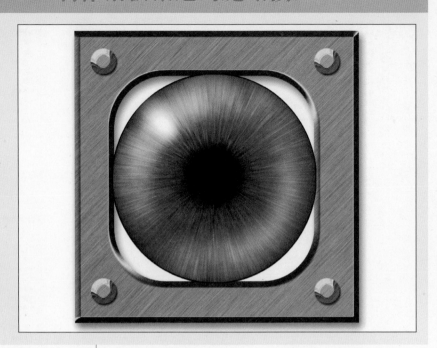

● 使用【添加杂色】、【径向模糊】
　和【云彩】滤镜制作魔眼效果
● 使用【添加杂色】和【动感模糊】
　滤镜制作不锈钢拉丝效果
● 使用【内发光】、【光泽】、【渐
　变叠加】和【描边】图层样式制
　作魔眼立体效果

**1** 执行【文件】/【新建】命令（Ctrl+N），弹出"新建"对话框，具体设置如图8-7-1所示，单击"确定"按钮新建图像文件。

图 8-7-1

**2** 单击"图层"面板上创建新图层按钮，新建"图层1"，选择工具箱中的矩形选框工具，按住Shift键使用矩形选框工具绘制正方形选区，填充50%灰色，如图8-7-2所示，按快捷键Ctrl+D取消选择。

图 8-7-2

**3** 选择工具箱中的圆角矩形工具，在工具选项栏中设置半径为100像素，使用圆角矩形工具在图像中绘制如图8-7-3所示的路径。切换到"路径"面板，单击将路径作为选区载入按钮，选择"图层1"，按Delete删除选区内图像，删除完毕后按快捷键Ctrl+D取消选择，得到的图像效果如图8-7-4所示。

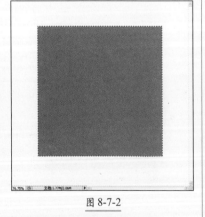

图 8-7-3　　　　　　　图 8-7-4

**4** 将"图层1"拖到"图层"面板上创建新的图层按钮，得到"图层1副本"图层。按住Ctrl键单击"图层1副本"缩览图，调出其选区。选择"图层1副本"，执行【滤镜】/【杂色】/【添加杂色】命令，弹出"添加杂色"对话框，具体设置如图8-7-5所示，设置完毕后单击"确定"按钮应用滤镜，得到的图像效果如图8-7-6所示。

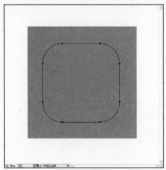

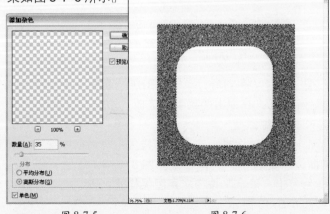

图 8-7-5　　　　　　　图 8-7-6

**5** 执行【滤镜】/【模糊】/【动感模糊】命令，弹出"动感模糊"对话框，具体设置如图8-7-7所示，设置完毕后单击"确定"按钮应用滤镜，将"图层1副本"的图层混合模式设置为"叠加"，得到的图像效果如图8-7-8所示。

图 8-7-7

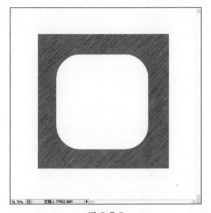

图 8-7-8

**6** 选择"图层1"和"图层1副本"，按快捷键Ctrl+E合并所选图层，得到合并后的"图层1副本"。选择"图层1副本"，单击"图层"面板上添加图层样式按钮 *fx.* ，在弹出的菜单中选择"投影"，弹出"图层样式"对话框，具体设置如图8-7-9所示，设置完毕后不关闭对话框，勾选"斜面和浮雕"复选框，具体设置如图8-7-10所示，设置完毕后单击"确定"按钮应用样式，得到的图像效果如图8-7-11所示。

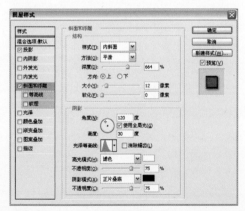

图 8-7-9

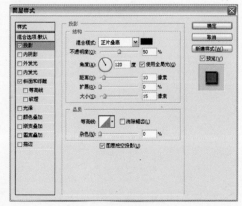

图 8-7-10

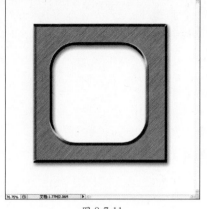

图 8-7-11

**7** 单击"图层"面板上创建新图层按钮 ，新建"图层2"，选择工具箱中的椭圆选框工具 ，按住Shift键在图像中绘制圆形选区，绘制完毕后将前景色设置为白色，设置完毕后按快捷键Alt+Delete填充选区，得到的图像效果如图8-7-12所示。

图 8-7-12

**8** 执行【滤镜】/【杂色】/【添加杂色】命令，弹出"添加杂色"对话框，具体设置如图8-7-13所示，设置完毕后单击"确定"按钮应用滤镜，得到的图像效果如图8-7-14所示。

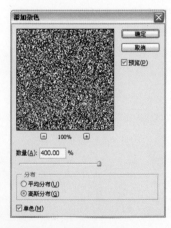

图 8-7-13

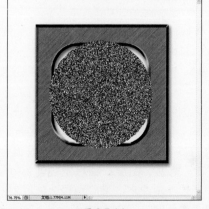

图 8-7-14

**9** 执行【滤镜】/【模糊】/【径向模糊】命令，弹出"径向模糊"对话框，具体设置如图 8-7-15 所示，设置完毕后单击"确定"按钮应用滤镜，得到的图像效果如图 8-7-16 所示。

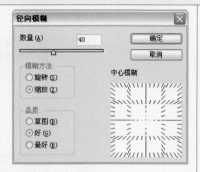

图 8-7-15

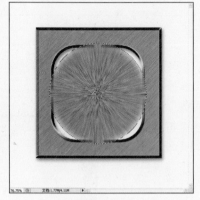

图 8-7-16

**10** 执行【选择】/【修改】/【收缩】命令，在弹出的"收缩选区"对话框中将收缩值设置为 10 像素，设置完毕后单击"确定"按钮，按快捷键 Ctrl+Shift+I 将选区反选，选择"图层 2"，按 Delete 删除选区内图像，如图 8-7-17 所示。

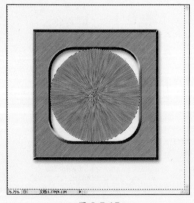

图 8-7-17

**11** 按快捷键 Ctrl+Shift+I 反选，将前景色色值设置为 R190、G165、B0，将背景色色值设置为 R115、G30、B0，单击"图层"面板下的创建新图层按钮 ，新建"图层 3"。执行【滤镜】/【渲染】/【云彩】命令，得到的图像效果如图 8-7-18 所示。将"图层 3"拖到"图层"面板上创建新的图层按钮 ，得到"图层 3 副本"，将"图层 3 副本"的图层混合模式设置为"颜色"，将"图层 3"拖到"图层"面板上创建新的图层按钮 ，得到"图层 3 副本 2"，将"图层 2 副本 2"的图层混合模式设置为"叠加"，得到的图像效果如图 8-7-19 所示。

图 8-7-18

图 8-7-19

**12** 同时选中"图层 3"、"图层 3 副本"和"图层 3 副本 2"，按快捷键 Ctrl+E 合并所选图层，得到合并后的图层"图层 3 副本 2"。单击"图层"面板上添加图层样式按钮 fx.，在弹出的菜单中选择"内发光"，弹出"图层样式"对话框，具体设置如图 8-7-20 所示，设置完毕后不关闭对话框，继续勾选"光泽"复选框，具体设置如图 8-7-21 所示，设置完毕后不关闭对话框，勾选"渐变叠加"复选框，具体设置如图 8-7-22 所示，设置完毕后不关闭对话框，勾选"描边"复选框，具体设置如图 8-7-23 所示，设置完毕后单击"确定"按钮应用图层样式，得到的图像效果如图 8-7-24 所示。

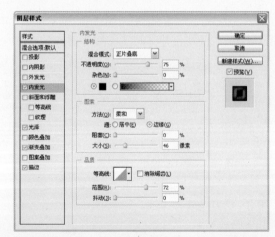

图 8-7-20

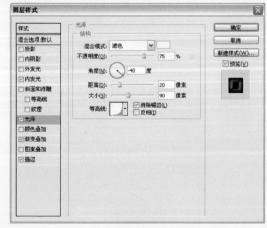

图 8-7-21

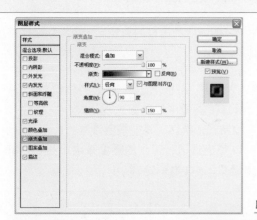

图 8-7-22

图 8-7-23

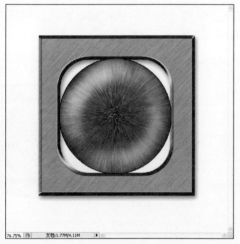

图 8-7-24

**13** 单击"图层"面板上创建新图层按钮 ，新建"图层3"，选择工具箱中的椭圆选框工具 ，按住Shift键在图像中绘制圆形选区，绘制完毕后将前景色设置为黑色，设置完毕后按快捷键Alt+Delete填充选区，得到的图像效果如图8-7-25所示，填充完毕后按快捷键Ctrl+D取消选择。

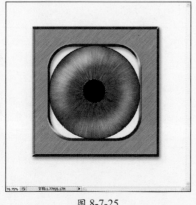

图 8-7-25

**14** 执行【滤镜】/【模糊】/【高斯模糊】命令，弹出"高斯模糊"对话框，具体设置如图8-7-26所示，设置完毕后单击"确定"按钮应用滤镜，得到的图像效果如图8-7-27所示。

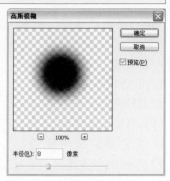

图 8-7-26

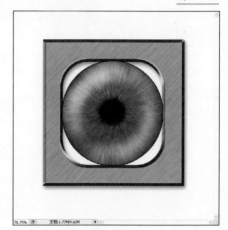

图 8-7-27

**15** 选择"图层3"，单击"图层"面板上的添加图层样式按钮 ，在弹出的菜单中选择"外发光"，弹出"图层样式"对话框，具体设置如图8-7-28所示，设置完毕后单击"确定"按钮应用图层样式，得到的图像效果如图8-7-29所示。

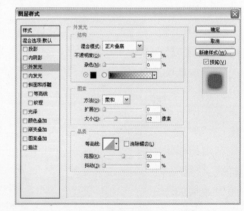

图 8-7-28

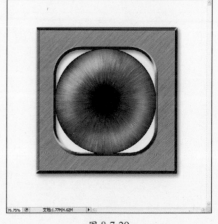

图 8-7-29

**16** 单击"图层"面板上创建新图层按钮 ，新建"图层4"，选择工具箱中的椭圆选框工具 ，按住Shift键在图像中绘制圆形选区，绘制完毕后将前景色设置为白色，设置完毕后按快捷键Alt+Delete填充选区，得到的图像效果如图8-7-30所示，填按快捷键Ctrl+D取消选择。

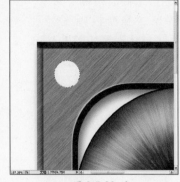

图 8-7-30

**17** 选择"图层4"，单击"图层"面板上的添加图层样式按钮 ，在弹出的菜单中选择"投影"，弹出的"图层样式"对话框具体设置如图8-7-31所示，设置完毕后不关闭对话框，在"图层样式"对话框中继续勾选"斜面和浮雕"复选框，具体设置如图8-7-32所示，设置完毕后单击"确定"按钮应用图层样式，得到的图像效果如图8-7-33所示。

图 8-7-31

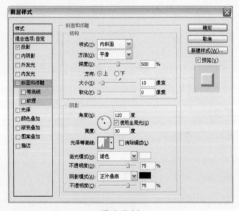

图 8-7-32

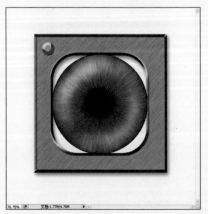

图 8-7-33

**18** 使用同样的方法为边框的另外三个角添加铆钉效果，如图8-7-34所示。

**19** 单击"图层"面板上创建新图层按钮 ，新建"图层5"，选择工具箱中的椭圆选框工具 ，按住Shift键在图像中绘制圆形选区，将前景色设置为白色，按快捷键Alt+Delete填充选区，得到的图像效果如图8-7-35所示，按快捷键Ctrl+D取消选择。

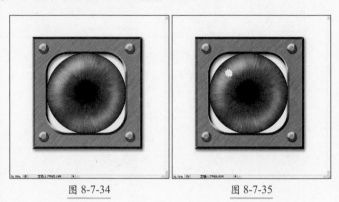

图 8-7-34　　　　　　　图 8-7-35

**20** 执行【滤镜】/【模糊】/【高斯模糊】命令，弹出"高斯模糊"对话框，具体设置如图8-7-36所示，设置完毕后单击"确定"按钮应用滤镜，得到的图像效果如图8-7-37所示。

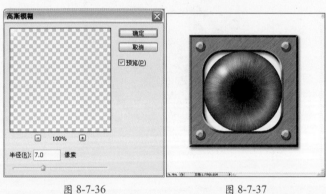

图 8-7-36　　　　　　　图 8-7-37

**21** 执行【编辑】/【自由变换】命令（Ctrl+T），按住Ctrl键向左上方拖动变化框左上角的变换手柄，如图8-7-38所示，按Enter确认变换，得到的最终图像效果如图8-7-39所示。

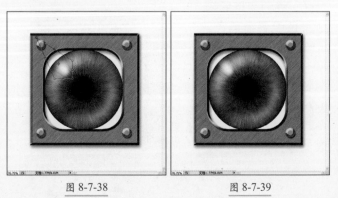

图 8-7-38　　　　　　　图 8-7-39

# Effect 08　制作金属边框水晶按钮

● 使用白色至透明的渐变制作水晶球上的高光反射面

● 使用相反色相的两层渐变图层制作富有立体感的金属外框

● 使用【投影】和【描边】图层样式制作立体漂浮文字

● 使用【斜面和浮雕】制作金属铆钉和金属块效果

**1** 执行【文件】/【新建】命令（Ctrl+N），弹出"新建"对话框，具体设置如图8-8-1所示，单击"确定"按钮新建图像文件。

图 8-8-1

**2** 将前景色色值设置为 R215：G235：B240，背景色色值设置为 R105：G185：B200，选择工具箱中的渐变工具，在其工具选项栏中设置渐变为由前景色至背景色，由上至下拖动鼠标填充渐变。按快捷键 Ctrl+R 调出标尺，拖出两条辅助线分别置于图像横、纵坐标的正中央，使两条辅助线的交点位于图像中央，如图8-8-2所示。

图 8-8-2

**3** 按快捷键Ctrl+R隐藏标尺选择工具箱中的椭圆选框工具，将鼠标置于两条辅助线的交界处，按住 Ctrl+Shift+Alt键向外拖曳鼠标，得到的选区如图 8-8-3 所示。

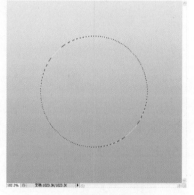

图 8-8-3

**4** 单击"图层"面板上创建新图层按钮，新建"图层 1"。将前景色和背景色设置为黑、白两色，设置完毕后选择工具箱中的渐变工具，在工具选项栏中设置渐变为由前景色至背景色，设置完毕后使用渐变工具由左上至右下拖曳鼠标填充渐变，如图8-8-4所示。

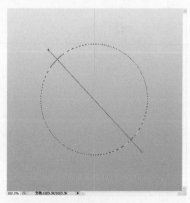

图 8-8-4

5 按快捷键 Ctrl+D 取消选择。选择"图层1"，单击"图层"面板上添加图层样式按钮 fx., 在弹出的菜单中选择"内发光"，弹出"图层样式"对话框，具体设置如图 8-8-5 所示。设置完毕后单击"确定"按钮确认应用图层样式，得到的图像效果如图 8-8-6所示。

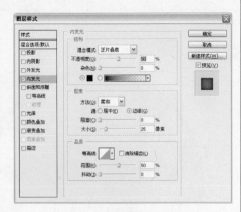

图 8-8-5

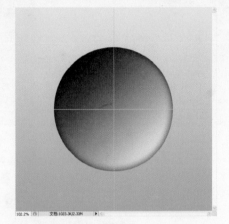

图 8-8-6

6 使用选区相减的方法绘制如图8-8-7所示的选区，单击"图层"面板上创建新图层按钮，新建"图层2"。执行【选择】/【羽化】命令，在弹出的"羽化选区"对话框中设置羽化半径为3像素，设置完毕后单击"确定"按钮。将前景色设置为白色，按快捷键 Alt+Delete 填充前景色，按快捷键 Ctrl+D 取消选择，得到的图像效果如图 8-8-8 所示。

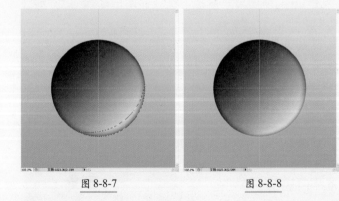

图 8-8-7                    图 8-8-8

7 选择工具箱中的椭圆选框工具，将鼠标置于两条辅助线的交界处，按住Ctrl+Shift+Alt键向外拖曳鼠标，得到的选区效果如图8-8-9所示。单击"图层"面板上创建

新图层按钮，新建"图层3"。将前景色设置为白色，按快捷键Alt+Delete填充前景色，按快捷键Ctrl+D取消选择，将"图层3"的图层不透明度设置为10%，得到的图像效果如图8-8-10所示。

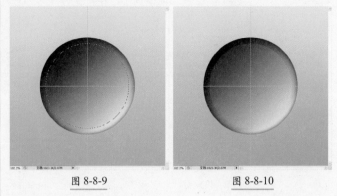

图 8-8-9                    图 8-8-10

8 使用选区相减的方法绘制如图 8-8-11 所示的选区，选择工具箱中的多边形套索工具，在其工具选项栏中设置建立选区类型为"从选区中减去"，设置完毕后绘制如图 8-8-12 所示的选区。

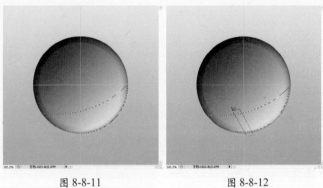

图 8-8-11                    图 8-8-12

9 执行【选择】/【修改】/【平滑】命令，在弹出的"平滑选区"对话框中设置平滑半径为3像素，设置完毕后单击"确定"按钮。单击"图层"面板上创建新图层按钮，新建"图层4"。将前景色设置白色，设置完毕后选择工具箱中的渐变工具，在工具选项栏中设置渐变为前景至透明，设置完毕后使用渐变工具由右下至左上拖曳鼠标，添加渐变完毕后按快捷键 Ctrl+D 取消选择，如图 8-8-13 所示。

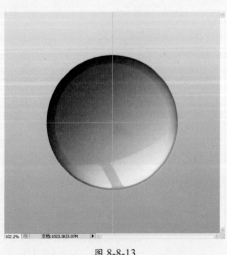

图 8-8-13

**10** 选择工具箱中的椭圆选框工具◎，使用椭圆选框工具绘制如图8-8-14所示的椭圆选区。

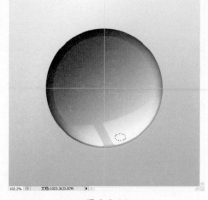

图 8-8-14

**11** 单击"图层"面板上创建新图层按钮▣，新建"图层 5"。将前景色设置白色，设置完毕后按快捷键Alt+Delete填充前景色，填充完毕后按快捷键Ctrl+D取消选择，将"图层 5"的图层不透明度设置为 50%，得到的图像效果如图8-8-15所示。

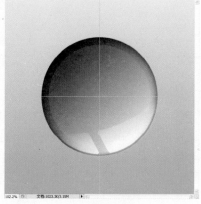

图 8-8-15

**12** 选择工具箱中的钢笔工具▣，使用钢笔工具绘制如图8-8-16所示的路径。切换到"路径"面板，单击将路径作为选区载入按钮▣，将路径转换为选区。

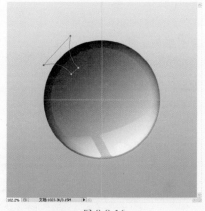

图 8-8-16

**13** 切换回"图层"面板，按住Ctrl+Shift+Alt 键单击"图层 1"在"图层"面板下的缩览图，得到路径与"图层 1"图像相交的选区，如图8-8-17所示。

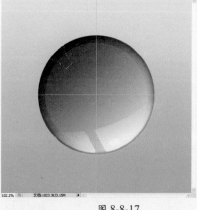

图 8-8-17

**14** 单击"图层"面板上创建新图层按钮▣，新建"图层 6"。将前景色设置白色，设置完毕后选择工具箱中的渐变工具▣，在工具选项栏中设置渐变为前景至透明，设置完毕后使用渐变工具在选区内由左上至右下拖曳鼠标，添加渐变完毕后按快捷键 Ctrl+D 取消选择，稍稍移动图像位置，图像效果如图 8-8-18 所示。

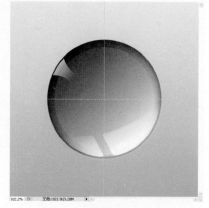

图 8-8-18

**15** 选择工具箱中的椭圆选框工具◎，使用椭圆选框工具绘制如图 8-8-19 所示的椭圆选区。单击"图层"面板下的创建新图层按钮▣，新建"图层 7"。将前景色设置白色，设置完毕后按快捷键 Alt+Delete 填充前景色，填充完毕后按快捷键 Ctrl+D 取消选择，将"图层 7"的图层不透明度设置为 50%，旋转图像，得到如图 8-8-20 所示的图像效果。

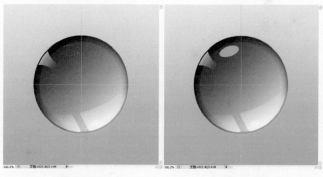

图 8-8-19　　　　　　图 8-8-20

**16** 将"图层 7"拖曳至"图层"面板上创建新图层按钮▣，得到"图层 7 副本"，选择"图层 7"，执行【滤镜】/【模糊】/【高斯模糊】命令，在弹出的"高斯模糊"对话框中设置模糊半径为4像素，如图 8-8-21 所示，设置完毕后单击"确定"按钮。将"图层 7 副本"的图层不透明度设置为30%，设置完毕后得到的图像效果如图 8-8-22所示。

图 8-8-21

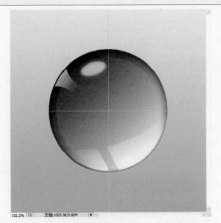

图 8-8-22

**17** 使用选区相减的方法绘制如图 8-8-23 所示的选区，单击"图层"面板上创建新图层按钮 ，新建"图层 8"。将前景色设置白色，设置完毕后选择工具箱中的渐变工具 ，在工具选项栏中设置渐变为前景至透明，设置完毕后使用渐变工具由上至下拖曳鼠标，添加渐变完毕后按快捷键 Ctrl+D 取消选择，将"图层 8"的图层不透明度设置为 60%，如图 8-8-24 所示。

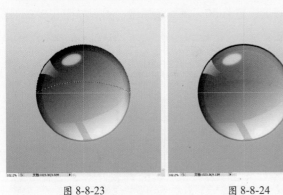

图 8-8-23　　　　　　　　图 8-8-24

**18** 使用选区相减的方法绘制如图 8-8-25 所示的选区，单击"图层"面板下的创建新图层按钮 ，新建"图层 9"。将前景色设置为白色，按快捷键 Alt+Delete 填充前景色，填充完毕后按快捷键 Ctrl+D 取消选择，使用同样的方法在圆的右下和左下添加两处高光，得到的图像效果如图 8-8-26 所示。

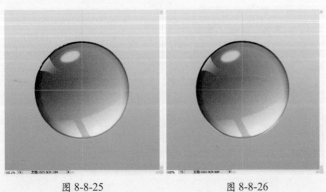

图 8-8-25　　　　　　　　图 8-8-26

**19** 按住 Ctrl 键单击"图层 1"在"图层"面板上缩览图，调出其选区。单击"图层"面板上创建新图层按钮 ，新建"图层 10"。执行【编辑】/【描边】命令，弹出"描边"对话框，具体设置如图 8-8-27 所示，设置完毕后单击"确定"按钮添加描边，按快捷键 Ctrl+D 取消选择，得到的图像效果如图 8-8-28 所示。

图 8-8-27　　　　　　　　图 8-8-28

**20** 选择"图层 1"，单击"图层"面板上创建新的填充或调整图层按钮 ，在弹出的菜单中选择"色相/饱和度"，弹出"色相/饱和度"对话框，具体设置如图 8-8-29 所示，设置完毕后单击"确定"按钮。按住 Ctrl 键单击"图层 1"缩览图，调出其选区，按快捷键 Ctrl+Shift+I 将选区反选，选择"色相/饱和度"调整图层上的图层蒙版，将前景色设置为黑色，按快捷键 Alt+Delete 填充，按快捷键 Ctrl+D 取消选择，得到的图像效果如图 8-8-30 所示。

图 8-8-29

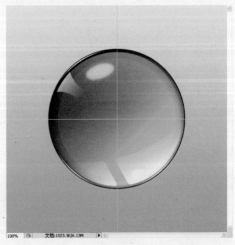

图 8-8-30

**21** 隐藏除"背景"图层外的所有图层，选择工具箱中的椭圆选框工具，将鼠标置于两条辅助线的交界处，按住 Ctrl+Shift+Alt 键向外拖曳鼠标，得到的选区如图 8-8-31 所示，注意此圆形选区要大于"图层 1"图形所在的圆形选区。

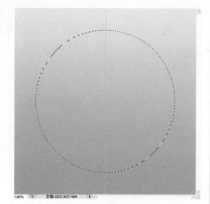

图 8-8-31

**22** 单击"图层"面板下的创建新图层按钮，新建"图层 11"。将前景色和背景色设置为黑、白两色，设置完毕后选择工具箱中的渐变工具，在工具选项栏中设置渐变为由前景色至背景色，设置渐变类型为径向渐变，设置完毕后在选区内的左上角使用渐变工具由左上至右下拖曳鼠标，如图 8-8-32 所示。

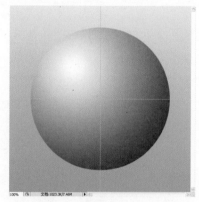

图 8-8-32

**23** 单击"图层"面板上创建新图层按钮，新建"图层 12"。在选区内的右侧使用渐变工具由右至左拖曳鼠标，如图 8-8-33 所示。按快捷键 Ctrl+D 取消选择，将"图层 12"的图层混合模式设置为"变亮"，得到的图像效果如图 8-8-34 所示。

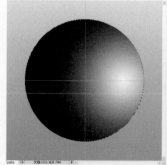

图 8-8-33　　　　　图 8-8-34

**24** 选择工具箱中的椭圆选框工具，将鼠标置于两条辅助线的交界处，按住 Ctrl+Shift+Alt 键向外拖曳鼠标，得到的选区如图 8-8-35 所示，注意此圆形选区要略大于"图层 1"图形所在的圆形选区。单击"图层"面板上创建

新图层按钮，新建"图层 13"。将前景色和背景色设置为黑、白两色，设置完毕后选择工具箱中的渐变工具，在工具选项栏中设置渐变为由前景色至背景色，设置渐变类型为"线性渐变"，设置完毕后使用渐变工具由左上至右下拖曳鼠标，如图 8-8-36 所示。

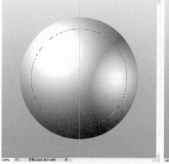

图 8-8-35　　　　　图 8-8-36

**25** 显示所有隐藏图层，选择工具箱中的矩形选框工具，使用矩形选框工具绘制矩形，选择"图层 13"，单击"图层"面板上创建新图层按钮，新建"图层 14"。将前景色设置为白色，按快捷键 Alt+Delete 填充前景色，填充完毕后按快捷键 Ctrl+D 取消选择，将"图层 14"的中心置于辅助线的交点，得到的图像效果如图 8-8-37 所示。按快捷键 Ctrl+Alt+T 变换并复制图层，按住 Shift 键旋转图像 15°，旋转完毕后按 Enter 键确认变换。按快捷键 Ctrl+Shift+Alt+T 重复变换并复制新图层若干次，得到的图像效果如图 8-8-38 所示。

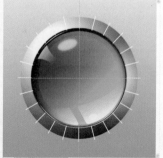

图 8-8-37　　　　　图 8-8-38

**26** 选择"图层 14"和所有"图层 14"副本，按快捷键 Ctrl+E 合并所选图层，得到合并后的图层"图层 14 副本 11"。按住 Ctrl 键单击"图层 12"在"图层"面板上的缩览图，调出其选区，按快捷键 Ctrl+Shift+I 将选区反选，选区效果如图 8-8-39 所示。选择"图层 14 副本 11"，按 Delete 删除选区内图像。按住 Ctrl 键单击"图层 13"在"图层"面板上的缩览图，调出其选区，选择"图层 14 副本 11"，按 Delete 删除选区内图像。得到的图像效果如图 8-8-40 所示，删除完毕后按快捷键 Ctrl+D 取消选择。

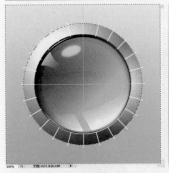

图 8-8-39　　　　　　　　图 8-8-40

**31** 选择"图层 14 副本 11",单击"图层"面板上添加图层样式按钮 fx.,在弹出的菜单中选择"斜面和浮雕",弹出"图层样式"对话框,具体设置如图 8-8-41 所示。设置完毕后单击"确定"按钮确认应用图层样式,将"图层 14 副本 11"的图层填充值设置为 0%,得到的图像效果 8-1-42 所示。

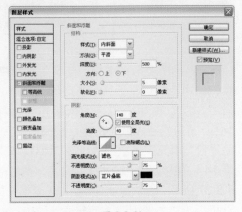

图 8-8-41

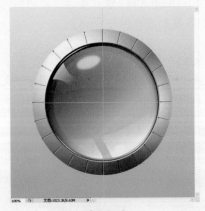

图 8-8-42

**32** 选择工具箱中的椭圆选框工具 ,按住 Shift 键使用椭圆选框工具绘制如图 8-8-43 所示的圆形选区,单击"图层"面板下的创建新图层按钮 ,新建"图层 15",将前景色设置为白色,按快捷键 Alt+Delete 填充前景色,填充完毕后按快捷键 Ctrl+D 取消选择。

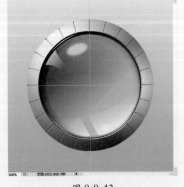

图 8-8-43

**33** 选择"图层 15",单击"图层"面板上添加图层样式按钮 fx.,在弹出的菜单中选择"斜面和浮雕",弹出"图层样式"对话框,具体设置如图 8-8-44 所示。设置完毕后单击"确定"按钮确认应用图层样式,将"图层 15"的图层填充值设置为 0%,得到的图像效果 8-1-45 所示。

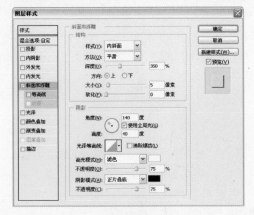

图 8-8-44

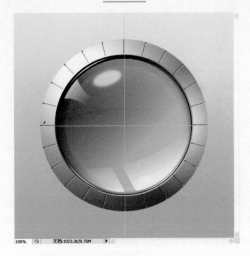

图 8-8-45

**34** 使用同样的方法在所有金属板接缝处的两侧添加铆钉,注意没排铆钉与金属板接缝的距离要一致,得到的图像效果如图 8-8-46 所示。

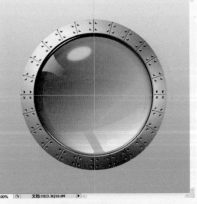

图 8-8-46

**35** 选择"图层 1",单击"图层"面板上添加图层样式按钮 fx.,在弹出的菜单中选择"投影",弹出"图层样式"对话框,具体设置如图 8-8-47 所示。设置完毕后单击"确定"按钮确认应用图层样式，得到的图像效果8-1-48所示。

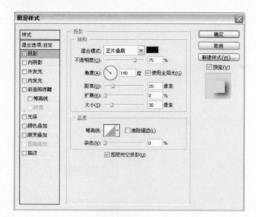

图 8-8-47

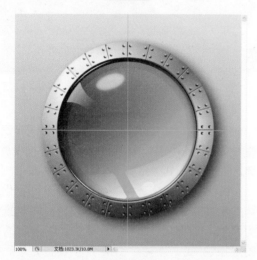

图 8-8-48

**36** 选择工具箱中的横排文字工具 T ，使用横排文字工具在图像中单击，输入英文"NEXT"，如图8-8-49 所示。

图 8-8-49

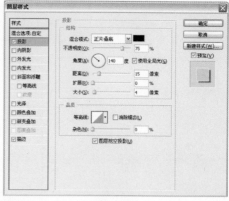

图 8-8-50

图 8-8-51

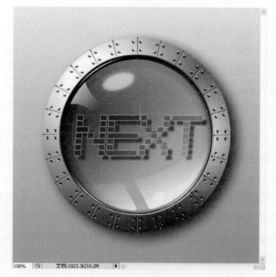

图 8-8-52

**37** 选择文字图层，单击"图层"面板上添加图层样式按钮 fx. ，在弹出的菜单中选择"投影"，弹出"图层样式"对话框，具体设置如图 8-8-50 所示，设置完毕后不关闭对话框，勾选"描边"复选框，具体设置如图8-8-51 所示，设置完毕后单击"确定"按钮应用图层样式，得到的图像效果如图8-8-52 所示。

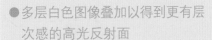

## Effect 09　　　　　　　制作双层边框陶瓷按钮

● 多层白色图像叠加以得到更有层次感的高光反射面
● 使用重复变换命令以得到规律的发散状装饰条纹
● 使用向Alpha通道打光的方法得到更加真实的浮雕效果
● 文字栅格化后使用【球面化】滤镜以使得文字更加贴和按钮表面

**1** 执行【文件】/【新建】命令（Ctrl+N），弹出"新建"对话框，具体设置如图8-9-1所示，单击"确定"按钮新建图像文件。

图 8-9-1

**2** 将前景色色值设置为R215、G200、B180，背景色色值设置为R185、G120、B60，设置完毕后选择工具箱中的渐变工具■，在工具选项栏中设置渐变为由前景色至背景色，设置完毕后使用渐变工具由上至下拖曳鼠标以得到渐变背景。按快捷键Ctrl+R调出标尺，拖曳两条辅助线分别置于图像横、纵坐标的正中央，使得两条辅助线的焦点于图像正中央，再按快捷键Ctrl+R隐藏标尺，如图8-9-2所示。

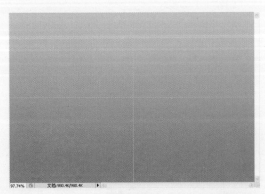

图 8-9-2

**3** 选择工具箱中的椭圆选框工具○，将鼠标置于两条辅助线的交界处，按住Ctrl+Shift+Alt键向外拖曳鼠标，得到的选区效果如图8-9-3所示。执行【选择】/【羽化】命令，在弹出的"羽化选区"对话框中设置羽化半径为3像素，设置完毕后单击"确定"按钮。将前景色色值设置为R25、G175、B165，单击"图层"面板上创建新图层按钮 ，新建"图层1"。设置完毕后按快捷键Alt+Delete填充前景色，填充完毕后按快捷键Ctrl+D取消选择。

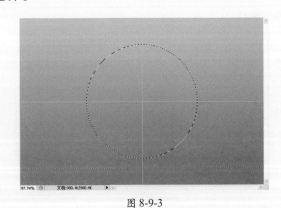

图 8-9-3

**4** 选择"图层1"，单击"图层"面板上添加图层样式按钮 fx，在弹出的菜单中选择"内发光"，弹出"图层样式"对话框，具体设置如图8-9-4所示，设置完毕后不关闭对话框，继续勾选"渐变叠加"复选框，具体设置如图8-9-5所示。设置完毕后单击"确定"按钮应用图层样式，选择工具箱中的椭圆选框工具○，使用椭圆选框工具在图像上绘制如图8-9-6所示的椭圆选区。

图 8-9-4

图 8-9-5

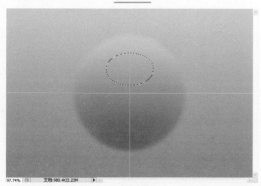

图 8-9-6

5 单击"图层"面板上创建新图层按钮 ，新建"图层2"。将前景色设置为白色，按快捷键 Alt+Delete 填充前景色，按快捷键 Ctrl+D 取消选择。执行【滤镜】/【模糊】/【高斯模糊】命令，弹出"高斯模糊"对话框，具体设置如图 8-9-7 所示，设置完毕后单击"确定"按钮，得到的图像效果如图 8-9-8 所示。

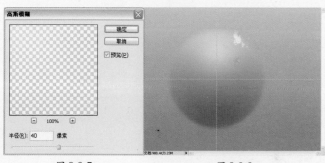

图 8-9-7    图 8-9-8

6 按住 Ctrl 键单击"图层 1"缩览图，调出其选区，单击"图层"面板上创建新图层按钮 ，新建"图层3"。将前景色设置为白色，按快捷键 Alt+Delete 填充前景色，填充完毕后按快捷键 Ctrl+D 取消选择。选择"图层3"，单击"图层"面板上添加图层样式按钮 fx. ，在弹出的菜单中选择"内发光"，弹出"图层样式"对话框，具体设置如图 8-9-9 所示，设置完毕后单击"确定"按钮，将"图层 3"的图层填充值设置为 0%，得到的图像效果如图 8-9-10 所示。

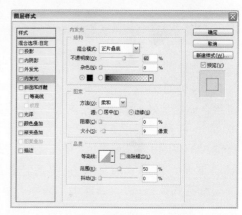

图 8-9-9

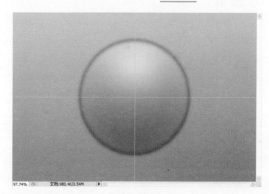

图 8-9-10

7 按住 Ctrl 键单击"图层 1"在"图层"面板下的缩览图以得到其选区，单击"图层"面板上创建新图层按钮 ，新建"图层4"。将前景色设置为白色，按快捷键 Alt+Delete 填充前景色，填充完毕后按快捷键 Ctrl+D 取消选择。选择"图层4"，单击"图层"面板上添加图层样式按钮 fx. ，在弹出的菜单中选择"内发光"，弹出"图层样式"对话框，具体设置如图 8-9-11 所示，设置完毕后单击"确定"按钮，将"图层 4"的图层填充值设置为 0%，得到的图像效果如图8-9-12所示。

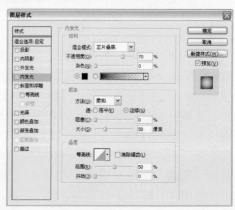

图 8-9-11

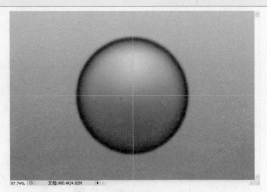

图 8-9-12

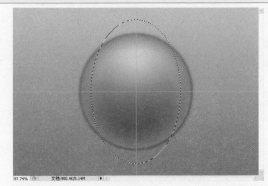

图 8-9-15

**8** 按住 Ctrl 键单击"图层 1"在"图层"面板上缩览图，调出其选区，单击"图层"面板上创建新图层按钮 ，新建"图层 5"。将前景色设置为白色，按快捷键 Alt+Delete 填充前景色，填充完毕后按快捷键 Ctrl+D 取消选择。选择"图层 5"，单击"图层"面板上添加图层样式按钮 ，在弹出的菜单中选择"内发光"，弹出"图层样式"对话框，具体设置如图 8-9-13 所示，设置完毕后单击"确定"按钮，将"图层 5"的图层填充值设置为 0%，得到的图像效果 8-9-14 所示。

图 8-9-13

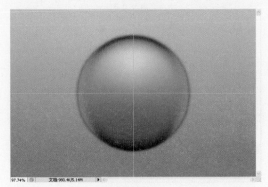

图 8-9-16

**10** 选择工具箱中的椭圆选框工具 ，使用椭圆选框工具在圆形图像上方绘制一个如图 8-9-17 所示的椭圆选区。

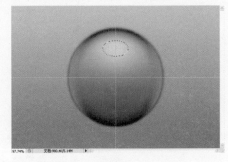

图 8-9-17

**11** 单击"图层"面板上创建新图层按钮 ，新建"图层 7"。将前景色设置为白色，按快捷键 Alt+Delete 填充前景色，填充完毕后按快捷键 Ctrl+D 取消选择。执行【滤镜】/【模糊】/【高斯模糊】命令，弹出"高斯模糊"对话框，具体设置如图 8-9-18 所示，设置完毕后单击"确定"按钮，得到的图像效果如图 8-9-19 所示。

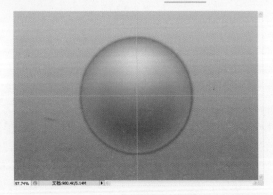

图 8-9-14

**9** 单击"图层"面板上创建新图层按钮 ，新建"图层 6"。同时选择"图层 6"和"图层 5"，按快捷键 Ctrl+E 合并所选图层，得到合并后的"图层 6"。选择工具箱中的椭圆选框工具 ，绘制如图 8-9-15 所示的椭圆选区。执行【选择】/【羽化】命令，在弹出的"羽化选区"对话框中设置羽化半径为 10 像素，设置完毕后单击"确定"按钮。选择"图层 6"，按 Delete 删除选区内图像，按 Ctrl+D 取消选择，图像效果如图 8-9-16 所示。

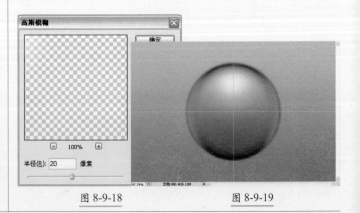

图 8-9-18      图 8-9-19

**12** 使用选区相交的方法绘制如图8-9-20所示的选区，单击"图层"面板上创建新图层按钮■，新建"图层8"。将前景色设置为白色，设置完毕后选择工具箱中的渐变工具■，在工具选项栏中设置渐变为由前景色至透明，设置完毕后使用渐变工具由下至上拖曳鼠标，添加渐变完毕后按快捷键Ctrl+D取消选择，得到的图像效果如图8-9-21所示。

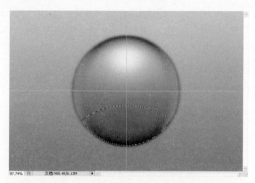

图 8-9-20

图 8-9-21

**13** 执行【滤镜】/【模糊】/【高斯模糊】命令，弹出"高斯模糊"对话框，具体设置如图8-9-22所示，设置完毕后单击"确定"按钮，得到的图像效果如图8-9-23所示。

图 8-9-22

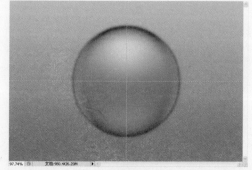

图 8-9-23

**14** 选择工具箱中的椭圆选框工具○，使用椭圆选框工具在圆形图像上方绘制一个如图8-9-24所示的椭圆选区。

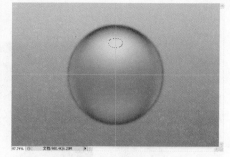

图 8-9-24

**15** 单击"图层"面板上创建新图层按钮■，新建"图层9"。将前景色设置为白色，按快捷键Alt+Delete填充前景色，填充完毕后按快捷键Ctrl+D取消选择。执行【滤镜】/【模糊】/【高斯模糊】命令，弹出"高斯模糊"对话框，具体设置如图8-9-25所示，设置完毕后单击"确定"按钮，得到的图像效果如图8-9-26所示。

图 8-9-25

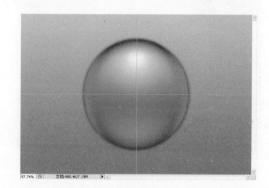

图 8-9-26

**16** 使用选区相减的方法绘制环形选区，单击"图层"面板上创建新图层按钮■，新建"图层10"。将前景色设置为白色，按快捷键Alt+Delete填充前景色，得到的图像效果如图8-9-27所示。

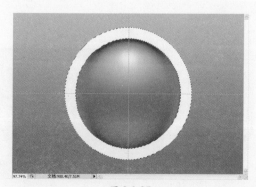

图 8-9-27

**17** 切换到"通道"面板，单击"通道"面板上创建新通道按钮，新建"Alpha1"通道，将前景色设置为白色，按快捷键Alt+Delete填充前景色，填充完毕后按快捷键Ctrl+D取消选择，得到的图像效果如图8-9-28所示。

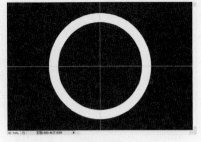

图 8-9-28

**18** 执行【滤镜】/【模糊】/【高斯模糊】命令，弹出"高斯模糊"对话框，具体设置如图8-9-29所示，设置完毕后单击"确定"按钮，得到的图像效果如图8-9-30所示。

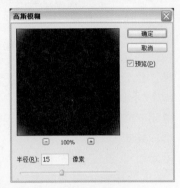

图 8-9-29

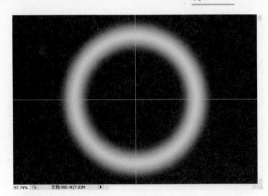

图 8-9-30

**19** 执行【图像】/【调整】/【曲线】命令（Ctrl+M），弹出"曲线"对话框，具体设置如图8-9-31所示，设置完毕后单击"确定"按钮，得到的图像效果如图8-9-32所示。这样做的目的是为了让通道中黑白对比更加明显，为下一步的"光照效果"滤镜做好准备。

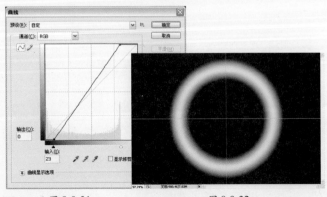

图 8-9-31          图 8-9-32

**20** 切换回"图层"面板，选择"图层10"，执行【滤镜】/【渲染】/【光照效果】命令，弹出"光照效果"对话框，如图8-9-33所示进行设置，在"纹理通道"选项中选择"Alpha1"通道，单击"确定"按钮，图像效果如图8-9-34所示。

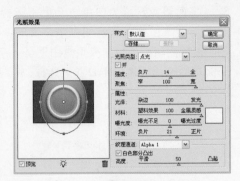

图 8-9-33

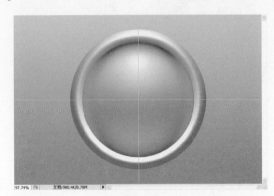

图 8-9-34

**21** 执行【图像】/【调整】/【色相/饱和度】命令（Ctrl+U），弹出"色相/饱和度"对话框，具体设置如图8-9-35所示，设置完毕后单击"确定"按钮，得到的图像效果如图8-9-36所示。

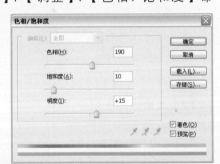

图 8-9-35

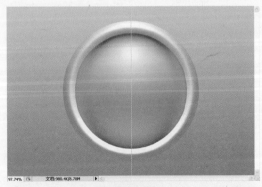

图 8-9-36

提示："色相/饱和度"是【调整】菜单下常用的命令，一般用于调整图像的颜色和颜色的饱和度，还可以调整整体图像的明暗。

**22** 按住 Ctrl 键单击"图层 10"缩览图，调出其选区，执行【选择】/【修改】/【扩展】命令，在弹出的"扩展选区"对话框中设置扩展半径为 3 像素，设置完毕后单击"确定"按钮，单击"图层"面板上创建新图层按钮，新建"图层 11"。将前景色设置为白色，按快捷键 Alt+Delete 填充前景色，得到的图像效果如图 8-9-37 所示。填充完毕后按快捷键 Ctrl+D 取消选择。按快捷键 Ctrl+F 重复执行上一滤镜命令，得到的图像效果如图 8-9-38 所示。

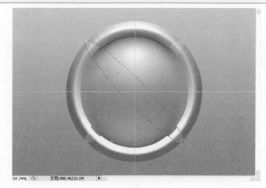

图 8-9-40

**24** 按快捷键 Ctrl+D 取消选择。选择"图层 11"，单击"图层"面板上添加图层样式按钮 *fx.*，在弹出的菜单中选择"内发光"，弹出"图层样式"对话框，具体设置如图 8-9-41 所示，设置完毕后不关闭对话框，勾选"斜面和浮雕"复选框，具体设置如图 8-9-42 所示，设

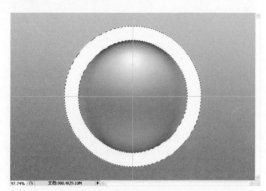

图 8-9-37

置完毕后单击"确定"按钮应用图层样式，选择工具箱中的多边形套索工具，绘制等腰三角形，注意三角形的中心线应与横向辅助线重合，单击"图层"面板上创建新图层按钮，新建"图层 12"。将前景色设置为黑色，按 Alt+Delete 填充前景色，如图 8-9-43 所示，按快捷键 Ctrl+D 取消选择。

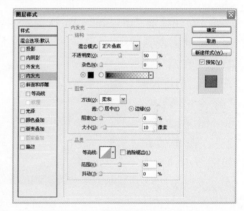

图 8-9-41

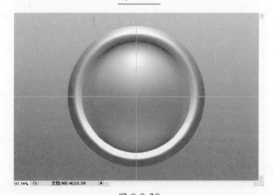

图 8-9-38

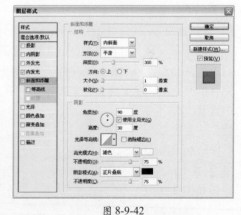

图 8-9-42

提示：快捷键 Ctrl+F 的命令是重复执行上步滤镜命令，该命令是对当前图像重复执行上步滤镜命令，包括执行的参数设置都与上一滤镜完全一样。如果想执行上一滤镜并对其参数重新进行设置，可按快捷键 Ctrl+Alt+F。

**23** 选择工具箱中的椭圆选框工具，使用椭圆选框工具绘制如图 8-9-39 所示的选区。选择"图层 11"，按 Delete 键删除选区内图像，执行【选择】/【变换选区】命令，调出变换框后按住 Shift 键旋转选区 90° 后按 Enter 键确认变换，按 Delete 键删除选区内图像，如图 8-9-40 所示。

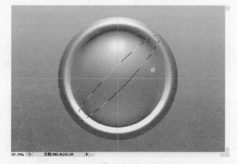

图 8-9-39

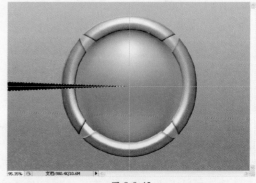

图 8-9-43

**25** 按快捷键Ctrl+Alt+T自由变换图像并复制，按住Alt键将变换框的中心点拖曳至辅助线的交点处，按住Shift键旋转图像15°，按Enter键确认变换，得到的图像效果如图8-9-44所示。

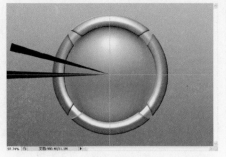

图 8-9-44

> 提示：快捷键Ctrl+Alt+T的命令是复制新图层并自由变换图像，即复制一个当前图层上的图像至图层副本并自由变换，该命令的使用方法和自由变换命令（Ctrl+T）是完全一样的。

**26** 按快捷键Ctrl+Shift+Alt+T复制图像并重复上一变换，此时"图层12"将生成2个副本，分别是"图层12副本"和"图层12副本2"，图像效果如图8-9-45所示。

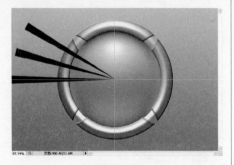

图 8-9-45

**27** 同时选择"图层12"、"图层12副本"和"图层12副本2"，按快捷键Ctrl+E合并所选图层，得到合并后的图层"图层12副本2"，按快捷键Ctrl+Alt+T复制图像并自由变换，按住Alt键将变换框的中心点拖曳至辅助线的交点处，在变换框中单击鼠标右键，在弹出的菜单中选择"水平变换"，变换完毕后按Enter键确认变换，得到的图像效果如图8-9-46所示。得到新的"图层12副本3"。

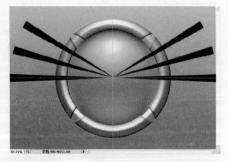

图 8-9-46

**28** 同时选择"图层12副本2"和"图层12副本3"，按快捷键Ctrl+E合并所选图层，得到合并后的"图层12副本3"，按快捷键Ctrl+Alt+T复制图像并自由变换，按住Alt键将变换框的中心点拖曳至辅助线的交点处，在变换框中单击鼠标右键，在弹出的菜单中选择"垂直变换"，变换完毕后按Enter键确认变换，得到的图像效果

如图8-9-47所示，得到新的"图层12副本4"。

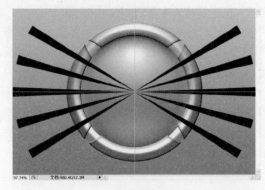

图 8-9-47

**29** 同时选择"图层12副本3"和"图层12副本4"，按快捷键Ctrl+E合并所选图层，得到合并后的"图层12副本4"。选择"图层12副本4"，单击"图层"面板上添加图层样式按钮 fx，在弹出的菜单中选择"内发光"，弹出"图层样式"对话框，具体设置如图8-9-48所示，设置完毕后不关闭对话框，勾选"斜面和浮雕"复选框，具体设置如图8-9-49所示。将"图层12副本4"的图层填充值设置为0%。单击"图层"面板上创建新图层按钮，新建"图层12"。同时选择"图层12"和"图层12副本4"，按快捷键Ctrl+E合并所选图层，得到合并后的图层"图层12"，按住Ctrl键单击"图层11"缩览图，调出其选区，按快捷键Ctrl+Shift+I将选区反选，选择"图层12"，按Delete删除选区内图像，如图8-9-50所示，删除完毕后按快捷键Ctrl+D取消选择。

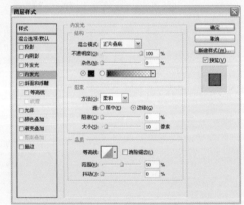

图 8-9-48

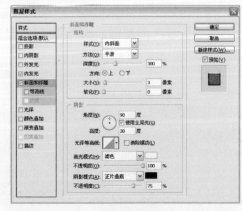

图 8-9-49

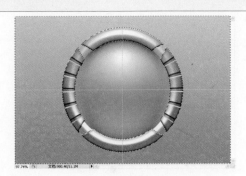

图 8-9-50

**30** 按住 Ctrl 键单击"图层1"缩览图，调出其选区，单击创建新图层按钮，新建"图层13"。将前景色设置为白色，按快捷键 Alt+Delete 填充前景色，按快捷键 Ctrl+D 取消选择。选择"图层13"，单击添加图层样式按钮 *fx.*，在弹出的菜单中选择"内发光"，弹出"图层样式"对话框，具体设置如图8-9-51所示，设置完毕后单击"确定"按钮，将"图层13"的图层填充值设置为0%，得到的图像效果如图8-9-52所示。

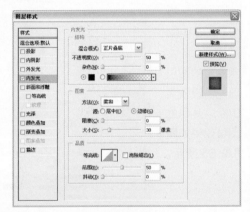

图 8-9-51

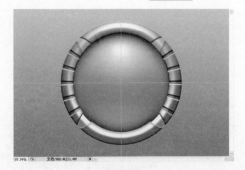

图 8-9-52

**31** 按快捷键Ctrl+;隐藏辅助线，选择工具箱中的椭圆选框工具，按住 Shift 键拖曳鼠标，绘制圆形选区，单击"图层"面板上创建新图层按钮，新建"图层14"。将前景色设置为白色，按快捷键 Alt+Delete填充前景色，图像效果如图8-9-53所示，填充完毕后按快捷键 Ctrl+D 取消选择。

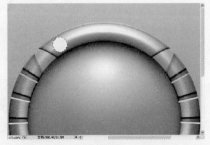

图 8-9-53

**32** 选择"图层14"，单击"图层"面板上添加图层样式按钮 *fx.*，在弹出的菜单中选择"斜面和浮雕"，弹出"图层样式"对话框，具体设置如图8-9-54所示，设置完毕后单击"确定"按钮应用样式，将"图层14"的图层填充值设置为0%，得到的图像效果如图8-9-55所示。

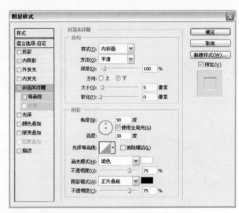

图 8-9-54

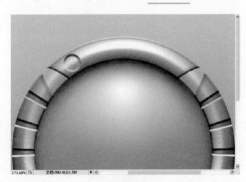

图 8-9-55

**33** 隐藏有所边框包含的图层和"背景"图层，如图8-9-56所示。按快捷键 Ctrl+Shift+Alt+E 盖印图层，得到"图层15"。

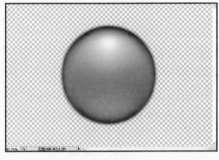

图 8-9-56

**34** 显示"背景"图层，选择"图层15"，执行【图像】/【调整】/【色相/饱和度】命令（Ctrl+U），弹出"色相/饱和度"对话框，具体设置如图8-9-57所示，设置完毕后单击"确定"按钮应用调整。按快捷键 Ctrl+T 自由变换图像，按住 Shift 键等比例缩小图像，将图像缩小至略小于"图层14"的图像，变换完毕后按 Enter 键确认变换，得到的图像效果如图8-9-58所示。

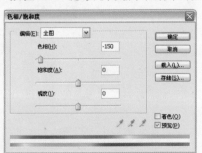

图 8-9-57

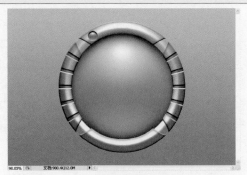

图 8-9-58

**35** 使用同样的方法为按钮边框上添加装饰，得到的图像效果如图 8-9-59 所示。

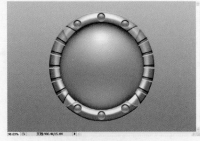

图 8-9-59

**36** 选择工具箱中的横排文字工具 **T.**，在图像中单击，设置合适的文字字体和大小，输入文字"ENTER"，图像效果如图 8-9-60 所示。

图 8-9-60

**37** 执行【图层】/【栅格化】/【文字】命令，按 Ctrl 键单击"图层 1"在"图层"面板上缩览图，调出其选区，选择文字图层，执行【滤镜】/【扭曲】/【球面化】命令，弹出"球面化"对话框，具体设置如图 8-9-61 所示，设置完毕后单击"确定"按钮应用滤镜，按快捷键 Ctrl+D 取消选择，图像效果如图 8-9-62 所示。

图 8-9-61

图 8-9-62

提示：在应用"球面化"滤镜之前建立选区是为了限定扭曲范围，让文字变形的更加充分。

**38** 选择文字图层，单击"图层"面板上添加图层样式按钮 **fx.**，在弹出的菜单中选择"内发光"，弹出"图层样式"对话框，具体设置如图 8-9-63 所示，设置完毕后不关闭对话框，继续勾选"斜面和浮雕"复选框，具体设置如图 8-9-64 所示。将文字图层的图层填充值设置为 0%，得到的图像效果如图 8-9-65 所示。

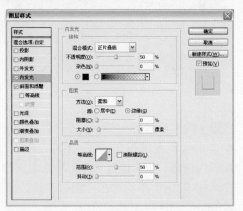

图 8-9-63

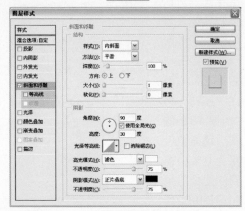

图 8-9-64

图 8-9-65

**39** 选择工具箱中的椭圆选框工具 **○.**，按 Shift 键绘制圆形选区，如图 8-9-66 所示，选择"背景"图层，单击"图层"面板上创建新图层按钮 ，新建"图层 16"。将前景色设置为白色，按 Alt+Delete 填充前景色，按快捷键 Ctrl+D 取消选择。

图 8-9-66

**40** 选择"图层16",单击"图层"面板上添加图层样式按钮 *fx.*,在弹出的菜单中选择"投影",弹出"图层样式"对话框,具体设置如图8-9-67所示,设置完毕后单击"确定"按钮,添加图层样式完毕后将"图层16"的图层填充值设置为0%,得到的图像效果如图8-9-68所示。

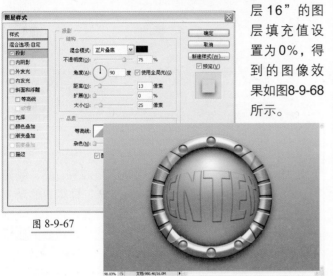

图 8-9-67

图 8-9-68

**41** 复制除"背景"图层以外的所有图层,并将得到的副本图层合并,执行【图像】/【调整】/【色相/饱和度】命令调整色相,使用【自由变换】命令调整图像大小,得到的图像效果如图8-9-69所示。

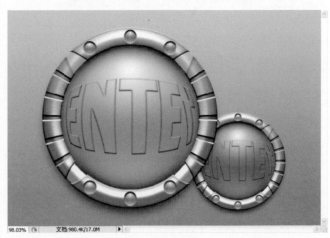

图 8-9-69

**Effect 10**　设计音乐网站欢迎界面

● 使用镜像并添加图层蒙版的方法制作按钮倒映

● 使用【切变】滤镜制作柔和变换的五线谱

● 使用【图层样式】为图像添加浮雕和投影效果

**1** 执行【文件】/【新建】命令(Ctrl+N),弹出"新建"对话框,具体设置如图8-10-1所示,单击"确定"按钮新建图像文件。

图 8-10-1

**2** 选择工具箱中的渐变工具,设置由灰至白的渐变,按Shift键由下至上拖曳,填充渐变,选择工具箱中的圆角矩形工具,在其选项栏中设置半径为10像素,在图像中绘制如图8-10-2所示的路径。

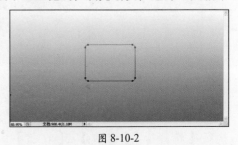

图 8-10-2

**3** 单击"图层"面板上创建新图层按钮 □ ，新建"图层 1"，切换到"路径"面板，单击将路径作为选区载入按钮 ○ ，将前景色色值设置为 R 0、G 170、B 255，按快捷键 Alt+Delete 填充选区，按快捷键 Ctrl+D 取消选择，得到的图像效果如图 8-10-3 所示。

图 8-10-3

**4** 按住 Ctrl 键单击"图层 1"缩览图，调出其选区，执行【选择】/【修改】/【收缩】命令，在弹出的"收缩选区"对话框中将收缩值设为 3 像素，选择工具箱中的矩形选框工具 □ ，使用选区相减的方法得到如图 8-10-4 所示的选区。

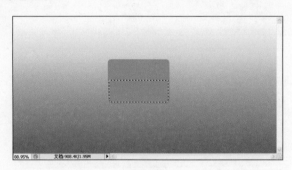

图 8-10-4

**5** 单击"图层"面板上创建新图层按钮 □ ，新建"图层 2"，将前景色设置为白色，选择工具箱中的渐变工具 □ ，设置由前景色至透明的渐变，使用渐变工具在选区内由下至上拖曳填充渐变，按快捷键 Ctrl+D 取消选择，将"图层 2"的图层混合模式设置为"叠加"，得到的图像效果如图 8-10-5 所示。

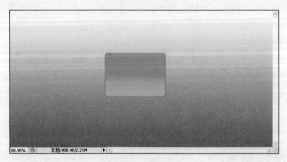

图 8-10-5

**6** 按住 Ctrl 键单击"图层 11"缩览图，调出其选区，执行【选择】/【修改】/【收缩】命令，在弹出的

"收缩选区"对话框中设置收缩值为 3，选择工具箱中的矩形选框工具 □ ，使用选区相减的方法得到如图 8-10-6 所示的选区。

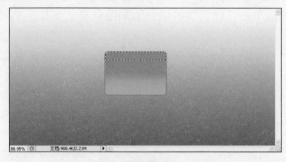

图 8-10-6

**7** 单击"图层"面板上创建新图层按钮 □ ，新建"图层 3"，将前景色设置为白色，选择工具箱中的渐变工具 □ ，设置由前景色至透明的渐变，在选区内由上至下拖曳填充渐变，按快捷键 Ctrl+D 取消选择，得到的图像效果如图 8-10-7 所示。

图 8-10-7

**8** 将前景色设置为白色，选择工具箱中的横排文字工具 T ，设置合适的文字字体及大小，在图像中添加文字"Music"，添加完毕后将文字图层的图层不透明度设置为 50%，图像效果如图 8-10-8 所示。

图 8-10-8

**9** 复制相应图层添加其他按钮，变换颜色，得到的图像效果如图 8-10-9 所示。

图 8-10-9

**10** 选择除"背景"图层外的所有图层,将其拖到"图层"面板上创建新图层按钮 ,按快捷键Ctrl+E将生成的所有副本合并,得到"Music 副本"图层,执行【编辑】/【变换】/【垂直翻转】命令,将变换后的图像移至如图8-10-10所示的位置,制作倒影。

图 8-10-10

**11** 单击"图层"面板上添加图层蒙版按钮 ,选择工具箱中的渐变工具 ,设置由黑色至白色的渐变,使用渐变工具在选区内由下至上拖曳填充渐变,得到的图像效果如图8-10-11所示。

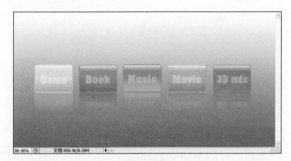
图 8-10-11

**12** 选择工具箱中的单列选框工具 ,在图像中单击,得到的选区如图8-10-12所示。

图 8-10-12

**13** 执行【选择】/【修改】/【扩展】命令,在弹出的"扩展选区"对话框中将扩展值设置为1像素,单击"图层"面板上创建新图层按钮 ,新建"图层5",将前景色设置为白色,按快捷键Alt+Delete填充,填充完毕后按快捷键Ctrl+D取消选择,得到的图像效果如图8-10-13所示。

图 8-10-13

**14** 按快捷键Ctrl+Alt+T自由变换图像并复制图层,按住Shift键向右移动,如图8-10-14所示,移动完毕后按Enter确认变换,得到新的图层"图层5 副本"。

图 8-10-14

**15** 按快捷键Ctrl+Shift+Alt+T重复上一变换命令3次,得到3个"图层5"的副本图层,如图8-10-15所示,选择"图层5"及其所有副本图层,按快捷键Ctrl+E合并所选图层,得到合并后的图层"图层5 副本4"。

图 8-10-15

**16** 执行【滤镜】/【扭曲】/【切变】命令,弹出的"切变"对话框具体设置如图8-10-16所示,设置完毕后单击"确定"按钮应用滤镜,得到的图像效果如图8-10-17所示。

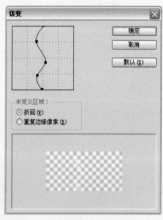
图 8-10-16

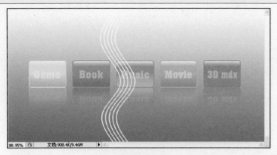

图 8-10-17

**17** 按快捷键 Ctrl+T 调出自由变换框，将图像旋转 90° 后并适当拉长，得到的图像效果如图 8-10-18 所示。

图 8-10-18

**18** 选择"图层 5 副本 4"，单击"图层"面板上添加图层样式按钮 *fx.*，在弹出的菜单中选择"投影"，弹出"图层样式"对话框，具体设置如图 8-10-19 所示，设置完毕后单击"确定"按钮应用图层样式，得到的图像效果如图 8-10-20 所示。

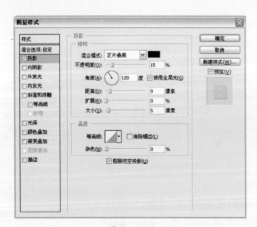

图 8-10-19

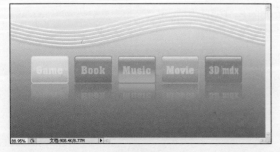

图 8-10-20

**19** 选择工具箱中自定形状工具 ，在工具选项栏中选择"音符"，按住 Shift 键使用自定形状工具绘制如图 8-10-21 所示的路径。

图 8-10-21

**20** 单击"图层"面板上创建新图层按钮 ，新建"图层 5"，切换到"路径"面板，单击将路径作为选区载入按钮 ，将前景色设置为白色，按快捷键 Alt+Delete 填充选区，填充完毕后按快捷键 Ctrl+D 取消选择，得到的图像效果如图 8-10-22 所示。

图 8-10-22

**21** 使用同样的方法在五线谱上添加其他音符，添加完毕后合并所有音符所在图层，得到合并后的"图层 5"，单击"图层"面板上添加图层样式按钮 *fx.*，在弹出的菜单中选择"投影"，弹出"图层样式"对话框，具体设置如图 8-10-23 所示，设置完毕后不关闭对话框，勾选"斜面和浮雕"复选框，具体设置如图 8-10-24 所示，设置完毕后不关闭对话框，勾选"渐变叠加"复选框，具体设置如图 8-10-25 所示，设置完毕后单击"确定"按钮应用图层样式，得到的图像效果如图 8-10-26 所示。

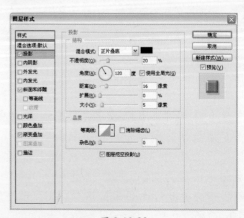

图 8-10-23

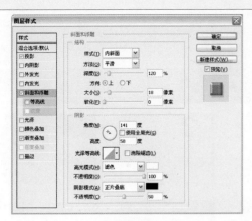

图 8-10-24

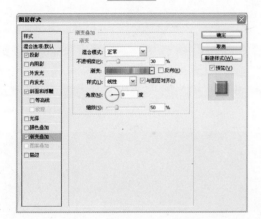

图 8-10-25

图 8-10-26

**22** 将前景色设置为白色，选择工具箱中的横排文字工具 T，设置合适的文字字体及大小，在图像中输入文字"WLECOME"，图像效果如图 8-10-27 所示。

图 8-10-27

**23** 选择文字图层，单击"图层"面板上添加图层样式按钮 fx，在弹出的菜单中选择"内阴影"，弹出"图层样式"对话框，具体设置如图 8-10-28 所示，设置完毕后单击"确定"按钮应用图层样式，将文字图层的图层填充值设置为10%，得到的图像效果如图8-10-29所示。

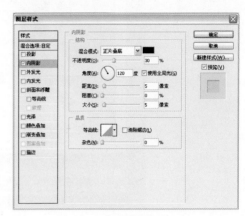

图 8-10-28

图 8-10-29

# Effect 11　　设计个人相册浏览页面

● 使用【定义图案】命令为图像添加自定义的背景纹理

● 使用添加渐变的方法为图像添加高光效果

● 使用【图层样式】为图像添加浮雕和投影效果

---

**1** 执行【文件】/【新建】命令（Ctrl+N），弹出"新建"对话框，具体设置如图8-11-1所示，单击"确定"按钮新建图像文件。

图 8-11-1

**2** 将前景色色值设置为R120、G55、B135，设置完毕后按快捷键Alt+Delete填充图像，得到的图像效果如图8-11-2所示。

图 8-11-2

**3** 执行【滤镜】/【杂色】/【添加杂色】命令，弹出"添加杂色"对话框，具体设置如图8-11-3所示，设置完毕后单击"确定"按钮，得到的图像效果如图8-11-4所示。

图 8-11-3

图 8-11-4

**4** 执行【滤镜】/【模糊】/【动感模糊】命令，弹出"动感模糊"对话框，具体设置如图8-11-5所示，设置完毕后单击"确定"按钮应用滤镜，得到的图像效果如图8-11-6所示。

图 8-11-5

图 8-11-6

**5** 选择工具箱中的圆角矩形工具 ⬜，在其工具选项栏中设置半径为10像素，设置完毕后使用圆角矩形工具在图像中绘制如图 8-11-7 所示的路径。

图 8-11-7

**6** 单击"图层"面板上创建新图层按钮 ⬛，新建"图层 1"，切换到"路径"面板，单击将路径作为选区载入按钮 ⬜，将前景色设置为白色，按快捷键 Alt+Delete 填充选区，填充完毕后按快捷键 Ctrl+D 取消选择，得到的图像效果如图 8-11-8 所示。

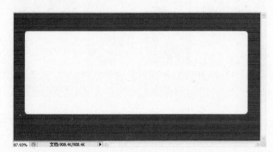

图 8-11-8

**7** 执行【文件】/【新建】命令（Ctrl+N），弹出"新建"对话框，具体设置如图 6-11-9 所示，单击"确定"按钮新建图像文件。

图 8-11-9

**8** 将前景色设置为黑色，选择工具箱中的横排文字工具 T，设置合适的文字字体及大小，在图像中输入文字"Photoshop CS3"，按快捷键 Ctrl+T 调出自由变换框，按住 Shift 键将文字旋转45°并调整大小，按 Enter 键确认变换，得到的图像效果如图 8-11-10 所示。执行【编辑】/【定义图案】命令，弹出"定义图案"对话框，不做任何设置，直接单击"确定"按钮。

图 8-11-10

**9** 切换到主文档，选择"图层 1"，单击"图层"面板上添加图层样式按钮 fx，在弹出的菜单中选择"投影"，弹出"图层样式"对话框，具体设置如图 8-11-11 所示，设置完毕后不关闭对话框，勾选"图案叠加"复选框，具体设置如图 8-11-12 所示，设置完毕后单击"确定"按钮应用图层样式，得到的图像效果如图 8-11-13 所示。

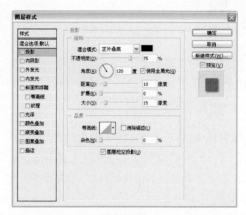

图 8-11-11

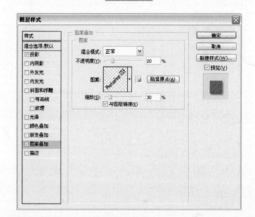

图 8-11-12

图 8-11-13

**10** 执行【文件】/【打开】命令（Ctrl+O），弹出"打开"对话框，选择需要的素材图片，单击"打开"按钮打开图像文件，如图 8-11-14 所示。

图 8-11-14

**11** 选择工具箱中的移动工具 ![移动工具]，使用移动工具将新打开的图像拖曳到主文档中，按快捷键Ctrl+T调出自由变换框，按住Shift键调整图像大小，调整完毕后按Enter键确认变换，得到的图像效果如图8-11-15所示。

图 8-11-15

**12** 拖曳图像完毕后主文档中将自动生成一个新的图层"图层2"，选择"图层2"，执行【图像】/【调整】/【去色】命令（Ctrl+Shift+U），去掉图像中的色彩信息，如图8-11-16所示。

图 8-11-16

**13** 选择"图层2"，单击"图层"面板上添加图层样式按钮 ![fx]，在弹出的菜单中选择"内阴影"，弹出"图层样式"对话框，具体设置如图8-11-17所示，设置完毕后单击"确定"按钮应用图层样式，得到的图像效果如图8-11-18所示。

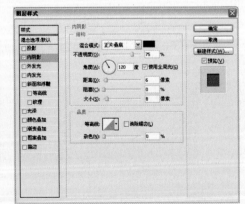

图 8-11-17

图 8-11-18

**14** 使用同样的方法为图像添加照片，注意各照片之间的距离要一致，得到的图像效果如图8-11-19所示。

图 8-11-19

**15** 选择工具箱中的圆角矩形工具 ![圆角矩形]，在其工具选项栏中将设置半径为10像素，设置完毕后使用圆角矩形工具在图像中绘制如图8-11-20所示的路径。

图 8-11-20

**16** 单击"图层"面板上创建新图层按钮 ![新图层]，新建"图层9"，切换到"路径"面板，单击将路径作为选区载入按钮 ![载入]，选择工具箱中的渐变工具 ![渐变]，设置由灰至白再至灰的渐变，按Shift键使用渐变工具在选区内由左至右拖曳填充渐变，按快捷键Ctrl+D取消选择，得到的图像效果如图8-11-21所示。

图 8-11-21

**17** 选择"图层9"，单击"图层"面板上添加图层样式按钮 ![fx]，在弹出的菜单中选择"投影"，弹出"图层样式"对话框，具体设置如图8-11-22所示，设置完毕后不关闭对话框，在"图层样式"对话框中继续勾选"斜面和浮雕"复选框，具体设置如图8-11-23所示，设置完毕后单击"确定"按钮应用图层样式，得到的图像效果如图8-11-24所示。

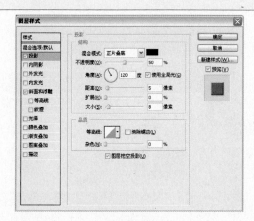

图 8-11-22

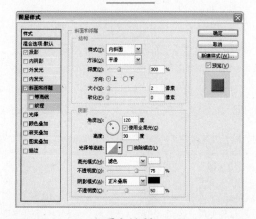

图 8-11-23

图 8-11-24

**18** 选择工具箱中的钢笔工具，使用钢笔工具绘制箭头状的路径，如图 8-11-25 所示。

图 8-11-25

**19** 单击"图层"面板上创建新图层按钮，新建"图层10"，切换到"路径"面板，单击将路径作为

选区载入按钮，将前景色色值设置为 R190、G255、B55，设置完毕后按快捷键 Alt+Delete 填充，填充完毕后按快捷键 Ctrl+D 取消选择。单击"图层"面板上添加图层样式按钮，在弹出的菜单中选择"斜面和浮雕"，弹出"图层样式"对话框，具体设置如图 8-11-26 所示，设置完毕后单击"确定"按钮应用图层样式，得到的图像效果如图 8-11-27 所示。

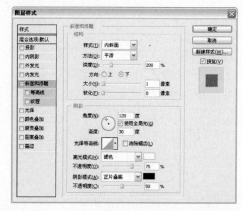

图 8-11-26

图 8-11-27

**20** 使用同样的方法添加另外一个按钮，注意按钮上的箭头方向要与第一个按钮上的箭头方向相反，调整两个按钮的位置，如图 8-11-28 所示。

图 8-11-28

**21** 将前景色设置为黑色，选择工具箱中的横排文字工具，设置合适的文字字体及大小，在图像中输入文字"NEXT"，得到的图像效果如图 8-11-29 所示。

图 8-11-29

**22** 选择文字图层，单击"图层"面板上的添加图层样式按钮 *fx.*，在弹出的菜单中选择"投影"，弹出的"图层样式"对话框具体设置如图 8-11-30 所示，设置完毕后单击"确定"按钮应用图层样式，得到的图像效果如图 8-11-31 所示。

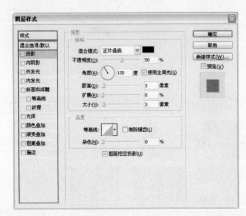

图 8-11-30

图 8-11-31

**23** 使用同样的方法在另外一个按钮上添加文字，注意将文字改为"BACK"，图像效果如图 8-11-32 所示。

图 8-11-32

**24** 选择工具箱中的矩形选框工具 ，使用矩形选框工具绘制矩形选区，如图 8-11-33 所示。

图 8-11-33

**25** 单击"图层"面板上创建新图层按钮 ，新建"图层 11"，将前景色色值设置为 R190、G255、B55，设置完毕后按快捷键 Alt+Delete 填充，填充完毕后按快捷键 Ctrl+D 取消选择，图像效果如图 8-11-34 所示。

图 8-11-34

**26** 将前景色设置为黑色，选择工具箱中的横排文字工具 ，设置合适的文字字体及大小，在图像中输入文字"Photoshop CS3"，如图 8-11-35 所示。

图 8-11-35

**27** 选择文字图层，单击"图层"面板上添加图层样式按钮 *fx.*，在弹出的菜单中选择"投影"，弹出"图层样式"对话框，具体设置如图 8-11-36 所示，设置完毕后单击"确定"按钮应用图层样式，得到的图像效果如图 8-11-37 所示。

图 8-11-36

图 8-11-37

**28** 选择工具箱中的圆角矩形工具，在其工具选项栏中设置半径为20像素，设置完毕后使用圆角矩形工具在图像中绘制如图 8-11-38 所示的路径。

图 8-11-38

**29** 单击"图层"面板下的创建新图层按钮，新建"图层12"，切换至"路径"面板，单击"路径"面板底部的将路径作为选区载入按钮，将前景色色值设置为 R190、G255、B55，，按快捷键 Alt+Delete 填充选区，得到的图像效果如图 8-11-39 所示。

图 8-11-39

**30** 执行【滤镜】/【杂色】/【添加杂色】命令，弹出"添加杂色"对话框，具体设置如图 8-11-40 所示，设置完毕后单击"确定"按钮，得到的图像效果如图 8-11-41 所示。

图 8-11-40

图 8-11-41

**31** 执行【滤镜】/【模糊】/【动感模糊】命令，弹出的"动感模糊"对话框具体设置如图8-11-42所示，设置完毕后单击"确定"按钮应用滤镜，按快捷键 Ctrl+D 取消选择，得到的图像效果如图8-11-43所示。

图 8-11-42

图 8-11-43

**32** 按住 Ctrl 键单击"图层12"的缩览图以得到其选区，执行【选择】/【修改】/【收缩】命令，在弹出的"收缩选区"对话框中扩展值为3，选择工具箱中的矩形选框工具，使用选区相减的方法得到如图8-11-44所示的选区。

图 8-11-44

**33** 单击"图层"面板上创建新图层按钮，新建"图层13"，将前景色设置为白色，选择工具箱中的渐变工具，设置由前景色至透明的渐变，使用渐变工具在选区内由下至上拖曳填充渐变，按快捷键Ctrl+D取消选择，将"图层13"的图层混合模式设置为"叠加"，得到的图像效果如图8-11-45所示。

图 8-11-45

**34** 按住Ctrl键单击"图层11"的缩览图以得到其选区，执行【选择】/【修改】/【收缩】命令，在弹出的"收缩选区"对话框中扩展值为3，选择工具箱中的矩形选框工具，使用选区相减的方法得到如图8-11-46所示的选区。

图 8-11-46

**35** 设置完毕后单击"确定"按钮。单击"图层"面板上创建新图层按钮，新建"图层14"，将前景色设置为白色，选择工具箱中的渐变工具，设置由前景色至透明的渐变，使用渐变工具在选区内由上至下拖曳填充渐变，按快捷键Ctrl+D取消选择，得到的图像效果如图8-11-47所示。

图 8-11-47

**36** 选择"图层12"，单击"图层"面板上添加图层样式按钮，在弹出的菜单中选择"投影"，弹出"图层样式"对话框，具体设置如图8-11-48所示，设置完毕后单击"确定"按钮应用图层样式，得到的图像效果如图8-11-49所示。

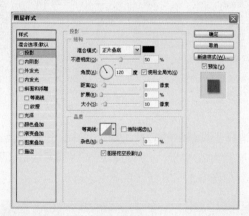

图 8-11-48

图 8-11-49

**37** 将前景色设置为黑色，选择工具箱中的横排文字工具，设置合适的文字字体及大小，在图像中输入装饰性文字，得到的图像效果如图8-11-50所示。

图 8-11-50

# Effect 12　　　图片网站检索界面设计

● 使用【马赛克】和【锐化】滤镜结合更改图层混合模式的方法制作晶莹剔透的图像效果

● 使用分选区添加渐变的效果制作水晶按钮

● 使用Ctrl+T、Ctrl+Alt+T和Ctrl+Shift+Alt+I这3种快捷键快速制作规则变化的图像效果

**1** 执行【文件】/【打开】命令（Ctrl+O），弹出"打开"对话框，在"打开"对话框中选择需要的素材图片，单击"打开"按钮，如图8-12-1所示。

图 8-12-1

**2** 将"背景"图层拖到"图层"面板上创建新图层按钮，得到"背景副本"图层，执行【滤镜】/【模糊】/【高斯模糊】命令，弹出"高斯模糊"对话框，具体设置如图8-12-2所示，设置完毕后单击"确定"按钮应用滤镜，得到的图像效果如图8-12-3所示。

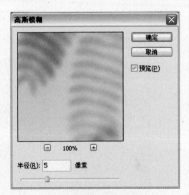

图 8-12-2

图 8-12-3

**3** 执行【滤镜】/【像素化】/【马赛克】命令，弹出"马赛克"对话框，具体设置如图8-12-4所示，设置完毕后单击"确定"按钮应用滤镜，得到的图像效果如图8-12-5所示。

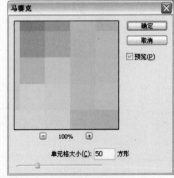

图 8-12-4

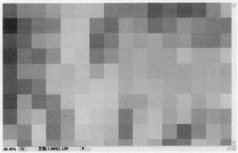

图 8-12-5

**4** 执行【滤镜】/【锐化】/【进一步锐化】命令，将"背景副本"图层的图层混合模式设置为"叠加"，得到的图像效果如图 8-12-6 所示。

图 8-12-6

**5** 执行【图像】/【调整】/【曲线】命令（Ctrl+M），弹出"曲线"对话框，具体设置如图 8-12-7 所示，设置完毕后单击"确定"按钮，得到的图像效果如图 8-12-8 所示。

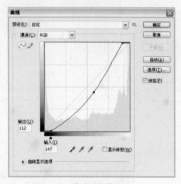

图 8-12-7

图 8-12-8

**6** 选择工具箱中的矩形选框工具，使用矩形选框工具绘制如图 8-12-9 所示的矩形选区。单击"图层"面板上创建新图层按钮，新建"图层 1"。

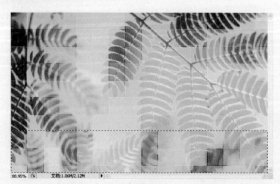

图 8-12-9

**7** 将前景色设置为黑色，按快捷键 Alt+Delete 填充前景色，填充完毕后按快捷键 Ctrl+D 取消选择。将"图层 1"的图层不透明度设置为 50%，得到的图像效果如图 8-12-10 所示。

图 8-12-10

**8** 选择工具箱中的自定形状工具，在工具选项栏中选择"箭头 2"图案。按住 Shift 键使用自定形状工具绘制大小合适的箭头形状路径，按快捷键 Ctrl+T 调出自由变换框，在自由变换框内单击鼠标右键，在弹出的菜单中选择"水平翻转"，翻转完毕后按 Enter 键确认变换，得到的路径如图 8-12-11 所示。

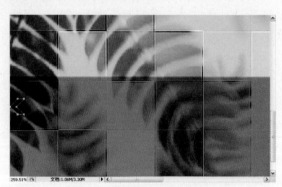

图 8-12-11

**9** 选择最上方的图层，单击"图层"面板上创建新图层按钮，新建"图层 2"，切换到"路径"面板，单击将路径作为选区载入按钮，将前景色设置为白色，按快捷键 Alt+Delete 填充选区，填充完毕后按快捷键 Ctrl+D 取消选择，得到的图像效果如图 8-12-12 所示。

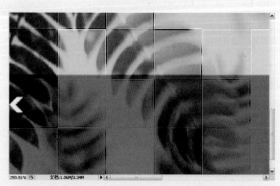

图 8-12-12

**10** 按快捷键 Ctrl+Alt+T 复制图层并变换图像，按住 Shift 键向右平移图像，如图 8-12-13 所示，变换图像完毕后按 Enter 键确认变换。

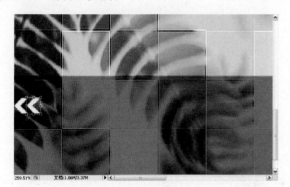

图 8-12-13

**11** 按快捷键 Ctrl+Alt+Shift+T 复制图层并重复上一变换命令多次，得到的图像效果如图 8-12-14 所示。

图 8-12-14

**12** 选择"图层 2"和所有"图层 2"生成的副本，按快捷键 Ctrl+E 合并所选图层，得到合并后的"图层 2 副本 36"。按住 Ctrl 键单击"图层 2 副本 36"在"图层"面板上的缩览图，调出其选区，选择"图层 1"，按 Delete 删除选区内图像，按快捷键 Ctrl+D 取消选择，隐藏"图层 2 副本 36"，得到的图像效果如图 8-12-15 所示。

图 8-12-15

**13** 单击"图层"面板上创建新图层按钮，新建"图层 2"，选择工具箱中的椭圆选框工具，按住 Shift 键使用椭圆选框工具在图像中绘制圆形选区，选择工具箱

中的渐变工具，设置由灰色至绿色的渐变，使用渐变工具由上至下拖曳填充渐变，得到的图像效果如图 8-12-16 所示，填充完毕后按快捷键 Ctrl+D 取消选择。

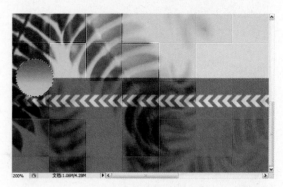

图 8-12-16

**14** 单击"图层"面板上创建新图层按钮，新建"图层 3"，选择工具箱中的椭圆选框工具，按住 Shift 键使用椭圆选框工具在图像中绘制圆形选区，得到的选区如图 8-12-17 所示。

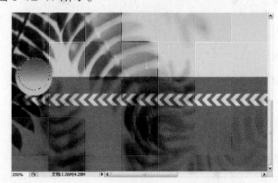

图 8-12-17

**15** 选择工具箱中的渐变工具，设置由白色至透明的渐变，使用渐变工具由上至下拖曳填充渐变，按快捷键 Ctrl+D 取消选择，得到的图像效果如图 8-12-18 所示。

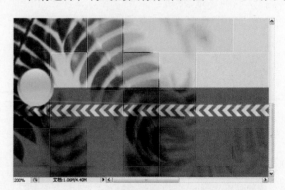

图 8-12-18

**16** 单击"图层"面板上创建新图层按钮，新建"图层 4"，选择工具箱中的椭圆选框工具，使用椭圆选框工具在图像中绘制椭圆形选区，得到的选区效果如图 8-12-19 所示。绘制完毕后将前景色设置为白色，设置完

毕后按快捷键 Alt+Delete 填充选区，填充完毕后按快捷键 Ctrl+D 取消选择，得到的图像效果如图 8-12-20 所示。

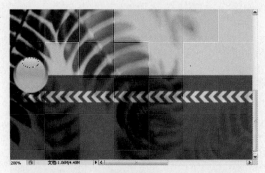

图 8-12-19

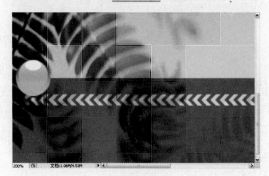

图 8-12-20

**17** 执行【滤镜】/【模糊】/【高斯模糊】命令，弹出"高斯模糊"对话框，具体设置如图 8-12-21 所示，设置完毕后单击"确定"按钮应用滤镜。按住 Ctrl 键单击"图层 2"缩览图，调出其选区，按快捷键 Ctrl+Shift+I 将选区反选，选择"图层4"，按快捷键 Delete 删除选区内图像，按快捷键 Ctrl+D 取消选择，得到的图像效果如图 8-12-22 所示。

图 8-12-21

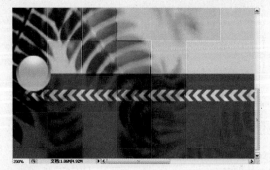

图 8-12-22

**18** 选择工具箱中的自定形状工具 ，在工具选项栏中选择"兔子"图案。按住 Shift 键使用自定形状工具绘制大小合适的兔子形状路径，得到的路径如图 8-12-23 所示。

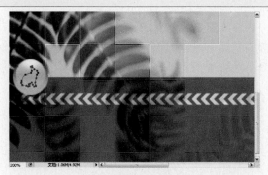

图 8-12-23

**19** 选择最上方的图层，单击"图层"面板上创建新图层按钮 ，新建"图层 5"，切换到"路径"面板，单击将路径作为选区载入按钮 ，将前景色设置为白色，按快捷键 Alt+Delete 填充选区，填充完毕后按快捷键 Ctrl+D 取消选择，得到的图像效果如图 8-12-24 所示。

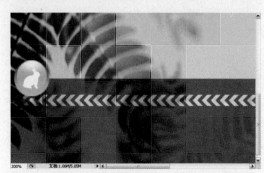

图 8-12-24

**20** 选择"图层 5"，单击"图层"面板上添加图层样式按钮 ，在弹出的菜单中选择"内阴影"，弹出"图层样式"对话框，具体设置如图8-12-25所示，设置完毕后单击"确定"按钮应用图层样式，将"图层 5"的图层不透明度设置为 50%，如图8-12-26所示。

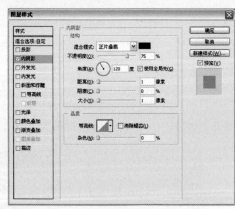

图 8-12-25

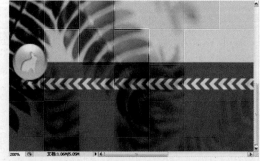

图 8-12-26

**21** 使用同样的方法制作另外 3 个按钮，注意 4 个按钮的大小和间距一定要相等，得到的图像效果如图8-12-27所示。

图 8-12-27

**22** 选择"图层 1"，单击"图层"面板上添加图层蒙版按钮 ◻，选择"图层 1"的蒙版，选择工具箱中的渐变工具 ◼，设置由黑色至白色的渐变，使用渐变工具在"图层 1"图像上由右至左拖曳填充渐变，得到的图像效果如图 8-12-28 所示。

图 8-12-28

**23** 将前景色设置为白色，选择工具箱中的横排文字工具 T，设置合适的文字字体及大小，在图像中输入文字"WLECOM TO PHOTO WORLD"，输入完毕后将文字图层的图层混合模式设置为"叠加"，得到的图像效果如图 8-12-29 所示。

图 8-12-29

**24** 选择文字图层，单击"图层"面板上添加图层样式按钮 *fx*，在弹出的菜单中选择"投影"，弹出"图

层样式"对话框，具体设置如图 8-12-30 所示，设置完毕后单击"确定"按钮应用图层样式，得到的图像效果如图 8-12-31 所示。

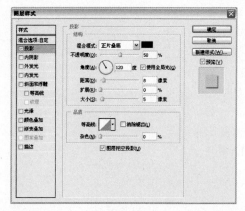

图 8-12-30

图 8-12-31

**25** 选择工具箱中的圆角矩形工具 ◻，在工具选项栏中设置圆角半径为 5 像素，设置完毕后使用圆角矩形工具绘制如图 8-12-32 所示的路径。单击"图层"面板上创建新图层按钮 ◻，新建"图层 9"，切换到"路径"面板，单击将路径作为选区载入按钮 ◯，将前景色设置为白色，按快捷键 Alt+Delete 填充选区，填充完毕后按快捷键 Ctrl+D 取消选择，得到的图像效果如图 8-12-33 所示。

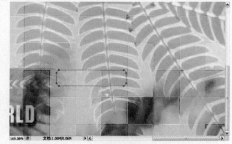

图 8-12-32

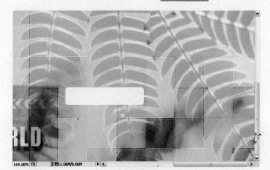

图 8-12-33

**26** 选择"图层9",单击"图层"面板上添加图层样式按钮 *fx.*,在弹出的菜单中选择"内阴影",弹出"图层样式"对话框,具体设置如图8-12-34所示,设置完毕后单击"确定"按钮应用图层样式,得到的图像效果如图8-12-35所示。

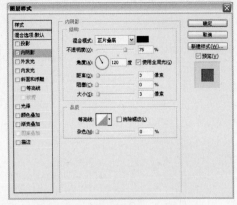

图 8-12-34

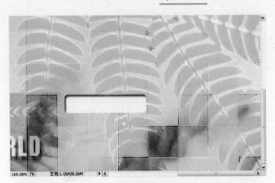

图 8-12-35

**27** 按住 Ctrl 键单击"图层9"在"图层"面板上的缩览图,选择矩形选框工具 ,使用选区相减的方法绘制如图 8-12-36 所示的选区。单击"图层"面板上创建新图层按钮 ,新建"图层10",将前景色色值设置为 R60、G130、B240,按快捷键 Alt+Delete 填充选区,得到的图像效果如图8-12-37所示,填充完毕后按快捷键Ctrl+D取消选择。

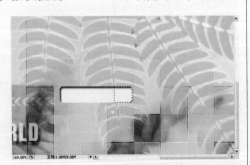

图 8-12-36

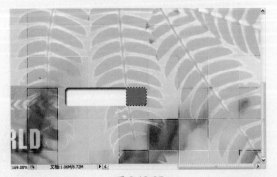

图 8-12-37

**28** 选择"图层10",单击"图层"面板上的添加图层样式按钮 *fx.*,在弹出的菜单中选择"内发光",弹出"图层样式"对话框,具体设置如图8-12-38所示,设置完毕后单击"确定"按钮应用图层样式,得到的图像效果如图8-12-39所示。

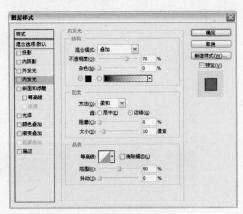

图 8-12-38

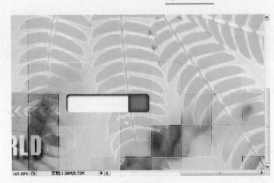

图 8-12-39

**29** 按住 Ctrl 键单击"图层10"在"图层"面板上的缩览图,选择矩形选框工具 ,使用选区相减的方法绘制如图 8-12-40 所示的选区。单击"图层"面板上创建新图层按钮 ,新建"图层11",选择工具箱中的渐变工具 ,设置由透明至白色的渐变,使用渐变工具由下至上拖曳填充渐变,得到的图像效果如图8-12-41所示,按快捷键Ctrl+D取消选择。

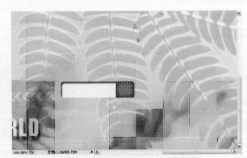

图 8-12-40

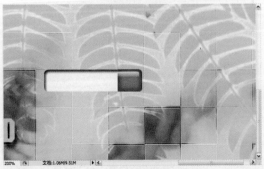

图 8-12-41

**30** 选择"图层 11"，按快捷键 Ctrl+Alt+T 复制图层并变换图像，在自由变换框内单击鼠标右键，在弹出的菜单中选择"垂直翻转"，如图 8-12-42 所示，变换图像完毕后按 Enter 键确认变换。

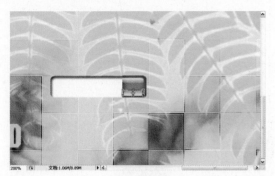

图 8-12-42

**31** 执行【滤镜】/【模糊】/【高斯模糊】命令，弹出"高斯模糊"对话框，具体设置如图 8-12-43 所示，设置完毕后单击"确定"按钮应用滤镜。按住 Ctrl 键单击"图层 10"在"图层"面板上的缩览图，调出其选区，按快捷键 Ctrl+Shift+I 将选区反选，选择"图层 11 副本"，按 Delete 键删除选区内图像，图像效果如图 8-12-44 所示。

图 8-12-43

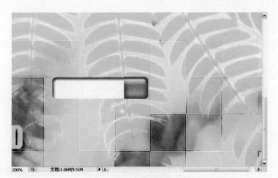

图 8-12-44

**32** 选择工具箱中的多边形工具 ◎，在工具选项栏中设置边数为3，设置完毕后使用多边形工具绘制如图8-12-45所示的路径。单击"图层"面板上创建新图层按钮 ⅃，新建"图层 1 2"，切换到"路径"面板，单击"路径"面板底部的将路径作为选区载入按钮 ○，将前景色设置为黑色，按快捷键 Alt+Delete 填充选区，填充完毕后按快捷键 Ctrl+D 取消选择，得到的图像效果如图8-12-46所示。

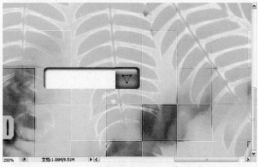

图 8-12-45

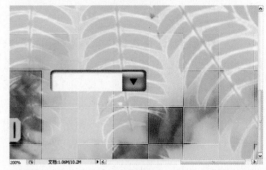

图 8-12-46

**33** 将前景色设置为黑色，选择工具箱中的横排文字工具 T，设置合适的文字字体及大小，在图像中输入"PHOTO"，得到的图像效果如图8-12-47所示。

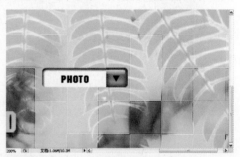

图 8-12-47

**34** 使用同样的方法制作另外3个选择工具条，注意4个工具条的大小和间距一定要相等，如图 8-12-48 所示。

图 8-12-48

**35** 执行【文件】/【打开】命令（Ctrl+O），弹出"打开"对话框，在"打开"对话框中选择如图8-12-49所示的图片，选择完毕后单击"打开"按钮。选择工具箱中的移动工具 ▸⊕，使用移动工具将新打开的图像拖曳至主文档中，主文档中生成一个新的图层"图层 13"，按快捷键 Ctrl+T 调出自由变换框，按住 Shift 键调整图像大小，调整完毕后按 Enter 键确认变换，得到的图像效果如图8-12-50所示。

图 8-12-49　　　　　　　图 8-12-50

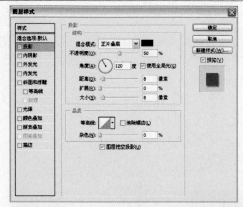

图 8-12-53

**36** 选择工具箱中的矩形选框工具，使用矩形选框工具绘制矩形选区，如图 8-12-51 所示。单击"图层"面板上创建新图层按钮，新建"图层 14"，将前景色设置为白色，按快捷键 Alt+Delete 填充选区，填充完毕后按快捷键 Ctrl+D 取消选择，将"图层 14"置于"图层 13"下，得到的图像效果如图 8-12-52 所示。

图 8-12-51

图 8-12-54

**38** 将前景色设置为黑色，选择工具箱中的横排文字工具，设置合适的文字字体及大小，在图像中输入文字"风景"，得到的图像效果如图 8-12-55 所示。

图 8-12-55

图 8-12-52

**37** 选择"图层 14"，单击"图层"面板上添加图层样式按钮，在弹出的菜单中选择"投影"，弹出"图层样式"对话框，具体设置如图 8-12-53 所示，设置完毕后单击"确定"按钮应用图层样式，得到的图像效果如图 8-12-54 所示。

**39** 使用同样的方法制作另外三张照片，注意调整四张照片的距离和角度，尽量使其摆放自然，得到的图像效果如图 8-12-56 所示。

图 8-12-56

# Effect 13　　　　设计儿童网站界面

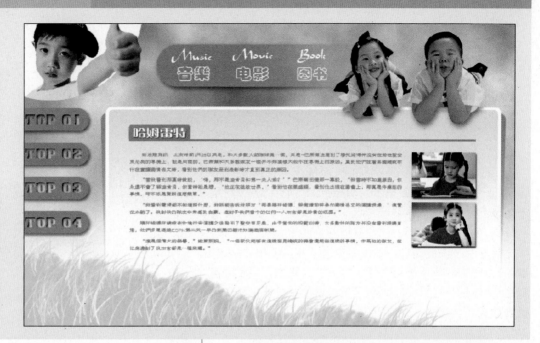

● 使用图层蒙版功能
让图像更好的融合
● 使用选区功能以便
更好地修改选区内
的图像
● 使用【图层样
式】为图像添加
内阴影和投影效果
● 使用创建图层命令
将图层样式与图层
离以便更好地修改
图像

**1** 执行【文件】/【新建】命令（Ctrl+N），弹出"新建"对话框，具体设置如图8-13-1所示，单击"确定"按钮新建图像文件。

图 8-13-1

**2** 单击"图层"面板上创建新图层按钮，新建"图层1"，将前景色色值设置为R210、G120、B145，背景色设置为白色。执行【滤镜】/【渲染】/【云彩】命令，得到的图像效果如图8-13-2所示。

图 8-13-2

**3** 单击"图层"面板上添加图层蒙版按钮，选择工具箱中的渐变工具，设置由黑色至白色的渐变，使用渐变工具由下至上拖曳填充渐变，得到的图像效果如图8-13-3所示。

图 8-13-3

**4** 选择工具箱中的圆角矩形工具，在其工具选项栏中设置半径为10像素，设置完毕后使用圆角矩形工具在图像中绘制如图8-13-4所示的圆角矩形路径。

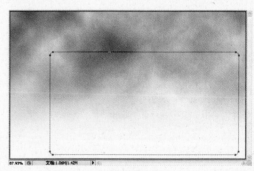

图 8-13-4

**5** 单击"图层"面板上创建新图层按钮，新建"图层2"，切换到"路径"面板，单击将路径作为选区载入按钮，将前景色设置为白色，按快捷键Alt+Delete填充选区，填充完毕后按快捷键Ctrl+D取消选择，得到的图像效果如图8-13-5所示。

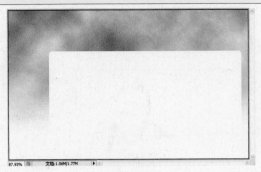

图 8-13-5

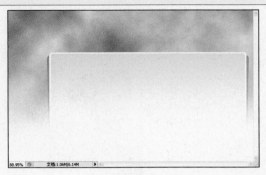

图 8-13-8

**6** 将"图层 2"拖到"图层"面板上创建新图层按钮 ，得到"图层 2 副本"，按住 Ctrl 键单击"图层 2 副本"缩览图，调出其选区，将前景色色值设置为 R210、G120、B145，按快捷键 Alt+Delete 填充选区，填充完毕后按快捷键 Ctrl+D 取消选择。将"图层 2 副本"置于"图层 2"下方。选择"图层 2 副本"，按快捷键 Ctrl+T 调出自由变换框，按住 Ctrl 键调整变换手柄形成透视效果，如图 8-13-6 所示，按 Enter 键确认变换。

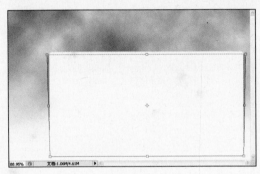

图 8-13-6

**7** 按住 Ctrl 键单击"图层 2"缩览图，调出其选区，执行【选择】/【修改】/【收缩】命令，在弹出的"收缩选区"对话框中将收缩值设置为 3 像素，得到的选区如图 8-13-7 所示。

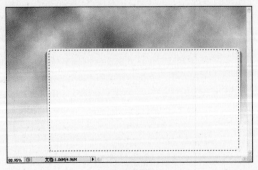

图 8-13-7

**8** 单击"图层"面板上创建新图层按钮 ，新建"图层 3"，选择工具箱中的渐变工具 ，设置由灰色至白色的渐变，使用渐变工具由上至下拖曳填充渐变，按快捷键 Ctrl+D 取消选择，得到的图像效果如图 8-13-8 所示。

**9** 执行【文件】/【打 开】命 令（Ctrl+O），弹出"打开"对话框，选择需要的素材图片，单击"打开"按钮，如图 8-13-9 所示。

图 8-13-9

**10** 选择工具箱中的魔棒工具 ，在白色背景处单击，得到背景选区过后按快捷键 Ctrl+Shift+I 将选区反选，如图 8-13-10 所示。

图 8-13-10

**11** 选择工具箱中的移动工具 ，使用移动工具将素材图像拖到主文档中，生成"图层 4"，按快捷键 Ctrl+T 调出自由变换框，按住 Shift 键等比例调整图像大小，按 Enter 键确认变换。按住 Ctrl 键单击"图层 1"缩览图，调出其选区，选择"图层 4"，选择工具箱中的橡皮擦工具 ，使用橡皮擦工具擦除儿童在选区内的衣服图像，如图 8-13-11 所示。擦除完毕后按快捷键 Ctrl+D 取消选择。

图 8-13-11

**12** 选择"图层 4"，单击"图层"面板上添加图层样式按钮 ，在弹出的菜单中选择"投影"，弹出"图层样式"对话框，具体设置如图 8-13-12所示，设置完毕后单击"确定"按钮应用图层样式，得到的图像效果如图 8-13-13所示。

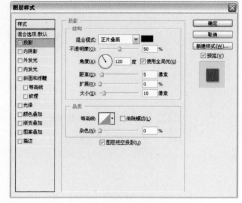

图 8-13-12

图 8-13-13

**13** 右键单击在"图层"面板上"图层4"包含的"投影"图层样式，在弹出的菜单中选择"创建图层"，得到"图层4的投影图层"。单击"图层"面板底部的添加图层蒙版按钮 ，按住 Ctrl 键单击"图层1"的缩览图以调出其选区，按快捷键 Ctrl+Shift+I 反选，选择工具箱中的画笔工具 ，将前景色设置为黑色，使用画笔工具在选区内涂抹阴影部分，如图 8-13-14 所示，涂抹完毕后按快捷键 Ctrl+D 取消选择。

图 8-13-14

**14** 选择工具箱中的多边形套索工具 ，使用多边形套索工具绘制如图8-13-15所示的选区。

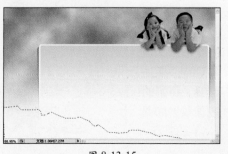

图 8-13-15

**15** 单击"图层"面板上创建新图层按钮 ，新建"图层5"，将前景色色值设置为 R200、G230、B30，按快捷键 Alt+Delete 填充选区，填充完毕后按快捷键 Ctrl+D 取消选择，得到的图像效果如图 8-13-16 所示。

图 8-13-16

**16** 执行【滤镜】/【画笔描边】/【喷色描边】命令，弹出"喷色描边"对话框，具体设置如图 8-13-17 所示，设置完毕后单击"确定"按钮应用滤镜，得到的图像效果如图 8-13-18 所示。

图 8-13-17            图 8-13-18

**17** 执行【滤镜】/【模糊】/【高斯模糊】命令，弹出的"高斯模糊"对话框具体设置如图8-13-19所示，设置完毕后单击"确定"按钮应用滤镜，得到的图像效果如图8-13-20所示。

图 8-13-19

图 8-13-20

**18** 选择工具箱中的画笔工具，在工具选项栏中设置画笔笔触为"沙丘草"，设置合适的画笔大小，使用画笔工具在图像中涂抹，得到的图像效果如图8-13-21所示。

图 8-13-21

**19** 选择工具箱中的圆角矩形工具，在其工具选项栏中设置半径为50像素，设置完毕后使用圆角矩形工具在图像中绘制如图8-13-22所示的路径。单击"图层"面板上创建新图层按钮，新建"图层6"，切换到"路径"面板，单击将路径作为选区载入按钮，将前景色色值设置为R235、G140、B165，按快捷键Alt+Delete填充选区，填充完毕后按快捷键Ctrl+D取消选择，将"图层6"置于"图层4"下方，得到的图像效果如图8-13-23所示。

图 8-13-22

图 8-13-23

**20** 选择"图层6"，单击"图层"面板上添加图层样式按钮，在弹出的菜单中选择"投影"，弹出"图层样式"对话框，具体设置如图8-13-24所示，设置完毕后单击"确定"按钮应用图层样式，得到的图像效果如图8-13-25所示。

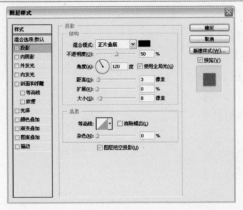

图 8-13-24

图 8-13-25

**21** 选择"图层6"，单击"图层"面板上添加图层蒙版按钮，选择工具箱中的渐变工具，设置由黑色至白色的渐变，使用渐变工具由右至左拖曳填充渐变，得到的图像效果如图8-13-26所示。

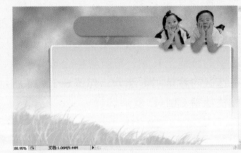

图 8-13-26

**22** 选择工具箱中的圆角矩形工具，在其工具选项栏中设置半径为50像素，在图像中绘制如图8-13-27所示的路径。单击"图层"面板上创建新图层按钮，新建"图层7"，切换到"路径"面板，单击将路径作为选区载入按钮，将前景色色值设置为R235、G140、B165，按Alt+Delete填充选区，填充完毕后按快捷键Ctrl+D取消选择，得到的图像效果如图8-13-28所示。

图 8-13-27

图 8-13-28

**23** 选择"图层7"，单击"图层"面板上添加图层样式按钮 _fx._，在弹出的菜单中选择"投影"，弹出"图层样式"对话框，具体设置如图 8-13-29 所示，设置完毕后单击"确定"按钮应用图层样式，得到的图像效果如图 8-13-30 所示。

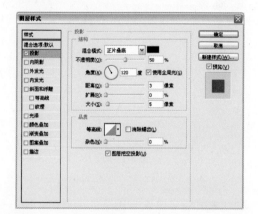

图 8-13-29

图 8-13-30

**24** 按快捷键 Ctrl+Alt+T 变换图像并复制图层，将复制的图像移至如图 8-13-31 所示的位置后按 Enter 确认。

图 8-13-31

**25** 按快捷键 Ctrl+Shift+Alt+T 两次重复上一变换命令并复制新图层，得到的图像效果如图 8-13-32 所示。

图 8-13-32

**26** 选择工具箱中的椭圆选框工具 ◯，使用椭圆选框工具绘制如图 8-13-33 的椭圆形选区。单击"图层"面板上创建新图层按钮 ▣，新建"图层8"，将前景色设置为白色，按快捷键 Alt+Delete 填充选区，填充完毕后按快捷键 Ctrl+D 取消选择，得到的图像效果如图8-13-34所示。

图 8-13-33

图 8-13-34

**27** 执行【文件】/【打开】命令（Ctrl+O），弹出"打开"对话框，选择需要的素材图片，单击"打开"按钮，如图 8-13-35 所示。

图 8-13-35

**28** 选择工具箱中的魔棒工具 ，使用魔棒工具在白色背景处单击，得到背景选区后按快捷键 Ctrl+Shift+I 将选区反选，选区效果如图 8-13-36 所示。

图 8-13-36

**29** 选择工具箱中的移动工具 ，使用移动工具将素材图像拖到主文档中，主文档中生成"图层 9"，按快捷键 Ctrl+T 调出自由变换框，按住 Shift 键调整图像大小，调整完毕后按 Enter 键确认变换，得到的图像效果如图 8-13-37 所示。

图 8-13-37

**30** 按住 Ctrl 键单击"图层 8"缩览图，调出其选区，按快捷键 Ctrl+Shift+I 将选区反选，选择"图层 9"，选择工具箱中的橡皮擦工具 ，使用橡皮擦工具擦除儿童在选区内的衣服图像，如图 8-13-38 所示。擦除完毕后按快捷键 Ctrl+D 取消选择。

图 8-13-38

**31** 将前景色设置为白色，选择工具箱中的横排文字工具 ，设置合适的文字字体及大小，在图像中输入文字"TOP01"，如图 8-13-39 所示。

图 8-13-39

**32** 选择文字图层，单击"图层"面板上添加图层样式按钮 ，在弹出的菜单中选择"内阴影"，弹出"图层样式"对话框，具体设置如图 8-13-40 所示，设置完毕后单击"确定"按钮应用图层样式，得到的图像效果如图 8-13-41 所示。

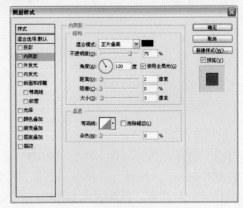

图 8-13-40

图 8-13-41

**33** 按住 Ctrl 键单击文字图层的缩览图，调出其选区，选择"图层 7"，按 Delete 删除选区内图像，删除完毕后按快捷键 Ctrl+D 取消选择，将文字图层的图层填充值设置为 0%，得到的图像效果如图 8-13-42 所示。

图 8-13-42

**34** 使用同样的方法为其他导航条添加文字效果，如图 8-13-43 所示。

图 8-13-43

**35** 将前景色设置为白色，选择工具箱中的横排文字工具 **T**，设置合适的文字字体及大小，为网页上半部分的导航条添加导航文字，如图 8-13-44 所示。

图 8-13-44

**36** 选择工具箱中的单行选框工具，使用单列选框工具在图像中单击，得到的选区如图 8-13-45 所示。

图 8-13-45

**37** 执行【选择】/【修改】/【扩展】命令，在弹出的"扩展选区"对话框中将扩展值设置为 1 像素，单击"图层"面板上创建新图层按钮，新建"图层10"，将前景色色值设置为 R235、G140、B165，按快捷键 Alt+Delete 填充选区，填充完毕后按快捷键 Ctrl+D 取消选择，得到的图像效果如图 8-13-46 所示。

图 8-13-46

**38** 选择工具箱中的橡皮擦工具，使用橡皮擦工具擦除白色面板外的粉红色横线，如图 8-13-47 所示。

图 8-13-47

**39** 选择工具箱中的圆角矩形工具，在其工具选项栏中设置半径为 10 像素，设置完毕后使用圆角矩形工具在图像中绘制如图 8-13-48 所示的路径。单击"图层"面板上创建新图层按钮，新建"图层 11"，切换到"路径"面板，单击"路径"面板上将路径作为选区载入按钮，将前景色色值设置为 R235、G140、B165，按快捷键 Alt+Delete 填充选区，填充完毕后按快捷键 Ctrl+D 取消选择，得到的图像效果如图 8-13-49 所示。

图 8-13-48

图 8-13-49

**40** 将前景色设置为白色，选择工具箱中的横排文字工具 **T**，设置合适的文字字体及大小，在图像中输入文章名称，得到的图像效果如图8-13-50所示。

图 8-13-50

**41** 选择文字图层，单击"图层"面板上添加图层样式按钮 **fx.**，在弹出的菜单中选择"投影"，弹出"图层样式"对话框，具体设置如图 8-13-51 所示，设置完毕后单击"确定"按钮应用图层样式，得到的图像效果如图 8-13-52 所示。

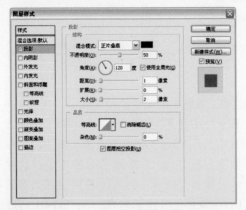

图 8-13-51

图 8-13-52

**42** 将前景色色值设置为 R235、G140、B165，选择工具箱中的横排文字工具 **T.**，设置合适的文字字体及大小，在图像中输入文字，得到的图像效果如图 8-13-53 所示。

图 8-13-53

**43** 执行【文件】/【打开】命令（Ctrl+O），弹出"打开"对话框，选择需要的素材图片，单击"打开"按钮，如图 8-13-54 所示。

图 8-13-54

**44** 选择工具箱中的移动工具 **▶+**，使用移动工具将素材图像拖到主文档中，主文档中生成新的"图层 12"，按快捷键 Ctrl+T 调出自由变换框，按住 Shift 键调整图像大小，调整完毕后按 Enter 键确认变换，得到的图像效果如图 8-13-55 所示。

图 8-13-55

**45** 选择文字图层，单击"图层"面板上添加图层样式按钮 **fx.**，在弹出的菜单中选择"投影"，弹出"图层样式"对话框，具体设置如图 8-13-56 所示，设置完毕后单击"确定"按钮应用图层样式，得到的图像效果如图 8-13-57 所示。

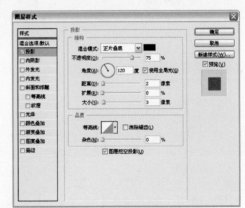

图 8-13-56

图 8-13-57

**46** 使用同样的方法为图像添加另外一个资料图片，得到的图像效果如图 8-13-58 所示。

图 8-13-58

# Effect 14　　Web 首页模板设计技法

● 使用【波浪】滤镜结合画笔和裁切工具绘制无规则涂鸦喷绘

● 使用椭圆选框工具和矩形选框工具结合填充命令绘制图案

● 使用【内发光】图层样式结合填充和渐变工具绘制真实圆珠

**1** 执行【文件】/【新建】命令（Ctrl+N），弹出"新建"对话框，具体设置如图8-14-1所示，单击"确定"按钮新建图像文件。

图 8-14-1

**2** 将前景色色值设置为R35、G235、B235，选择工具箱中的画笔工具 ，设置合适的画笔大小，注意将画笔的硬度设置为0。设置完毕后使用画笔工具在图像中单击，得到的图像效果如图 8-14-2 所示。

图 8-14-2

**3** 执行【滤镜】/【扭曲】/【波浪】命令，弹出"波浪"对话框，具体设置如图 8-14-3 所示，设置完毕后单击"确定"按钮应用滤镜，得到的图像效果如图 8-14-4 所示。

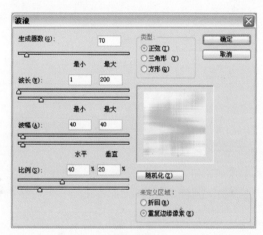

图 8-14-3

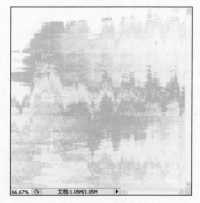

图 8-14-4

提示：使用裁切工具裁切图像时，裁切框内白色部分为裁切后留下的图像，裁切框外灰色部分为裁切后删除的图像。

**4** 选择工具箱中的裁切工具■，使用裁切工具在图像中单击，选取效果较好的图像部分，如图8-14-5所示，选取完毕后按 Enter 键确认。

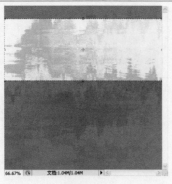

图 8-14-5

**5** 单击"图层"面板上创建新图层按钮■，新建"图层 1"，选择工具箱中的椭圆选框工具□，使用椭圆选框工具在图像的左下角绘制如图8-14-6所示的选区，绘制完毕后将前景色色值设置为 R200、G245、B130，设置完毕后按快捷键 Alt+Delete 填充选区，填充完毕后按快捷键 Ctrl+D 取消选择，得到的图像效果如图8-14-7 所示。

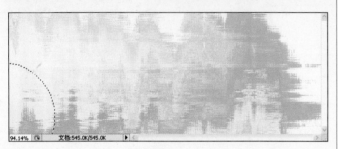

图 8-14-6

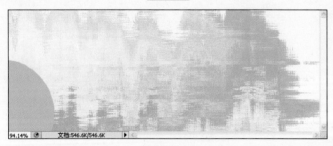

图 8-14-7

**6** 单击"图层"面板上创建新图层按钮■，新建"图层 2"，选择工具箱中的椭圆选框工具□，使用椭圆选框工具在图像中绘制如图8-14-8所示的选区，绘制完毕后将前景色色值设置为 R75、G215、B235，设置完毕后按快捷键 Alt+Delete 填充选区，填充完毕后按快捷键 Ctrl+D 取消选择，得到的图像效果如图8-14-9 所示。

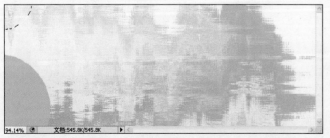

图 8-14-8

图 8-14-9

**7** 单击"图层"面板上创建新图层按钮■，新建"图层 3"，选择工具箱中的椭圆选框工具□，使用椭圆选框工具在图像中绘制如图8-14-10所示的选区，绘制完毕后将前景色设置为白色，设置完毕后按快捷键 Alt+Delete 填充选区，填充完毕后按快捷键 Ctrl+D 取消选择，得到的图像效果如图8-14-11 所示。

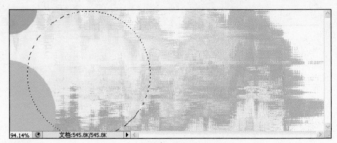

图 8-14-10

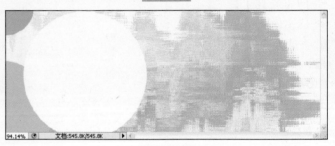

图 8-14-11

**8** 选择"图层 3"，单击"图层"面板上的添加图层样式按钮■，在弹出的菜单中选择"投影"，弹出"图层样式"对话框，具体设置如图8-14-12 所示，设置完毕后单击"确定"按钮，得到的图像效果如图8-14-13 所示。

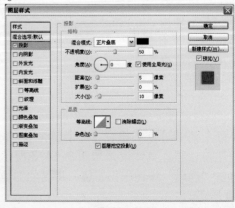

图 8-14-12

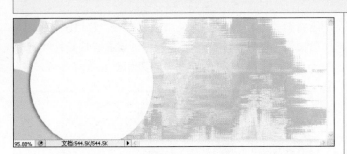

图 8-14-13

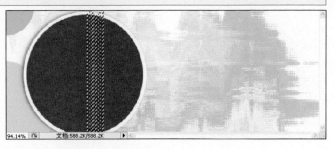

图 8-14-16

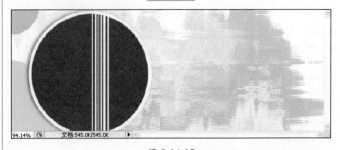

图 8-14-17

提示："投影"图层样式中的"不透明度"选项用于调节投影的不透明度，软件默认设置为75%，但这个数值一般情况下偏高，需要适当降低以得到更好地图像效果。

**9** 单击"图层"面板上创建新图层按钮 ，新建"图层4"，选择工具箱中的椭圆选框工具 ，使用椭圆选框工具在图像中绘制如图 8-14-14 所示的选区，绘制完毕后将前景色色值设置为 R75、G75、B75，设置完毕后按快捷键 Alt+Delete 填充选区，填充完毕后按快捷键 Ctrl+D 取消选择，得到的图像效果如图 8-14-15 所示。

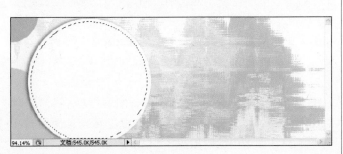

图 8-14-14

**11** 单击"图层"面板上创建新图层按钮 ，新建"图层6"。选择工具箱中的椭圆选框工具 ，使用椭圆选框工具在图像中绘制如图 8-14-18 所示的选区，绘制完毕后将前景色色值设置为 R175、G235、B0，设置完毕后按快捷键 Alt+Delete 填充选区，填充完毕后按快捷键 Ctrl+D 取消选择，复制5个"图层6"并如图 8-14-19 所示的排放于图像中。

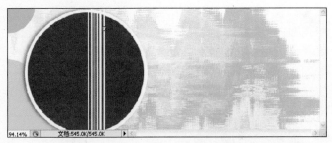

图 8-14-18

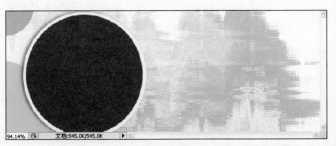

图 8-14-15

**10** 单击"图层"面板下的创建新图层按钮 ，新建"图层5"，选择工具箱中的矩形选框工具 ，在工具选项栏中设置建立选区类型为"添加到选区"，使用矩形选框工具在图像中绘制如图 8-14-16 所示的选区，绘制完毕后将前景色设置白色，设置完毕后按快捷键 Alt+Delete 填充选区，填充完毕后按快捷键 Ctrl+D 取消选择，得到的图像效果如图 8-14-17 所示。

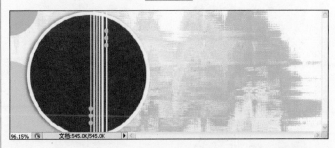

图 8-14-19

**12** 同时选择"图层5"、"图层6"和"图层6"的所有副本图层，按快捷键 Ctrl+E 合并所选图层，得到合并后的"图层5"。按住 Ctrl 键单击"图层4"在"图层"面板上的缩览图，调出其选区，按快捷键 Ctrl+Shift+I 将选区反选，选择"图层5"，按 Delete 删除选区内图像，图像效果如图 8-14-20 所示，按快捷键 Ctrl+D 取消选择。

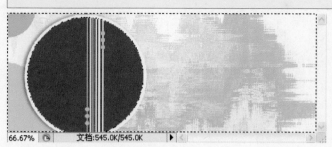

图 8-14-20

**13** 按住 Ctrl 键单击"图层 5"缩览图，调出其选区，将选区移至如图 8-14-21 所示的位置。

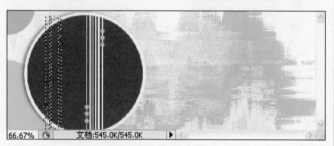

图 8-14-21

**14** 单击"图层"面板上创建新图层按钮，新建"图层 6"，将前景色色值设置为 R125、G125、B125，设置完毕后按快捷键 Alt+Delete 填充选区，填充完毕后按快捷键 Ctrl+D 取消选择，得到的图像效果如图 8-14-22 所示。按住 Ctrl 键单击"图层 4"在"图层"面板上的缩览图，调出其选区，按快捷键 Ctrl+Shift+I 将选区反选，选择"图层 6"，按 Delete 删除选区内图像，图像效果如图 8-14-23 所示，按快捷键 Ctrl+D 取消选择。

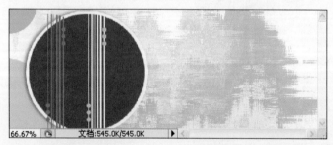

图 8-14-22

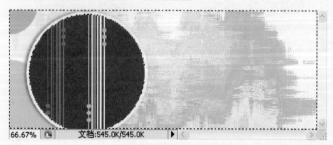

图 8-14-23

**15** 单击"图层"面板下的创建新图层按钮，新建"图层 7"，选择工具箱中的椭圆选框工具，使用椭圆选框工具在图像中绘制如图 8-14-24 所示的选区，绘制完

毕后将前景色色值设置为 R115、G115、B115，设置完毕后按快捷键 Alt+Delete 填充选区，填充完毕后按快捷键 Ctrl+D 取消选择，得到的图像效果如图 8-14-25 所示。

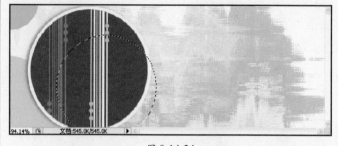

图 8-14-24

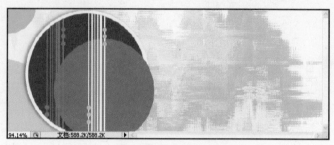

图 8-14-25

提示：填充选区时，可以采用油漆桶工具，将前景色色值设置完毕后，直接使用油漆桶工具在选区内单击即完成填充。也可以使用背景色填充的方法填充，将背景色色值设置完毕后，按快捷键 Ctrl+Delete 填充即可。

**16** 单击"图层"面板上创建新图层按钮，新建"图层 8"，选择工具箱中的椭圆选框工具，使用椭圆选框工具在图像中绘制如图 8-14-26 所示的选区，绘制完毕后将前景色色值设置为 R145、G145、B145，设置完毕后按快捷键 Alt+Delete 填充选区，填充完毕后按快捷键 Ctrl+D 取消选择，得到的图像效果如图 8-14-27 所示。

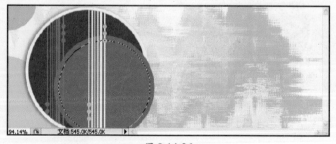

图 8-14-26

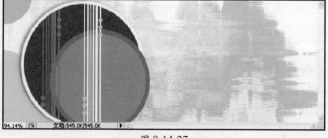

图 8-14-27

**17** 同时选择"图层7"和"图层8",按快捷键Ctrl+E合并所选图层,得到合并后的图层"图层8"。按住Ctrl键单击"图层4"在"图层"面板下的缩览图以调出其选区,按快捷键Ctrl+Shift+I反选,按Delete删除选区内图像,图像效果如图8-14-28所示,删除完毕后按快捷键Ctrl+D取消选择。

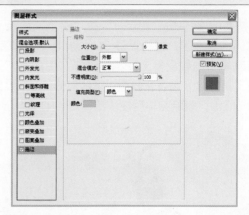

图 8-14-31

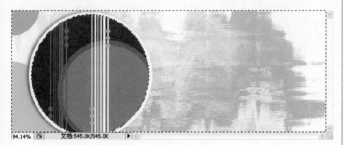

图 8-14-28

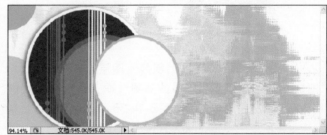

图 8-14-32

**18** 单击"图层"面板下的创建新图层按钮，新建"图层9"，选择工具箱中的椭圆选框工具，使用椭圆选框工具在图像中绘制如图8-14-29所示的选区，绘制完毕后将前景色设置为白色，设置完毕后按快捷键Alt+Delete填充选区，填充完毕后按快捷键Ctrl+D取消选择，得到的图像效果如图8-14-30所示。

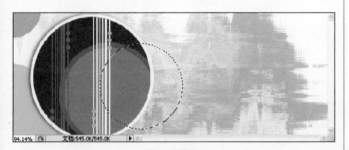

图 8-14-29

**20** 执行【文件】/【打开】命令（Ctrl+O），弹出"打开"对话框，选择需要的素材图片，单击"打开"按钮，如图8-14-33所示。选择工具箱中的魔棒工具，使用魔棒工具在图像中白色背景部分单击，按快捷键Ctrl+Shift+I反选，选择工具箱中的移动工具，使用移动工具将选区内图像拖曳至主文档，调整大小，得到的图像效果如图8-14-34所示。

图 8-14-33

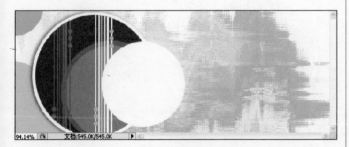

图 8-14-30

**19** 选择"图层9"，单击"图层"面板上的添加图层样式按钮，在弹出的菜单中选择"描边"，弹出"图层样式"对话框，具体设置如图8-14-31所示，设置完毕后单击"确定"按钮，得到的图像效果如图8-14-32所示。

图 8-14-34

提示："描边"图层样式就是沿着图像边缘进行描边，主要调整选项"大小"用以控制描边的宽度。

提示：打开新图像的方法还有很多，可以按快捷键Ctrl+O弹出"打开"对话框，也可以按住Ctrl键单击软件对话框中的空白处也是一样。

**21** 按 Ctrl 键单击"图层 9"在"图层"面板上的缩览图，调出其选区，按快捷键 Ctrl+Shift+I 将选区反选，选择工具箱中的橡皮擦工具 ∅，选择"图层 10"，使用橡皮擦工具擦除人物露在圆圈以下的部分，图像效果如图 8-14-35 所示，删除完毕后按快捷键 Ctrl+D 取消选择。

图 8-14-35

**22** 单击"图层"面板上创建新图层按钮 ▣，新建"图层 11"，选择工具箱中的椭圆选框工具 ○，使用椭圆选框工具在图像中绘制如图 8-14-36 所示的选区，绘制完毕后将前景色色值设置为 R105、G240、B245，设置完毕后按快捷键 Alt+Delete 填充选区，填充完毕后按快捷键 Ctrl+D 取消选择，得到的图像效果如图 8-14-37 所示。

图 8-14-36

图 8-14-37

**23** 使用同样的方法绘制圆形选区并填充，注意颜色的搭配，得到的图像效果如图 8-14-38 所示。

图 8-14-38

**24** 将前景色色值设置为 R75、G75、B75，选择工具箱中的横排文字工具 T，使用横排文字工具在图像中单击，设置合适的文字字体和大小，输入文字"www.com.cn"，图像效果如图 8-14-39 所示。

图 8-14-39

**25** 选择文字图层，单击"图层"面板上的添加图层样式按钮 fx，在弹出的菜单中选择"投影"，弹出"图层样式"对话框，具体设置如图 8-14-40 所示，设置完毕后单击"确定"按钮，得到的图像效果如图 8-14-41 所示。

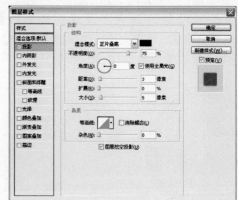

图 8-14-40

图 8-14-41

提示：在"投影"图层样式对话框中有一个很重要的选项——全局光，为了保证图像整体光照方向一致，一般都勾选此选项。

**26** 单击"图层"面板上创建新图层按钮 ▣，新建"图层 15"，选择工具箱中的椭圆选框工具 ○，使用椭圆选框工具在图像中绘制如图 8-14-42 所示的选区，绘制完毕后将前景色色值设置为 R180、G235、B20，设置完毕后按快捷键Alt+Delete填充选区，填充完毕后按快捷键Ctrl+D取消选择，得到的图像效果如图8-14-43所示。

图 8-14-42

图 8-14-43

27　选择"图层15"，单击"图层"面板上添加图层样式按钮 fx，在弹出的菜单中选择"投影"，弹出"图层样式"对话框，具体设置如图8-14-44所示，设置完毕后不关闭对话框，继续勾选"内发光"复选框，具体设置如图8-14-45所示。设置完毕后单击"确定"按钮应用图层样式，得到的图像效果如图8-14-46所示。

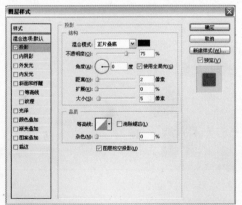

图 8-14-44

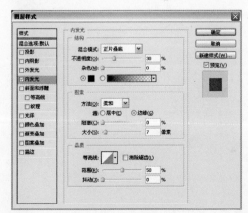

图 8-14-45

图 8-14-46

28　使用选区相减的方法绘制如图8-14-47所示的选区，单击"图层"面板上创建新图层按钮，新建"图层16"。将前景色设置为白色，设置完毕后选择工具箱中的渐变工具，在工具选项栏中设置渐变为由前景色至透明，设置完毕后使用渐变工具由下至上拖曳鼠标，添加渐变完毕后按快捷键Ctrl+D取消选择，得到的图像效果如图8-14-48所示。

图 8-14-47

图 8-14-48

29　执行【滤镜】/【模糊】/【高斯模糊】命令，弹出"高斯模糊"对话框，设置模糊半径为2像素，单击"确定"按钮。单击"图层"面板上创建新图层按钮，新建"图层17"，选择工具箱中的椭圆选框工具，使用椭圆选框工具在图像中绘制如图8-14-49所示的选区，绘制完毕后将前景色设置为白色，设置完毕后按快捷键Alt+Delete填充选区，填充完毕后按快捷键Ctrl+D取消选择，得到的图像效果如图8-14-50所示。

图 8-14-49

图 8-14-50

**30** 执行【滤镜】/【模糊】/【高斯模糊】命令，在弹出的"高斯模糊"对话框中设置模糊半径为 2 像素，设置完毕后单击"确定"按钮，得到的图像效果如图 8-14-51 所示。

图 8-14-51

**31** 将前景色设置为黑色，选择工具箱中的横排文字工具，使用横排文字工具在图像中单击，设置合适的文字字体和大小，输入文字"Enter"，图像效果如图 8-14-52 所示。

图 8-14-52

**32** 选择文字图层，单击"图层"面板上添加图层样

式按钮，在弹出的菜单中选择"投影"，弹出"图层样式"对话框，具体设置如图 8-14-53 所示，设置完毕后单击"确定"按钮，得到的图像效果如图 8-14-54 所示。

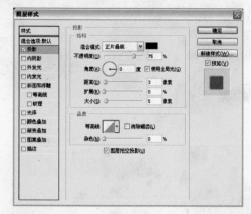

图 8-14-53

图 8-14-54

**33** 使用同样的方法添加另外三个按钮和文字，可以根据个人需要改变按钮颜色，得到的图像效果如图 8-14-55 所示。

图 8-14-55

# Chapter

## Photoshop CS3 商业平面设计技法

**09**

本章精选了 7 个实例，并通过这 7 个实例详细介绍了商业设计中几个典型的设计技法，虽然这 7 个实例算不上炫目伟大的视觉之作，但是其中实实在在的应用技法，却可以缩短读者的学习摸索时间，提高工作效率，经得起职场实践的考验。

# Effect 01 创建人物轮廓风格名片

● 【阈值】调整人物黑白轮廓造型
● 更改图层混合模式叠加色彩之间的效果

● 矩形选框工具绘制相加的选区并填充颜色
● 使用【自由变换】命令变换图像大小，错位排列

**1** 执行【文件】/【打开】命令（Ctrl+O），弹出"打开"对话框，选择图片文件，单击"打开"按钮打开图片，如图9-1-1所示。执行【图像】/【调整】/【去色】命令（Ctrl+Shift+U），去掉图像中的颜色信息，图像效果如图9-1-2所示。

图 9-1-1

图 9-1-2

**2** 执行【图像】/【调整】/【阈值】命令，弹出"阈值"对话框，如图9-1-3所示将阈值色阶参数设置为120，设置完毕后单击"确定"按钮应用，调整后得到如图9-1-4所示的图像效果。

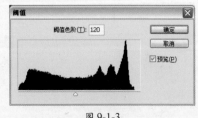
图 9-1-3

**3** 执行【文件】/【打开】命令（Ctrl+O），弹出"打开"对话框，选择图片文件，单击"打开"按钮打开图片，如图9-1-5所示。执行【图像】/【调整】/【去色】命令（Ctrl+Shift+U），去掉图像中的颜色信息，图像效果如图9-1-6所示。

图 9-1-4

图 9-1-5

图 9-1-6

4 执行【图像】/【调整】/【阈值】命令，弹出
"阈值"对话框，如图
9-1-7所示将阈值色阶参
数设置为120，设置完毕
后单击"确定"按钮应
用，调整后得到如图9-1-8
所示的图像效果。

图 9-1-7　　　　　图 9-1-8

5 执行【文件】/【新建】命令（Ctrl+N），弹
出"新建"对话框，如图9-1-9所示设置文档大小及分
辨率，设置完毕后单击"确定"按钮新建文档。单击
"图层"面板上创建新图层按钮，新建"图层1"，
将前景色设置为
R255、G0、
B132，按快捷键
Alt+Delete填充前
景色，如图9-1-10
所示。

图 9-1-9

图 9-1-10

6 选择工具箱中的矩形选框工具，按住Shift键在图
像中连续绘制自由选区，如图9-1-11所示。单击"图层"
面板上创建新图层按钮，新建"图层2"，如图9-1-12
所示将前景色设置为R89、G87、B87，按快捷键Alt+Delete
填充前景色，按Ctrl+D取消选择，图像效果如图9-1-13所
示。

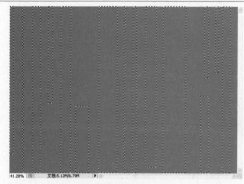

图 9-1-11

图 9-1-12　　　　　图 9-1-13

7 在"图层"面板上将"图层2"的图层混合模式
设置为"滤色"，"图层"面板状态如图9-1-14所示。
更改图层混合模式后的图像效果如图9-1-15所示。

图 9-1-14　　　　　图 9-1-15

8 单击"图层"面板上创建新图层按钮，新建
"图层3"，选择工具箱中的矩形选框工具，按Shift键
在图像中绘制选
区，将前景色设
为黑色，按
Alt+Delete填
充，如图9-1-16
所示，填充完毕
后按快捷键
Ctrl+D取消选
择。

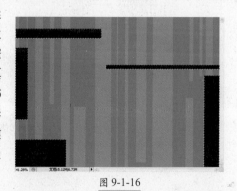

图 9-1-16

9　在"图层"面板上将"图层3"的图层混合模式设置为"柔光","图层"面板状态如图9-1-17所示。更改图层混合模式后的图像效果如图9-1-18所示。

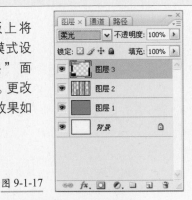

图 9-1-17

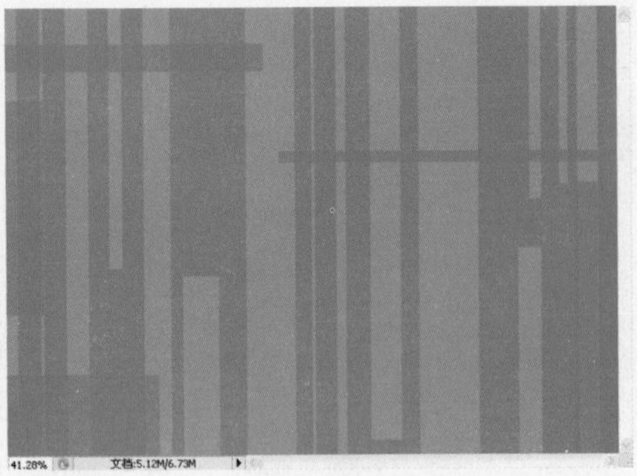

图 9-1-18

10　将步骤2和步骤4处理好的阈值图像拖到"轮廓名片"文档中,生成"图层4"和"图层5",执行【编辑】/【自由变换】命令(Ctrl+T),利用自由变换框自由缩放图像,并移动到合适的位置,图像效果如图9-1-19所示。在"图层"面板上将"图层4"和"图层5"的图层混合模式设置为"柔光",更改模式后的图像效果如图9-1-20所示。

图 9-1-19

图 9-1-20

11　在"图层"面板上将"图层5"拖到创建新图层按钮，得到"图层5副本",调整图像大小及位置,图像效果如图9-1-21所示。

图 9-1-21

12　在"图层"面板上将"图层5副本"的图层混合模式设置为"叠加","图层"面板状态如图9-1-22所示。更改图层混合模式后的图像效果如图9-1-23所示。

图 9-1-22

图 9-1-23

13　选择工具箱中的横排文字工具，在图像中输入文字,最终图像效果如图9-1-24所示。

图 9-1-24

# Effect 02　　　　公益广告创意设计

- 使用魔棒工具快速选取单一色彩背景图像

- 更改图层混合模式以求得到与众不同的图像效果

- 添加图层蒙版让不同图层上的图像更好的融合

- 使用【色相/饱和度】命令调整图像颜色

- 使用移动工具将新打开文件拖曳至另一图像文件中

**1** 执行【文件】/【新建】命令（Ctrl+N），弹出"新建"对话框，具体设置如图9-2-1所示，单击"确定"按钮新建图像文件。

图 9-2-1

图 9-2-3

图 9-2-4

**2** 将前景色色值设置为R235、G170、B150，设置完毕后按快捷键Alt+Delete填充，得到的图像效果如图9-2-2所示。

图 9-2-2

**4** 按快捷键Ctrl+Shift+I将选区反选，选择工具箱中的移动工具，使用移动工具将选区内图像拖到"公益广告"图像文件中，生成"图层1"，调整图像大小，得到的图像效果如图9-2-5所示。

**3** 执行【文件】/【打开】命令，打开如图9-2-3所示的图片。选择工具箱中的魔棒工具，使用魔棒工具在图像中白色背景部分单击，得到的选区如图9-2-4所示。

图 9-2-5

**5** 执行【文件】/【打开】命令（Ctrl+O），打开如图9-2-6所示的图片。选择工具箱中的移动工具，使用移动工具将图像拖到"公益广告"图像文件中，生成"图层2"，调整图像大小，将"图层2"的图层混合模式设置为"颜色加深"，得到的图像效果如图9-2-7所示。

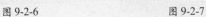

图 9-2-6　　　　　　　　图 9-2-7

**6** 选择"图层2"，单击"图层"面板上添加图层蒙版按钮，选择工具箱中的渐变工具，设置由黑色至白色的渐变，使用渐变工具在在"图层2"的图像上由上至下拖曳填充渐变，得到的图像效果如图9-2-8所示。

图 9-2-8

**7** 执行【文件】/【打开】命令（Ctrl+O），打开如图9-2-9所示的图片。选择工具箱中的移动工具，使用移动工具将图像拖到"公益广告"图像文件中，生成"图层3"，调整图像大小，将"图层3"的图层混合模式设置为"叠加"，得到的图像效果如图9-2-10所示。

图 9-2-9　　　　　　　　图 9-2-10

**8** 选择"图层3"，单击"图层"面板上添加图层蒙版按钮，选择工具箱中的渐变工具，设置由黑色至白色的渐变，使用渐变工具在"图层3"的图像上由边缘至中心拖曳填充渐变，图像效果如图9-2-11所示。

图 9-2-11

**9** 执行【文件】/【打开】命令（Ctrl+O），打开如图9-2-12所示的图片。选择工具箱中的移动工具，使用移动工具将图像拖到"公益广告"图像文件中，生成"图层4"，调整图像大小，执行【图像】/【调整】/【去色】命令，去掉图像中的颜色信息，图像效果如图9-2-13所示。

图 9-2-12　　　　　　　　图 9-2-13

**10** 将"图层4"的图层混合模式设置为"颜色加深"，得到的图像效果如图9-2-14所示。单击"图层"面板上添加图层蒙版按钮，选择工具箱中的渐变工具，设置由黑色至白色的渐变，使用渐变工具在"图层4"的图像上由外至内拖曳填充渐变，得到的图像效果如图9-2-15所示。

图 9-2-14　　　　　　　　图 9-2-15

**11** 执行【文件】/【打开】命令，打开如图 9-2-16 所示的图片。选择工具箱中的移动工具，使用移动工具将图像拖到"公益广告"图像文件中，生成"图层 5"，调整图像大小，将"图层 5"的图层混合模式设置为"颜色加深"，得到的图像效果如图 9-2-17 所示。

图 9-2-16

图 9-2-17

**12** 选择"图层 5"，单击"图层"面板上添加图层蒙版按钮，选择工具箱中的渐变工具，设置由黑色至白色的渐变，使用渐变工具在"图层 5"的图像上由外至内拖曳填充渐变，得到的图像效果如图 9-2-18 所示。

图 9-2-18

**13** 执行【文件】/【打开】命令，打开如图 9-2-19 所示的图片。选择工具箱中的移动工具，使用移动工具将图像拖到"公益广告"图像文件中，生成"图层 6"，调整图像大小，将"图层 6"的图层混合模式设置为"叠加"，得到的图像效果如图 9-2-20 所示。

图 9-2-19

图 9-2-20

**14** 选择"图层 6"，单击"图层"面板上添加图层蒙版按钮，选择工具箱中的渐变工具，设置由黑色至白色的渐变，使用渐变工具在"图层 5"的图像上由外至内拖曳，得到的图像效果如图 9-2-21 所示。

图 9-2-21

**15** 执行【文件】/【打开】命令，打开如图 9-2-22 所示的图片。选择工具箱中的移动工具，使用移动工具将图像拖到"公益广告"图像文件中，生成"图层 7"，调整图像大小，将"图层 7"的图层混合模式设置为"叠加"，得到的图像效果如图 9-2-23 所示。

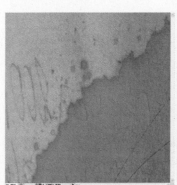

图 9-2-22　　　　　　　图 9-2-23

**16** 选择"图层 7"，单击"图层"面板上添加图层蒙版按钮，选择工具箱中的渐变工具，设置由黑色至白色的渐变，使用渐变工具在"图层 7"的图像上由外至内拖曳填充渐变，得到的图像效果如图 9-2-24 所示。

图 9-2-24

**17** 执行【文件】/【打开】命令，打开如图 9-2-25 所示的图片。选择工具箱中的移动工具，使用移动工具将图像拖到"公益广告"图像文件中，生成"图层 8"，调整图像大小，将"图层 8"的图层混合模式设置为"颜色加深"，得到的图像效果如图 9-2-26 所示。

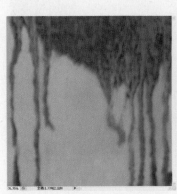

图 9-2-25

图 9-2-26

**18** 选择"图层8",单击"图层"面板上添加图层蒙版按钮▢，选择工具箱中的渐变工具▣，设置由黑色至白色的渐变，使用渐变工具在"图层8"的图像上由下至上拖曳填充渐变，得到的图像效果如图9-2-27所示。

图 9-2-27

**19** 在"图层"面板上将"图层1"拖到"图层"面板上创建新图层按钮▢，得到"图层1副本"图层。将"图层1副本"置于所有图层上方，执行【图像】/【调整】/【色相/饱和度】命令（Ctrl+U），弹出"色相/饱和度"对话框，具体设置如图9-2-28所示，设置完毕后按"确定"按钮应用调整命令，得到的图像效果如图9-2-29所示。

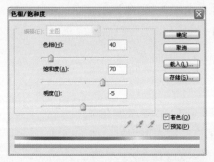

图 9-2-28

图 9-2-29

**20** 将"图层1副本"的图层混合模式设置为"颜色加深"，得到的图像效果如图9-2-30所示。

图 9-2-30

**21** 在"图层"面板上将"图层1"拖到"图层"面板上创建新图层按钮▢，得到"图层1副本2"图层。将"图层1副本2"置于所有图层的上方，执行【图像】/【调整】/【色相/饱和度】命令（Ctrl+U），弹出"色相/饱和度"对话框，具体设置如图9-2-31所示，设置完毕后按"确定"按钮应用调整命令。将"图层1副本2"的图层混合模式设置为"正片叠底"，得到的图像效果如图9-2-32所示。

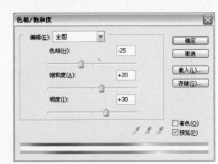

图 9-2-31

图 9-2-32

**22** 执行【文件】/【打开】命令，打开如图9-2-33所示的图片。选择工具箱中的魔棒工具▣，使用魔棒工具在图像中白色背景部分单击，得到的选区如图9-2-34所示。

图 9-2-33

图 9-2-34

**23** 按快捷键 Ctrl+Shift+I 将选区反选，选择工具箱中的移动工具，使用移动工具将选区内图像拖到"公益广告"图像文件中，生成"图层 9"，调整图像大小，得到的图像效果如图 9-2-35 所示。

图 9-2-35

**24** 将前景色设置为黑色，选择工具箱中的横排文字工具 T，设置合适的文字字体及大小，在图像中输入文字"Who Is Next That"，得到的图像效果如图 9-2-36 所示。

图 9-2-36

# Effect 03　　　　制作汽车广告招贴

- 使用【镜头光晕】、【铜版雕刻】、【径向模糊】和【旋转扭曲】滤镜制作梦幻发散效果
- 使用多边形工具结合【描边】命令制作规则的蜂巢形状图案
- 使用【图层样式】为文字添加特殊效果

**1** 执行【文件】/【新建】命令（Ctrl+N），弹出"新建"对话框，具体设置如图 9-3-1 所示，设置完毕后单击"确定"按钮新建图像文件。

图 9-3-1

**2** 将前景色设置为黑色，设置完毕后按快捷键Alt+Delete填充"背景"图层，填充完毕后执行【滤镜】/【渲染】/【镜头光晕】命令，弹出"镜头光晕"对话框，具体设置如图9-3-2所示，设置完毕后单击"确定"按钮应用滤镜，得到的图像效果如图9-3-3所示。

图 9-3-2

图 9-3-3

**3** 按快捷键Alt+Ctrl+F重复执行【滤镜】/【渲染】/【镜头光晕】命令，弹出"镜头光晕"对话框，具体设置如图9-3-4所示，设置完毕后单击"确定"按钮应用滤镜，得到的图像效果如图9-3-5所示。

图 9-3-4

图 9-3-5

**4** 按快捷键Alt+Ctrl+F重复执行【滤镜】/【渲染】/【镜头光晕】命令，弹出"镜头光晕"对话框，具体设置如图9-3-6所示，注意这次设置的光晕位置要与上一步添加的光晕相对称，设置完毕后单击"确定"按钮应用滤镜，得到的图像效果如图9-3-7所示。

图 9-3-6

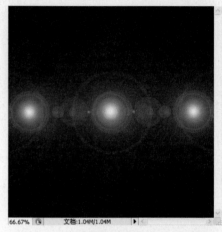

图 9-3-7

**5** 使用同样的方法添加另外六个光晕，注意要以第一个添加的光晕为中心对称，得到的图像效果如图9-3-8所示。执行【图像】/【调整】/【去色】命令（Ctrl+Shift+U），得到的图像效果如图9-3-9所示。

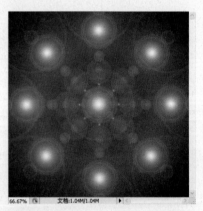

图 9-3-8

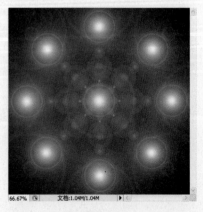

图 9-3-9

**6** 执行【滤镜】/【像素化】/【铜版雕刻】命令，弹出"铜版雕刻"对话框，具体设置如图9-3-10所示，设置完毕后单击"确定"按钮应用滤镜，得到的图像效果如图9-3-11所示。

图 9-3-10

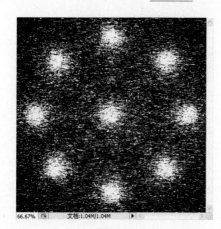

图 9-3-11

**7** 执行【滤镜】/【模糊】/【径向模糊】命令，弹出"径向模糊"对话框，具体设置如图9-3-12所示，设置完毕后单击"确定"按钮应用滤镜，按快捷键Ctrl+F三次重复执行上一滤镜命令，得到的图像效果如图9-3-13所示。

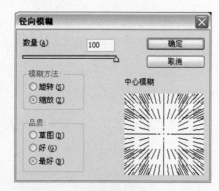

图 9-3-12

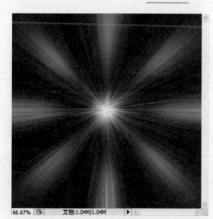

图 9-3-13

**8** 将"背景"图层拖到"图层"面板下的创建新图层按钮，得到"背景副本"，将"背景副本"的图层混合模式设置为"变亮"，执行【滤镜】/【扭曲】/【旋转扭曲】命令，弹出"旋转扭曲"对话框，具体设置如图9-3-14所示，设置完毕后单击"确定"按钮应用滤镜，得到的图像效果如图9-3-15所示。

图 9-3-14

图 9-3-15

**9** 将"背景"图层拖到"图层"面板下的创建新图层按钮，得到"背景副本2"，将"背景副本2"的图层混合模式设置为"变亮"，执行【滤镜】/【扭曲】/【旋转扭曲】命令，弹出"旋转扭曲"对话框，具体设置如图9-3-16所示，设置完毕后单击"确定"按钮应用滤镜，得到的图像效果如图9-3-17所示。

图 9-3-16

图 9-3-17

**10** 将"背景副本"图层拖到"图层"面板下的创建新图层按钮，得到"背景副本3"，执行【滤镜】/【扭曲】/【波浪】命令，弹出"波浪"对话框，具体设置如图9-3-18所示，设置完毕后单击"确定"按钮应用滤镜，得到的图像效果如图9-3-19所示。

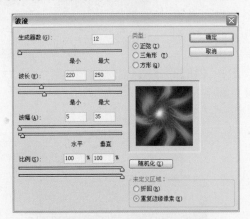

图 9-3-18

图 9-3-19

**11** 选择工具箱中的裁切工具，使用裁切工具如图9-3-20所示裁切图片，裁切完毕后按Enter键确认裁切。

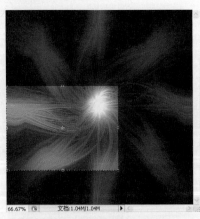

图 9-3-20

**12** 选择"背景"图层以及所有"背景"图层副本，按快捷键Ctrl+E合并所选图层，得到合并后的图层"背景"。执行【图像】/【调整】/【色相/饱和度】命令（Ctrl+U），弹出"色相/饱和度"对话框，具体设置如图9-3-21所示，设置完毕后单击"确定"按钮，得到的图像效果如图9-3-22所示。

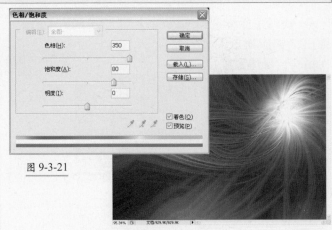

图 9-3-21

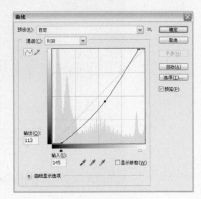

图 9-3-22

**13** 执行【图像】/【调整】/【曲线】命令（Ctrl+M），弹出"曲线"对话框，具体设置如图9-3-23所示，设置完毕后单击"确定"按钮，得到的图像效果如图9-3-24所示。

图 9-3-23

图 9-3-24

**14** 选择工具箱中的多边形工具，在工具选项栏中设置边为6，设置完毕后按住Shift键使用多边形工具绘制六边形路径，如图9-3-25所示。

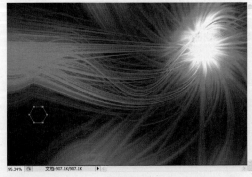

图 9-3-25

**15** 切换到"路径"面板，单击将路径作为选区载入按钮 ○，切换回"图层"面板，单击创建新图层按钮 ⊡，新建"图层1"。执行【编辑】/【描边】命令，弹出"描边"对话框，具体设置如图9-3-26所示，设置完毕后单击"确定"按钮，按快捷键Ctrl+D取消选择，得到的图像效果如图9-3-27所示。

图 9-3-26

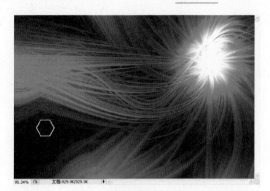

图 9-3-27

提示：多边形工具用于绘制多边形路径，边的数量是在选择了该工具后其工具选项栏中设置，设置范围是0～100。

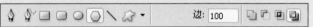

**16** 复制若干个"图层1"副本，将其有规律的排列于图像中，注意每个六边形之间的距离要相当，得到的图像效果如图9-3-28所示。

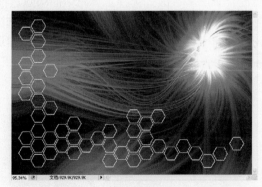

图 9-3-28

提示：在执行第16步使，可以选择工具箱中的移动工具 ▸⊕，按住Ctrl+Alt键拖动"图层1"图像以得到其副本，然后逐个调整位置即可。

**17** 选择"图层1"和所有图层1生成的副本，按快捷键Ctrl+E合并所选图层，得到合并后的"图层1副本23"，单击"图层"面板上的添加图层样式按钮 fx.，在弹出的菜单中选择"投影"，弹出"图层样式"对话框，具体设置如图9-3-29所示，设置完毕后单击"确定"按钮，将"图层1副本23"的图层混合模式设置为"叠加"，图像效果如图9-3-30所示。

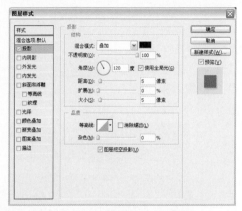

图 9-3-29

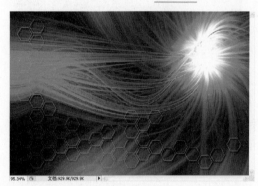

图 9-3-30

**18** 执行【文件】/【打开】命令（Ctrl+O），打开如图9-3-31所示的图片。选择工具箱中的魔棒工具 ✎，在图像中白色背景部分单击，按Ctrl+Shift+I将图像反选，选择工具箱中的移动工具 ▸⊕，将选区内图像拖到"汽车广告招贴"图像文件中，调整大小，得到的图像效果如图9-3-32所示。

图 9-3-31

图 9-3-32

**19** 选择"图层2",执行【图像】/【调整】/【色相/饱和度】命令（Ctrl+U），弹出"色相/饱和度"对话框,具体设置如图9-3-33所示,设置完毕后单击"确定"按钮,得到的图像效果如图9-3-34所示。

图 9-3-33

图 9-3-34

**20** 将前景色设置为黑色,选择工具箱中的横排文字工具，使用横排文字工具在图像中单击,设置合适的文字字体和大小,输入文字"非凡体验"、"尽在本田",图像效果如图9-3-35所示。

图 9-3-35

**21** 选择文字图层,单击"图层"面板上添加图层样式按钮 *fx*,在弹出的菜单中选择"投影",弹出"图层样式"对话框,具体设置如图9-3-36所示,设置完毕后勾选"斜面和浮雕"复选框,具体设置如图9-3-37所示,勾选"描边"复选框,具体设置如图9-3-38所示。设置完毕后单击"确定"按钮应用图层样式,将文字图层的图层填充值设为30%,得到的图像效果如图9-3-39所示。

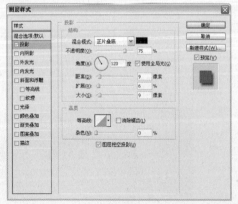

图 9-3-36

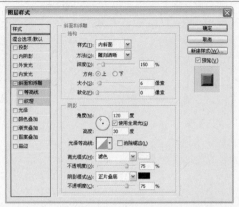

图 9-3-37

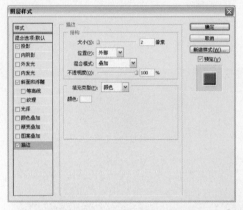

图 9-3-38

图 9-3-39

**22** 按住Ctrl键单击"背景"图层在"图层"面板上的缩览图,调出其选区,选择工具箱中的椭圆选框工具，使用选区相减的方法绘制如图9-3-40所示的选区,单击"图层"面板上创建新图层按钮，新建"图层3",将前景色设置为黑色,设置完毕后按快捷键Alt+Delete填充背景图层,填充完毕后按快捷键Ctrl+D取消选择。

图 9-3-40

**23** 执行【文件】/【打开】命令（Ctrl+O），打开如图9-3-41和图9-3-42所示的图片。

图 9-3-41

图 9-3-42

**24** 选择工具箱中的魔棒工具，在图像中白色背景部

分单击，按快捷键Ctrl+Shift+I将选区反选，选择工具箱中的移动工具，将选区内图像拖到"汽车广告招贴"图像文件中，调整大小，得到的图像效果如图9-3-43所示。

图 9-3-43

# Effect 04 苹果桌面设计应用

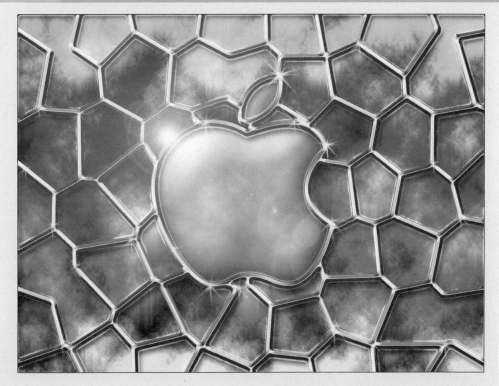

- 使用【染色玻璃】滤镜结合【路径描边】命令制作不规则的金属外形
- 使用【图层样式】为图像添加投影、外发光、斜面和浮雕和内阴影效果，以得到逼真的金属效果
- 使用渐变工具结合【波浪】等滤镜制作幻彩背景
- 使用【镜头光晕】滤镜制作效果局部亮光
- 使用特殊的笔刷为画面添加星光效果

**1** 执行【文件】/【新建】命令（Ctrl+N），弹出"新建"对话框，具体设置如图9-4-1所示，单击"确定"按钮新建图像文件。

图 9-4-1

**2** 选择工具箱中的渐变工具，设置七彩的渐变，按住Shift键使用渐变工具由下至上拖曳填充渐变，得到的图像效果如图9-4-2所示。

图 9-4-2

**3** 执行【滤镜】/【扭曲】/【波浪】命令，弹出"波浪"对话框，具体设置如图9-4-3所示，设置完毕后单击"确定"按钮应用滤镜，按快捷键Ctrl+F重复执行波浪滤镜命令，得到的图像效果如图9-4-4所示。

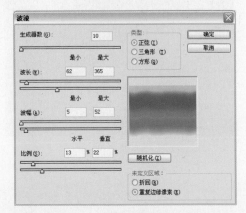

图 9-4-3

图 9-4-4

**4** 执行【滤镜】/【画笔描边】/【喷溅】命令，弹出"喷溅"对话框，具体设置如图9-4-5所示，设置完毕后单击"确定"按钮应用滤镜，按得到的图像效果如图9-4-6所示。

图 9-4-5

图 9-4-6

**5** 单击"图层"面板上创建新图层按钮，新建"图层1"，将前景色设置为白色、背景色设置为黑色。执行【滤镜】/【渲染】/【云彩】命令，得到的图像效果如图9-4-7所示。

图 9-4-7

**6** 执行【图像】/【旋转画布】/【90度（顺时针）】命令，执行【滤镜】/【风格化】/【风】命令，弹出"风"对话框，具体设置如图9-4-8所示，设置完毕后单击"确定"按钮应用滤镜，得到的图像效果如图9-4-9所示。

图 9-4-8

图 9-4-9

**7** 执行【滤镜】/【锐化】/【智能锐化】命令，弹出"智能锐化"对话框，具体设置如图9-4-10所示，设置完毕后单击"确定"按钮应用滤镜，得到的图像效果如图9-4-11所示。

图 9-4-10

图 9-4-11

**8** 执行【图像】/【旋转画布】/【90度（逆时针）】命令，将"图层1"的图层混合模式设置为"线性光"，图层不透明度设置为80%，得到的图像效果如图9-4-12所示。

图 9-4-12

**9** 选择工具箱中的钢笔工具，使用钢笔工具如图9-4-13所示勾勒路径。将前景色设置为黑色，设置合适的笔刷及笔刷大小，注意将笔刷硬度设置为100%。单击"图层"面板上创建新图层按钮，新建"图层2"。切换到"路径"面板，右键单击"工作路径"，在弹出的菜单中选择"描边路径"命令，在弹出的"描边路径"对话框中设置描边类型为"画笔"，单击"确定"按钮，得到的图像效果如图9-4-14所示。

图 9-4-13

图 9-4-14

**10** 单击"图层"面板上创建新图层按钮，新建"图层2"。将前景色设置为白色，按快捷键Alt+Delete填充前景色。执行【滤镜】/【纹理】/【染色玻璃】命令，弹出"染色玻璃"对话框，具体设置如图9-4-15所示，设置完毕后单击"确定"按钮应用滤镜，得到的图像效果如图9-4-16所示。

图 9-4-15

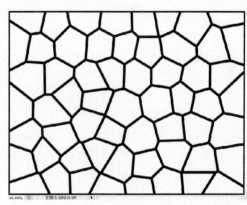

图 9-4-16

**11** 选择工具箱中的矩形选框工具，沿画布边缘绘制矩形选区，绘制完毕后按快捷键Ctrl+Shift+I将选区反选，如图9-4-17所示，按Delete删除选区内图像，按快捷键Ctrl+D取消选择。选择"图层3"，按快捷键Ctrl+T调出自由变换框，按住Shift+Alt向外拖动变换手柄，将"图层3"所在图像布满整个画布后按Enter键确认，得到的图像效果如图9-4-18所示。

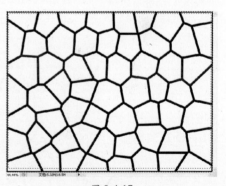

图 9-4-17

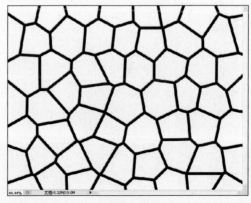

图 9-4-18

**12** 执行【选择】/【色彩范围】命令，在弹出的"色彩范围"对话框中使用吸管工具在图像中白色部分单击，具体设置如图9-4-19所示，设置完毕后单击"确定"按钮，按Delete删除选区内图像，删除完毕后按快捷键Ctrl+D取消选择，得到的图像效果如图9-4-20所示。

图 9-4-19

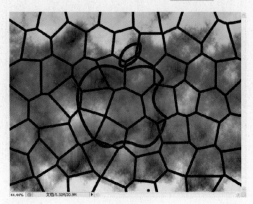

图 9-4-20

**13** 切换到"路径"面板，按住 Ctrl 键单击"工作路径"缩览图得到路径选区，切换回"图层"面板，选择"图层 3"，按 Delete 键删除选区内图像，如图 9-4-21 所示，删除完毕后按快捷键Ctrl+D取消选择。使用工具箱中的多边形套索工具绘制如图9-4-22所示的选区，按Delete 键删除选区内图像，按快捷键Ctrl+D 取消选择，使用此方法随意删除几个多边形格的连接处。

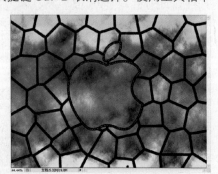

图 9-4-21

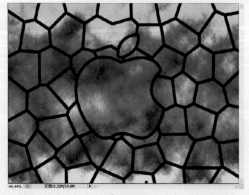

图 9-4-22

**14** 选择"图层 2"和"图层 3"，按快捷键Ctrl+E合并所选图层，得到合并后的"图层 3"。单击"图层"面板上添加图层样式按钮 *fx.*，在弹出的菜单中选择"投影"，弹出"图层样式"对话框，具体设置如图 9-4-23所示，设置完毕后不关闭对话框，继续勾选"外发光"复选框，具体设置如图 9-4-24所示，设置完毕后继续勾选"斜面和浮雕"复选框，具体设置如图 9-4-25 所示，设置完毕后不关闭对话框，在"图层样式"对话框中勾选"颜色叠加"复选框，具体设置如图 9-4-26 所示，设置完毕后单击"确定"按钮应用图层样式，得到的图像效果如图9-4-27所示。

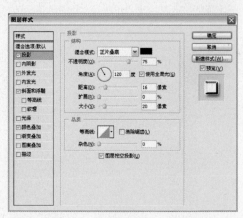

图 9-4-23

图 9-4-24

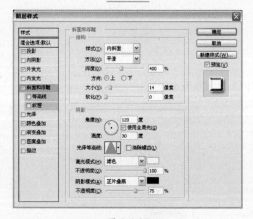

图 9-4-25

图 9-4-26

图 9-4-27

**15** 切换到至"路径"面板，按住 Ctrl 键单击"工作路径"缩览图得到路径选区，单击"图层"面板上创建新图层按钮 ⬛，新建"图层4"，将前景色色值设置为R55、G160、B255，按快捷键 Alt+Delete 填充前景色，将"图层4"置于"图层3"下方，得到的图像效果如图 9-4-28 所示。

图 9-4-28

**16** 单击"图层"面板上创建新图层按钮 ⬛，新建"图层5"，将前景色和背景色设置为系统默认的黑白两色，设置完毕后执行【滤镜】/【渲染】/【云彩】命令，添加滤镜后按快捷键 Ctrl+D 取消选择，得到的图像效果如图 9-4-29 所示，将"图层5"的图层混合模式设置为"叠加"，图层不透明度设置为50%，合并"图层4"和"图层5"，得到合并后的"图层4"，图像效果如图 9-4-30 所示。

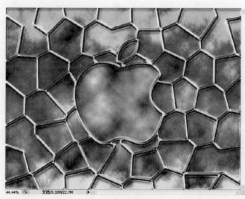

图 9-4-29

图 9-4-30

**17** 选择"图层4"，单击"图层"面板上添加图层样式按钮 ⬛，在弹出的菜单中选择"内阴影"，弹出"图层样式"对话框，具体设置如图 9-4-31 所示，设置完毕后继续勾选"斜面和浮雕"复选框，具体设置如图 9-4-32 所示，设置完毕后单击"确定"按钮应用图层样式，得到的图像效果如图 9-4-33 所示。

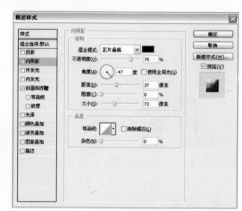

图 9-4-31

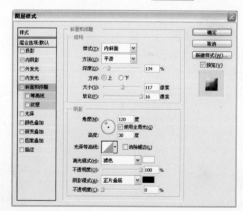

图 9-4-32

图 9-4-33

**18** 在"图层"面板中选择"图层4"的图层样式，在图层样式上单击鼠标右键，在弹出的菜单中选择"创建图层"，应用后得到2个新的只应用于"图层4"的图层，即"图层4的内斜面高光"和"图层4的内阴影"，选择"图层4的内阴影"的图层蒙版，单击"图层"面板上添加图层蒙版按钮 ◙ ，将前景色设置为黑色，选择工具箱中的画笔工具 ✐ ，设置合适的笔刷大小，使用画笔工具在苹果叶子部分涂抹，得到的图像效果如图9-4-34所示。

图 9-4-34

**19** 选择"图层3"，单击"图层"面板上创建新图层按钮 ◙ ，新建"图层5"，将前景色设置为黑色，按快捷键Alt+Delete填充前景色。执行【滤镜】/【渲染】/【镜头光晕】命令，弹出"镜头光晕"对话框，具体设置如图9-4-35所示，设置完毕后单击"确定"按钮，将"图层"的图层混合模式设置为"滤色"，得到的图像效果如图9-4-36所示。

图 9-4-35

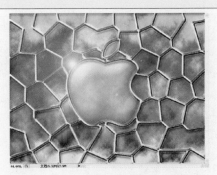

图 9-4-36

**20** 单击"图层"面板上创建新图层按钮 ◙ ，新建"图层6"，选择工具箱中的画笔工具 ✐ ，如图9-4-37设置笔刷，将前景色设置为白色，使用画笔工具在金属图像边缘单击，添加星光效果，图像效果如图9-4-38所示。

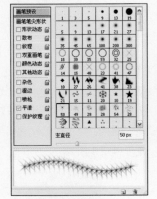

图 9-4-37

图 9-4-38

# Effect 05　CD 包装综合应用设计

● 使用较柔和笔刷的橡皮擦工具擦除多余图像，以达到两种图像边缘自然融合的目的

● 分别使用【云彩】、【分层云彩】、【旋转扭曲】和【塑料包装】滤镜，结合图层混合模式制作炫彩的螺旋特效

● 使用【图层样式】为图像添加立体浮雕和投影效果

1 执行【文件】/【新建】命令（Ctrl+N），弹出"新建"对话框，具体设置如图9-5-1所示，单击"确定"按钮新建图像文件。

图 9-5-1

2 将前景色设置为黑色，按快捷键Alt+Delete填充选区，填得到的图像效果如图9-5-2所示。

图 9-5-2

3 选择工具箱中的矩形选框工具，使用矩形选框工具在图像下半部绘制矩形选区，单击"图层"面板上创建新图层按钮，新建"图层1"。选择工具箱中的渐变工具，设置"Blues"渐变，使用渐变工具由下至上拖曳填充渐变，得到的图像效果如图9-5-3所示。

图 9-5-3

4 按快捷键Ctrl+D取消选择，执行【滤镜】/【扭曲】/【旋转扭曲】命令，弹出"旋转扭曲"对话框，具体设置如图9-5-4所示，设置完毕后单击"确定"按钮，得到的图像效果如图9-5-5所示。

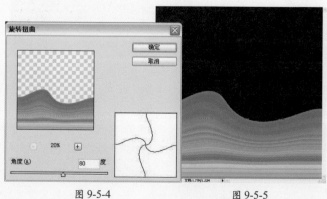

图 9-5-4　　　　　　图 9-5-5

5 按Ctrl+Alt+T变换图像并复制图层，在变换框内单击鼠标右键，在弹出的菜单中选择"垂直翻转"，变换完毕后按Enter确认变换，得到的图像效果如图9-5-6所示。这时"图层"面板中生成新的图层"图层1副本"。

图 9-5-6

6 分别移动"图层1"和"图层1副本"上的图像到文档中央，注意，两个图层要稍加错位，图像效果如图9-5-7所示。

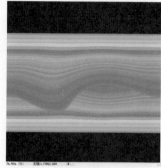

图 9-5-7

7 选择"图层1副本"，选择工具箱中的橡皮擦工具，为了让两个图层的图像更好的融合，使用橡皮擦工具擦除"图层1副本"曲线边缘，建议选择硬度为0%的笔刷，擦除完毕后图像效果如图9-5-8所示。

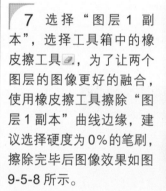

图 9-5-8

8 选择工具箱中的矩形选框工具，使用矩形选框工具绘制矩形选区，如图9-5-9所示，单击"图层"面板下的创建新图层按钮，新建"图层2"。

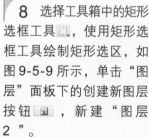

图 9-5-9

9 将前景色和背景色设置为系统默认的黑、白两色，执行【滤镜】/【渲染】/【云彩】命令，得到的图像效果如图9-5-10所示。

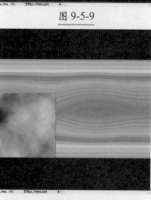

图 9-5-10

**10** 执行【滤镜】/【渲染】/【分层云彩】命令，可以多按快捷键Ctrl+F几次，以得到自己满意的图像效果，得到的图像效果如图9-5-11所示。

图 9-5-11

**11** 按快捷键Ctrl+D取消选择，执行【图像】/【调整】/【曲线】命令（Ctrl+M），弹出"曲线"对话框，具体设置如图9-5-12所示，设置完毕后单击"确定"按钮，得到的图像效果如图9-5-13所示。

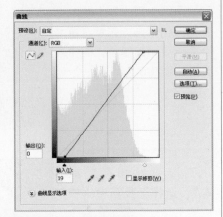

图 9-5-12

图 9-5-13

**12** 执行【滤镜】/【扭曲】/【旋转扭曲】命令，弹出"旋转扭曲"对话框，具体设置如图9-5-14所示，设置完毕后单击"确定"按钮，得到的图像效果如图9-5-15所示。

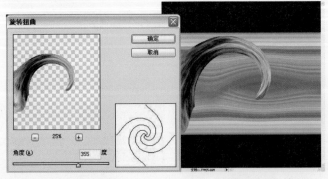

图 9-5-14　　　　　　图 9-5-15

**13** 按快捷键Ctrl+T调出自由变换框，调整图像的大小和位置至合适后按Enter键确认变换，将"图层2"的图层混合模式设置为"强光"，得到的图像效果如图9-5-16所示。

图 9-5-16

**14** 使用同样的方法为图像添加炫彩螺旋效果，注意调整各个螺旋旋彩图像的图层不透明度和图层混合模式，这样可以让图像的层次感更强，得到的图像效果如图9-5-17所示。

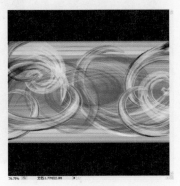

图 9-5-17

**15** 选择工具箱中的矩形选框工具，使用矩形选框工具绘制矩形选区，单击"图层"面板上创建新图层按钮，新建"图层10"。将前景色和背景色设置为系统默认的黑、白两色，执行【滤镜】/【渲染】/【云彩】命令，得到的图像效果如图9-5-18所示。

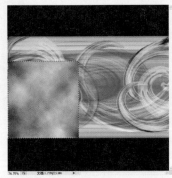

图 9-5-18

**16** 按快捷键Ctrl+D取消选择，执行【滤镜】/【扭曲】/【旋转扭曲】命令，弹出"旋转扭曲"对话框，具体设置如图9-5-19所示，设置完毕后单击"确定"按钮，得到的图像效果如图9-5-20所示。

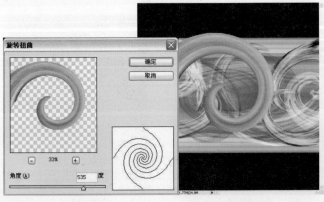

图 9-5-19　　　　　　图 9-5-20

**17** 执行【滤镜】/【艺术效果】/【塑料包装】命令，弹出"塑料包装"对话框，具体设置如图9-5-21所示，设置完毕后单击"确定"按钮，得到的图像效果如图9-5-22所示。

图 9-5-21

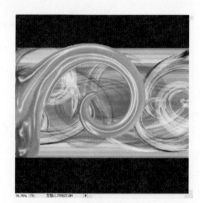

图 9-5-22

**18** 按快捷键Ctrl+T调出自由变换框，调整图像的大小和位置至合适后按Enter键确认变换，得到的图像效果如图9-5-23所示。选择工具箱中的橡皮擦工具 ，为了让两个图层的图像更好的融合，使用橡皮擦工具擦除"图层10"边缘，建议选择硬度为0％的笔刷，擦除完毕后如图9-5-24所示。

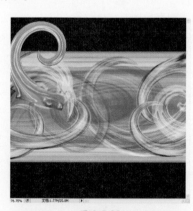

图 9-5-23

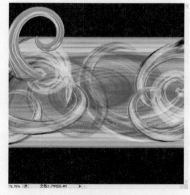

图 9-5-24

**19** 执行【图像】/【调整】/【色相／饱和度】命令（Ctrl+U），弹出的"色相／饱和度"对话框具体设置如图9-5-25所示，设置完毕后单击"确定"按钮，将"图层10"的图层混合模式设置为"强光"，得到的图像效果如图9-5-26所示。

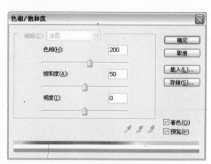

图 9-5-25

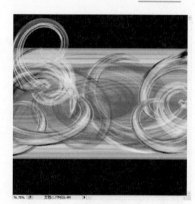

图 9-5-26

**20** 使用同样的方法为图像添加螺旋旋彩效果，注意调整各个螺旋旋彩图像的图层不透明度和图层混合模式，这样可以让图像的层次感更强，得到的图像效果如图9-5-27所示。

图 9-5-27

**21** 将前景色设置为白色，选择工具箱中的横排文字工具 ，设置合适的文字字体及大小，在图像中输入文字"Music CD01"，得到的图像效果如图9-5-28所示。

图 9-5-28

**22** 选择文字图层，单击"图层"面板上的添加图层样式按钮 *fx.*，在弹出的菜单中选择"外发光"，弹出"图层样式"对话框，具体设置如图9-5-29所示，设置完毕后单击"确定"按钮应用图层样式，得到的图像效果如图9-5-30所示。

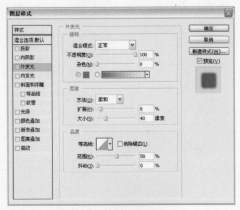

图 9-5-29

图 9-5-30

**23** 单击"图层"面板上创建新图层按钮 ，新建"图层15"，将前景色设置为黑色，按快捷键Alt+Delete填充选区。执行【滤镜】/【渲染】/【镜头光晕】命令，弹出"镜头光晕"对话框，具体设置如图9-5-31所示，设置完毕后单击"确定"按钮，将"图层15"的图层混合模式设置为"滤色"，将光晕移至文字上方，得到的图像效果如图9-5-32所示。

图 9-5-31

图 9-5-32

**24** 选择最上方的图层，按下快捷键Ctrl+Shift+Alt+E盖印图像，选择工具箱中的椭圆选框工具 ，按住Shift键使用椭圆选框工具绘制如图9-5-33的圆形选区。

图 9-5-33

**25** 执行【文件】/【新建】命令（Ctrl+N），弹出"新建"对话框，具体设置如图9-5-34所示，单击"确定"按钮新建图像文件。

图 9-5-34

**26** 选择工具箱中的移动工具 ，使用移动工具将"CD封面设计"文档中选区中的图像拖到"CD盘面设计"文档中，"CD盘面设计"文档将生成"图层1"，调整"图层1"图像大小后按住Alt+Ctrl键单击"图层1"的图层缩览图，调出其选区，执行【选择】/【修改选区】命令，按住Shift键向内缩小选区后按Enter键确认变换。单击"图层"面板上创建新图层按钮 ，新建"图层2"，将前景色设置为白色，按快捷键Alt+Delete填充选区。填充完毕后将"图层2"的图层不透明度设置为80%，图像效果如图9-5-35所示。

图 9-5-35

**27** 执行【选择】/【修改选区】命令，按住Alt+Shift键向内缩小选区后按Enter确认变换。先后选择"图层1"和"图层2"，按Delete键删除选区内图像，得到的图像效果如图9-5-36所示。

图 9-5-36

**28** 按快捷键Ctrl+D取消选择，将前景色设置为白色，选择工具箱中的横排文字工具 **T.**，设置合适的文字字体及大小，在图像中输入文字"Music CD01"，得到的图像效果如图9-5-37所示。

图 9-5-37

**29** 选择文字图层，单击"图层"面板上添加图层样式按钮 **fx.**，在弹出的菜单中选择"外发光"，弹出"图层样式"对话框，具体设置如图9-5-38所示，设置完毕后单击"确定"按钮应用图层样式，得到的图像效果如图9-5-39所示。

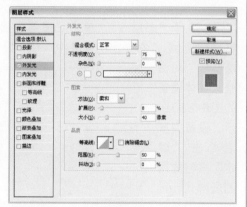

图 9-5-38

图 9-5-39

**30** 使用步骤23的方法为文字添加镜头光晕效果，得到的图像效果如图9-5-40所示，选择除"背景"图层外的所有图层，按快捷键Ctrl+E合并所选图层，得到合并后的"图层3"。

图 9-5-40

**31** 执行【文件】/【新建】命令（Ctrl+N），弹出"新建"对话框，具体设置如图9-5-41所示，单击"确定"按钮新建图像文件。

图 9-5-41

**32** 选择工具箱中的移动工具 **▸+**，使用移动工具将"CD封面设计"文档中步骤24盖印的图层拖到"CD整体设计效果"文档中，"CD整体设计效果"文档将生成"图层1"，调整"图层1"图像大小至合适，如图9-5-42所示。

图 9-5-42

**33** 选择工具箱中的移动工具 **▸+**，使用移动工具将"CD盘面设计"文档中"图层3"拖到"CD整体设计效果"文档中，"CD整体设计效果"文档将生成"图层2"，调整"图层2"图像大小至合适，如图9-5-43所示。

图 9-5-43

**34** 选择"图层2"，单击"图层"面板上添加图层样式按钮 **fx.**，在弹出的菜单中选择"投影"，弹出"图层样式"对话框，具体设置如图9-5-44所示，设置完毕后不关闭对话框，勾选"斜面和浮雕"复选框，具体设置如图9-5-45所示，单击"确定"按钮应用图层样式，得到的图像效果如图9-5-46所示。

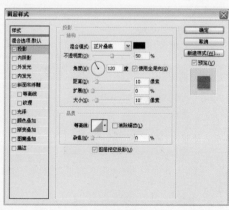

图 9-5-44

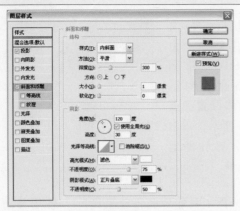

图 9-5-45

图 9-5-46

**35** 选择"图层1",单击"图层"面板上添加图层样式按钮 *fx.*,在弹出的菜单中选择"投影",弹出"图层样式"对话框,具体设置如图9-5-47所示,设置完毕后单击"确定"按钮应用图层样式,得到的图像效果如图9-5-48所示。

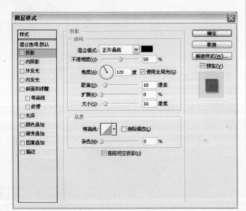

图 9-5-47

图 9-5-48

**36** 将"图层2"拖到"图层"面板上创建新图层按钮 ,得到"图层2副本",隐藏"图层2副本"的"投影"样式。单击创建新图层按钮 ,新建"图层3",同时选择"图层3"和"图层2副本",按快捷键Ctrl+E合并所选图层,得到合并后的"图层3"。按快捷键Ctrl+T调出自由变换框,按住Ctrl键调整图像至如图9-5-49所示按Enter键确认变换。

图 9-5-49

**37** 选择"图层3",单击"图层"面板上添加图层样式按钮 *fx.*,在弹出的菜单中选择"投影",弹出"图层样式"对话框,具体设置如图9-5-50所示,设置完毕后单击"确定"按钮应用图层样式,得到的图像效果如图9-5-51所示。

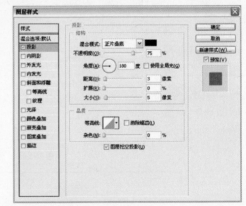

图 9-5-50

图 9-5-51

**38** 选择工具箱中的渐变工具 ,设置由蓝色至白色的渐变,在"背景"图层上由上至下拖曳填充,效果如图9-5-52所示。

图 9-5-52

# Effect 06　　电话卡卡面设计

- 使用 Alt+Ctrl+T 快捷键复制并变换图像
- 使用【色彩范围】命令快速选取不规则色彩范围
- 更改图层混合模式以求得到与众不同的图像效果
- 添加图层蒙版让不同图层上的图像更好的融合
- 添加图层样式让文字图层与背景图层上的图像相分离

**1** 执行【文件】/【新建】命令（Ctrl+N），弹出"新建"对话框，具体设置如图9-6-1所示，单击"确定"按钮新建图像文件。

图 9-6-1

**2** 选择工具箱中的渐变工具，设置渐变颜色，使用渐变工具由左至右拖曳填充渐变，得到的图像效果如图9-6-2所示。

图 9-6-2

**3** 执行【文件】/【新建】命令（Ctrl+N），弹出"新建"对话框，具体设置如图9-6-3所示，单击"确定"按钮新建图像文件。

图 9-6-3

**4** 将前景色设置为黑色，选择工具箱中的铅笔工具，在其工具选项栏中设置铅笔半径为4像素，设置完毕后使用铅笔工具在图像上半部单击，得到的图像效果如图9-6-4所示。执行【编辑】/【定义图案】命令，弹出"定义图案"对话框，不做设置，直接单击"确定"按钮。

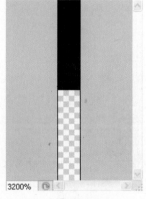

图 9-6-4

**5** 切换到"电话卡卡面设计"图像文档，单击"图层"面板上创建新图层按钮，新建"图层1"，填充白色，单击"图层"面板上添加图层样式按钮，在弹出的菜单中选择"图案叠加"，弹出"图层样式"对话框，具体设置如图9-6-5所示，设置完毕后单击"确定"按钮应用图层样式，将"图层1"的图层填充值设置为0%，得到的图像效果如图9-6-6所示。

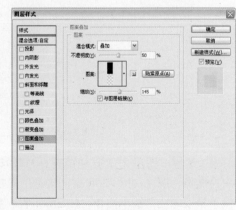

图 9-6-5

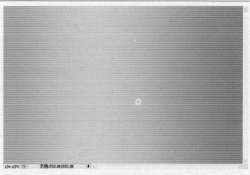

图 9-6-6

**6** 单击"图层"面板上创建新图层按钮 ，新建"图层2"，选择工具箱中的椭圆选框工具 ，按住 Shift 键使用椭圆选框工具在图像中绘制圆形选区，如图9-6-7所示。

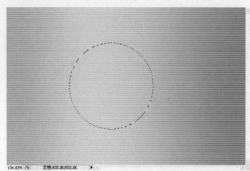

图 9-6-7

**7** 执行【编辑】/【描边】命令，弹出"描边"对话框，具体设置如图9-6-8所示，设置完毕后单击"确定"按钮，按快捷键Ctrl+D取消选择，得到的图像效果如图9-6-9所示。

图 9-6-8

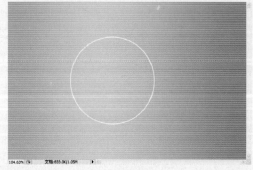

图 9-6-9

**8** 选择"图层2"，按快捷键Alt+Ctrl+T复制并自由变换图像，按住Alt和Shift键向内拖曳变换框四角上的变换手柄以等比例缩小图像，按Enter确认变换，得到"图层2副本"图层，得到的图像效果如图9-6-10所示。

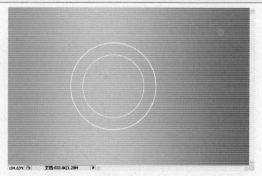

图 9-6-10

**9** 单击"图层"面板上创建新图层按钮 ，新建"图层3"，将前景色设置为白色，选择工具箱中的铅笔工具 ，在工具选项栏中设置铅笔半径为2像素，设置完毕后使用铅笔工具绘制直线，注意直线要与两个圆形的直径吻合，必要的时候可以使用辅助线帮助绘制，得到的图像效果如图9-6-11所示。

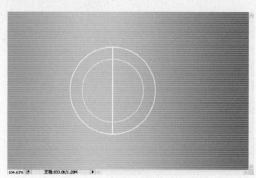

图 9-6-11

**10** 选择"图层3"，按快捷键Alt+Ctrl+T复制并自由变换图像，按住Shift键旋转图像90°，按Enter键确认变换，得到"图层3副本"图层，得到的图像效果如图9-6-12所示。

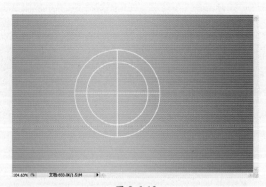

图 9-6-12

**11** 按Shift键的同时选择"图层3"和"图层3副本"，按快捷键Ctrl+E合并所选图层，得到"图层3副本"。选择"图层3副本"，按快捷键Alt+Ctrl+T复制并自由变换图像，按住Shift键旋转图像45°，按Enter键确认变换，得到"图层3副本2"图层，得到的图像效果如图9-6-13所示。

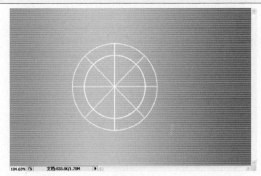

图 9-6-13

图 9-6-16　　　　　　　图 9-6-17

**12** 同时选择"图层 3 副本"和"图层 3 副本 2",按快捷键 Ctrl+E 合并所选图层,得到"图层 3 副本 2"。选择工具箱中的椭圆选框工具◯,按住 Shift 键使用椭圆选框工具在图像中绘制圆形选区,圆形选区要与"图层 2 副本"上的圆形大小相符,选择"图层 3 副本 2",按 Delete 删除选区内图像,得到的图像效果如图 9-6-14 所示,删除完毕后按快捷键 Ctrl+D 取消选择。

**15** 按快捷键 Ctrl+Shift+I 反选,选择工具箱中的移动工具▶,使用移动工具将选区内图像拖曳至"电话卡卡面设计"图像文件中,生成"图层 2",调整图像大小,将"图层 2"的图层混合模式设置为"叠加",得到的图像效果如图 9-6-18 所示。

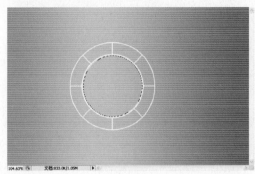

图 9-6-14

图 9-6-18

**13** 使用同样的方法制作图案,注意变换图案的大小和位置,得到的图像效果如图 9-6-15 所示。合并所有圆形图案所在的图层,将合并后的图层混合模式设置为"叠加"。

**16** 执行【文件】/【打开】命令,打开如图 9-6-19 所示的图片。选择工具箱中的魔棒工具✎,使用魔棒工具在图像中红色背景部分单击,得到的选区如图 9-6-20 所示。

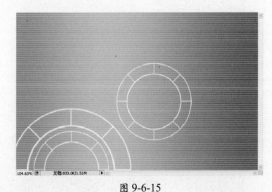

图 9-6-15

图 9-6-19　　　　　　　图 9-6-20

**14** 执行【文件】/【打开】命令,打开如图 9-6-16 所示的图片。选择工具箱中的魔棒工具✎,使用魔棒工具在图像中红色背景部分单击,得到的选区如图 9-6-17 所示。

**17** 按快捷键 Ctrl+Shift+I 将选区反选,选择工具箱中的移动工具▶,使用移动工具将选区内图像拖到"电话卡卡面设计"图像文件中，生成"图层3"，调整图像大小，将"图层3"的图层混合模式设置为"颜色加深"，将"图层3"的图层不透明度设置为80%，得到的图像效果如图9-6-21所示。

图 9-6-21

**18** 选择"图层3"，单击"图层"面板上添加图层蒙版按钮，选择工具箱中的渐变工具，设置由黑色至白色的渐变，使用渐变工具在选区内由左至右拖曳填充渐变，得到的图像效果如图9-6-22所示。

图 9-6-22

**19** 选择工具箱中的自定形状工具，在工具选项栏中设置自定形状为"箭头2"，设置完毕后使用自定形状工具在图像中绘制如图9-6-23所示的路径。

图 9-6-23

**20** 单击"图层"面板上创建新图层按钮，新建"图层4"。切换到"路径"面板，单击将路径作为选区载入按钮，将前景色设置为白色，按快捷键Alt+Delete填充选区，按快捷键Ctrl+D取消选择，得到的图像效果如图9-6-24所示。

图 9-6-24

**21** 选择"图层4"，按快捷键Alt+Ctrl+T复制并自由变换图像，按住Shift键向右拖曳图像，拖曳完毕后按Enter键确认变换，得到"图层4副本"图层，得到的图像效果如图9-6-25所示。

图 9-6-25

**22** 按快捷键Ctrl+Shift+Alt+T复制图层并重复上一变换命令若干次，得到的图像效果如图9-6-26所示，选择"图层4"和所有"图层4"生成的副本，按快捷键Ctrl+E合并所选图层，得到"图层4副本19"，将"图层4副本19"的图层不透明度设置为60%，得到的图像效果如图9-6-27所示。

图 9-6-26

图 9-6-27

**23** 执行【文件】/【打开】命令，打开如图9-6-28所示的图片。

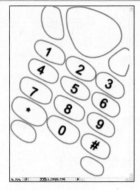

图 9-6-28

**24** 执行【选择】/【色彩范围】命令，在弹出的"色彩范围"对话框中使用吸管工具在图像中白色部分单击，具体设置如图9-6-29所示，设置完毕后单击"确定"按钮，按快捷键Ctrl+Shift+I将选区反选，选择工具箱中的移动工具，使用移动工具将选区内图像拖到"电话卡卡面设计"图像文件中，生成"图层4"，调整图像大小，将"图层4"的图层混合模式设置为"叠加"，得到的图像效果如图9-6-30所示。

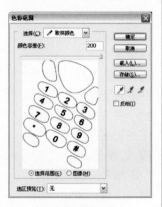

图 9-6-29

图 9-6-30

**25** 执行【文件】/【新建】命令（Ctrl+N），弹出"新建"对话框，具体设置如图9-6-31所示，单击"确定"按钮新建图像文件。

图 9-6-31

**26** 选择工具箱中的钢笔工具，使用钢笔工具绘制如图9-6-32所示的路径。单击"图层"面板上创建新图层按钮，新建"图层1"，将前景色设置为黑色，选择工具箱中的画笔工具，设置合适的画笔大小，注意将画笔硬度设置为100%。设置完毕后切换至"路径"面板，选择"工作路径"，右键单击"工作路径"，在弹出的菜单中选择"描边路径"，在弹出的"描边路径"对话框中选择"画笔"，选择完毕后单击"确定"按钮应用，得到的"工作路径"图像效果如图9-6-33所示。

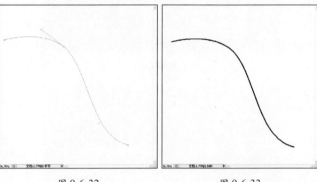

图 9-6-32                图 9-6-33

**27** 选择"图层1"，按快捷键Alt+Ctrl+T复制并自由变换图像，旋转图像，按Enter键确认变换，得到"图层1 副本"图层，得到的图像效果如图9-6-34所示。

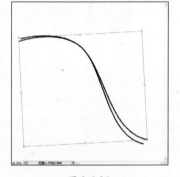

图 9-6-34

**28** Ctrl+Shift+Alt+T复制图层并重复上一变换命令若干次，得到的图像效果如图9-6-35所示，选择"图层1"和所有"图层1"生成的副本，按快捷键Ctrl+E合并所选图层，得到"图层1 副本33"。

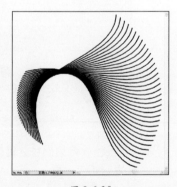

图 9-6-35

**29** 选择工具箱中的移动工具，使用移动工具将"图层1 副本33"上的图像拖曳至"电话卡卡面设计"图像文件中，生成"图层5"，调整图像大小，将"图层5"的图层混合模式设置为"叠加"，将"图层5"的图层不透明度设置为80%，得到的图像效果如图9-6-36所示。选择"图层5",单击"图层"面板底部的添加图层蒙版按钮，选择工具箱中的渐变工具，设置由黑色至白色的渐变，使用渐变工具在选区内由左上至右下拖曳，得到的图像效果如图9-6-37所示。

图 9-6-36

图 9-6-37

**30** 将"图层5"拖到图层"面板下的创建新图层按钮，得到"图层5副本"。改变"图层5副本"的大小和位置，得到的图像效果如图9-6-38所示。

图 9-6-38

**31** 前景色设置为黑色，选择工具箱中的横排文字工具，设置合适的文字字体及大小，在图像中输入文字"沟通"，得到的图像效果如图9-6-39所示。

图 9-6-39

**32** 单击"图层"面板上的添加图层样式按钮，在弹出的菜单中选择"投影"，弹出"图层样式"对话框，具体设置如图9-6-40所示，设置完毕后不关闭对话框，在"图层样式"对话框中继续勾选"描边"复选框，具体设置如图9-6-41所示，设置完毕后单击"确定"按钮应用图层样式，将文字图层的图层混合模式设置为"叠加"，得到的图像效果如图9-6-42所示。

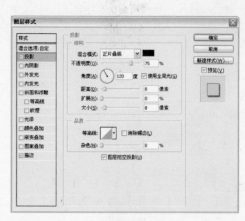

图 9-6-40

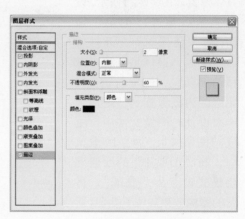

图 9-6-41

图 9-6-42

**33** 将前景色设置为黑色，选择工具箱中的横排文字工具，设置合适的文字字体及大小，在图像中输入文字"就是这么简单"，得到的图像效果如图9-6-43所示。

图 9-6-43

**34** 单击"图层"面板上添加图层样式按钮 fx.，在弹出的菜单中选择"内阴影"，弹出"图层样式"对话框，具体设置如图9-6-44所示，设置完毕后单击"确定"按钮应用图层样式，将文字图层的图层混合模式设置为"叠加"，得到的图像效果如图9-6-45所示。

图 9-6-44

图 9-6-45

**35** 前景色设置为白色，选择工具箱中的横排文字工具 T.，设置合适的文字字体及大小，在图像中输入文字"CONNECT"，得到的图像效果如图9-6-46所示。将文字图层的图层不透明度设置为80%，得到的图像效果如图9-6-47所示。

图 9-6-46

图 9-6-47

**36** 将前景色设置为白色，选择工具箱中的横排文字工具 T.，设置合适的文字字体及文字大小，在图像中分别输入数字"50"和文字"元"，图像效果如图9-6-48所示。

图 9-6-48

# Effect 07  音频播放器界面设计

- 使用【图层样式】为图像添加内发光、外发光和斜面和浮雕效果
- 使用路径工具和【描边】等命令相结合制作描边效果
- 使用【选择】/【修改】命令下的子命令调整选区
- 新建图像文件并结合【定义图案】命令添加图案库里没有的图案
- 使用横排文字工具为图像添加装饰文字效果

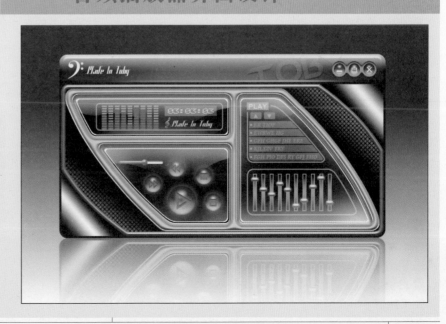

**1** 执行【文件】/【新建】（Ctrl+N），弹出"新建"对话框，具体设置如图9-7-1所示，设置完毕后单击"确定"按钮新建图像文件。

图 9-7-1

**2** 选择工具箱中的渐变工具■，设置由黑色至白色的渐变，使用渐变工具由上至下拖曳填充渐变，得到的图像效果如图9-7-2所示。

图 9-7-2

**3** 选择工具箱中的圆角矩形工具■，在工具选项栏中设置圆角半径为20像素，设置完毕后使用圆角矩形工具绘制如图9-7-3所示的路径。

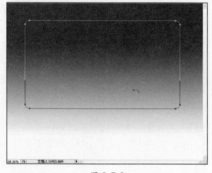

图 9-7-3

**4** 单击"图层"面板下的创建新图层按钮■，新建"图层1"，切换至"路径"面板，单击"路径"面板底部的将路径作为选区载入按钮○，将前景色色值设置为R30、G30、B30，按快捷键Alt+Delete填充选区，填充完毕后按快捷键Ctrl+D取消选择，得到的图像效果如图9-7-4所示。

图 9-7-4

**5** 选择"图层1"，单击"图层"面板上的添加图层样式按钮 *fx.*，在弹出的菜单中选择"斜面和浮雕"，弹出"图层样式"对话框，具体设置如图9-7-5所示，设置完毕后单击"确定"按钮应用图层样式，得到的图像效果如图9-7-6所示。

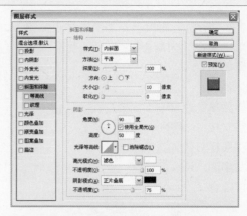

图 9-7-5

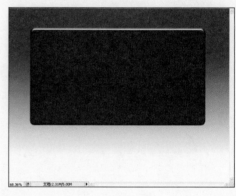

图 9-7-6

**6** 按住Ctrl键单击"图层1"在"图层"面板上的缩览图，选择矩形选框工具■，使用选区相减的方法绘制如图9-7-7所示的选区。单击"图层"面板下的创建新图层按钮■，新建"图层2"，选择工具箱中的渐变工具■，设置由透明至白色的渐变，使用渐变工具由下至上拖曳，添加渐变完毕后按快捷键Ctrl+D取消选择，得到的图像效果如图9-7-8所示。

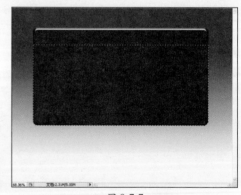

图 9-7-7

图 9-7-8

**7** 选择"图层2"，单击"图层"面板底部的添加图层蒙版按钮，选择"图层2"的蒙版。选择工具箱中的渐变工具，设置由黑色至白色的渐变，使用渐变工具在"图层2"图像的上两角由外至内拖曳，得到的图像效果如图9-7-9所示。

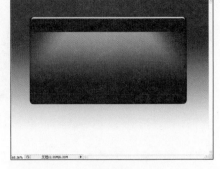

图9-7-9

**8** 选择工具箱中的圆角矩形工具，在工具选项栏中设置圆角半径为20 px，设置完毕后使用圆角矩形工具绘制如图9-7-10所示的路径。

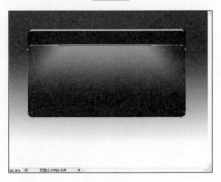

图9-7-10

**9** 单击"图层"面板上创建新图层按钮，新建"图层3"，切换到"路径"面板，单击将路径作为选区载入按钮，将前景色色值设置为R30、G30、B30，按快捷键Alt+Delete填充选区，填充完毕后按快捷键Ctrl+D取消选择，得到的图像效果如图9-7-11所示。

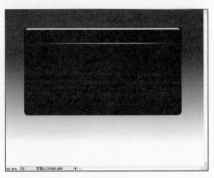

图9-7-11

**10** 按住Ctrl键单击"图层1"在"图层"面板上的缩览图，选择矩形选框工具，使用选区相减的方法绘制如图9-7-12所示的选区。

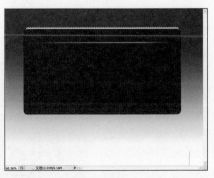

图9-7-12

**11** 单击"图层"面板上创建新图层按钮，新建

"图层4"，选择工具箱中的渐变工具，设置由白色至透明的渐变，使用渐变工具由上至下拖曳，添加渐变完毕后按快捷键Ctrl+D取消选择，得到的图像效果如图9-7-13所示。

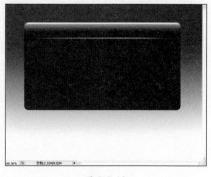

图9-7-13

**12** 选择工具箱中的椭圆选框工具，使用椭圆选框工具绘制如图9-7-14的选区。

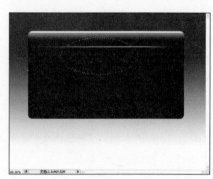

图9-7-14

**13** 选择"图层1"，单击"图层"面板上创建新图层按钮，新建"图层5"，将前景色色值设置为R10、G110、B190，按快捷键Alt+Delete填充选区，填充完毕后按快捷键Ctrl+D取消选择，得到的图像效果如图9-7-15所示。

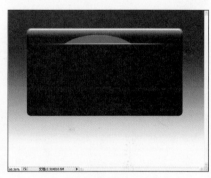

图9-7-15

**14** 执行【滤镜】/【模糊】/【高斯模糊】命令，弹出"高斯模糊"对话框，具体设置如图9-7-16所示，设置完毕后单击"确定"按钮应用滤镜，得到的图像效果如图9-7-17所示。

图9-7-16　　　　　图9-7-17

**15** 选择工具箱中的椭圆选框工具 ⬭，使用椭圆选框工具绘制如图9-7-18的选区。

图 9-7-18

**16** 选择"图层5"，单击"图层"面板下的创建新图层按钮 ，新建"图层6"，将前景色色值设置为 R10、G110、B190，按快捷键 Alt+Delete 填充选区，填充完毕后按快捷键Ctrl+D取消选择，得到的图像效果如图9-7-19所示。

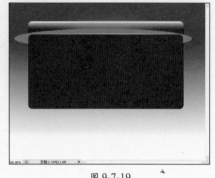

图 9-7-19

**17** 按快捷键 Ctrl+F重复执行上一滤镜命令，得到的图像效果如图 9-7-20 所示。

图 9-7-20

**18** 同时选择"图层5"和"图层6"，按快捷键 Ctrl+E 合并所选图层，得到的合并后的图层"图层6"。按住 Ctrl 键单击"图层1"在"图层"面板上的缩览图，调出透明选区，按快捷键 Ctrl+Shift+I 反选，选择"图层6"，按Delete键删除选区内图像，图像效果如图 9-7-21 所示。删除完毕后按快捷键Ctrl+D取消选择。

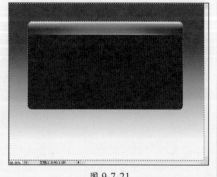

图 9-7-21

**19** 选择工具箱中自定形状工具 ，在工具选项栏中选择"音符"，按住Shift键使用自定形状工具绘制如图 9-7-22 的路径。

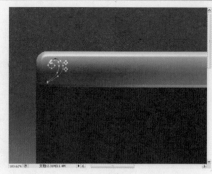

图 9-7-22

**20** 选择最上方的图层，单击"图层"面板下的创建新图层按钮 ，新建"图层7"，切换至"路径"面板，单击"路径"面板底部的将路径作为选区载入按钮 ，将前景色设置为白色，按快捷键 Alt+Delete 填充选区，填充完毕后按快捷键Ctrl+D取消选择，得到的图像效果如图9-7-23所示。

图 9-7-23

**21** 将前景色设置为白色，选择工具箱中的横排文字工具 T，设置合适的文字字体及大小，在图像中添加文字，得到的图像效果如图9-7-24所示。

图 9-7-24

**22** 选选择工具箱中的钢笔工具 ，在图像中绘制如图 9-7-25 所示的路径。单击"图层"面板上创建新图层按钮 ，新建"图层8"，切换到"路径"面板，单击将路径作为选区载入按钮 ，将前景色设置为白色，按快捷键 Alt+Delete 填充选区，填充完毕后按快捷键Ctrl+D取消选择，得到的图像效果如图9-7-26所示。

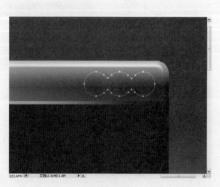

图 9-7-25

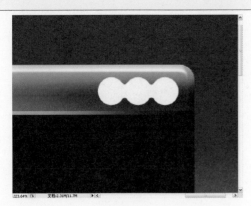

图 9-7-26

**23** 选择"图层 8",单击"图层"面板上的添加图层样式按钮 *fx*，在弹出的菜单中选择"内阴影",弹出"图层样式"对话框，具体设置如图 9-7-27 所示，设置完毕后单击"确定"按钮应用图层样式，将"图层 8"的图层填充值设置为50%，得到的图像效果如图9-7-28所示。

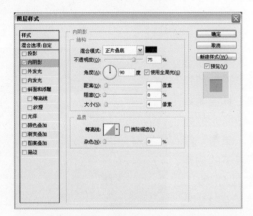

图 9-7-27

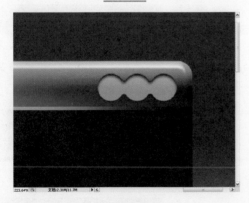

图 9-7-28

**24** 选择工具箱中的椭圆选框工具○，按住Shift键绘制如图 9-7-29 所示的圆形选区。单击"图层"面板下的创建新图层按钮 ，新建"图层 10"，将前景色色值设置为R155、G0、B0，按快捷键Alt+Delete填充选区，填充完毕后按快捷键Ctrl+D取消选择，得到的图像效果如图 9-7-30 所示。

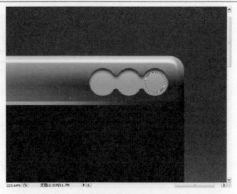

图 9-7-29

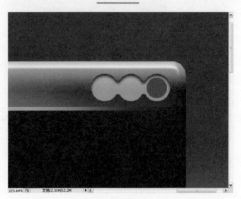

图 9-7-30

**25** 选择"图层 10"，单击"图层"面板上的添加图层样式按钮 *fx*，在弹出的菜单中选择"内发光"，弹出"图层样式"对话框，具体设置如图 9-7-31 所示，设置完毕后单击"确定"按钮应用图层样式，得到的图像效果如图 9-7-32 所示。

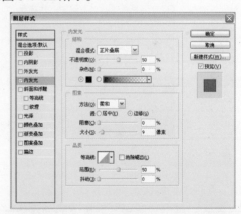

图 9-7-31

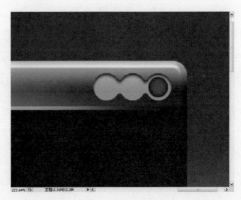

图 9-7-32

**26** 按住 Ctrl 键单击"图层 10"缩览图,选择矩形选框工具,使用选区相减的方法绘制如图9-7-33所示的选区。单击"图层"面板上创建新图层按钮,新建"图层 11",选择工具箱中的渐变工具,设置由白到透明的渐变,使用渐变工具由下至上拖曳填充渐变,按快捷键Ctrl+D取消选择,得到的图像效果如图 9-7-34 所示。

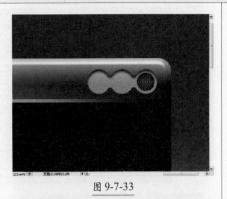

图 9-7-33

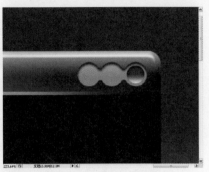

图 9-7-34

**27** 执行【滤镜】/【模糊】/【高斯模糊】命令,弹出"高斯模糊"对话框,具体设置如图 9-7-35 所示,设置完毕后单击"确定"按钮应用滤镜,得到的图像效果如图 9-7-36 所示。

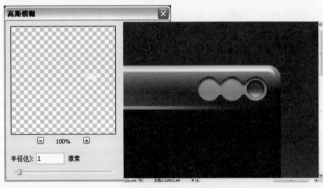

图 9-7-35          图 9-7-36

**28** 选择工具箱中的椭圆选框工具,绘制如图 9-7-37所示的椭圆选区。单击"图层"面板下的创建新图层按钮,新建"图层 11",将前景色设置为白色,按快捷键 Alt+Delete 填充选区,填充完毕后按快捷键 Ctrl+D 取消选择,按快捷键 Ctrl+F 重复"高斯模糊"滤镜命令,得到的图像效果如图 9-7-38 所示。

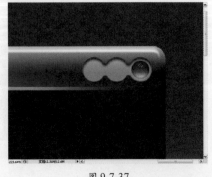

图 9-7-37

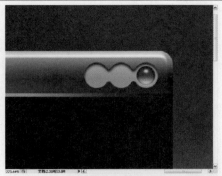

图 9-7-38

**29** 使用同样的方法制作另外两个按钮,注意将底色更改为深灰色,图像效果如图9-7-39所示。

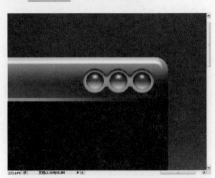

图 9-7-39

**30** 选择矩形选框工具,使用矩形选框工具绘制如图9-7-40所示的矩形选区。单击"图层"面板下的创建新图层按钮,新建"图层 12",将前景色设置为白色,按快捷键 Alt+Delete 填充选区,填充完毕后按快捷键Ctrl+D取消选择,得到的图像效果如图9-7-41所示。

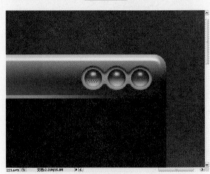

图 9-7-40

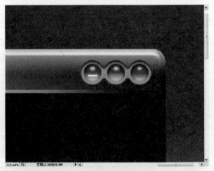

图 9-7-41

**31** 使用同样的方法制作另外两个按钮上的功能图标,图像效果如图9-7-42所示。

图 9-7-42

**32** 将前景色设置为白色，选择工具箱中的横排文字工具 T，设置合适的文字字体及大小，在图像中添加"TOBY"。添加完毕后按快捷键 Ctrl+T 调出自由变换框，稍稍旋转文字后按 Enter 确认，得到的图像效果如图 9-7-43 所示。

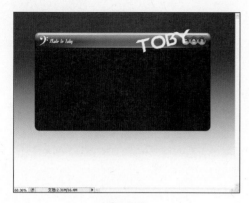

图 9-7-43

**33** 选择文字图层，单击"图层"面板上的添加图层样式按钮 fx，在弹出的菜单中选择"投影"，弹出"图层样式"对话框，具体设置如图 9-7-44 所示，设置完毕后单击"确定"按钮应用图层样式，将文字图层的图层填充值设置为 0%，得到的图像效果如图 9-7-45 所示。

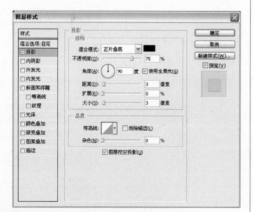

图 9-7-44

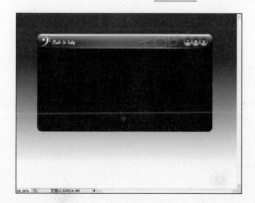

图 9-7-45

**34** 选择文字图层，单击"图层"面板上创建新图层按钮 ，新建"图层 15"，同时选择"图层 15"和文字图层，按快捷键 Ctrl+E 合并所选图层，得到合并后的图层"图层 15"。按住 Ctrl 键单击"图层 1"缩略图，选择工

具箱中的矩形选框工具 ，使用选区相减的方法得到选区，按 Ctrl+Shift+I 反选，按 Delete 删除选区中图像，如图 9-7-46 所示。按快捷键 Ctrl+D 取消选择。

图 9-7-46

**35** 选择工具箱中的圆角矩形工具 ，在工具选项栏中设置圆角半径为 20 像素，在图像中绘制圆角矩形路径。单击"图层"面板上创建新图层按钮 ，新建"图层 16"，切换到"路径"面板，单击将路径作为选区载入按钮 ，得到的选区如图 9-7-47 所示。

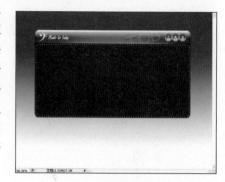

图 9-7-47

**36** 选择工具箱中的渐变工具 ，在工具选项栏中单击点按可编辑渐变按钮，弹出"渐变编辑器"对话框，具体设置如图 9-7-48 所示，设置完毕后单击"确定"按钮。使用渐变工具在选区内由左下至右上拖曳填充渐变，按快捷键 Ctrl+D 取消选择，得到的图像效果如图 9-7-49 所示。

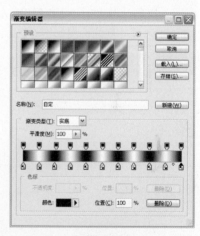

图 9-7-48

图 9-7-49

**37** 绘制如图 9-7-50 所示的选区，单击"图层"面板下的创建新图层按钮，新建"图层 17"，将前景色色值设置为 R135、G135、B135，按快捷键 Alt+Delete 填充选区，填充完毕后按快捷键 Ctrl+D 取消选择，得到的图像效果如图 9-7-51 所示。

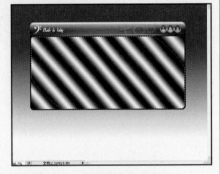

图 9-7-50

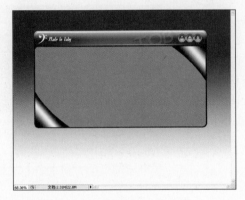

图 9-7-51

**38** 执行【文件】/【新建】( Ctrl+N )，弹出"新建"对话框，具体设置如图 9-7-52 所示，设置完毕后单击"确定"按钮新建图像文件。选择矩形选框工具，按住 Shift 键使用矩形选框工具绘制如图 9-7-53 所示的正方形选区。

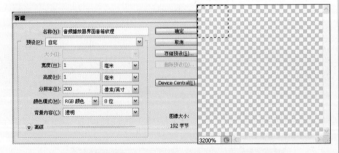

图 9-7-52          图 9-7-53

**39** 单击"图层"面板下的创建新图层按钮，新建"图层 1"，将前景色设置为黑色，按快捷键 Alt+Delete 填充选区，填充完毕后按快捷键 Ctrl+D 取消选择，得的图像效果如图 9-7-54 所示。复制并移动"图层 1"图像，得到如图 9-7-55 所示的图像效果。执行【编辑】/【定义图案】命令，弹出"图案名称"对话框，不改变其设置，直接单击"确定"按钮。

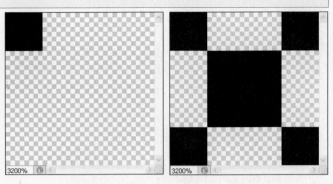

图 9-7-54          图 9-7-55

**40** 切换到"MP3 播放器产品设计"文档，选择"图层 17"。单击"图层"面板上添加图层样式按钮，在弹出的菜单中选择"图案叠加"，弹出"图层样式"对话框，如图 9-7-56 所示进行设置，单击"确定"按钮应用图层样式，得到的图像效果如图 9-7-57 所示。

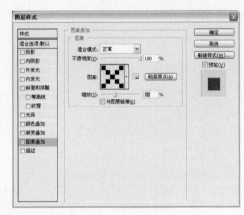

图 9-7-56

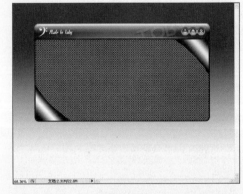

图 9-7-57

**41** 单击"图层"面板下的创建新图层按钮，新建"图层 18"，按住 Ctrl 键单击"图层 17"在"图层"面板上的缩览图，得到透明选区。执行【编辑】/【描边】，弹出"描边"对话框，具体设置如图 9-7-58 所示，设置完毕后单击"确定"按钮。按快捷键 Ctrl+D 取消选择，得到的图像效果如图 9-7-59 所示。

图 9-7-58

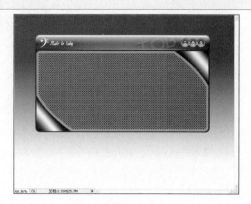

图 9-7-59

**42** 选择"图层187"。单击"图层"面板上添加图层样式按钮 *fx*，在弹出的菜单中选择"斜面和浮雕"，弹出"图层样式"对话框，具体设置如图9-7-60所示，设置完毕后单击"确定"按钮应用图层样式，得到的图像效果如图9-7-61所示。

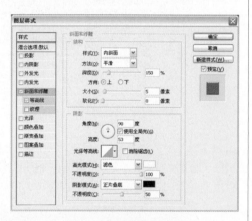

图 9-7-60

图 9-7-61

**43** 绘制如图9-7-62所示的选区，单击"图层"面板上创建新图层按钮 ，新建"图层19"，将前景色设置为白色，按快捷键Alt+Delete填充选区，填充完毕后按快捷键Ctrl+D取消选择，得到的图像效果如图9-7-63所示。

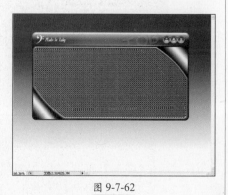

图 9-7-62

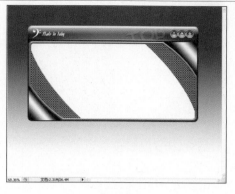

图 9-7-63

**44** 按住Ctrl键单击"图层17"在"图层"面板上的缩览图，调出其透明选区，选择"图层17"，单击"图层"面板下的创建新图层按钮 ，新建"图层20"，将前景色设置为黑色，按快捷键Alt+Delete填充选区，得到的图像效果如图9-7-64所示。填充完毕后按快捷键Ctrl+D取消选择。单击"图层"面板底部的添加图层蒙版按钮 ，选择工具箱中的渐变工具 ，设置由黑色至白色的渐变，使用渐变工具在"图层20"的图像上由外至内拖曳，得到的图像效果如图9-1-65所示。

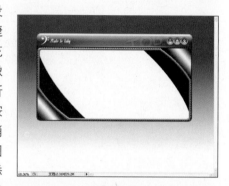

图 9-7-64

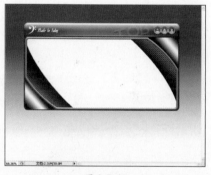

图 9-7-65

**45** 按住Ctrl键单击"图层19"在"图层"面板上的缩览图，选择矩形选框工具 ，使用选区相减的方法绘制如图9-7-66所示的选区。单击"图层"面板下的创建新图层按钮 ，新建"图层21"，将前景色设置为黑色，按快捷键Alt+Delete填充选区。使用同样的方法制作另外一个选区，如图9-7-67所示。

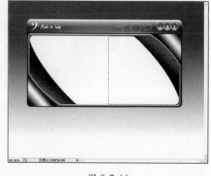

图 9-7-66

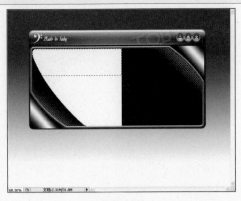

图 9-7-67

**46** 单击"图层"面板上创建新图层按钮，新建"图层22"，将前景色设置为黑色，按快捷键 Alt+Delete 填充选区。使用同样的方法得到白色图像左下角的选区，如图 9-7-68 所示。

单击"图层"面板上创建新图层按钮，新建"图层23"，将前景色设置为黑色，按快捷键 Alt+Delete 填充选区，按快捷键 Ctrl+D 取消选择。

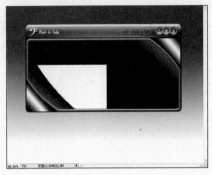

图 9-7-68

**47** 隐藏"图层21"、"图层22"和"图层23"，按住 Ctrl 键单击"图层21"缩览图，调出其选区。执行【选择】/【修改】/【收缩】命令，在弹出的"收缩选区"对话框中将收缩量设置为10 像素，设置完毕后单击"确定"按钮，得到的选区如图9-7-69所示。执行【选择】/【修改】/【平滑】命令，在弹出的"平滑选区"对话框中将取样半径设置为5 像素，设置完毕后单击"确定"按钮，得到的选区如图9-7-70所示。

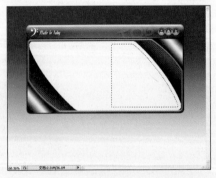

图 9-7-69

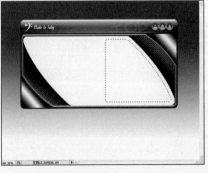

图 9-7-70

**48** 选择"图层19"，按 Delete 删除选区内图像，按快捷键 Ctrl+D 取消选择，图像效果如图 9-7-71 所示。使用同样的方法得到另外两个界面，如图9-7-72所示。

图 9-7-71

图 9-7-72

**49** 选择"图层19"，单击"图层"面板上的添加图层样式按钮，在弹出的菜单中选择"斜面和浮雕"，弹出"图层样式"对话框，具体设置如图9-7-73所示，设置完毕后单击"确定"按钮应用图层样式，得到的图像效果如图9-7-74所示。

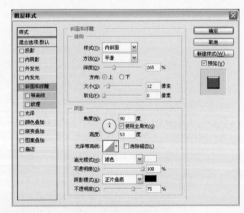

图 9-7-73

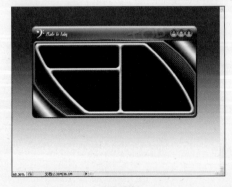

图 9-7-74

**50** 单击"图层"面板上创建新图层按钮，新建"图层24"，同时选择"图层19"和"图层24"，按快捷键Ctrl+E合并所选图层，得到合并后的"图层24"。选择"图层24"，单击"图层"面板上添加图层样式按钮 *fx.*，在弹出的菜单中选择"斜面和浮雕"，弹出"图层样式"对话框，具体设置如图9-7-75所示，设置完毕后单击"确定"按钮应用图层样式，得到的图像效果如图9-7-76所示。

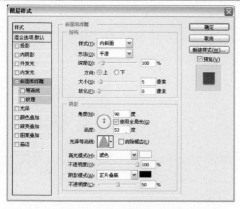

图 9-7-75

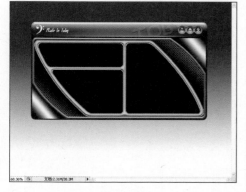

图 9-7-76

**51** 按住Ctrl键单击"图层22"在"图层"面板下的缩览图调出选区，再按住Ctrl+Alt键单击"图层24"在"图层"面板下的缩览图，单击"图层"面板下的创建新图层按钮 ，新建"图层25"，填充50%灰色，如图9-7-77所示，填充完毕后按快捷键Ctrl+D取消选择。

图 9-7-77

**52** 选择"图层25"，单击"图层"面板上的添加图层样式按钮 *fx.*，在弹出的菜单中选择"斜面和浮雕"，弹出"图层样式"对话框，具体设置

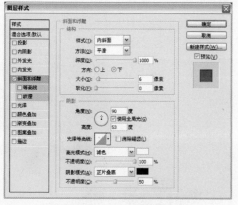

图 9-7-78

设置如图9-7-78所示，设置完毕后单击"确定"按钮应用图层样式，得到的图像效果如图9-7-79所示。

图 9-7-79

**53** 按住Ctrl键单击"图层25"在"图层"面板下的缩览图，调出透明选区。执行【选择】/【修改】/【收缩】命令，在弹出的"收缩选区"对话框中将收缩量设置为5像素，设置完毕后单击"确定"按钮，单击"图层"面板下的创建新图层按钮 ，新建"图层26"，将前景色设置为黑色，按快捷键Alt+Delete填充选区，得到的选区如图9-7-80所示。

图 9-7-80

**54** 执行【选择】/【修改】/【收缩】命令，在弹出的"收缩选区"对话框中将收缩量设置为2像素，设置完毕后单击"确定"按钮，单击"图层"面板下的创建新图层按钮 ，新建"图层27"，将前景色设置为白色，按快捷键Alt+Delete填充选区，得到的选区如图9-7-81所示。

图 9-7-81

**55** 执行【选择】/【修改】/【收缩】命令，在弹出的"收缩选区"对话框中将收缩量设置为2像素，单击"确定"按钮，单击"图层"面板下的创建新图层按钮 ，新建"图层28"，将前景色设置为黑色，按快捷键Alt+Delete填充选区，如图9-7-82所示，按Ctrl+D取消选择。

图 9-7-82

**56** 按住 Ctrl 键单击"图层27"在"图层"面板上的缩览图，调出其选区，选择工具箱中的钢笔工具 ，使用钢笔工具绘制如图9-7-83所示的路径。切换至"路径"面板，按住 Ctrl+Alt 键单击"工作路径"的缩览图，得到的选区如图 9-7-84 所示。

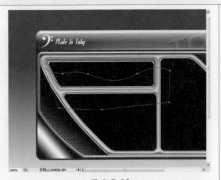

图 9-7-83

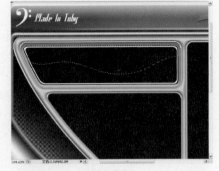

图 9-7-84

**57** 单击"图层"面板下的创建新图层按钮 ，新建"图层29"，选择工具箱中的渐变工具 ，设置由白色至透明的渐变，使用渐变工具由上至下拖曳，添加渐变完毕后按快捷键 Ctrl+D 取消选择，得到的图像效果如图 9-7-85 所示。

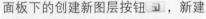

图 9-7-85

**58** 选择工具箱中的椭圆选框工具 ，使用椭圆选框工具绘制椭圆选区。单击"图层"面板下的创建新图层按钮 ，新建"图层30"，将前景色色值设置为R10、G110、B190，按快捷键 Alt+Delete 填充选区，得到的图像效果如图 9-7-86 所示，填充完毕后按快捷键 Ctrl+D 取消选择。

图 9-7-86

**59** 执行【滤镜】/【模糊】/【高斯模糊】命令，弹出"高斯模糊"对话框，具体设置如图 9-7-87 所示，设置完毕后单击"确定"按钮应用滤镜，得到的图像效果如图 9-7-88 所示。

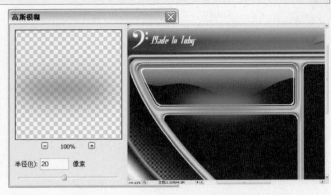

图 9-7-87        图 9-7-88

**60** 按住 Ctrl 键单击"图层28"在"图层"面板上的缩览图，调出透明选区，按快捷键 Ctrl+Shift+I 反选，选择"图层30"，按 Delete 键删除选区内图像，删除完毕后按快捷键Ctrl+D取消选择，图像效果如图 9-7-89 所示

图 9-7-89

**61** 选择工具箱中的圆角矩形工具 ，在工具选项栏中设置圆角半径为10px，设置完毕后使用圆角矩形工具绘制如图 9-7-90 所示的路径。单击"图层"面板下的创建新图层按钮 ，新建"图层31"，选择工具箱中的画笔工具 ，在工具选项栏中设置画笔直径为3px，硬度为100%，将前景色设置为白色。切换至"路径"面板，右键单击"工作路径"，在弹出的菜单中选择"描边路径"，在弹出的"描边路径"对话框中设置描边工具为"画笔"，设置完毕后单击"确定"按钮。将"图层31"的图层不透明度设置为50%，得到的图像效果如图 9-7-91 所示。

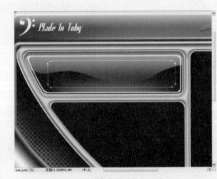

图 9-7-90

图 9-7-91

**62** 选择工具箱中的矩形选框工具 ，使用矩形选框工

具绘制矩形选区，单击"图层"面板下的创建新图层按钮 ⬚ ，新建"图层32"，将前景色设置为白色，按快捷键Alt+Delete填充选区，得到的图像如图9-7-92所示，填充完毕后按快捷键Ctrl+D取消选择。按快捷键Ctrl+Alt+T复制图层并自由变换图像，按住Shift键向下移动图像，如图9-7-93所示，变换完毕后按Enter键确认变换。

图 9-7-92

图 9-7-93

**63** 按快捷键Ctrl+Shift+Alt+T复制图层并重复执行上一次自由变换若干次，得到的图像效果如图9-7-94所示。

图 9-7-94

**64** 选择"图层32"和其生成的所有副本，按快捷键Ctrl+E合并所选图层，得到合并后的"图层32副本9"。按快捷键Ctrl+Alt+T复制图层并自由变换图像，按住Shift键向右移动图像，如图9-7-95所示，变换完毕后按Enter键确认变换。按快捷键Ctrl+Shift+Alt+T复制图层并重复执行上一次自由变换若干次，合并所有"图层32"副本，得到合并后的"图层32副本17"，将"图层32副本17"的图层不透明度设置为50%，得到的图像效果如图9-7-96所示。

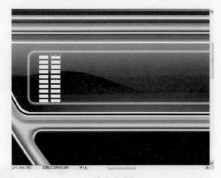

图 9-7-95

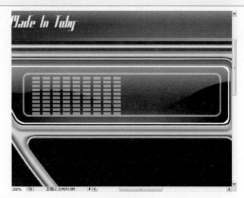

图 9-7-96

**65** 将"图层32副本17"拖到"图层"面板上创建新图层按钮 ⬚ ，得到"图层32副本18"。选择"图层32副本18"，执行【图像】/【调整】/【色相/饱和度】命令（Ctrl+U），弹出"色相/饱和度"对话框，具体设置如图9-7-97所示，设置完毕后单击"确定"按钮，得到的图像效果如图9-7-98所示。

图 9-7-97

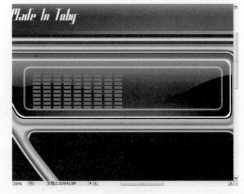

图 9-7-98

**66** 选择"图层32副本18"，单击"图层"面板上的添加图层样式按钮 *fx.* ，在弹出的菜单中选择"外发光"，弹出"图层样式"对话框，具体设置如图9-7-99所示，设置完毕后不关闭对话框，在"图层样式"对话框中继续勾选"内发光"复选框，具体设置如图9-7-100所示，设置完毕后单击"确定"按钮应用

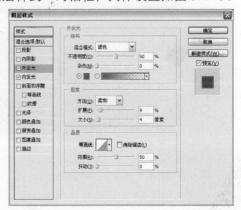

图 9-7-99

图层样式，得到的图像效果如图9-7-101所示。

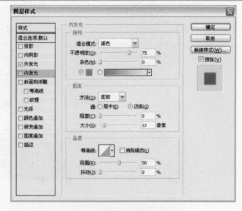

图 9-7-100

图 9-7-104

**69** 选择工具箱中的矩形选框工具，使用矩形选框工具绘制矩形选区，单击"图层"面板下的创建新图层按钮，新建"图层32"，将前景色设置为白色，按快捷键Alt+Delete填充选区，得到的图像如图9-7-105所示，填充完毕后按快捷键Ctrl+D取消选择，将"图层32"的图层不透明度设置为30%，设置完毕后在白色背景中添加文字如图9-7-106所示。

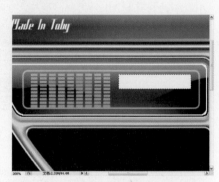

图 9-7-105

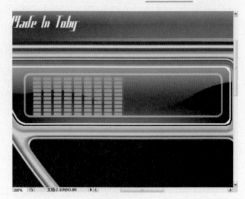

图 9-7-101

**67** 选择工具箱中的矩形选框工具，使用矩形选框工具绘制矩形选区，如图9-7-102所示。选择"图层32副本18"，按Delete删除选区内图像，删除完毕后按快捷键Ctrl+D取消选择，图像效果如图9-7-103所示。

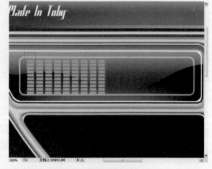

图 9-7-102

图 9-7-106

**70** 使用同本例19至21步相同的方法制作装饰性图案和文字，图像效果如图9-7-107所示。

图 9-7-107

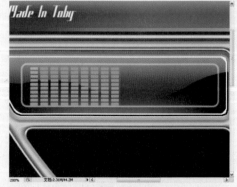

图 9-7-103

**68** 使用同样的方法删除其他蓝色音阶图像，得到的图像效果如图9-7-104所示。

**71** 按住Ctrl键单击"图层23"在"图层"面板下的缩览图调出选区，再按住Ctrl+Alt键单击"图层24"在"图层"面板下的缩览图，单击"图层"面板下的创建新图层按钮，新建"图层34"，填充50％灰色，如

图9-7-108所示，填充完毕后按快捷键Ctrl+D取消选择。在"图层"面板中选择"图层25"，右键单击"图层25"，在弹出的菜单中选择"拷贝图层样式"，再选择"图层34"，右键单击"图层34"，在弹出的菜单中选择"粘贴图层样式"，得到的图像效果如图9-7-109所示。

图9-7-108

图9-7-109

**72** 使用同本例53至55步相同的方法制作立体装饰边框，图像效果如图9-7-110所示。

图9-7-110

**73** 选择"图层9"、"图层10"和"图层11"，将其拖曳至"图层"面板下的创建新图层按钮内，得到"图层9副本"、"图层10副本"和"图层11副本"，按快捷键合并新得到的副本图层，得到"图层11副本"。按快捷键Ctrl+T调出自由变换框，将图像放大并移动至选择框内，按Enter确认变换，执行【图像】/【调整】/【去色】命令，得到的图像效果如图9-7-111所示。

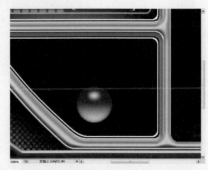

图9-7-111

**74** 选择"图层11副本"，单击"图层"面板上的添加图层样式按钮*fx.*，在弹出的菜单中选择"外发光"，弹出"图层样式"对话框，具体设置如图9-7-112所示，设置完毕后单击"确定"按钮应用图层样式，得到的图像效果如图9-7-113所示。

图9-7-112

图9-7-113

**75** 选择工具箱中的多边形工具，在工具选项栏中设置边数为3，设置完毕后使用多边形工具绘制如图9-7-114所示的路径。

图9-7-114

**76** 单击"图层"面板上创建新图层按钮，新建"图层38"，切换到"路径"面板，单击将路径作为选区载入按钮。执行【编辑】/【描边】命令，弹出"描边"对话框，具体设置如图9-7-115所示，设置完毕后单击"确定"按钮，得到的图像效果如图9-7-116所示。

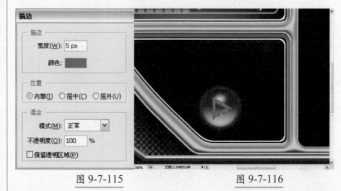

图9-7-115　　　　图9-7-116

**77** 选择"图层38"，单击"图层"面板上添加图层样式按钮 *fx.*，在弹出的菜单中选择"内阴影"，弹出"图层样式"对话框，具体设置如图9-7-117所示，设置完毕后继续勾选"外发光"复选框，具体设置如图9-7-118所示，设置完毕后单击"确定"按钮应用图层样式，得到的图像效果如图9-7-119所示。

图 9-7-117

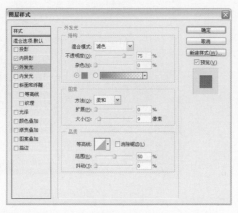

图 9-7-118

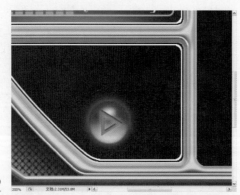

图 9-7-119

**78** 使用同样的方法添加其他按钮，大小和位置如图9-7-120所示，注意按钮上的功能图案需要变换。

图 9-7-120

**79** 使用同本例56至57步相同的方法制作镜面高光效果，图像效果如图9-7-121所示。

图 9-7-121

**80** 按住Ctrl键单击"图层37"在"图层"面板下的缩览图，调出透明选区，选择工具箱中的画笔工具 ，在工具选项栏中设置画笔主直径为30px，硬度为0%，将前景色设置为白色。单击"图层"面板下的创建新图层按钮 ，新建"图层38"，使用画笔工具在选框四角处单击，得到的图像效果如图9-7-122所示。

图 9-7-122

**81** 选择工具箱中的圆角矩形工具 ，在工具选项栏中设置圆角半径为20 px，设置完毕后使用圆角矩形工具绘制如图9-7-123所示的路径。单击"图层"面板下的创建新图层按钮 ，新建"图层40"，切换至"路径"面板，单击"路径"面板底部的将路径作为选区载入按钮 ，将前景色设置为白色，按快捷键Alt+Delete填充选区，填充完毕后按快捷键Ctrl+D取消选择，得到的图像效果如图9-7-124所示。

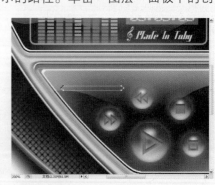

图 9-7-123

图 9-7-124

**82** 选择
"图层40"，
单击"图层"
面板上的添加
图层样式按钮
*fx.*，在弹出
的菜单中选择
"内阴影"，
弹出"图层样
式"对话框，
具体设置如图
9-7-125所
示，设置完毕
后单击"确
定"按钮应用
图层样式，得
到的图像效果
如图9-7-126
所示。

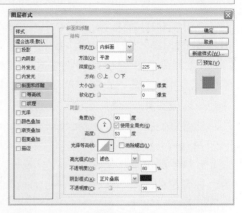

图9-7-125

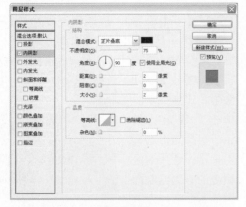

图9-7-126

**83** 按住Ctrl键单击"图层40"在"图层"面板上
的缩览图，选择矩形选框工具，使用选区相减的方法绘
制选区。单击"图层"面板下的创建新图层按钮，新
建"图层41"，将前景色色值设置为R70、G110、
B205，按快捷键
Alt+Delete填充选
区，如图9-7-127
所示，填充完毕后
按快捷键Ctrl+D取
消选择。选择工具
箱中的椭圆选框工
具，按住Shift键
绘制圆形选区。将
前景色色值设置为
R70、G110、
B205，按快捷键
Alt+Delete填充选
区，得到的图像效
果如图9-7-128所
示，填充完毕后按
快捷键Ctrl+D取消
选择。

图9-7-127

图9-7-128

**84** 选择
"图层41"，
单击"图层"
面板上的添加
图层样式按钮
*fx.*，在弹出
的菜单中选择
"斜面和浮
雕"，弹出"图
层样式"对话
框，具体设置
如图9-7-129所
示，设置完毕
后单击"确
定"按钮应用
图层样式，得
到的图像效果
如图9-7-130所
示。

图9-7-129

图9-7-130

**85** 按住Ctrl键单击"图层21"在"图层"面板下
的缩览图调出选区，再按住Ctrl+Alt键单击"图层24"在
"图层"面板下的
缩览图，单击"图
层"面板下的创建
新图层按钮，
新建"图层42"，
填充50%灰色，如
图9-7-131所示，
填充完毕后按快捷
键Ctrl+D取消选
择。

图9-7-131

**86** 在"图层"面板中选择"图层25"，右键单击
"图层25"，在弹出的菜单中选择"拷贝图层样式"，
再选择"图层
42"，右键单击
"图层42"，在弹
出的菜单中选择
"粘贴图层样
式"。使用同本例
53至55步相同的方
法制作立体装饰边
框，图像效果如图
9-7-132所示。

图9-7-132

**87** 按住 Ctrl 键单击"图层 42"在"图层"面板下的缩览图，调出透明选区。执行【选择】/【修改】/【收缩】命令，在弹出的"收缩选区"对话框中将收缩量设置为 10 像素，设置完毕后单击"确定"按钮，选择矩形选框工具，使用选区相减的方法绘制如图9-7-133所示的选区。执行【选择】/【修改】/【平滑】命令，在弹出的"平滑选区"对话框中将取样半径设置为5 像素，设置完毕后单击"确定"按钮，得到的选区如图 9-7-134 所示。

图 9-7-133

图 9-7-134

**88** 单击"图层"面板下的创建新图层按钮，新建"图层 46"，执行【编辑】/【描边】命令，弹出"描边"对话框，具体设置如图9-7-135所示，设置完毕后单击"确定"按钮，得到的图像效果如图9-7-136所示。

图 9-7-135

图 9-7-136

**89** 将"图层 46"的图层不透明度设置为 50%，执行【选择】/【修改】/【收缩】命令，在弹出的"收缩选区"对话框中将收缩量设置为 2 像素，设置完毕后单击"确定"按钮，选择矩形选框工具，使用选区相减的方法绘制如图 9-7-137 所示的选区。单击"图层"面板上创建新图层按钮，新建"图层 47"，将前景色设置为白色，按快捷键Alt+Delete 填充选区，按快捷键Ctrl+D 取消选择，得到的选区效果如图 9-7-138 所示。

图 9-7-137

图 9-7-138

**90** 将"图层 47"的图层不透明度设置为 30%，选择工具箱中的矩形选框工具，使用矩形选框工具绘制矩形选区，单击"图层"面板上创建新图层按钮，新建"图层 48"，将前景色设置为白色，按快捷键Alt+Delete 填充选区，得到的图像如图 9-7-139 所示，按快捷键Ctrl+D取消选择。按Ctrl+Alt+T 复制图层并自由变换图像，按住Shift键向下移动图像，如图9-7-140 所示，变换完毕后按 Enter 键确认变换。

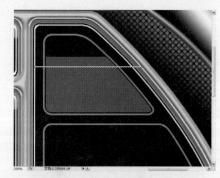

图 9-7-139

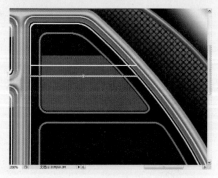

图 9-7-140

**91** 按快捷键Ctrl+Shift+Alt+T复制图层并重复执行上一次自由变换若干次，得到的图像效果如图 9-7-141 所示。选择"图层 48"和其生成的所有副本，按快捷键 Ctrl+E

合并所选图层，得到合并后的图层"图层48 副本3"。按住 Ctrl 键单击"图层48 副本3"在"图层"面板下的缩览图。调出透明选区，隐藏"图层48 副本3"，选择"图层47"，按 Delete 删除选区内图像，删除完毕后按快捷键 Ctrl+D 取消选择，得到的图像效果如图9-7-142 所示。

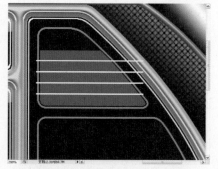

图 9-7-141

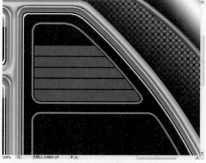

图 9-7-142

**92** 选择工具箱中的矩形选框工具，使用矩形选框工具绘制矩形选区，单击"图层"面板下的创建新图层按钮，新建"图层48"，将前景色设置为白色，按快捷键 Alt+Delete 填充选区，得到的图像如图9-7-143 所示。执行【选择】/【修改】/【扩展】命令，在弹出的"扩展选区"对话框中将收缩量设置为 5 像素，设置完毕后单击"确定"按钮，选择"图层46"，按 Delete 删除选区内图像，得到的选区如图9-7-144 所示，删除完毕后按快捷键 Ctrl+D 取消选择。

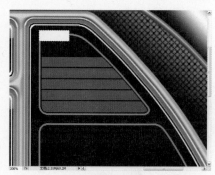

图 9-7-143

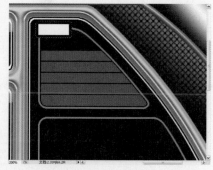

图 9-7-144

**93** 将"图层48"的图层不透明度设置为50%，将前景色设置为白色，选择工具箱中的横排文字工具，设置合适的文字字体及大小，在图像中添加"PLAY"，得到的图像效果如图9-7-145 所示。

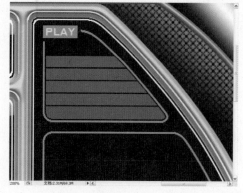

图 9-7-145

**94** 选择工具箱中的圆角矩形工具，在工具选项栏中设置圆角半径为5px，设置完毕后使用圆角矩形工具绘制如图 9-7-146 所示的路径。单击"图层"面板下的创建新图层按钮，新建"图层49"，切换至"路径"面板，单击"路径"面板底部的将路径作为选区载入按钮，将前景色设置为白色，按快捷键 Alt+Delete 填充选区，填充完毕后按快捷键 Ctrl+D 取消选择，将"图层49"的图层不透明度设置为30%，得到的图像效果如图9-7-147 所示。

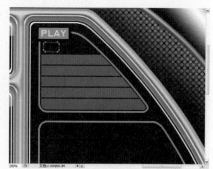

图 9-7-146

图 9-7-147

**95** 选择工具箱中的多边形工具，在工具选项栏中设置边数为3，设置完毕后使用多边形工具绘制如图9-7-148 所示的路径。单击"图层"面板下的创建新图层按钮，新建"图层50"，切换至"路径"面板，单击"路径"面板底部的将路径作为选区载入按钮，将前景色设置为白色，按快捷键 Alt+Delete 填充选区，填充完毕后按快捷键 Ctrl+D 取消选择，将"图层50"的图层不透明度设置为50%，得到的图像效果如图9-7-149 所示。

图 9-7-148

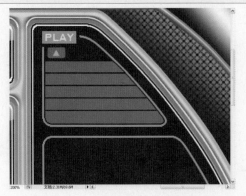

图 9-7-149

**96** 使用同样的方法制作另外一个选择箭头按钮，注意箭头的方向要相反，得到的图像效果如图9-7-150所示。

图 9-7-150

**97** 选择工具箱中的椭圆选框工具○，按住Shift键绘制圆形选区。单击"图层"面板下的创建新图层按钮，新建"图层51"，将前景色设置为白色，按快捷键Alt+Delete填充选区，填充完毕后按快捷键Ctrl+D取消选择，得到的图像效果如图9-7-151所示。将"图层51"的图层不透明度设置为50%。

图 9-7-151

**98** 选择工具箱中的移动工具▶+，按住Shift+Alt键使用移动工具向下移动"图层51"图像4次，图像效果如图9-7-152所示。

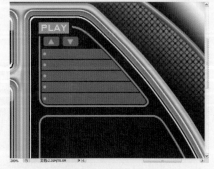

图 9-7-152

**99** 将前景色色值设置为R25、G140、B220，选择工具箱中的横排文字工具T，设置合适的文字字体及大小，

在图像中添加歌曲名称，得到的图像效果如图9-7-153所示。

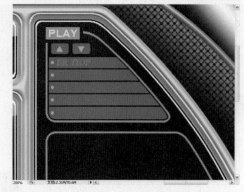

图 9-7-153

**100** 选择文字图层，单击"图层"面板上的添加图层样式按钮 *fx*，在弹出的菜单中选择"外发光"，弹出"图层样式"对话框，具体设置如图9-7-154所示，设置完毕后不关闭对话框，在"图层样式"对话框中继续勾选"内发光"复选框，具体设置如图9-7-155所示，设置完毕后单击"确定"按钮应用图层样式，得到的图像效果如图9-7-156所示。

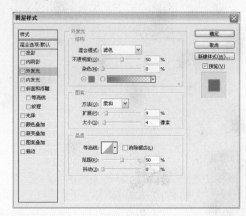

图 9-7-154

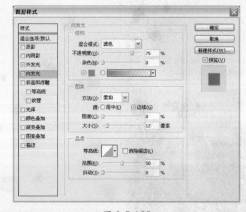

图 9-7-155

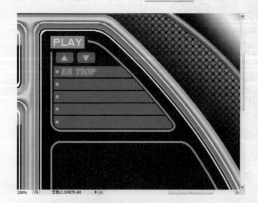

图 9-7-156

**101** 使用同样的方法在播放菜单中添加其他歌曲名称，图像效果如图9-7-157所示。

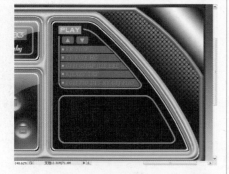

图 9-7-157

**102** 选择矩形选框工具■，使用矩形选框工具绘制如图9-7-158所示的矩形选区。

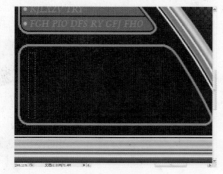

图 9-7-158

**103** 单击"图层"面板下的创建新图层按钮■，新建"图层52"，执行【编辑】/【描边】命令，弹出"描边"对话框，具体设置如图9-7-159所示，设置完毕后单击"确定"按钮，得到的图像效果如图9-7-160所示。

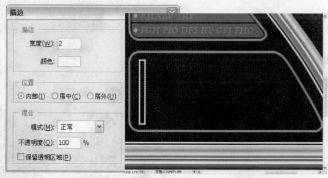

图 9-7-159　　　　　图 9-7-160

**104** 选择"图层52"，选择工具箱中的渐变工具■，设置由透明至白色再至透明的渐变，使用渐变工具由下至上拖曳，添加渐变完毕后按快捷键Ctrl+D取消选择，得到的图像效果如图9-7-161所示。

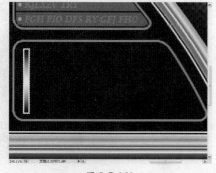

图 9-7-161

**105** 选择"图层52"，执行【图像】/【调整】/【色相/饱和度】命令（Ctrl+U），弹出"色相/饱和度"对话框，具体设置如图9-7-162所示，设置完毕后单击"确定"按钮，得到的图像效果如图9-7-163所示。

图 9-7-162

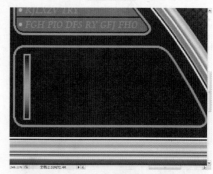

图 9-7-163

**106** 选择图层"图层52"。按快捷键Ctrl+Alt+T复制图层并自由变换图像，按住Shift键向右移动图像，如图9-7-164所示，变换完毕后按Enter确认变换。按快捷键Ctrl+Shift+Alt+T复制图层并重复执行上一次自由变换若干次，得到的图像效果如图9-7-165所示。

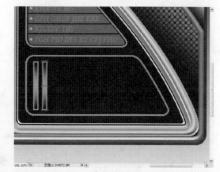

图 9-7-164

图 9-7-165

**107** 选择工具箱中的圆角矩形工具■，在工具选项栏中设置圆角半径为10px，设置完毕后使用圆角矩形工具绘制如图9-7-166所示的路径。单击"图层"面板下的创建新图层按钮■，新建"图层53"，切换至"路

图 9-7-166

径"面板，单击"路径"面板底部的将路径作为选区载入按钮，填充50%灰色，填充完毕后按快捷键Ctrl+D取消选择，得到的图像效果如图9-7-167所示。

图 9-7-167

**108** 选择"图层53"，单击"图层"面板上的添加图层样式按钮 fx.，在弹出的菜单中选择"外发光"，弹出"图层样式"对话框，具体设置如图9-7-168所示，设置完毕后不关闭对话框，在"图层样式"对话框中继续勾选"内发光"复选框，具体设置如图9-7-169所示，

设置完毕在"图层样式"对话框中继续勾选"斜面和浮雕"复选框，具体设置如图9-7-170所示，设置完毕后单击"确定"按钮应用图层样式，得到的图像效果

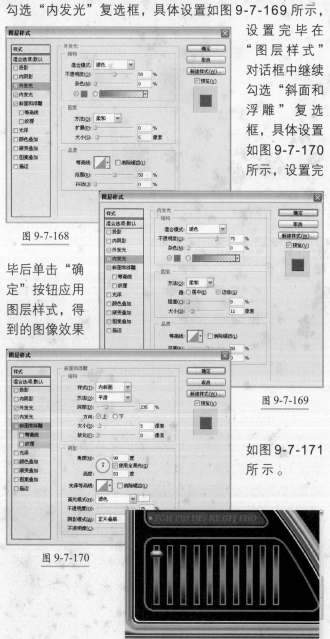

图 9-7-168

图 9-7-169

如图9-7-171所示。

图 9-7-170

图 9-7-171

**109** 使用同样的方法为其他调节条添加调节按钮，如图9-7-172所示。

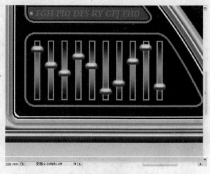

图 9-7-172

**110** 隐藏"背景"图层，选择最上方的图层，按Ctrl+Alt+Shift+E盖印图像，如图9-7-173所示，得到"图层55"。

图 9-7-173

**111** 按快捷键Ctrl+T调出自由变换框，在变换框内单击鼠标右键，在弹出的菜单中选择"垂直翻转"，选择完毕后按Enter确认变换，显示"背景"图层，将"图层55"图像的上沿与播放器下沿对齐，图像效果如图9-7-174所示。

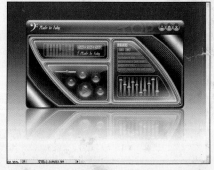

图 9-7-175

**112** 选择"图层55"，单击"图层"面板底部的添加图层蒙版按钮 □，选择"图层55"的蒙版。选择工具箱中的渐变工具 ■，设置由黑色至白色的渐变，使用渐变工具在"图层55"的图像上由下至上拖曳，得到的图像效果如图9-7-175所示。

图 9-7-174